R2012b

Essential MATLAB® for Engineers and Scientists

공학설계를 위한

MATLAB® 기초와 응용 5판

황성호 역

BRIAN H. HAHN
DANIEL T. VALENTINE

ELSEVIER

A-JIN 도서출판 아진

MATLAB® 도서전문출판사

Essential MATLAB®
for Engineers and Scientists 5/e

Brian H. Hahn
Daniel T. Valentine

내가 가는 길을 그가 아시나니 그가 나를 단련하신 후에는
내가 순금 같이 되어 나오리라 (욥23 : 10)

This edition of Essential MATLAB® for Engineers and Scientists 5/e by Brian Hahn and Daniel Valentine is published by arrangement with Elsevier Inc., New York, USA

Translated Edition ISBN : 978-89-5761-355-9 93560
Translated by A-jin Publishing Co.
Printed in Korea

역자서문

기술이 발전함에 따라 점차 제품 개발에 요구되는 시간이 짧아지고 따라서 엔지니어들에게 있어서 컴퓨터를 활용한 설계 및 해석은 필수적인 요건이 되었다. 예전엔 이러한 컴퓨터 응용 해석에 있어 C나 Pascal을 이용하여 직접 프로그램을 코딩하여 사용해 왔다. 그러나 최근 들어서는 상용화된 소프트웨어를 기본 플랫폼으로 제공받아 그것을 기반으로 프로그래밍을 수행함으로써 비용을 절감하고, 시간과 노력을 현저하게 줄일 수 있게 되었다.

상용화된 엔지니어링 소프트웨어로는 MATLAB, MATHEMATICA, MAPLE, CEMTOOL 등이 있으며, 이 중 MATLAB이 전 세계적으로 가장 많은 엔지니어들에 의해 효과적인 솔루션을 창출하는데 활용되고 있다. 따라서 MATLAB 프로그래밍 기법을 익힌다는 것은 공학도 및 과학도들에게 한 가지 강력한 도구(tool)를 갖출 준비를 한다는 것을 의미하며, 그 필요성이 날로 증가되고 있는 것 또한 사실이다.

역자가 재직하고 있는 대학에서는 그러한 필요성에 맞추어 2002년부터 공학계열 신입생을 대상으로 MATLAB 강좌를 개설해서 운영해 오고 있다. 그동안 공학계열에 입학한 신입생을 대상으로 MATLAB 강의를 해 보면서 본서의 원저인 「Essential MATLAB for Engineers and Scientists」가 공학문제 해결에 필요한 MATLAB 명령어를 익히는 데 적합한 교재로 판단되어 「엔지니어를 위한 MATLAB 엣센스」라는 이름으로 번역, 출간하게 되었다.

본 역서는 원저의 내용을 충실히 번역하고자 노력하였으며, 역자가 직접 수행해 보면서 실수하기 쉽거나 다시 한 번 주의가 필요할 때, 또는 다른 명령어와 비교 설명이 필요할 때 각주나 팁을 사용하여 설명을 추가함으로써 이해하는데 도움이 되도록 하였다.

번역서 2판에서는 원서의 파트 I에 해당하는 MATLAB의 필수적인 명령어 부분만을 번역하여 교재로 출간하였다. 원서의 1판 저자인 Brian D. Hahn이 2005년 작고하였고, 2007년 Daniel T. Valentine이 3판을 출시하였다. 이것을 계기로 번역서 3판은 원서 전체의 내용을 담기로 하였으며, 제목도「공학설계를 위한 MATLAB 기초와 응용」으로 바꾸어 출판하게 되었다. 그 후 2010년 4판, 2013년 5판의 원서 개정판을 출시하였는데, 4판은 그 변화가 적어 번역본을 출간하지 않았으며, 새로운 내용을 대폭 추가한 5판 개정판을 번역하여 출간하게 되었다.

MATLAB® 개론을 강의하는 데는 파트 I의 내용만을 다루어도 충분하며, 파트 II는 시스템 동역학과 같은 다른 교과목에서 보충 교재로 활용하기에 적합하리라 생각된다. 5판 파트 II에는 신호처리 부분과 시뮬링크 및 심볼릭 툴박스 부분을 상당부분 추가하였다. 시뮬링크 툴박스는 동적 시스템을 해석하는데, 심볼릭 툴박스는 다양한 수학문제를 푸는데 많은 도움이 될 것이다.

이 책이 출간되기까지 물심양면으로 애써 주신 아진출판사 김근배 사장님과 관계자 여러분에게 감사드린다.

황 성 호
hsh@me.skku.ac.kr

저자서문

이 책의 4판을 쓰게 된 것은 MATLAB의 최신 버전(2008B, 버전 7.7)에 맞추기 위해서였다. 이전 판과 같이 4판은 MATLAB을 컴퓨터 프로그래밍에 대한 지식이 없는 과학과 공학의 전문가들뿐만 아니라 이런 분야에 있는 학생들의 문제 풀이 도구로 제공하는 것을 목표로 하였다.

작고한 Brian D. Hahn's 의 이전 판에 대한 목적들을 유지하면서, 제 4판에서는 격식을 차리지 않으면서 자습서의 형식을 채용하여 독자가 MATLAB을 경험하며 동작하는 방식을 이해하도록 하는 "독학"을 유도하였다. 이 때 독자는 이 툴을 기술 문제 풀이에 사용해 본적이 없다고 가정하였다.

Matrix Laboratory를 의미하는 MATLAB은 행렬의 개념을 바탕으로 하고 있다. 독자들이 행렬에 익숙하지 않을 수 있으므로, 생각과 개념을 맥락에 따라서 서서히 발전시켰다. 기본적인 독자는 과학자와 공학자이며, 이런 이유로 인해 어떤 예제는 대학 1년생의 수학, 특히 이과 수학이 필요하다. 하지만, 이 예제들은 그 자체로서 해석이 가능하며 풀이하지 않고 넘어가도 독자의 프로그래밍 기술을 발전시키는데 영향을 주지 않는다. MATLAB은 두 가지 다른 모드로 사용된다. 우선 최근 신세대의 즉각적인 만족감에 대한 갈망에 대한 응답으로 명령창에서 명령(들)을 즉시 실행할 수 있다. 그리고 통상적인 프로그래밍을 스크립트 파일의 형태로 제공한다. 두 방식은 다음과 같이 잘 사용할 수 있다: 앞의 방법은 윈도우의 대화형 환경의 장점을 최대한 활용하며 복사해서 붙이기를 응용할 수 있고; 후자는 구조화된 계획을 통해서 프로그래밍 원칙과 알고리즘 개발을 강화할 수 있다.

비록 MATLAB의 대부분의 기본 기능들을 다루고 있지만, 이 책은 철저하면서 체계적인 참고서가 아니다. 회화체를 계속 유지 하지도 않을 것이다. 예를 들어 for 와 if는 처음에는 다른 교재에서와 같이 일반적인 형태로 다루지도 않지만, 점차 설명해 나가면서 자연스럽게 설명을 할 것이다. 하지만 피상적으로만 다루는 다른 책들과는 달리 완전하게 다뤄볼 것이다. 호기심이 많은 독자들을 위해서 도움이 되는 문법이나 함수들의 빠른 도움말을 부록에 수록하였다. 아래의 목록은 이번 판(제 5판)에서 강조된 부분들이다.

1. 부주의한 초보자들을 기다리는 많은 함정들에 대한 경고
2. 과학과 공학 분야(시뮬레이션, 인구 모델링, 그리고 수치 방법) 뿐만 아니라 사업과 일상생활의 많은 문제들
3. 분명하고 읽기 쉬운 코드 작성을 위한 프로그램 스타일에 대한 강조
4. 포괄적인 장의 요약
5. 종합 문제(많은 문제에 대한 답을 부록에 수록하였다)
6. 철저하고 유익한 색인

독자들은 소프트웨어를 이용해서 연습문제들을 풀어보고 MATLAB이 어떻게 명령들을 처리하는지 이해하기 바란다. 어떤 툴을 익히는 것은 계속 사용하며 경험해 보아야만 가능한 일이다. 이것은 특히 입력한 명령과 데이터가 바르고 정확한 경우에만 정확한 답을 얻을 수 있는 계산 툴에 특히 잘 맞는 사실이다.

감사의 글

도움을 준 Mary, Clara, 그리고 Zach에게 감사를 드리며, 이 5판의 책을 그들에게 바칩니다.

Daniel T. Valentine

차 례

PART I. MATLAB® 기초

1장. 시작하기

2장. MATLAB® 기초

3장. 프로그램 설계와 알고리즘 개발

4장. MATLAB® 함수와 데이터 입출력 기능

5장. 논리 벡터

6장. 행렬과 배열

7장. 함수 M-files

8장. 루프 문

9장. MATLAB® 그래픽

10장. 배열 및 고급데이터 구조

11장. 오류와 함정

PART II. MATLAB® 응용

12장. 동적 시스템

13장. 시뮬레이션

14장. 기초적인 수치방법

15장. 신호 처리

16장. 시뮬링크 툴박스

17장. 심볼릭 툴박스

부록 A. Syntax quick reference

부록 B. Command and function quick reference

PART 1

MATLAB® 기초

파트 I은 기술적 계산을 하는데 있어 MATLAB에서 필수적으로 알아야 할 내용들로 구성되어 있다. 이 책은 사용 지침서(tutorial) 형태이며, 따라서 여러분이 교재를 통해 MATLAB을 다방면으로 사용할 수 있게 되길 기대해 본다.

1장 시작하기

이번 장의 목적은 다음과 같다.

- 커맨드 윈도우에서 몇몇 간단한 MATLAB 명령어들을 사용해 보기
- MATLAB의 다양한 데스크 탑과 편집 기능들을 실험해 보기
- MATLAB 2012b 데스크탑의 새로운 기능들 배우기
- 편집기에서 몇몇 스크립트를 입력해서 편집기에서 실행해 보기
- 탭과 관련된 새로운 기능들(특히 PUBLISH와 APPS 기능들) 배우기

MATLAB®은 과학과 공학 분야의 문제들이 갖고 있는 다양한 계산들을 처리하는데 있어 강력하고도 유용하게 활용할 수 있는 엔지니어링 소프트웨어이다. MATLAB이란 명칭은 MATrix LABoratory에서 유래되었는데, 이는 MATLAB이 특히 행렬(matrix) 연산을 아주 간편하게 수행하도록 설계되었기 때문이다. 행렬은 m 개의 행과 n 개의 열을 가지는 숫자들의 배열이다. 다음의 예는 $m \times n = 2 \times 3$ 배열이다.

$$A = \begin{pmatrix} 1 & 3 & 5 \\ 2 & 4 & 6 \end{pmatrix}$$

행렬의 모든 수는 위치를 나타내는 행과 열의 지수(index)를 이용해서 선택할 수 있다. 이 예에서의 요소들은 다음과 같이 선택한다. A(1,1) = 1, A(1,2) = 3, A(1,3) =

5, A(2,1) = 2, A(2,2) = 4, A(2,3) = 6. 첫 번째 지수는 위에서 아래로 세어나가는 행의 수이며, 두 번째 지수는 왼쪽에서 오른쪽으로 세어나가는 열의 수이다. 이 방법은 MATLAB이 배열에서 정보의 위치를 표시하는 방식이다. 컴퓨터는 수많은 계산을 빨리 처리할 수 있는데, 효율적으로 사용하기 위해서 많은 수의 데이터를 표나 배열, 행과 열로 구성되는 행렬로 표시하게 된다.

이 교재는 독자들이 MATLAB이 처리하는 일종의 과학적인 계산들을 수행하기 전에 컴퓨터를 전혀 사용해보지 않았다고 가정하고 있다. 그러나 컴퓨터 자판을 다루고 컴퓨터의 운영 체계(예를 들어, MS Windows, Unix 또는 MAC-OS)를 동작시킬 수는 있어야 한다. 그밖에 필요한 컴퓨터 관련 기술이 있다면 아주 기초적인 문서 편집 능력 정도이다.

MATLAB®을 애용하게 되는 많은 이유 중 하나는 MATLAB이 사용자와 쌍방향 흐름의 대화식 프로그램이란 점이다[1]. 이는 사용자가 MATLAB 프롬프트에 어떤 특정한 명령어들을 쳐서 입력하면 즉시 결과 값을 얻을 수 있다는 것을 의미한다. 예를 들면 제곱근을 계산한다거나, 아주 복잡한 미분 방정식의 해를 계산하는 것과 같은 문제들을 MATLAB을 이용하면 매우 간단히 해결할 수 있다. 요점은 사용자가 한 두 가지 명령어를 입력만 하면 바로 해답을 얻을 수 있다는 것이다. 또한 MATLAB은 사용자가 원하는 대부분의 작업을 수행할 수 있을 것이다.

MATLAB® 프로그래밍을 성공적으로 하는데 있어 세 가지 필수 요건이 있다.

- MATLAB® 명령어를 쓰는데 있어 정확한 규칙을 배워야 한다.
- 풀고자 하는 문제에 관련된 수학을 알아야만 한다.
- 특정 문제를 풀기 위해서는 접근 방법에 대한 논리적인 계획을 세워야 한다.

이번 장에서는 주로 첫 번째 요구 조건인 MATLAB에서 사용되는 기초적인 규칙들에 대해 살펴보도록 하겠다. 컴퓨터 프로그래밍은 명령문을 정확하고 올바른 방법으로

1) 이 점이 MATLAB을 JAVA나 C++과 같은 다른 컴퓨터 프로그램들과 구별시켜주는 점이다.

입력해야만 하는 정밀과학이다[2]. 만약, 명령문이 정확하지 않다면 여러분은 쓰레기 같은 값들을 얻게 될 것이다. 컴퓨터 프로그래머들 사이에는 다음과 같은 말이 있다.

Garbage in, garbage out.

즉, MATLAB에서 프로그램을 엉터리로 구축하면, 결과 또한 엉터리로 나오게 된다는 것이다. MATLAB을 이용하여 여러분은 상대적으로 복잡한 과학과 공학 문제를 해결하기 위한 설계를 하고, 프로그램을 개발하고, 계산 및 그래픽용 툴을 구현할 수 있다. 물론, MATLAB을 완벽히 사용하기 위한 경험을 얻기 위해서는 졸업 전과 후 모두에서 지속적인 교육이 이루어져야 한다. 여러분은 MATLAB과 상호작용하는 화면이나 방법을 수정하고 조정할 수 있다. 그리고 여러분이 관심 갖는 특정 분야의 문제를 해결하는데 도움을 줄 수 있는 도구(toolbox) 또한 개발할 수 있다. 즉, 다양한 경험을 통해, 여러분만의 MATLAB 작업 환경을 갖추어 놓을 수 있다.

프로그래밍 언어나 컴퓨터 도구의 기초에서 알고 있듯이 컴퓨터는 임의로 어떤 일을 스스로 수행할 수 없음을 기억하라. 따라서 여러분이 MATLAB을 사용할 때, 입력한 명령줄 동작으로부터의 모든 응답을 관찰하고 살펴볼 수 있다. 여러분은 MATLAB이 어떤 일을 할 수 있고, 또 어떤 일은 할 수 없는지를 배울 필요가 있다. MATLAB의 기능에 대해 살펴보기 위하여, 우리는 상대적으로 간단한 문제들을 다루도록 할 것이다. 초기에 우리는 이미 답을 알고 있는 문제에 대해 살펴봄으로써, MATLAB의 기능을 평가해 볼 것이다. 이러한 방법은 컴퓨터 프로그래밍에 대해 배우고자 할 때 사용하는 첫 번째 과정이다. 이것은 다음과 같은 2가지 의미를 갖는다.

(1) 여러분 자신만의 계산 도구를 만들 수 있다.
(2) 효율적이고, 강건하고 정확한 계산 또는 그래픽 도구(즉, 컴퓨터 프로그램)를 설계하는데 드는 어려움을 인지할 수 있다.

1장의 나머지 부분에서는 독자들이 따라해 볼 수 있는 몇 가지 간단한 예제를 살펴

2) 어떤 이들은 이것을 예술이라고까지 말하기도 한다.

볼 것이다. 예제의 명령어 한줄 한 줄이 어떠한 과정으로 어떻게 수행되는지 너무 정확히 이해하려고 고민할 필요는 없다. 2장부터 나오는 MATLAB 명령어를 익힌 후에는 자연스럽게 이해할 수 있게 될 것이기 때문이다. 여러분이 직접 MATLAB 도구가 어떻게 동작하는지를 실습을 통해 배우고 연습해 보는 것은 대단히 중요하다. 이번 장의 몇 가지 기본적인 규칙을 연습하고 익히는 것은, 여러분이 다음 장에서 나오는 많은 기본적인 규칙들을 습득하는 데 도움이 될 것이다. 이것은 또한 좀 더 흥미롭고 실질적인 문제를 해결하는데 도움을 줄 것이다.

1.1 MATLAB® 시작하기

MATLAB®을 이용하기 위해서는 사용자 컴퓨터에 MATLAB이 설치되어 있거나 또는 MATLAB을 이용할 수 있는 컴퓨터에 네트워크를 통해서 접근할 수 있어야 한다. 이 책은 집필될 당시의 최신 버전(R2012b)[3]을 기준으로 작성되었다.

윈도우즈에서 MATLAB을 시작하기 위해서는 윈도우즈 바탕화면에 설치했을 때 생성된 MATLAB 아이콘을 더블클릭 한다. UNIX상에서 MATLAB을 시작하기 위해서는 명령창 프롬프트에 matlab이라고 입력한다. MAC-OS에서는 X11(즉 X-terminal)을 열고, 프롬프트에서 matlab을 입력한다. MATLAB이 실행되면 그림 1.1과 같은 MATLAB 데스크탑 창이 열리게 된다. 위의 데스크탑 윈도우에서 1장에서 우리가 관심을 가질 윈도우는 특별한 프롬프트인 〉〉이 나타나는 명령창이다. 이 프롬프트는 MATLAB이 명령 대기상태임을 의미하며, 사용자는 다음의 방법들을 이용하여 언제든지 MATLAB을 종료할 수 있다.

- MATLAB® 데스트탑 우측 상단의 X (닫기 버튼)를 클릭한다.
- 명령창 프롬프트에 `quit` 또는 `exit`를 입력하고 "Enter" 키를 누른다.

3) 2012a 버전도 이 책에서 보인 예제와 문제들을 실행해 보았다. 릴리즈 R2012b에서는 이전의 릴리즈보다 많은 기능들이 추가되었다. 다행히 이전의 릴리즈에서 만들어진 것들은 기본적으로 같은 결과를 얻었다. 최근의 릴리즈에 포함된 기능들은 MATLAB을 사용하기 편하게 개선되어서 사용자의 생산성을 높여 주었다.

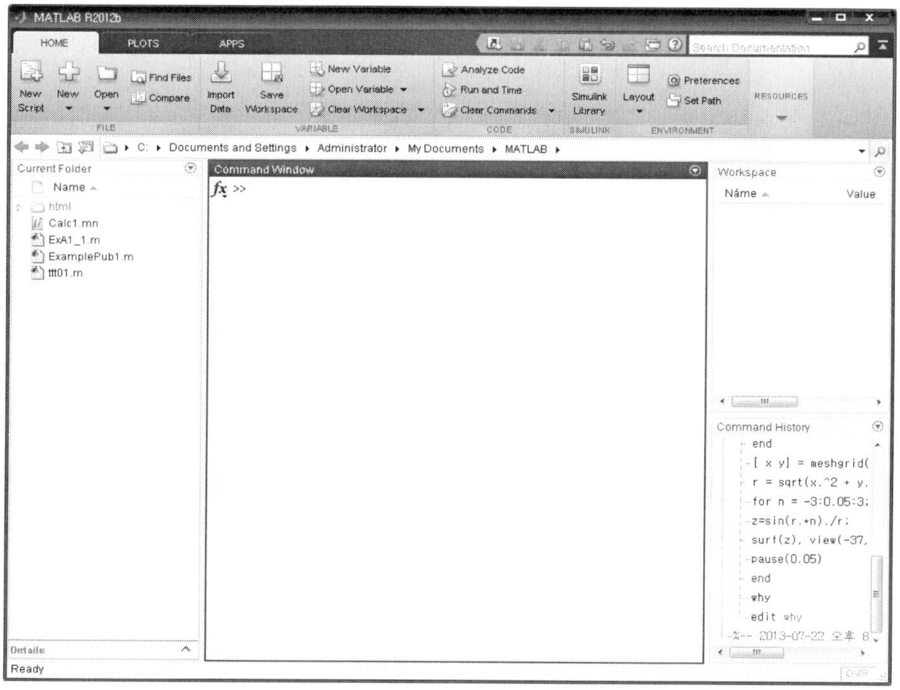

그림 1.1 MATLAB® 데스크탑

MATLAB®을 시작하면 자동으로 사용자의 내문서 폴더에 MATLAB 폴더를 생성한다. 기본 작업 디렉터를 자동으로 만들어 주는 이 기능은 꽤 편리하다. 이 폴더는 명령창에서 저장한 모든 것을 저장하는 폴더이다. 필요하다면 명령창 경계 안쪽 면 아무 곳이나 클릭하여 명령창을 활성화시킨다.

1.1.1 연산

우리는 계산에 대한 경험이 있으므로 MATLAB이 계산을 잘 하는지 확인해 보자. 이 과정은 어떤 툴과 사용 능력에 대한 신뢰를 얻기 위해 필요한 과정이다.

프롬프트 >>뒤에 2+3을 입력한 후 Enter key를 누른다. 이후에 있는 〈Enter〉 표시는 Enter key를 누르는 것을 의미한다.

```
>> 2+3 <Enter>
```

명령은 사용자가 Enter를 누를 경우에만 수행된다. 이 경우의 답은 물론, 5이다.

이제 다음과 같이 시도해 보자.

```
>> 3-2 <Enter>
>> 2*3 <Enter>
>> 1/2 <Enter>
>> 2^3 <Enter>
>> 2\11 <Enter>
```

1/2 그리고 2^3은 어떤가? *, /, ^과 같은 기호들이 무엇을 의미하는지 이해할 수 있겠는가?

> **TIP** *는 곱셈, /는 나눗셈, ^는 지수곱을 의미한다. 그 외에도 좌측나눗셈(\) 연산도 수행 가능하다. 좌측 나눗셈은 분모가 기호의 왼쪽에 있고, 분자가 기호의 오른쪽에 있다. 마지막 명령의 결과는 5.5 이이며 11/2와 같은 결과이다.

이제 다음 명령어를 시행해 보자.

```
>> 2.*3 <Enter>
>> 1./2 <Enter>
>> 2.^3 <Enter>
```

위의 3개 예에서 *, /, ^앞의 점(dot)은 예제 결과를 바꾸어 놓지는 않는다. 그러나 이것은 스칼라 연산의 경우이며, 뒤에 나오는 배열 연산의 경우에는 그 결과가 달라짐에 주의하자. (이 기호들이 필요한 이유에 대해서는 이후 수의 배열을 다룰 때 설명할 것이다)

다음 설명은 명령 줄을 생성하고 수정하는데 유용한 팁을 나타낸다.

- 프롬프트 >>가 있는 줄을 명령줄(command line)이라고 부른다.

- Enter key를 누르기 전에 Backspace, Left-arrow(←), Right-arrow(→) 그리고 Del 버튼의 다양한 조합을 이용함으로써 MATLAB 명령을 수정할 수 있다.
- Up-arrow(↑)와 Down-arrow(↓)를 이용하여 이전에 입력한 명령들을 선택하거나 수정할 수 있다. 그러나 명령을 실행시키기 위해선 Enter key를 눌러야 한다는 것을 잊지 말자. 이러한 유용한 특징을 명령줄 편집(command line editing)이라고 부른다.
- MATLAB 편집 특징 중에 스마트 리콜(smart recall)[4]이라 불리는 매우 유용한 특징이 있다. 이것은 사용자가 명령어를 다시 부를 때 시작부분 몇 자만 입력해도 예전에 수행했던 명령어를 다시 실행시킬 수 있게 한다. 예를 들어 2*이라는 문자를 입력하고 Up-arrow 버튼을 누른다 - 이렇게 함으로써 가장 최근의 명령들 중에서 2*로 시작하는 명령을 다시 불러올 수 있다.

0/1과 1/0을 MATLAB이 어떻게 처리할 것 같은가? 이것을 한번 수행해 보자. 만약 계산에 있어서 ∞를 사용한 것을 강조하고 싶다면, 무한대 기호인 `Inf` (infinity의 줄임말)를 입력한다. 예제로서 13+`Inf` 와 29+`Inf` 를 실행해 보자.

사용자가 만나게 되는 또 다른 특정 수치는 NaN인데, 이것은 Not-a-Number를 상징한다. 이것은 예를 들어 0/0을 수행한 결과 값으로, 부정(否定)을 의미한다.

1.1.2. 변수

이제, 값을 변수에 할당하고, 그 변수를 사용하는 계산을 해보자. `a = 2`라는 명령(프로그래밍 전문어로 된 명령어)을 입력한다. 즉, MATLAB 명령줄에서 다음과 같이 타이핑한다.

```
>> a = 2 <Enter>
```

4) MATLAB Editor의 아주 편리한 기능 중의 하나이다. 충분히 이용하도록 하자.

a를 변수라고 부른다. 이 명령문은 변수 a에 2라는 수치를 할당하라는 의미이다.[5] 이 명령어를 실행하면 값은 즉시 표시될 것이다.

> **TIP** 여기서, '='는 같음을 나타내는 것이 아니고 할당하라는 명령어임에 주의하라. 뒤에 나오겠지만, 같음을 나타내는 명령어는 '=='이다.

이제 a=a+7이라는 명령문과 다음 줄에 a=a*10이라는 명령문을 수행하여 보자. 최종 실행 결과에 동의하는가? 결과는 90인가?

이제 다음과 같은 명령문을 입력해보자.

```
>> b = 3; <Enter>
```

세미콜론은 b의 수치가 화면에 나타나는 것을 막아준다[6]. 그러나 b는 여전히 3이라는 수치를 가지고 있는 변수이고, 이는 프롬프트에서 세미콜론을 생략하고 입력해 보라.

```
>> b  <Enter>
```

x와 y라는 변수에 어떤 값을 할당하여 보자. 하나의 명령문으로 변수 x와 y의 합을 세 번째 변수인 z에 할당할 수 있겠는가? 이것에 대한 한 가지 방법은 다음과 같다.

```
>> x = 2; y = 3; <Enter>
>> z = x + y <Enter>
```

여기서 연산은 값이 할당된 변수들로도 가능하며, 여러 개의 명령들을 세미콜론으로 분리해서 한 줄에 입력할 수 있다.

1.1.3 수학 함수

MATLAB®은 공학 계산기에서 볼 수 있는 sin, cos, log[7]와 같은 대부분의 일반적인 수학 함수뿐만 아니라, 그밖에도 아주 많은 함수들을 갖고 있다. 부록 C.5에 더 많은 예들이 나타나 있다.

---

5) 이 수치는 명령문이 수행되자마자 화면에 나타남을 주목하자.
6) 모든 명령 문장마다 결과가 출력된다면 사용자가 원하는 결과만을 보고자 할 때 무척 번거로울 것이다.
7) 뒤에서 나오겠지만, MATLAB에서는 함수 log가 상용로그가 아니고 자연로그를 나타낸다.

- sqrt(pi)라는 명령어를 사용하여 $\sqrt{\pi}$ 값을 구해보자. 답은 1.7725일 것이다. MATLAB은 미리 설정되어 있는 많은 함수들을 갖고 있고 따라서 그 중의 하나인 pi 값을 이미 알고 있다는 점을 주시하자.

- sin(x)와 같은 삼각 함수들에서 x와 같은 독립변수들은 라디안(radian)값을 갖는다. 라디안 값은 도(degree)값에 $\pi/180$를 곱해서 얻을 수 있다. 예를 들어, MATLAB을 이용하여 sin 90° 를 계산해 보자. 이때, sin(90)이라고 입력하면 원하는 결과가 나오지 않고, sin(90*pi/180)라고 입력해야 기대했던 답인 1이 나올 것이다.

TIP **MATLAB®에서는 각도를 항상 라디안(radian)으로 계산함을 기억하자.**

- e^x와 같은 지수 함수는 MATLAB에서 exp(x)로 나타낸다. 이것을 이용하여 e와 1/e의 값을 계산해 보자. (2.7183과 0.3679)

MATLAB®에는 pi, sin과 같은 다양한 내장함수(built-in function)를 갖고 있다. 따라서 사용자는 사용자 정의 변수의 이름을 정할 때 주의를 기울여야 한다. 즉, 이미 정의된 내장 함수를 변수로 사용할 경우, 예기치 못한 계산 결과를 얻을 수 있다. 다음 예를 살펴보자.

```
>> pi = 4; <Enter>
>> sqrt(pi) <Enter>
>> whos <Enter>
>> clear pi <Enter>
>> whos <Enter>
>> sqrt(pi) <Enter>
>> clear <Enter>
>> whos <Enter>
```

clear 명령은 작업공간 상의 모든 지역 변수를 제거한다. 그러나 >> clear pi 는 단지 변수 pi 만을 제거한다. 따라서 >> pi=4 의 실행으로 미리 정의된 내장 함수 pi의 값 3.1416 대신 4의 값이 정의된다. 그러나 >> clear pi의 실행으로 사용자에 의해 정의된 지역 변수 pi값이 제거되고 원래 정의된 내장 함수 값을 다시 갖게 된다. 이것은 sqrt(pi)의 명령으로 확인할 수 있다. 또한 사용자 정의 지역 변수는 whos 명령을 통해 살펴볼 수 있다. pi를 사용자가 재정의 한 후 whos 명령을 실행하면, 그것은 1-by-1 (또는 1x1) double array로 나타날 것이다.

TIP 여기서 double array는 data type을 의미하며, 이것에 대해서는 뒤에서 다시 살펴볼 것이다.

1.1.4. 함수와 명령어

MATLAB®에는 여러 가지 일반적인 기능들이 있다. MATLAB을 시작하는 사람들을 위한 명령어인 date와 calendar 명령을 실행해 보자. 또한 clc(명령창을 깨끗이 초기화시키기 위한 명령어)와 같은 많은 명령어들을 갖고 있다. help는 MATLAB 사용자들이 많이 이용하게 될 또 다른 명령어이다(이것은 뒤에서 살펴보기로 하자). 함수와 명령어의 차이점을 살펴보면 함수는 date와 같이 어떤 값이나 수치를 가지고 되돌아오는 것이고, 반면에 명령어는 몇몇 명령문들을 디스크에 저장하ㅏ나 화면을 초기화시키는 것과 같이 어떠한 방식으로 MATLAB 실행 환경을 변화시키려는 속성을 갖고 있다.

1.1.5 백터

1.1.2에서 언급한 a, b와 같은 변수들을 스칼라(scalar)라고 칭한다. 스칼라는 크기와 방향 중 크기의 속성만을 가진다. 또한 MATLAB이 갖는 많은 강력한 특징들의 핵심인 벡터(일반적으로 MATLAB에서는 배열로 참조된다.)들 역시 MATLAB을 이용하여 처리할 수 있다. 벡터를 정의하는 가장 손쉬운 방법은 아래의 명령문에서와 같이 원소 또는 성분들을 일정한 크기로 증가시키는 것이다.

```
>> x = 0 : 10; <Enter>
```

이것을 입력해 보라. 0과 10사이의 부호는 :(콜론)이다. 명령문에서 문자들 어느 한쪽 옆에 빈 공간을 꼭 둘 필요는 없다. 그러나 띄어쓰기를 하는 것이 판독하기에 훨씬 용이하다. x를 입력하여 x가 이제 벡터 값들로 되었는지 검사해 보자. 그것은 1개의 행과 11개의 열을 갖는 행벡터이며, 다음 명령을 통해 살펴볼 수 있다.

```
>> size(x); <Enter>
```

MATLAB에서 정말 좋은 것은 다른 벡터 값들도 우리가 앞에서 정의한 벡터 x의 항으로 정의될 수 있다는 것이다. 이를 시도해보자(세미콜론은 없다.[8])).

```
>> y = 2 .* x <Enter>
>> w = y ./ x <Enter>
>> z = sin(x)
```

첫 번째 명령줄은 벡터 x의 각 원소에 2를 곱하여 새로운 벡터 y를 생성시킨다. 두 번째 명령줄은 배열연산을 실행하는 것으로, 벡터 y의 각 원소에 대응하는 벡터 x의 각 원소를 나누어 새로운 벡터 w를 생성시킨다. y의 각 원소는 x의 각 원소에 2배를 한 값이므로, 새로운 벡터 w는 모든 원소가 2인 11개 열을 갖는 행벡터가 된다. 마지막으로 z는 sin(x)의 원소 값을 갖는 벡터이다.

sin(x)에 대한 그래프를 그리려면 간단히 아래와 같은 명령을 입력하기만 하면 된다.

```
>> x= 0:0.1:10; <Enter>
>> z=sin(x) ; <Enter>
>> plot(x, z), grid <Enter>
```

그래프는 별도의 그림 윈도우(그림 1.2를 보라)에 나타난다. 사용자는 선택하고자 하는 윈도우 안쪽 아무 곳이나 클릭을 함으로써 명령창 또는 그림창(figure window)을 선택할 수 있고, 또는 아무 윈도우에나 있는 Window pull-down 메뉴를 이용할 수도 있다.

위의 처음 명령 줄은 등호 기호 다음에 세 개의 수가 있다. 세 수가 이런 방식으로 : (콜론)에 의해서 분리되어 있을 때, 가운데 숫자는 증분량(increment)을 나타낸다. 증분량 0.1은 꽤 부드러운 곡선을 보인다. 마지막 명령 줄에 콤마로 구분하고 추가한 grid 명령은 그래프에 격자를 추가한다. (배경색의 변경은 그림창의 툴바에 있는 그림 특성 편집기(figure property Editor)를 이용한다. 이 책의 그림의 색상은 그림 편집 툴을 이용해서 수정하였다.)

8) 당분간 MATLAB 명령어에 익숙해지기 전까지 세미콜론을 붙이지 말고 각각의 결과를 살펴보도록 하자.

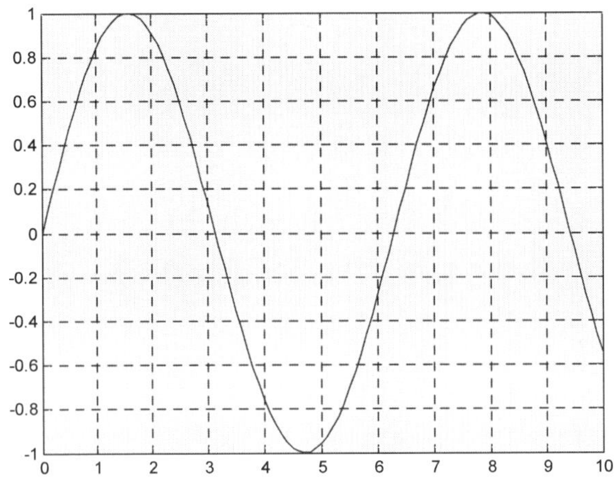

그림 1.2 그림 창(figure window)

만약 sine 그래프에서 보다 많은 사이클을 보기 원한다면, 명령줄에서 sin(x)를 sin(2*x)로 수정하기만 하면 된다.

같은 영역에서 tan(x) 그래프를 그려보자. 아마도 놀라운 그래프의 형태를 볼 수 있을 것이다. 이 함수를 검사할 때 axis([0 10 -10 10]) 이라는 명령을 다음과 같이 입력해 보자.

```
>> x = 1:0.1:10; <Enter>
>> z =tan(x); <Enter>
>> plot(x,z), axis([0 10 -10 10]) <Enter>
```

그래프로 수학 함수를 검토해 보는 또 다른 방법으로는 다음 명령어를 이용해 보는 것이다.

```
>> ezplot('tan(x)') <Enter>
```

함수 tan(x) 주위의 따옴표(')는 ezplot 명령어에서 중요하다. 또한 ezplot에서 x의 기본 영역은 0에서 10이 아님을 주목하자.

명령창의 또 다른 유용한 편집 특징은 탭 키에 의한 마무리(tab completion)이다. MATLAB 용어의 처음 몇 자만 타이핑하고 Tab 키를 누른다. 만약 용어가 그 몇 자에 해당하는 유일한 것이라면 이 용어는 자동적으로 완성된다. 용어가 유일한 것이 아니라면 Tab 키를 두 번 눌러서 타이핑한 문자로 시작되는 모든 용어를 살펴본다. 이 기능을 실행해 보자. 한 예로서, 명령줄에 ta를 타이핑하고 Tab 키를 두 번 눌러 보자.

1.1.6 선형 방정식

선형 연립 방정식은 공학과 과학 해석에 있어서 대단히 중요하다, 한 예로, 다음과 같은 문제를 풀어야 한다고 가정하자.

```
x + 2y = 4
2x - y = 3
```

이러한 방정식을 해결하는 데에는 다음과 같은 두 가지 방법이 있다.

행렬 방법: 다음과 같이 명령어를 입력하면 된다.

```
>> a = [1 2; 2 -1]; <Enter>
>> b = [4; 3]; <Enter>
>> x = a\b <Enter>
```

이것의 실행 결과는

```
x =
    2
    1
```

즉, x=2, y=1 이다.

내장 함수 solve 이용: 다음과 같이 명령어를 입력하자.

```
>> [x, y] = solve('x+2*y=4', '2*x-y=3') <Enter>
>> whos <Enter>
>> x = double(x), y = double(y) <Enter>
>> whos <Enter>
```

함수 double은 x와 y를 MATLAB의 또다른 데이터 형인 심볼 객체[9])로부터 double 배열로 변환시키는 함수이다. 즉 수치 데이터 형에 수를 넣는 것이다.

결과 확인을 위해서, 각 방법으로 실행 한 후에 다음 명령어로 확인해 보자.

```
>> x + 2*y % should give ans = 4 <Enter>
>> 2*x - y % should give ans = 3 <Enter>
```

여기서, % 기호는 기호의 오른쪽에 있는 내용이 명령어가 아닌 설명문임을 나타낸다. 그것을 주석문(comment)이라 한다. (우리는 뒤에서 프로그램 코드를 개발할 때 주석문의 필요성에 대해 살펴볼 것이다.)

1.1.7. 사용 지침과 데모

MATLAB이 제공하고 있는 보다 더 광범위하고 다양한 예제들을 원한다면 명령줄에 demo라는 명령어를 입력한다. 이 명령을 입력하면 MATLAB Examples(그림 1.3을 보라)에서 Help 문서가 열린다. "Getting Started" 를 클릭한다. 이렇게 하면 여러분이 처리하고자 하는 MATLAB 응용법에 대한 지침들과 데모의 리스트를 보여 준다. MATLAB의 능력을 알고 싶은 주제를 클릭하면 된다. 여러분의 기술 계산에서 필요한 적절한 주제에 대한 지침을 살펴보고자 할 것이다. 화면을 "New Features Video" 까지 스크롤하면 데스크탑과 일부는 다음에 소개할 새로운 기능들에 대해 배우자.

1.2 데스크탑

MATLAB® 2012b의 아주 유용한 기능은 여러분이 MATLAB을 처음 실행했을 때 내문서 폴더에 MATLAB이라는 폴더가 없다면 자동으로 만들어 주는 것이다. 처음 이 작업을 했을 때 이 폴더에 아무 것도 없다면 Current Folder 패널은 비어 있다. 이 새로운 폴더는 여러분이 만든 모든 파일들을 저장하는 기본 작업 디렉터리이다. 이 폴더의 위치는 커맨드 윈도우 위의 첫 번째 툴바에 있다.
위치는 C:\Users\Clara\Documents\MATLAB 이다.

9) MATLAB에서의 또 다른 데이터 유형이다.

데스크탑을 위에서부터 살펴보자. 제일 윗줄의 왼쪽에서 실행되는 MATLAB의 버전을 볼 수 있다. 이 경우 MATLAB 2012b이다. 제일 윗줄의 오른쪽에는 3개의 버튼이 있다. 밑줄 버튼은 데스크탑의 크기를 최소화 시키는 버튼이며, 사각형 버튼은 데스크탑의 크기를 최대화 시키는 버튼, x버튼은 MATLAB을 닫는 버튼이다(그림 1.4를 보라).

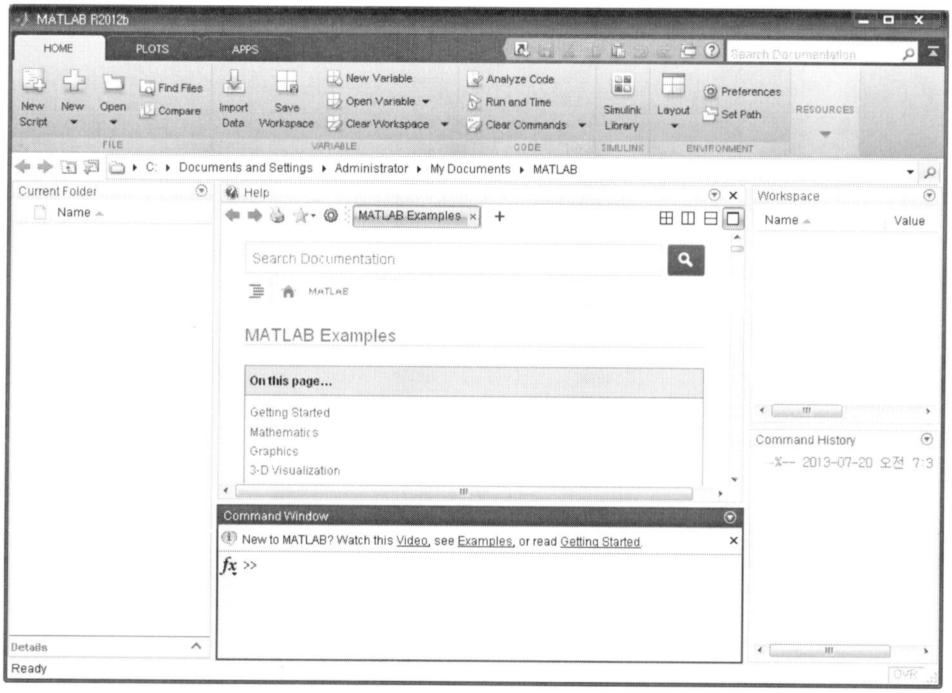

그림 1.3 MATLAB® Examples에 대한 도움말 문서

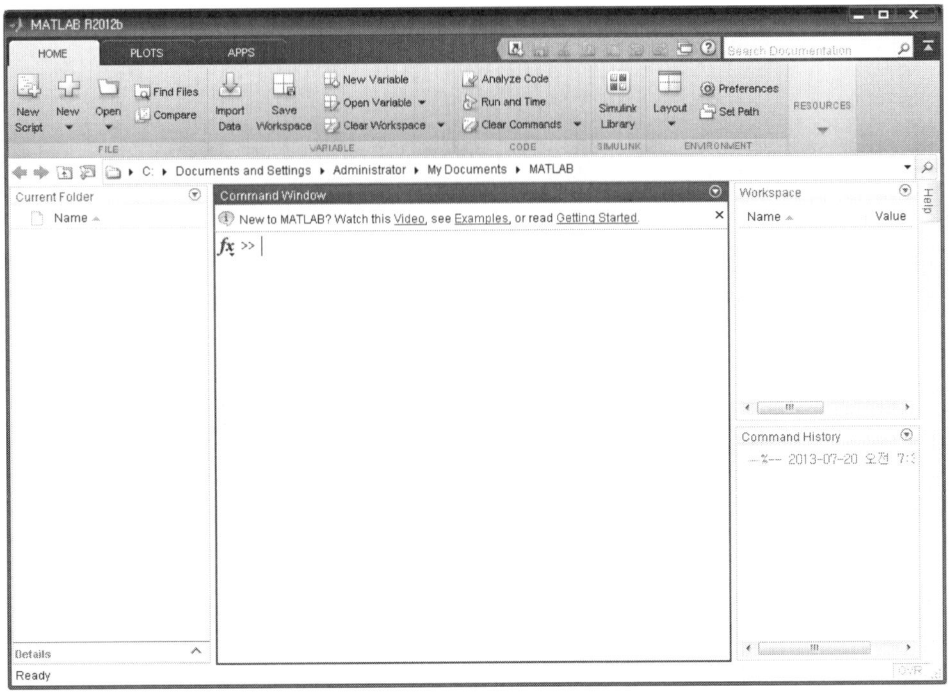

그림 1.4 MATLAB® 2012b의 새로운 데스크탑 툴바

데스크탑의 다음 줄의 왼쪽에 3개의 탭이 있다. 그림에서 가장 왼쪽의 탭이 가장 앞에 나와 있으며, Home 툴바가 표시도어 있다. 이 탭과 그 툴바들은 이번 배포판 MATLAB의 주 기능들이다. 만일 여러분이 이전 배포판 MATLAB에 익숙하다면 새로운 기능들이 MATLAB의 사용을 대폭 개선한 것을 알 수 있다. 또한 이전에 개발한 툴들은 이전 배포판에서와 똑같이 동작한다. 다른 두 탭들은 PLOTS와 APPS 이다. 이 기능들은 MATLAB 안의 툴들을 마우스의 클릭만으로 사용할 수 있게 해주기 때문에 MATLAB의 툴과 툴박스의 사용을 개선해 주었다. APPS 환경은 사용자 고유의 응용프로그램(APPS)을 만들 수 있게 해 준다.

1.2.1 편집기의 사용과 스크립트

Home 툴바의 가장 왼쪽에 있는 New Script 아이콘을 클릭하여라. 그림 1.5와 같이 데스크탑의 중앙에 편집기(Editor)를 열어 보여준다. 3개의 새로운 탭이 나타났으며,

Editor 탭은 편집기와 연결되어 있다. 다른 두 탭들은 Publish와 View 이다. View 탭은 노트북(notebook)이나 계산 작업과 연결된 문서를 만들 때 유용하다. 이 툴들에 대해서는 뒤에서 소개할 것이다.

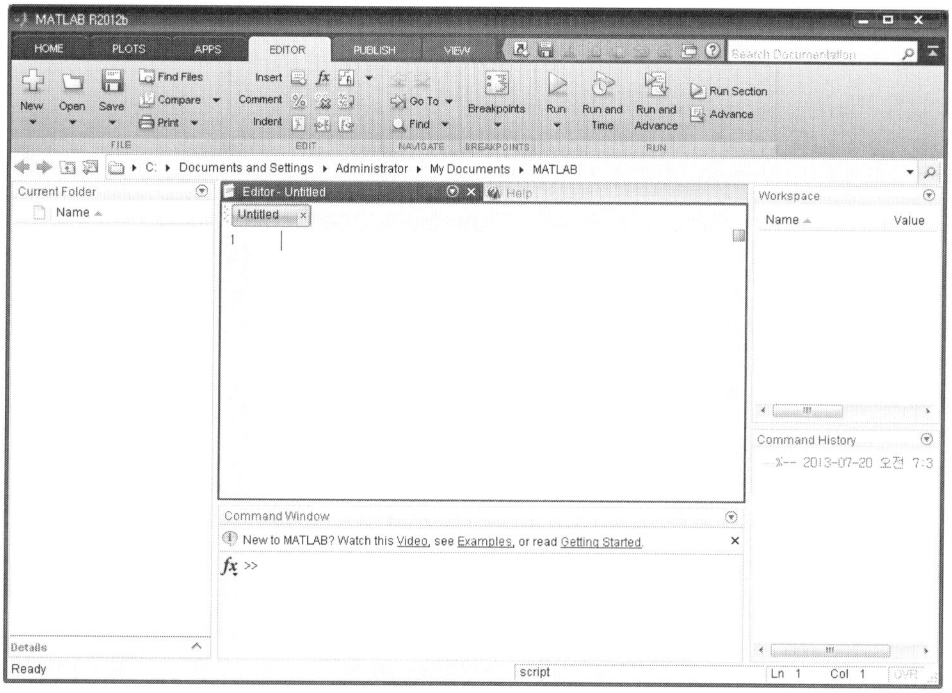

그림 1.5 **편집기가 기본 위치인 중앙에 열려있다.**

우선 편집기에 대해서 알아보자. 다음의 스크립트를 편집기에 입력해 보아라.

```
% Let us consider the following arbitrarily selected matrix:
% Let us evaluate its inverse as follows:
AI = inv(A)
% Let us check that it is an inverse:
IPredicted = A * AI
% This is the exact unitary matrix:
IM = eye(3)
% This is the difference between the exact and predit unitary
```

```
% matrix:
difference = IPredicted - IM
for m = 1:3
    for n = 1:3
        if difference(m,n) < eps;
            IPredicted(m,n) = IM(m,n);
        end
    end
end
IPredicted
IPredicted == IM A = magic(3)
```

그리고 Run 버튼을 클릭하여라. 스크립트가 처음 실행된다면 파일의 이름을 묻는다. 이 예제에는 ExA1_1.m을 사용한다. 만일 모든 줄을 바르게 입력했다면 명령창(command window)에는 다음의 내용이 표시될 것이다. 이 때 '%' 로 시작하는 줄은 읽는 사람이 스크립트가 무슨 일을 하는 지 이해하는 것에 도움을 주는 것 외에 명령 실행 과정에는 아무런 일을 하지 않는다.

```
A =
     8     1     6
     3     5     7
     4     9     2
AI =
    0.1472   -0.1444    0.0639
   -0.0611    0.0222    0.1056
   -0.0194    0.1889   -0.1028
IPredicted =
    1.0000         0   -0.0000
   -0.0000    1.0000         0
    0.0000         0    1.0000
IM =
     1     0     0
     0     1     0
     0     0     1
difference =
```

```
  1.0e-15 *
        0         0   -0.1110
  -0.0278         0         0
   0.0694         0         0
IPredicted =
     1     0     0
     0     1     0
     0     0     1
ans =
     1     1     1
     1     1     1
     1     1     1
```

IPredicted 행렬은 단위 행렬 IM이 되어야 한다. IPredicted 행렬은 행렬 A를 수치 계산으로 구한 역행렬 AI와 곱해서 구한 것이다. 마지막으로 출력한 IPredicted는 원래의 행렬을 만일 예측한 값과 실제의 IM 행렬의 요소의 차이가 eps= 2.2204e-16 보다 작다면 IM 행렬의 요소로 바꾸는 방식으로 수정한 것이다. 결과가 단위 행렬과 같다는 것은 적어도 계산 환경에서 계산 오차 안, 즉 0<eps의 범위 내에서 계산을 바르게 했다는 것이다. 위의 예제에서 조정된 IPredicted렬의 모든 요소가 IM 행렬의 해당 요소와 같다는 논리적 비교 결과 ans의 값들이 1(참)이라는 결과를 바탕으로 하는 결론이다.

이제 데스크탑은 그림 1.6처럼 보일 것이다. 파일의 이름 ExA1_1.m은 현재 폴더에 나타날 것이고, 명령 히스토리에도 나타난다. Workspace는 이 스크립트에 의해서 만들어진 변수로 붐빌 것이다.

이것으로 기본적인 MATLAB, 즉 이 책의 연습을 위해서 가장 중요한 툴들에 대한 소개를 마친다. 다음 절에서는 MATLAB 2012b의 다른 새로운 기능들 예제 몇 개를 살펴볼 것이다.

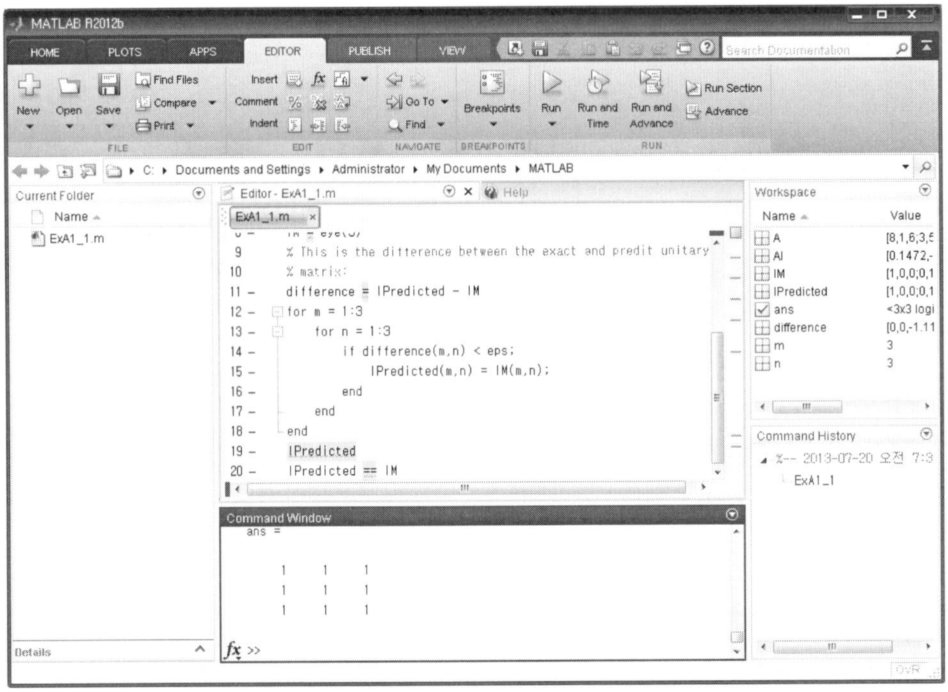

그림 1.6 이 절에서 첫 번째 예제 스크립트를 만들고 실행한 모습.

1.2.2. 도움말, 출판, 보기

출판(Publish)은 노트북 또는 html 형식의 다른 문서들을 만드는 쉬운 방법이다. M-파일에 입력한 정보의 변환은 새로운 Help 환경과 유사한 문서로 변환되어 나타난다. Help 문서를 열기 위해 데스크탑의 상단 "Search Documentation" 옆의 물음표 "?" 를 클릭한다. Help 윈도우가 데스크탑의 중앙에 표시된다. 주제 "MATLAB" 을 클릭한 것을 그림 1.7에 보인다. 이 그림에서 MATLAB 2012b의 새로운 형식인 검색형 문서도 볼 수 있다. 이 문서와 여러분이 출판할 수 있는 종류의 문서와 비교해보자. MATLAB 문서와 비슷한 문서를 만드는 것이 얼마나 쉬운 작업인가를 보일 것이다. 다음의 간단한 예를 살펴보자.

편집기를 열기 위해 New Script 버튼을 클릭하거나 커맨드 윈도우의 프롬프트에서 edit 라고 입력한다. 주 작업 표시줄의 제일 앞에 편집기 탭이 가장 앞에 표시된다.

PUBLISH 탭을 클릭해서 PUBLISH 툴바를 제일 앞으로 한다. "Section with Title" 버튼을 클릭하고 편집기에 자동으로 만들어진 스크립트 중에서 "SECTION TITLE" 을 "PUBLISHING example" 로 수정하다. 그리고 "DESCRIPTIVE TEXT" 를 다음의 내용으로 변경한다.

```
% This is an example to illustrate how easy it is to create a document
% in the PUBLISH environment.
%
% (1) This is an illustration of a formula created with a LaTeX command:
%
```

다음으로 "Insert Inline Markup" 그룹에 있는 ∑ Inline LaTeX을 클릭하면 방정식 `$x^2+e^{\pi i}$`을 삽입한다. 이 방정식 다음에 아래의 스크립트에서 "`clicked:`" 까지 입력한다. 그 다음에 빈 줄과 명령 스크립트가 있다. 이 주석 스크립트는 MATLAB 명령이 발행 문서에 어떻게 포함되는지 설명하고 있다.

```
%% PUBLISHING example
% This is an example to illustrate how easy it is to create a
document
% in the PUBLISH environment.
%
% (1) This is an illustration of a formula created with a LaTeX
command:
%
%%
% $x^2+e^{\pi i}$
%
% (2) This is an illustration of how you can incorporate a MATLAB
script
% in the document that is run when the Publish button below and
to the
% right of View is clicked:

% Earth picture
load earth
```

```
image(X); colormap(map);
axis image
```

마지막 단계는 Publish 아이콘을 클릭하는 것이다. 처음 나타나는 윈도우는 M-파일을 저장하는 것을 물을 것이다. 이 예제의 이름은 `Example1.m` 이다. Current Folder에 이 파일이 나타나고 실행될 것이다. html이라는 폴더가 자동으로 생기고 html 문서가 생성된다. 이 문서를 그림 1.8에 보인다.

마지막으로, VIEW 탭을 클릭하면 편집기 윈도우의 설정을 변경할 수 있는 툴바가 나타날 것이다. 저자의 관점에서 기본 편집기 환경은 기술 계산을 위한 MATLAB을 처음 사용하는 초보자에게는 상당히 편리한 환경이다. 여러분들의 MATLAB에서 작업 환경을 원하는 대로 수정할 수 있다. 하지만 MATLAB을 사용할 때 여러분들의 고유의 요구에 맞춰서 개발환경을 변경하기 전 기본 환경을 다루는 것을 익히는 것도 좋을 것이다.

1.2.3 Symbolic 과 MuPAD 노트북 APP

Symbolic Math Toolbox 는 여러분이 기호 수학 해석을 하는 데 도움이 될 것이다. 이것은 MuPAD Notebook APP이라는 응용프로그램을 통해 접근성이 좋아졌다. 이 APP를 시작하기 위해서 그림 1.4의 데스크탑의 두 번째 줄의 APPS 탭을 클릭한다. 그러면 APPS 툴바가 그림 1.9와 같이 제일 앞으로 나온다. MuPAD Notebook을 클릭하면 그림 1.10의 노트북 환경이 나타난다. 노트 패드 왼쪽 위에 왼쪽 대괄호 [다음에 명령을 입력한다. 패드의 오른쪽에 있는 패널은 커맨드 바(command bar)이다. 그래프를 플로팅하고 수학식을 편집하고 계산하는데 필요한 명령을 쉽게 접근할 수 있도록 해준다. 패드 위의 툴바는 MuPAD의 사용을 편하게 해주는 유틸리티들을 제공한다. 마우스를 각 아이템 위로 이동하면 각 버튼의 역할을 알려준다. 메뉴바의 각 항목을 클릭하면 풀다운 메뉴가 열린다. 이 툴바는 MATLAB 환경에서 공통적이다. 간단한 예를 시험해 보자.

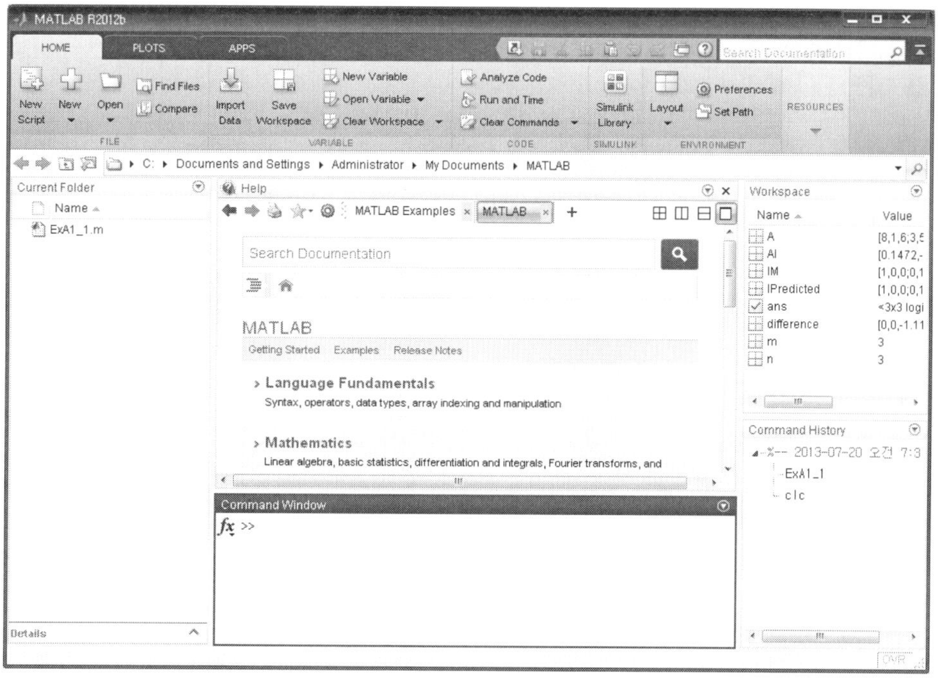

그림 1.7 이 절의 첫 번째 예제에서 만들어지고 실행된 스크립트

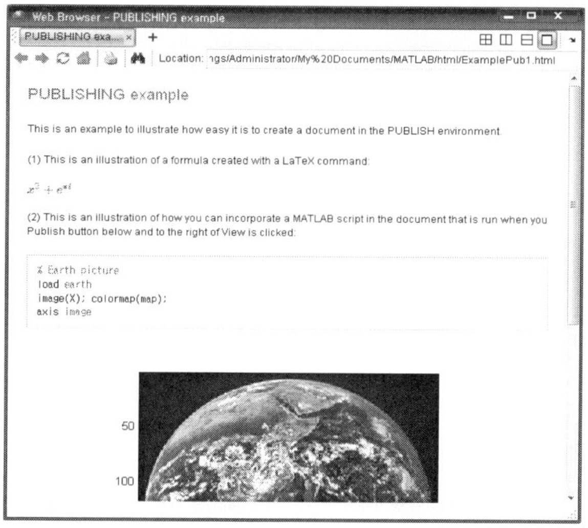

그림 1.8 발행 환경에서 만들어진 견본 문서

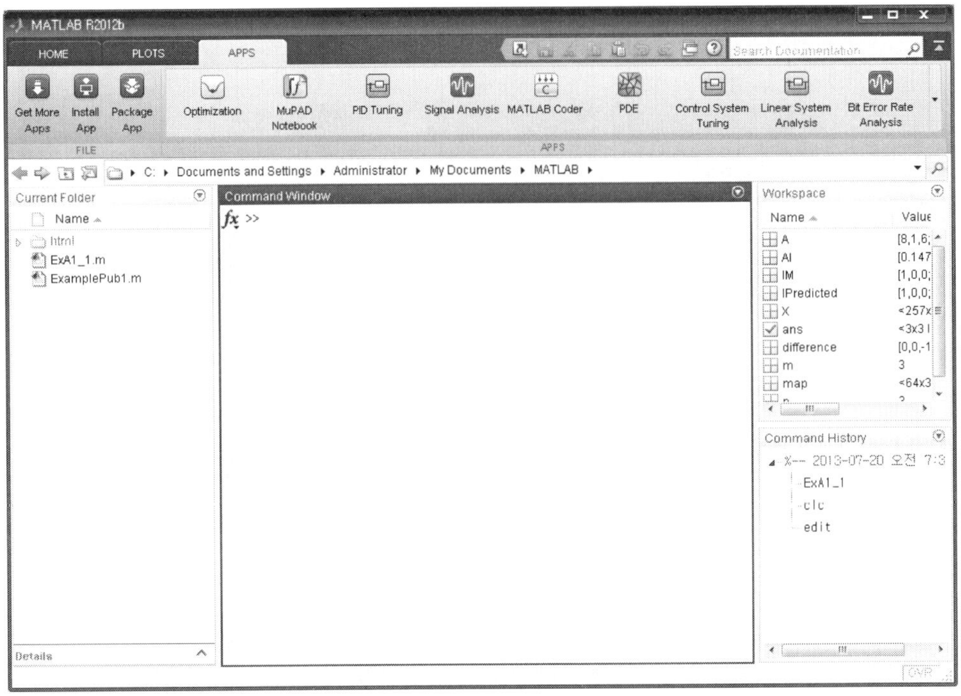

그림 1.9 데스크탑의 APPS 툴바

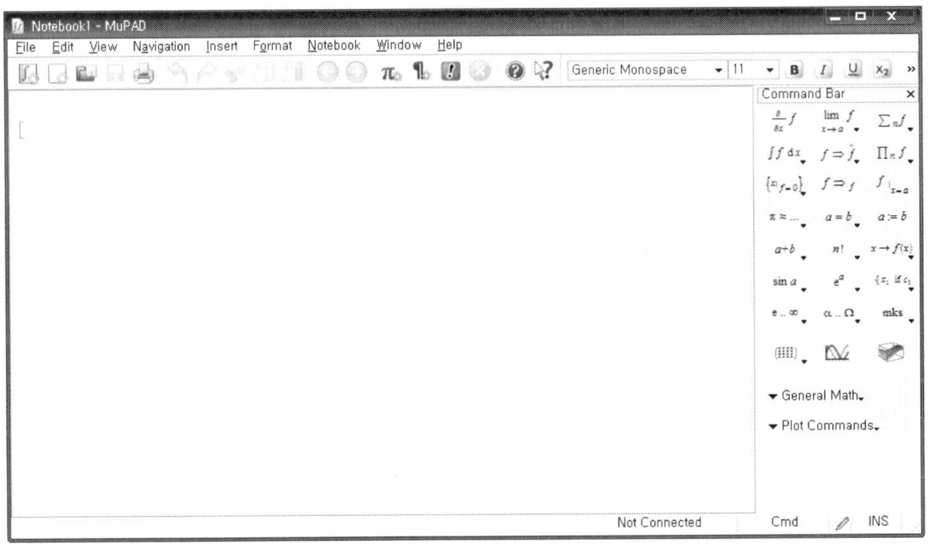

그림 1.10 MuPAD 윈도우

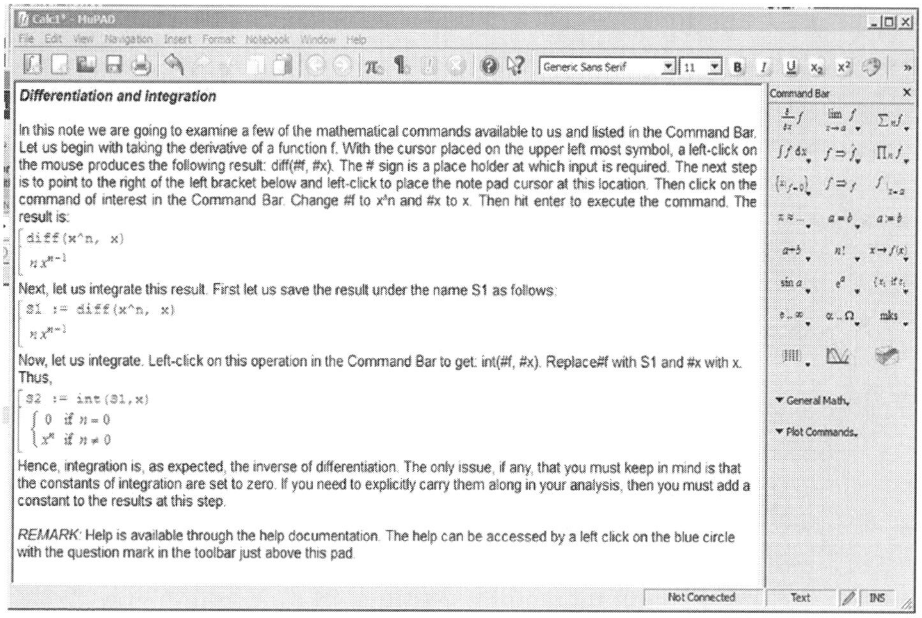

그림 1.11 The MuPAD notebook Calc1.mn.

왼쪽 대괄호 옆을 클릭 한다. 이 지점에서 글자를 입력해서 여러분이 하고자하는 수학 작업을 시작할 수 있다. 그림 1.11은 어떤 함수를 미분하고 그 결과를 다시 적분해서 미분과 적분의 관계에 대해서 알아보는 것을 보인다. 이 노트북은 `Calc1.mn` 으로 저장하였다. 여기서 이 파일의 확장명 ('*.mn')은 MuPAD가 만든 MATLAB 노트북 파일을 의미한다. 마우스로 Command Folder 패널에서 이 파일을 더블 클릭하면 이 노트북을 열 수 있다. 이 그림의 예제를 자세히 살펴보자.

미분과 적분

이 노트에서 커멘드 바의 몇몇 수학 명령을 시험해 보자. 함수 f의 미분을 구해 보자. 커서를 최상단 왼쪽의 기호로 옮겨서 더블 클릭을 하면 diff (#f, #x) 가 나타난다. # 기호는 입력이 필요한 곳이다. 다음 단계는 커맨드 바를 이용해서 입력한 곳으로 마우스를 옮겨서 #f를 x^n, #x를 x로 바꾼다. 그리고 엔터키를 눌러서 명령을 실행한다. 결과는

```
[diff (x^n, x)
```

nx^{n-1}

다음 단계로 결과를 적분해보자. 우선 결과를 다음과 같이 S1 으로 저장 한다:

```
[S1 := diff(x^n, x)
```

nx^{n-1}

이제, 적분을 한다. 커맨드 바의 적분 아이콘을 클릭하면 int (#f, #x)가 나타난다. #f를 S1, #x를 x로 바꾼다. 그러면:

```
[S2 := int(S1, x)
```

$$\begin{cases} 0 & \text{if} \quad n=0 \\ x^n & \text{if} \quad n \neq 0 \end{cases}$$

예상했던 것처럼 적분은 미분의 반대이다. 여기서 한 가지 여러분들이 기억해 두어야 하는 논점은 적분 상수가 0이라는 것이다. 여러분들의 해석을 계속하기 위해서는 이 단계에서 상수를 추가해 주어야만 한다.

참고 : 도움말은 help 문서를 이용해서 얻을 수 있다. 도움말은 툴바에 있는 청색 원 안에 물음표가 있는 아이콘을 클릭하면 된다.

두 번째 예제로 MuPAD의 그래픽 기능을 살펴보자. MATLAB에서는 함수를 그래프로 빨리 테스트 해볼 수 있는 다른 플로팅 유틸리티들이 있다. MuPAD는 이런 테스트에 좀 더 적합하다. 여러분이 기술 문서를 읽다가 테스트해보고 싶은 다음의 두 함수를 본 경우를 가정해 보자. 한 예는 비선형 파동 이론에서 중요한 역할을 하는 $\mathrm{sech}^2(x)$ 함수이다. 두 번째는 제 1종 타원 적분, 즉

$$K(m) = \int_o^{\pi/2} \frac{1}{\sqrt{1-m^2\sin^2\theta}}\,d\theta$$

여기서 $m=\pi/4$이다. 이 적분은 퍼텐셜 이론(potential theory)에서 중요한 역할을 한다. 이 함수들은 어떤 형태일까? 그림 1.12의 MuPAD 노트북은 이 함수의 형태를 보인다. 이 함수들에 대한 도움말은 help 문서와 참조 링크에서 찾아 볼 수 있다.

이것으로 APP에 대한 간단한 소개와 Symbolic Math 툴박스에 대한 소개를 마친다.

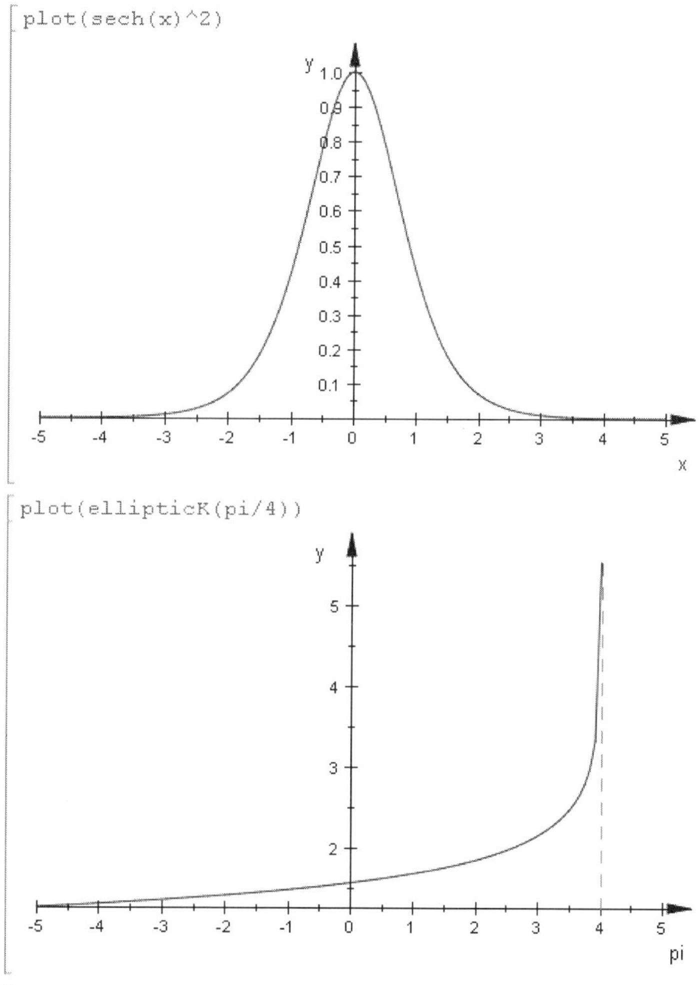

그림 1.12 MuPAD 그래프의 예제

1.2.4 다른 APP들

MathWorks에서 제공하는 많은 APPS 들이 있으며, 여러분들도 자신을 위한 APPS를 만들 수 있다. MATLAB을 처음 접하게 되면서 배우는 것은 이 기술 계산 환경과 관련된 풍부한 기술들로 인해 배워야 할 것이 많다는 것이다. 여러분은 자신만의 툴박스와 APPS를 만들 수 있으며, 데스크탑의 배치, 배경색, 글꼴, GUI등의 작업 환경을 자신에게 맞출 수 있는 기회를 가지게 된 것이다.

1.2.5 추가 기능

MATLAB은 여러 가지 좋은 기능을 가지고 있다. 예를 들어 10행 10열(10x10) 마방진을 magic(10) 명령을 이용해서 만들 수 있다. 마방진은 각 행과 열, 그리고 대각 요소들의 합이 같은 행렬이다. 한번 해보기 바란다. 일반적으로 $n \times n$ 마방진의 각 행과 열의 합은 $n(n^2+1)/2$이다.

또한 마방진 요소에 대한 등고선(contour) 플롯도 얻을 수 있다. MATLAB은 정사각형 각 요소를 지도에서 해수면 높이로 처리해서 등고선을 그릴 수 있다. contour magic(32)를 실행해 보면 흥미로운 결과를 얻을 수 있다.

만약 유명한 그림 1.13과 같은 멕시코 모자(Mexican hat)를 보고 싶다면 아래의 4줄을 입력하면 된다(오타가 없도록 주의하자. 특히,' . '가 빠지지 않도록 주의한다).

```
>> [x y] = meshgrid(-8 : 0.5 : 8); <Enter>
>> r = sqrt(x.^2 + y.^2) + eps; <Enter>
>> z = sin(r) ./ r; <Enter>
```

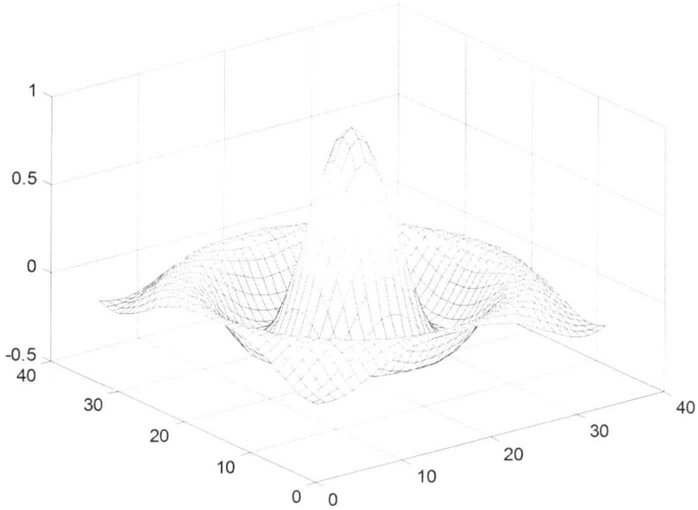

그림 1.13 **멕시코 모자**

표면에 작게 잘라진 격자 면을 생성시키기 위해서 surf(z)를 사용해 보자. surfc(z) 또는 meshc(z)는 표면 아래에 2차원 형태의 윤곽 곡선을 함께 그린다. 다음과 같은 명령으로 격자 눈금을 제거한 보다 훌륭한 그림을 만들어 보자.

```
>> surf(z), shading flat <Enter>
```

다음의 애니메이션은 그림 1.13의 멕시코 모자를 확장한 것이다. 아래에서는 for 루프를 이용해서 n=-3에서 n=3까지 0.05씩 증가시키며 반복한 것이다. 이 명령은 for n=-3:0.05:3 명령으로 시작하고 end 명령으로 끝나는데 이것은 프로그래밍을 하는 중요한 구성 요소 중의 하나이다. 이 예제에서 for에서 end까지의 명령은 121번 반복된다. pause (0.05)는 for 루프에서 0.05초의 시간 지연을 두어서 애니메이션을 느리게 하고 계산이 끝날 때까지 0.05초 마다 그림을 바꾼다.

```
>> [ x y] = meshgrid(-8:0.5:8); <Enter>
>> r = sqrt(x.^2 + y.^2)+eps; <Enter>
>> for n = -3:0.05:3; <Enter>
>> z=sin(r.*n)./r; <Enter>
>> surf(z), view(-37,38), axis([0,40,0,40,-4,4]); <Enter>
```

```
>> pause(0.05) <Enter>
>> end <Enter>
```

사용하고 있는 PC에 스피커가 있다면 헨델의 할렐루야 합창의 한 소절을 듣기 위해 다음 명령어를 시도해 보자.

```
>> load handel <Enter>
>> sound(y, Fs) <Enter>
```

다른 종류의 사운드를 듣고 싶다면 chrip, gong, laughter, splat, train을 handel 대신 입력해 보라.[10] 단, sound(y, Fs)는 매번 실행시켜야 한다.

만약 우주에서 보이는 지구의 모습을 보고 싶다면 다음을 시도해보자.

```
>> load earth <Enter>
>> image(X); colormap(map) <Enter>
>> axis image <Enter>
```

이 장의 처음에 보인 행렬을 MATLAB에 입력하고 싶다면 다음의 명령을 입력하여라.

```
>> A = [ 1 3 5; 2 4 6] <Enter>
```

다음 줄에 A(2,3)을 입력해서 두 번째 줄 세 번째 요소를 추출해보자.

만약 이 책을 보다가 정말로 지루하다고 느낄 때면 why라고 타이핑 해보라. 다음에는 why(2)라고 두 번 타이핑 해보자. 마지막으로 이 함수에 대한 MATLAB 코드를 보기 위해 >> edit why 명령어를 실행해 보라.

```
>> edit why <Enter>
```

이 파일의 내용을 보았다면, 편집기 윈도우에서 Close Editor를 선택한다. 이 때 실수로 뭔가를 수정했다면 저장하지 않음을 선택해야 한다.

edit 명령은 why.m 과 같은 M-파일을 만드는 것을 설명할 때 사용될 것이다. 파일의 이름은 명령 why 로 실행된다. MATLAB 데스크탑의 기본 기능들을 익힌 후에 M-

10) 이미 MATLAB에서는 정해진 파일과 변수명으로 데이터를 갖고 있다.

파일을 만들 것이다. MATLAB 환경에서 프로그램을 만드는 것에 대한 더 상세한 것은 2장에서 편집기에 대해서 설명한 후 설명한다.

실습문제

1. 다음을 MATLAB 명령창에서 실행시켜 보아라.

(a) `0\1` (b) `1\0` (c) `0\0`

2. 다음 명령을 MATLAB 명령창에서 실행시켜 본 후, 그 결과를 보고 어떤 수학 함수에 대한 실행결과인지 생각해 보아라.

(a) `sin(90)` (b) `exp(1)` (c) `sqrt(pi)`

3. 다음 MATLAB 명령어를 실행시켜 보라. 어떤 기능을 수행하는 명령어인지 또 그 차이가 무엇인지 알 수 있겠는가?

(a) `clc` (b) `clf` (c) `clear`

1.3 예제 프로그램

1.1절에서 우리는 간단하게 MATLAB 프롬프트에서 하나의 명령어나 명령문을 입력하여 사용하는 방법에 대해 살펴보았다. 하지만, 여러분은 2차 방정식의 근을 찾는 것과 같이 MATLAB이 한 줄 명령어로 해결할 수 없는 문제(모든 특별한 경우를 포함하는)도 해결하고자 할 것이다. 그러한 문제를 풀기 위한 명령문들을 모아놓은 것을 프로그램이라고 부른다. 이 절에서는 두개의 짧은 프로그램을 짜고 실행시키는 모든 과정을 살펴보고자 한다. 그렇다고 그것들을 실행하는데 설명을 지루하리만큼 너무 많이 하지는 않을 것이다.

1.3.1 잘라내기와 붙여넣기

여러분이 그림 1.6에서 보는 바와 같이 0에서 6π까지에서 $e^{-0.2x}\sin(x)$를 그려보길 원한다고 하자. 윈도우 환경은 자체적으로 유용한 cut and paste 편집 기능을 제공하고 있다. 다음 과정을 따라해 보자.

MATLAB® 데스크탑에서 File -> New -> Script 를 선택하거나, 데스크탑 툴 바에 있는 new file 버튼을 클릭 하여라. 이것은 Editor/Debugger에서 Untitled 창을 열게 한다. 잠시 동안은 이것을 프로그램을 짜기 위한 'scratch pad'처럼 생각하도록 하자. 이제 에디터에서 다음과 같은 두 줄을 아래와 같이 정확하게 입력하여라.

```
x = 0 : pi/20 : 6 * pi;
plot(x, exp(-0.2*x) .* sin(x) , 'r') , grid
```

여기서, 둘째 줄에서 두 번째의 * 앞에 있는 것은 dot(full stop, period)을 나타낸다.[11] plot 명령에서 추가된 변수 'r'은 기본색(파란색)과 다르게 빨간색(red)으로 그리게 하는 명령어이다.

다음으로, 마우스 포인터(매우 얇은 대문자 I처럼 보이는)를 첫 줄 x의 왼쪽까지 움직여라. 둘째 줄의 끝까지 마우스를 움직일 동안에 마우스의 왼쪽 버튼을 누른 채로 유지하라. 이러한 과정을 드래그(drag)라고 부른다. 이 단계에서 두 줄은 하이라이트 (아마도 파란색으로)될 것이며, 이것은 선택되었다는 것을 가리킨다.

에디터 창에서 Edit 메뉴를 선택하고 Copy를 클릭해 보자. (또는 단지 키보드를 사용하여 단축키 Ctrl+C를 사용하라.) 이 동작은 하이라이트된 텍스트를 Windows 클립보드(사용 중인 OS가 Windows라 가정한다면)에 복사시킨다.

지금 명령 창으로 다시 돌아가도록 하자. 그러고 나서 커서를 >>로 표시된 프롬프트에 옮겨놓자 (만약 필요하다면 그곳을 클릭하라). Edit 메뉴를 선택하고 Paste를 클릭한다 (또는 단축기 Ctrl+V를 사용). 클립보드의 내용이 명령 창에 복사될 것이다. 이 두 줄의 프로그램을 실행시키기 위해서 Enter 키를 눌러보자. 그림 1.14와 같은 그래프가 그림 창 (figure window)에 나타날 것이다.

편집기 안의 텍스트를 선택하는 것에서부터 명령 창으로 복사하는 것까지의 일련의 과정을 '오려 붙여넣기(cut and paste)' - 좀 더 정확히 여기서는 '복사하여 붙이기(copy

11) 용법 및 의미에 대한 자세한 설명은 뒤에서 할 것이다.

and paste)'라 부른다. 왜냐하면 원래의 text를 잘라 내었다기보다는 편집기로부터 복사하였기 때문이다. 여러분이 이것을 정확하게 알 때까지 반복하여 연습한다면 매우 유용할 것이다.

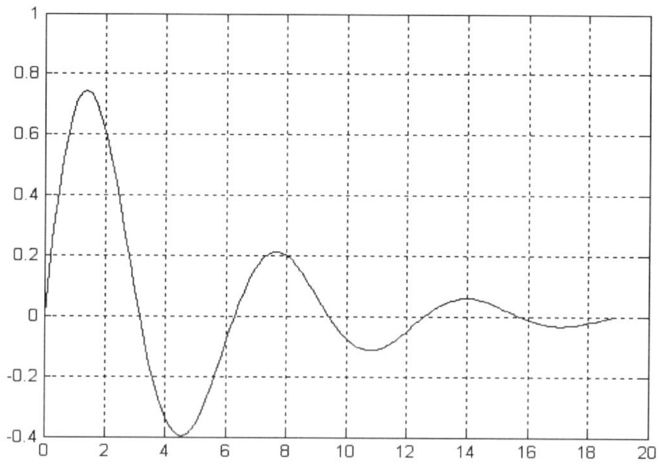

그림 1.14 $e^{-0.2x}\sin(x)$

만약 프로그램을 수정할 필요가 있다면, 다시 편집기로 돌아가서 에러가 난 위치를 클릭하라. 그러고 나서 수정을 한 후, 다시 오려 붙여넣기를 하라. 실수를 수정하기 위한 다른 방법으로 명령줄 편집을 사용할 수도 있다. 또 다른 방법으로 Command History 창으로부터 붙여넣기를 할 수도 있다 (부수적으로, 이것을 이용하여 그동안 수행된 많은 명령어들을 재실행시킬 수 있다). Command History 창에서 여러 줄을 동시에 선택하고자 하면 Ctrl 키를 누른 채 마우스를 클릭하면 된다.

여러분이 명령 창에 직접 여러 줄의 명령문을 입력할 수도 있다. 마지막 줄을 입력하기도 전에 그룹 전체가 실행되는 것을 방지하기 위해서는, Shift+Enter 또는 Ctrl+Enter를 각 줄의 입력이 끝난 후에 눌러 주면 된다. 그러고 나서 마지막 줄에 Enter 키를 누르면 전체 명령 줄이 실행될 것이다.

다른 예제로, 여러분이 은행에 $1000을 저축했다고 해보자. 이자는 연 9% 이율로 누적된다. 1년이 지난 후 여러분의 은행 잔고는 얼마가 될까? 여러분이 잔고를 확인하기 위해 MATLAB 프로그램을 쓰길 원한다면, 여러분 스스로 문제를 틀림없이 풀 수가 있을 것이다. 이와 같이 상대적으로 간단한 문제조차도, 구조계획(structure plan)의 초안을 먼저 작성하는 것은 프로그램 작업에 큰 도움이 될 것이다.

1. 데이터를 MATLAB에 입력하라 (초기 통장잔고 및 이율).
2. 이자를 계산하라 ($1000의 9% 이자, 즉 $90).
3. 잔고에 이자를 더하라 ($90 + $1000, 즉 $1090).
4. 새로운 통장잔고(new balance)를 표시하라.

다시 에디터로 돌아가 보자. 앞에서 쓴 문장들을 모두 지우기 위해, 보통 드래그를 통해 전체를 선택하고 (또는 Ctrl+A를 사용) Del 키를 누른다. 선택한 문장들의 선택을 해지하고자 한다면, 선택된 영역의 바깥쪽 아무 곳이나 클릭하면 된다. 다음에 나오는 프로그램을 따라서 입력한 후 명령 창으로 오려 붙여넣기를 해보도록 하자.

```
balance   = 1000 ;
rate      = 0.09 ;
interest  = rate * balance ;
balance   = balance + interest ;
disp ( ' New balance:' ) ;
disp ( balance ) ;
```

이것을 실행시키기 위해 Enter 키를 눌렀을 때, 여러분은 명령 창에서 다음과 같은 결과를 얻었을 것이다.

```
New balance:
              1090
```

1.3.2 프로그램 저장: 스크립트 파일

우리는 MATLAB 프로그램을 작성하고 실행시키기 위해 에디터와 명령 창 사이에서 오려 붙여넣기 하는 방법을 살펴보았다. 여러분이 나중에 다시 그것을 사용하고자 한다면, 프로그램을 확실하게 저장하는 것이 필요하다.

에디터의 내용을 저장하기 위해서는 에디터 메뉴에서 File -> Save를 선택하라. 그러면 "Save file as:" 이란 박스가 나타날 것이다. 디렉토리를 선택하고 파일 이름을 입력한다. 이때 "File name:" 박스 안에 확장자는 .m 이어야한다 (예를 들어, junk .m). Save를 클릭하면 현재 에디터 창의 제목은 junk.m이란 파일명으로 바뀌게 된다. 만약, 에디터에서 junk.m 파일의 내용이 바뀌게 되면, 파일을 새로 저장할 때까지 에디터의 윗부분의 파일이름 다음에 * 표시가 나타나게 된다.

MATLAB 프로그램은 스크립트 파일 또는 간단히 스크립트라 불리는 .m의 확장자를 갖는 파일로 에디터 (또는 ASCII 편집 에디터)에서 저장된다 (MATLAB 함수 파일 역시 확장자가 .m 파일을 갖게 된다. 따라서 MATLAB은 일반적으로 M-files로 함수 파일과 스크립트 파일 모두를 다루게 된다). 만약 여러분이 프롬프트의 명령줄에 스크립트 파일명을 입력하게 되면, 마치 프롬프트상에서 파일 안에 있는 각각의 명령문이 한줄한줄 입력된 것처럼 스크립트 파일 안의 명령어를 수행하게 된다.
스크립트 파일명을 명명하는 규칙은 MATLAB 변수이름을 정하는 것과 같다 (다음에 나오는 2.3절을 참조하라).

예를 들어, 스크립트 파일을 compint.m 이란 파일명으로 저장해보자. 그리고 나서 간단하게 명령 창의 프롬프트상에서 다음과 같이 간단히 입력한다.

```
compint
```

compint.m 안에 있는 명령문들은 정확하게 명령 창에 마치 그것들은 붙여넣기 한 것처럼 수행된다. 즉 말하자면, compint란 새로운 MATLAB 명령어를 효과적으로 만들어 낸 것이다.

스크립트 파일은 명령 창에서 type이란 명령어를 통해서 내용을 볼 수가 있다.

```
type compint
```

> TIP 확장자 .m 이 생략되었음에 유의하자.

스크립트 파일을 이용하면, 명령어들을 실행시킬 때마다 매번 명령 창에 불필요하게 붙여넣기 하는 큰 프로그램들을 유용하게 관리할 수 있다.

현재 디렉토리

스크립트를 실행시킬 때, MATLAB의 현재 디렉토리 (데스크탑 툴바의 오른쪽에 있는 Current Directory를 지정)는 스크립트가 저장된 디렉토리로 설정되게 만들어 주어야 한다. 현재 디렉토리를 바꾸기 위해서는 Current Directory에서 새로운 현재 디렉토리의 경로를 쳐주거나, 앞에서 실행되었던 디렉토리를 밑으로 향하는 화살표를 눌러서 리스트를 확인하여 선택하면 된다. 또는 Current Directory 옆의 ...와 같은 버튼을 클릭하여 새로운 디렉토리를 선택할 수도 있다.

이러한 방법으로 현재의 디렉토리를 Current Directory 창에서 바꿀 수 있게 된다. cd란 명령어를 명령 창에서 직접 입력하여 현재의 디렉토리를 바꿀 수도 있다.

```
cd \mystuff
```

> TIP
> **cd 명령어만을 명령 창에서 치게 되면 현재의 디렉토리의 이름을 표시해 준다.**

현재 디렉토리 창으로부터 스크립트를 실행하는 방법

스크립트를 실행하는 간단한 방법은 다음과 같다. Current Directory에서 파일을 선택한 후 파일에서 오른쪽 마우스 버튼을 클릭한다. 그러면 context menu들이 나온다(이 메뉴들은 데스크탑의 일반적인 기능을 나타낸다.) 메뉴에서 Run을 선택하라. 명령 창에 결과가 나타난다. 만약 스크립트를 수정하길 원한다면, context menu에서 Open을 선택하라.

Current Directory 브라우저에서 특정한 파일 타입을 보고자 한다면, View → Current Directory Filter를 사용하라. 예를 들어, 오로지 M-file만 보길 원한다고 하자. 또 다른 방법으로 Current Directory 브라우저에서 배열된 열 제목을 오른쪽 마우스 버튼을 클릭하여 나오는 메뉴들을 사용하면 된다.

파일열의 제목을 클릭하여 Current Directory 브라우저에서 파일들을 정렬할 수도 있다. 클릭할 때마다 정렬 순서가 내림차순 또는 올림차순으로 바뀐다.

M-file의 Help부분은 Current Directory 브라우저 밑 부분에 나타나는 것에 주의하자. MATLAB 디렉토리 중 한 곳(예를 들어, `\toolbox\matlab\elmat`)에 있는 M-file 들로 실행해 보아라. M-file의 한줄한줄 설명은 Current Directory 창의 가장 오른쪽 열 부분에 나타난다.

> **TIP** 모든 칼럼들을 보길 원한다면 창의 크기를 늘리는 것이 필요하다.

1.3.3 프로그램의 동작

이제 우리는 복잡하고 흥미로운 프로그램이 어떻게 동작하는지 세부적으로 살펴보기로 한다.

MATLAB® 시스템은 기술적인 용어로 인터프리터(interpreter)라고도 불린다[12]. 이것은 명령어 라인에서 표현된 각각의 명령문이 컴퓨터가 더 잘 이해할 수 있는 언어로 변환되고 그리고 나서, 그것이 즉시 실행된다는 것을 의미한다.

MATLAB®에서 기본적인 개념은 컴퓨터의 RAM에 숫자들이 어떻게 저장되는가에서 시작한다. 만약 MATLAB 명령문이 숫자를 저장하는 것이 필요하다면, RAM 안의 공간이 저장을 위해 별도로 설정된다. 이 메모리 공간을 저장소 또는 메모리 위치로 생각할 수 있으며, 각각은 한번에 단지 한 숫자를 저장할 수 있다. 이 메모리 위치는 MATLAB 명령문에서 기호(symbol) 이름에 의해 참조된다. 다음 명령문

```
balance = 1000
```

은 `balance`로 명명되는 메모리 위치에 숫자 1000을 할당한다. `balance`의 내용은 바뀔 수 있기 때문에 이를 변수(variable)라 칭한다. 따라서 앞의 프로그램에서 명령문들은 MATLAB에서 다음과 같이 해석된다.

1. 변수 balance에 숫자 1000을 넣어라.
2. 변수 rate에 숫자 0.09를 넣어라.
3. balance의 값에 rate의 값을 곱하고 interest에 결과를 넣어라.

12) 종종 컴파일러(*compiler*)의 반대 개념으로 사용된다.

4. interest의 값에 balance 값을 더하고 balance에 결과를 넣어라.
5. 명령 창에 작은따옴표와 함께 주어진 메시지를 표시하라.
6. balance의 값을 표시하라.

어렵게 이것을 강조하는 것처럼 보이지만, 번역된 명령문들은 위에서부터 아래로 순차적으로 실행된다. 프로그램의 실행이 끝났을 때, 사용된 변수들은 다음과 같은 값을 갖게 될 것이다.

```
balance  : 1090
interest : 90
rate     : 0.09
```

원래의 balance 값(1000)이 지워졌음에 유의하자.
다음 예제를 따라해 보자.

1. 현 상태에서 프로그램을 실행시켜 보자.

2. 프로그램에서 첫 번째 명령문을 다음과 같이 바꾸자.
```
balance = 2000 ;
```
프로그램을 실행시켰을 때 현재 무슨 결과가 나올지 이해했다고 확신할 수 있는가?

3. 다음은 그대로 두고 명령문 줄에서 빠져 나오자.
```
balance = balance + interest ;
```
그러고 나서 다시 실행시켜 보자. 어떠한 결과가 나올지 설명할 수 있는가?

4. balance의 원래의 값을 잃지 않도록 프로그램을 다시 작성해 보라.

이제 여러분은 다음과 같은 많은 질문들을 생각하게 될 것이다.

- 어떠한 이름들이 변수로 사용될 수 있을까?
- 어떻게 숫자들을 표현할 수 있을까?
- 만약 명령문이 적정하지 못하다면 어떠한 결과가 나올까?
- 어떻게 결과를 좀 더 산뜻하게 관리할 수 있을까?

이러한 질문들은 간단하게 대답될 수 있다. 그러나 우리가 좀 더 완벽하게 프로그램을 작성하기에 앞서, 몇 가지 추가로 소개되어야 하는 기본적인 개념들이 있다.

요약

- MATLAB®은 과학과 공학 문제를 풀기 위해 제작된 행렬을 기반으로 한 엔지니어링 소프트웨어이다.
- MATLAB®을 이용하기 위해서는 사용자가 명령어들을 명령창 안에 있는 명령줄에 입력하여야 한다. 그러면, MATLAB은 즉시 실행될 것이다.
- `quit` 또는 `exit` 명령어는 MATLAB을 종료하는데 이용된다.
- `clc` 명령은 명령창을 깨끗이 정리해 준다.
- `help`와 `lookfor` 명령어는 도움말을 제공해 준다.
- `plot` 명령어는 그림창에 `x-y`축 그래프를 그리는 명령어이다.
- `grid` 명령어는 그래프 위에 눈금을 나타나게 한다.

종합문제

1.1 명령줄에서 변수 a와 b에 a = 3, b = 5을 입력하자. a와 b의 합, 차, 곱 그리고 몫을 구할 수 있는 명령문을 적어보자.

1.2 책의 1.2.5절에서 멕시코 모자 문제의 애니메이션을 보였다. 이것을 편집기에서 입력하고, 저장하고, 그리고 실행하여라. 디버깅을 마치고 성공적으로 실행되었다면 다음과 같이 수정해 보아라.

(a) n의 최대값을 3에서 4로 바꾸고 스크립트를 실행하여라.

(b) pause 함수의 시간 지연을 0.05에서 0.1로 변경하여라.

(c) 명령 z = sin(r.*n)./r;을 z= cos(r.*n); 로 변경하고 스크립트를 실행하여라.

1.3 명령줄에서 x = 4 * pi^2 를 입력해서 변수 x에 값을 할당한다. x의 제곱근은 얼마인가? x의 제곱근의 코사인은 얼마인가?

1.4 명령줄에서 y = -1.를 입력해서 변수 y에 값을 할당한다. y의 제곱근은 얼마인가? 답이 다음과 같은가?

```
ans =
      0 + 1.0000i
```

예, MATLAB은 실수뿐만 아니라 복소수를 다룬다. 그러므로 i는 인덱스나 변수명으로 사용되어서는 안된다. 이 i는 –1의 제곱근이다. 또한 j도 MATLAB에서 $\sqrt{-1}$ 을 나타내는 기호로 사용된다. 연습 문제의 해답들은 부록 E에서 있다.

2장

MATLAB® 기초

이번 장의 목적은 다음과 같은 MATLAB 프로그래밍 기초에 대해 소개하는 것이다.

- 변수, 연산자와 수식 표현들
- 배열 (벡터와 행렬 포함)
- 입력과 출력의 기초
- 반복문 (for)
- 판단문 (if)

지금까지 여러분은 아마도 여러분 스스로가 문제를 풀기 위해 MATLAB을 사용할 수 있게 되기를 기다려 왔을 것이다. 이번 장에서는 간단한 문제들을 풀기 위한 MATLAB 명령문을 쓰는 방법을 자세하게 살펴보게 될 것이다.

이번 장에 있는 기초적인 규칙들을 완전히 터득하게 된다면, 여러분은 좀 더 흥미롭고 실질적인 문제들에 접근해 갈 수 있을 것이다. 그러나 그러기 전에 먼저 우리는 MATLAB 데스크탑에 대해 간단히 살펴보는 것이 필요하다.

2.1 변수

변수들은 프로그래밍에서 가장 기초가 된다. 프로그래밍 기술이란 다음과 같이 서술될 수 있다.

getting the right values in the right variables at the right time.

변수의 이름은 반드시 다음의 두 가지 규칙을 따라야 한다.

- a에서 z까지의 문자, 0에서 9까지의 숫자, 그리고 언더바(_)로만 구성되어야 한다.
- 반드시 문자로 시작되어야 한다.

> TIP
> 변수의 이름은 여러분이 원하는 만큼 길게 줄 수는 있지만, MATLAB은 오직 63개의 문자만을 기억한다.
> 여러분이 사용하는 배포판에서 이것을 확인하기 위해서는 namelengthmax 명령을 실행하면 된다.

적절한 변수 이름의 예 : `r2d2  pay_day`
부적절한 변수 이름[1)]의 예 : `pay-pay  2a  name$  _2a`

변수는 그것에 해당되는 값을 명령줄이나 프로그램 내에서 간단하게 생성한다. 예를 들어,

```
a = 98
```

만약 존재하지 않는 변수를 여러분이 참조하게 되면 다음과 같은 에러 메시지를 얻게 될 것이다.

```
??? Undefined function or variable...
```

공식적인 MATLAB 문서는 그것이 단지 하나의 값(scalar)을 갖든 혹은 다수의 값(벡터 또는 행렬)을 갖든 모든 변수들을 배열(array)로서 참조한다.

1) 왜 부적절한지 생각해 보라.

2.1.1 대소문자 구분

MATLAB®은 case-sensitive하다. 이것은 대소문자를 구분한다는 의미이다. 따라서 balance, BALANCE, 그리고 BaLance는 세 가지 서로 다른 변수를 의미한다. 많은 프로그래머들은 하나로 인식될 변수명을 한 단어 이상으로 구성할 필요가 있다면, 두 번째 그리고 순차적으로 나오는 단어의 첫 번째 문자를 제외하고 모두 소문자를 사용한다. 이러한 방법을 마치 대문자가 낙타의 혹처럼 나와 있기 때문에 camel caps라고 부른다. 예를 들어, camelCaps, milleniumBug, dayOfTheWeek와 같은 것들을 말한다[2].

> **TIP** 명령어나 함수의 이름 역시 대소문자를 구분한다. 그러나 여러분이 명령 줄에서 help를 사용할 때, 함수 이름 자체를 강조하기 위하여 대문자로 나타낼 때도 있음에 유의해야 한다 (예를 들어 CLC). 그러나 함수 또는 명령어들을 실행시킬 때는 대문자를 사용해서는 안 된다.

2.2 작업공간

MATLAB®의 또 다른 기본 개념은 작업공간(workspace)이다. clear 명령을 입력하고 나서 다시 복리이자 계산 프로그램을 실행해 보라. 이제 who 명령을 입력하면, 아래와 같은 변수들의 리스트를 볼 수 있을 것이다.

```
Your variables are :
balance          interest  rate
```

clear명령을 주기 전까지 실행되는 동안 생성된 변수들은 작업공간에 남아 있게 된다. 실행 중에 어느 단계에서든지 변수들을 이용하거나 또는 값을 변화시킬 수 있다. 명령어 who는 작업공간의 모든 변수의 이름을 열거시킨다. 함수 ans는 마지막 수식에 의해 계산된 값을 돌려받지만, 변수에 저장되지는 않는다. 명령어 whos는 다음과 같이 사용 변수들 각각의 사이즈를 포함한 정보를 보여준다.

```
Name             Size     Bytes  Class
balance          1x1          8  double array
```

2) 또 다른 어떤 프로그래머들은 언더바(_)를 사용하여 분리된 여러 단어들을 사용하는 것을 선호하기도 한다. (Camel_Caps, day_of_the_week 등)

```
interest        1x1         8  double array
rate            1x1         8  double array
```

여기서, 각 변수는 8 bytes[3]의 저장 공간을 차지하는데, byte는 한 문자를 나타내기 위해 필요한 컴퓨터 메모리 용량이다. 이러한 각 변수들은 1×1 크기를 갖는다. 왜냐하면 이 변수들은 위에서 언급했듯이 MATLAB은 모든 변수를 1×1 배열로서 간주하지만 벡터나 행렬과는 다른 스칼라이기 때문이다. `Class double array` 은 변수들이 두 배로 정밀한 부동소수점으로서 어떤 수치 값을 갖고 있음을 의미한다(2.5절을 참고하자.)

명령어 `clear`는 작업공간에서 모든 변수를 제거한다. 또한 특정 변수를 작업공간에서 제거할 수 있다. 예를 들면, `clear rate`와 같다. `clear rate balance`와 같이 하나 이상의 변수를 제거할 수도 있다[4]. 프로그램을 실행시켰을 때, 그것에 의해 생성된 어떤 변수들은 실행이 완료된 후에도 작업공간에 남아있게 된다. 이것은 중복된 이름의 변수들이 존재할 수 있음을 의미한다.

TIP 이것에 의해 뜻하지 않은 연산결과를 얻을 수도 있다. 따라서 계산 결과가 의심될 때에는 `clear` 명령을 수행한 후 작성된 스크립트를 실행시키는 것이 좋다.

데스크탑의 Workspace 브라우저는 편리하게 작업공간 상태를 시각적으로 보여준다. Array Editor를 이용하여 작업공간의 변수를 볼 수 있고 값을 변화시킬 수도 있다. Array Editor를 실행시키기 위해서는 작업공간 브라우저의 변수를 더블 클릭 하거나, 또는 마우스 오른쪽을 클릭 하여 보다 일반적인 하부 메뉴로부터 수행할 수도 있다. 이 하부 메뉴들로부터 여러 방법으로 작업공간 변수들의 그래프를 그릴 수 있음을 유의하라.

2.2.1 작업공간에서 공통으로 사용된 상수 더하기

만약 물리적, 또는 수학적으로 동일한 상수들을 MATLAB 세션에서 자주 사용한다면, M-file에 이들을 저장할 수 있다. 그리고 세션을 시작할 때 이것들을 실행한다. 예를

3) 1 byte는 8bits와 동일하다.
4) 변수 명을 콤마가 아닌 빈칸으로 분리함을 기억하자.

들어서, 아래에 나오는 명령문은 myconst.m으로 저장할 수 있다.

```
g = 9.8 ;                     % acceleration due to gravity
avo = 6.023e23 ;              % Avogadro's number
e= 2.718281828459045 ;        % base of natural log
pi_4 = pi / 4
log10e = log10(e) ;
bar_to_kP = 101.325 ;         % atmospheres to kiloPascals
```

만약 세션 시작 시 myconst를 실행한다면 위의 6개 변수들은 작업공간의 일부분이 되고 그들을 clear할 때까지 세션이 끝난 후에도 사용 가능하다. 만약 여러분들이 MATLAB에 대한 경험이 많아지면, 계산하고 해석하는 환경과 관련된 MATLAB의 더 많은 유용성과 능력을 발견하게 될 것이다.

2.3 배열: 벡터와 행렬

앞에서 언급했듯이 MATLAB이란 명칭은 MATrix LABoratory를 나타낸다. 이것은 MATLAB이 행렬(matrices)을 이용하여 작업하도록 설계되었기 때문이다. 행렬은 행과 열로 구성되는, 표(table)와 같은 직사각형 형태이다. 정규 행렬(proper matrix)에 대한 대부분의 자세한 설명과 어떻게 MATLAB이 이들을 가지고 실행되는지에 대해서는 6장에서 다루기로 하자.

벡터는 하나의 행 또는 하나의 열만 가지는 특별한 형태의 행렬이다. 벡터는 또한 다른 프로그램 언어에서 리스트(lists) 또는 배열(arrays)이라고 일컫는다. 만약, 아직 공식적으로 벡터에 대해서 이해하지 못하고 있다면, 이를 걱정하지 말고 단지 벡터를 수들의 나열로 생각하라.

MATLAB®은 벡터와 행렬을 동일한 방식으로 처리한다. 그러나 행렬보다는 벡터로 생각하는 것이 더 수월하므로, 먼저 벡터를 살펴보기로 하자. 이는 MATLAB의 다른 측면에 대한 이해력과 응용력을 강화시켜줄 것이다. 앞에서 언급했듯이 MATLAB은 스칼라, 벡터 그리고 행렬을 일반적으로 배열로 간주한다. 우리는 또한 1차원 그리고 2차원 형태의 벡터 및 행렬과 함께 일반적으로 용어 배열을 사용할 것이다.

2.3.1 벡터 초기화: 명확한 나열

쉽게 이해하기 위해서 명령 줄에 다음의 짧은 명령을 입력해보자[5]. 이것들은 벡터를 초기화 하는 명확한 나열 방법의 예제들이다.

2.1 다음 명령을 입력한다.

```
x = [1 3 0 -1 5]
```

위 명령이 5개의 원소를 갖는 벡터를 반들어낸다는 것을 이해할 수 있겠는가?

TIP 세미콜론을 생략하면 벡터 리스트를 볼 수 있다.

2.2 MATLAB®이 어떻게 벡터를 나타내는지 알기 위해서 disp(x) 명령을 입력한다.

2.3 명령 whos를 입력한다. (또는 Workspace 브라우저를 살펴본다) x가 1행, 5열 갖는 1×5 벡터임을 확인할 수 있다. 또한 원소들의 총 수가 5인 것도 확인할 수 있다.

2.4 빈칸 대신에 콤마로 대체할 수 있다. 아래와 같이 따라해 보자.

```
a = [5, 6, 7]
```

2.5 벡터 원소들 사이에 빈칸이나 콤마를 잊지 말자. 그렇지 않으면 매우 다른 연산 결과가 나올 것이다. 예를 들어서,

```
x = [130-15]
```

위의 결과가 무엇이라고 생각하는가? 마이너스 부호와 15 사이에 빈칸을 넣어보고 x 값이 어떻게 바뀌었는지 살펴보자.

2.6 어떤 벡터를 다른 벡터 안에서 사용할 수도 있다. 예를 들어서 아래와 같이 입력해 보자.

5) 더 이상 명령 프롬프트 >>나 <Enter>를 염두에 둘 필요가 없으며, 따라서 문맥상 반드시 요구되지 않는다면 이것은 더 이상 나타내지 않을 것이다.

```
a = [1 2 3];
b = [4 5];
c = [a -b];
```

프로그램을 실행하기 전에 c의 결과가 어떻게 나올지 예측할 수 있겠는가?

2.7 다음은 어떠한가?

```
a = [1 3 7];
a = [a 0 -1];
```

2.8 아래 식을 입력하라.

```
x = [ ]
```

그리고 이때 Workspace 브라우저에 주어지는 x의 크기는 x가 빈 행렬(empty)이므로 0×0임을 주목하자. 이것은 x가 정의되어 있고, 적절한 곳에 에러 없이 사용될 수 있음을 의미한다. 그러나 이것은 값도 없고 크기도 없다.
x가 원소를 포함하지 않는다는 것이 `x=0` (이것의 크기는 1×1이다.) 또는 `clear x` (이는 작업공간에서 x를 제거함을 의미한다. 즉 정의되지 않는다.)와 동일한 의미는 아니다.
빈 배열은 배열에서 어떤 원소를 제거하는데 사용될 수 있다. (2.3.5을 보아라).

이것들은 모두 벡터를 초기화하는 명확한 나열 방법의 예이다. 다음에 나오는 중요한 법칙을 명심하라.

- 리스트 안의 원소들은 둥근 괄호가 아닌 대 괄호로 둘러싸인다.
- 리스트 안의 원소들은 콤마 또는 빈칸으로 구분된다.

2.3.2 벡터 초기화: 콜론 연산자

벡터는 우리가 지금껏 알고 있던 콜론 연산자(colon operator)로 생성(초기화)된다. 아래 명령문을 입력해 보자.

```
x = 1 : 10
```

(원소들은 정수 1, 2, . . . , 10이다.)

```
x = 1 : 0.5 : 4
```

(원소들은 0.5 증분으로 1에서 4까지 수치를 나타낸다. - 콜론에 의해서 세 수가 분리되면 가운데 수가 증분을 나타냄을 기억하자.)

```
x = 10 : -1 : 1
```

(증분 값이 -1이므로 벡터 원소들은 10, 9, . . ., 1이다.)

```
x = 1 : 2 : 6
```

(원소들은 1, 3, 5이다. 증분 값이 양의 수이나 1이 아닐 때 가장 마지막 원소는 두 번째 콜론 다음에 나오는 값을 넘지 못한다.)

```
x = 0: -2 : -5
```

(원소들은 0, -2, -4이다. 증분 값이 음수이고 -1이 아닐 때, 가장 마지막 원소는 두 번째 콜론 다음에 나오는 값보다 작아질 수 없다.)

```
x = 1 : 0
```

(이것은 빈 벡터를 생성시키는 복잡한 방법이기도 하다.)

2.3.3 linspace와 logspace

함수 `linspace`는 동등한 간격의 수치로 벡터를 초기화하기 위해서 사용된다. 예를 들면,

```
linspace (0, pi/2, 10)
```

은 0에서 $\pi/2$ 까지 균등한 간격의 점들 10개를 가지는 벡터를 만들어낸다.

> TIP 명령어 `x = 0 : pi/10 : pi`는 0과 π를 포함하여 모두 11개의 점들이 만들어진다.

함수 `logspace`는 대수적 간격을 가지는 데이터를 만드는데 사용된다. linspace의 대수적 함수이다. `logspace` 이용법을 이해하기 위해서 다음의 명령을 입력하여라:

```
y = logspace(0, 2, 10)
```

이는 10^0에서 10^2까지 다음 수들의 집합을 생성한다: 1.0000, 1.6681, 2.7826, 4.6416, 7.7426, 12.9155, 21.5443, 35.9381, 59.9484, 100.0000. 만일 함수를 호출할 때 마지막 값을 생략한다면 계산된 y의 값들은 기본으로 50개가 생성된다. 이 예제에서 1과 100 사이의 수들의 간격은 얼마일까? 점들 간의 간격을 계산하기 위해 다음의 명령을 실행한다:

```
dy = diff(y)
yy = y(1:end-1) + dy./2
plot(yy,dy)
```

점 (yy, dy) = (1.3341, 0.6681)에서 (79.9742, 40.0516)까지 직선이 나오는 것을 볼 수 있다. 그러므로 logspace 함수는 각 점의 간격이 y에 대해서 선형적으로 증가하는 점들을 생성한다. 변수 yy를 도입한 이유는 두 가지이다. 우선 dy와 같은 크기의 벡터를 만들기 위한 것이며, y가 증가하면서 간격도 증가하는 지 확인하기 위한 것이다.

2.3.4 벡터의 전치

앞에서 만들어진 모든 벡터들은 행 벡터들이다. 각 벡터들은 1행과 여러 열을 가지고 있다. 수학적으로 종종 필요한 열 벡터를 만들기 위해서 행 벡터를 전치(transpose)시킬 필요가 있다. 즉, 벡터들의 행과 열을 교환시킬 필요가 있다. 이것은 작은 따옴표, 또는 apostrophe(')로 만들어 질 수 있다.

x = 1:5를 입력하고 나서, x'을 입력해 보자. 전치된 x가 표시될 것이다. 그러나, 여기서 x자체는 행 벡터로 남아있음을 주목하자.
그렇지 않으면 다음과 같이 직접 열 벡터를 만들 수도 있다.

```
y = [1 4 8 0 -1]'
```

2.3.5 첨자

아래와 같이 첨자를 이용해서 벡터의 특정 원소를 참조할 수 있다.

1. `r = rand(1,7)`을 입력한다.
   위 식은 임의의 수 7개로 된 행 벡터(1×7)를 만들어낸다.

2. `r(3)`을 입력하자.
   위 식은 r의 3번째, 수를 나타낸다. 3이란 수는 첨자를 의미한다.

3. `r(2:4)`을 입력하자.
   이것은 2번째, 3번째. 그리고 4번째 원소를 나타낼 것이다.

4. `r(1:2:7)`은 어떤 결과가 나올까? 그리고 `r([1 7 2 6])`의 결과는?

5. 벡터에서 임의의 원소를 제거하기 위해 빈 벡터(empty vector)를 사용할 수 있다.

   ```
   r([1 7 2]) = []
   ```

   위 식은 r 벡터에서 1, 7, 2번 째 원소들을 제거할 것이다.

요약하면

- 첨자는 둥근 괄호 안에 표시된다.
- 첨자는 스칼라 또는 벡터이다.
- MATLAB의 첨자는 항상 1에서 시작한다.
- 첨자는 반드시 양의 정수이어야 한다.[6]

6) 버전 6.1에서는 첨자가 소수일 경우 반올림되어 인식되었으나, 버전 6.5이상에서는 오류가 발생한다.

2.3.6 행렬

행렬은 행과 열로 이루어진 테이블로 생각할 수 있다. 벡터를 만들었던 것처럼 행렬을 만들 수 있다. 한 가지 다른 것은 세미콜론이 행의 끝을 표시하기 위해서 사용된다는 것이다. 예를 들면,

```
a = [ 1 2 3; 4 5 6 ]
```

결과는 다음과 같다.

```
a =
   1   2   3
   4   5   6
```

위와 같이 행렬 a가 초기화되고 전치되면, 명령문 a'의 결과는 다음과 같다.

```
a =
   1   4
   2   5
   3   6
```

같은 길이의 열 벡터들로부터 행렬이 형성될 수 있다. 다음 명령문

```
x = 0 :30 : 180;
table = [x' sin(x*pi*/180)']
```

의 결과는 다음과 같다.

```
table =
          0          0
    30.0000     0.5000
    60.0000     0.8660
    90.0000     1.0000
   120.0000     0.8660
   150.0000     0.5000
   180.0000     0.0000
```

2.3.7 출력 캡처

만약 발표를 위해 필요하다면, MATLAB명령문으로부터 나오는 출력 값을 정돈하기 위해서 잘라내기와 붙여넣기 기술을 이용할 수 있다. 위에서 보이는 각도와 사인(sine) 값의 테이블을 작성하자. 명령창에서 수치 결과 7줄 모두를 선택하자. 선택된 결과를 편집기에 복사하자. 이때 결과 값을 편집할 수 있다. 예를 들어서 각 열 위에 열별 제목을 삽입해 보자 (이것은 disp명령문을 사용하여 표제를 넣는 것보다 수월하다). 편집된 결과는 보고서에 복사해서 집어넣을 수 있고, 인쇄할 수도 있다 (File 메뉴는 여러 인쇄 선택사항을 가지고 있다).

결과 값을 저장하는 또 다른 방법으로는 diary 명령을 사용하는 것이다. 아래 명령은

```
diary filename
```

명령창에 나타나는 모든 것이 텍스트 파일 filename에 복사된다. 이때 MATLAB 편집기를 포함한 텍스트 편집기를 이용하여 결과를 수정할 수 있다. 기록을 중지하려면, 다음 명령을 사용한다.

```
diary off
```

diary는 이미 파일이 같은 이름으로 존재하고 있는 경우, 내용을 덧붙임에 유의하라. 즉, 끝에 내용을 추가한다.

2.3.8 구조계획

구조계획(structure plan)은 컴퓨터를 이용해서 문제를 풀기 위한 단계들을 일반적인 것에서 시작해서 세부적인 사항을 설계하는(top down design) 것이다. 이것은 일반적으로 의사(疑似) 코드 (pseudo-code), 즉 영어, 수학, 그리고 MATLAB으로 문제 풀이에 방법에 대해서 상세히 묘사하는 것이다. 의사코드를 이해하기 위해서 어떤 특별한 컴퓨터 언어의 전문가가 될 필요는 없다. 프로그램의 논리적 구조가 개발될 때, 구조계획은 여러 단계의 수준(level)으로 작성되고, 각각은 점점 더 복잡해진다.

화씨 단위(물이 32도에서 얼고, 212도에서 끓는 온도 단위 계)의 온도를 우리에게 보

다 친숙한 섭씨 단위 온도로 전환하기 위한 구문을 만들기를 원한다고 가정해보자. 맨 처음 단계의 구조계획은 문제에 대한 간단한 서술 형태가 될 것이다.

1. 화씨 온도 값을 초기화한다.
2. 섭씨 온도로 계산하고 표시한다.
3. 멈춘다.

1단계는 매우 간단하고 직관적이지만, 2단계에서는 정교함이 필요하며, 따라서, 두 번째 단계의 구조계획은 다음과 같이 된다.

1. 화씨 온도 값(F)을 초기화시킨다.
2. 다음과 같이 섭씨온도(C)를 계산한다: F에서 32를 빼고 5/9를 곱한다.
3. C의 값을 표시한다.
4. 멈춘다.

어렵지 않고 빠르게 프로그램 구조 계획을 작성할 수 있는 규칙이 있다. 핵심은 프로그램 작성하는 것을 시도하기 전에 문제에 대한 논리를 명확히 얻는 지적 훈련을 쌓는 것이다. 프로그램 구조 계획에 있어서 위에서 아래로의 접근방식(top down approach)은 상세한 코딩에 대해 생각하기 전에 전반적인 프로그램의 구조를 명료하게 고려하는 것을 의미한다. 그리고 이는 에러의 수를 엄청나게 줄일 수 있게 해 준다.

이것을 구현한 스크립트는 다음과 같다.

```
%
% Script to convert temperatures from F to C
%
F = input('Temperature in degrees F: ');
C = (F-32)*5/9;
disp(['Temperature in degrees C = ', num2str(C)])
% STOP
```

2가지 입력으로 실행해 보았다. $F=32$일 경우, $C=0$을 출력하였으며, $F=212$에 대해서는 $C = 100$을 출력하였다. 이 결과 값들은 맞는 값이며, 따라서 이 예제 스크립트는 타당하다고 할 수 있다.

1. 입력: Delclare and assign of input variables.
2. 연산: Solve expressions that use the input variables.
3. 출력: Display in graphs or tables the desired results.

2.4 중력장 하에서의 수직 운동

만약 돌이 초기 속도 u로 위를 향해 던져진다면, 시간 t초 후에 돌의 수직 변위 s는 공식 $s = ut - gt^2/2$에 의해 구해진다. 여기서 g는 중력 가속도이며, 공기 저항은 무시한다. 우리는 0.1초 간격으로 1주기에 해당되는 약 12.3초가 경과되는 동안의 s를 구하기를 원한다. 그리고 그림 2.1과 같은, 12.3초 동안 거리-시간 그래프를 그리기를 원한다.

이 문제를 해결하기 위한 구조 계획은 다음과 같다.

1. MATLAB 변수에 데이터를 할당한다.(g, u, t)
2. 공식에 의해서 s의 값을 구한다.
3. 시간 t에 대한 거리 s의 그래프를 그린다.
4. 멈춘다.

```
1.    % Assing the data (g, u, and t) to MATLAB variables
2.    % Calculate the value of a according to the formula
3.    % Plot the graph of a against t
4.    % Stop
```

이러한 구조 계획을 작성하는 것이 시간 낭비를 하는 하찮은 작업으로 보일지도 모른다. 그러나 얼마나 많은 초보자들이 1단계를 건너뛰고 2단계로 바로 시작하는지 알면 놀랄 것이다. 프로그램의 구조 계획에 있어서 내적인 훈련을 하는 일은 매우 가치 있는 일이다. 그 외에 잘라내기와 붙여넣기를 이용하여 다음과 같이 유용하게 사용할 수도 있다.

1. 편집기에 구조 계획을 입력한다.
2. 바로 밑에 구조계획을 복사한 것을 붙여 넣는다.
3. 두 번째 복사한 것을 MATLAB 명령어로 변환시킨다. (아래 보기처럼 %기호를 붙인다.)
4. 최종적으로, 옮겨진 MATLAB명령문 모두를 명령창에 붙여넣고 실행시킨다.
5. 만약 필요하다면, 편집기로 돌아가서 수정한다. 그리고 수정된 명령문을 명령창에 다시 붙여 넣는다.

아래에 나오는 최종 프로그램을 보기 전에 이것을 연습으로 시도해 보자:

```
% Vertical motion under gravity
g = 9.81; % acceleration due
% to gravity
u = 60; % initial velocity in
% meters/sec
t = 0 : 0.1 : 12.3; % time in seconds
```

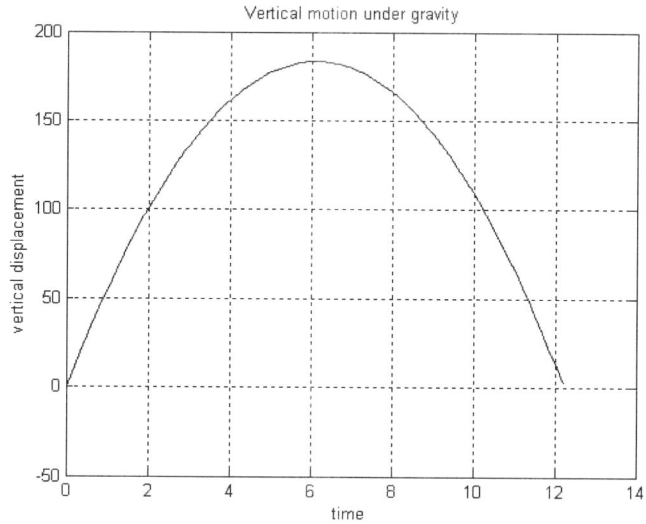

그림 2.1 수직으로 위로 던진 돌의 시간-거리 그래프

```
s = u * t - g / 2 * t.^2; % vertical displacement
% in meters
plot(t, s, 'k', 'LineWidth', 3)
title('Vertical motion under gravity')
xlabel('time'), ylabel('vertical displacement')
grid
```

그래프 출력은 그림 2.1과 같다. 아래에 나오는 내용을 주목하자.

- MATLAB®에서 %기호 다음에 나오는 내용은 무시되며, 주석(설명)으로 이용된다.
- 명령문 `t = 0 : 0.1 : 12.3`로 벡터를 만든다.
- s에 대한 공식은 벡터 t의 모든 원소들에 대하여 계산되고, 또 다른 벡터를 만든다.
- 식 `t.^2`은 t의 모든 원소들에 제곱 승이 된다. 이것을 배열 연산이라고 부르고, 벡터 자체에 제곱을 하는 행렬 연산과는 다르다. 이 행렬 연산은 나중에 살펴볼 것이다.
- 콤마에 의해 분리된다면, 같은 줄에 하나 이상의 명령문이 들어갈 수 있다.
- 하나의 명령문이나 또는 명령문 그룹은 다음 줄에 3개 또는 그 이상의 생략부호 (...)를 가지고 계속 이어질 수 있다.
- `disp([t' s'])`명령은 먼저 행벡터 t와 s를 열벡터로 전치시킨다. 그리고 이 두 열로부터 행렬을 형성하고 이것을 나타내게 된다.

만약 다시 프로그램으로 돌아오려면 throw.m과 같이 유용한 이름으로 저장하기를 원한다. 이런 경우에 파일의 일부로서 구조 계획을 유지할 가치가 있다; 단지 % 기호를 구조 계획 각 줄 앞에 삽입하면 된다. 이 방법은 몇 달 후에 이 프로그램을 다시 보더라도 어떤 프로그램인지 상기시켜 줄 것이다. 선택된 문자 블록을 Comment/Uncomm ent라는 편집기의 context 메뉴에서 사용할 수 있음을 주목하자.

2.5 연산자, 수식 그리고 명령문

어떤 가치 있는 프로그램은 무엇인가를 수행한다. 기본적으로 수행한다는 것은 다음과 같은 수식을 실행하는 것이다.

```
u * t - g / 2 *t.^2
```

그리고 또 다음과 같은 명령문을 실행한다.

```
balance = balance + interest
```

MATLAB®은 '수식 기반의 프로그램으로 이것은 입력된 수식을 해석하고 계산하는 것'으로 기술될 수 있다. 이 수식은 숫자, 변수, 그리고 연산자와 같은 다양한 것들로 구성된다. 이 가운데 숫자들을 먼저 살펴보자.

2.5.1 숫자

MATLAB®에서 표시되는 수는 선택적인 소수점을 갖는 (고정 소수점(fixed point) 형태의) 십진수 형태이다. 예를 들면, 다음과 같다.

```
1.2345  -123  .0001
```

어떤 수는 유효숫자 표시법(scientific notation)으로 표시된다. 예를 들어 1.2345×10^9은 MATLAB에서 `1.2345e9`로 표시된다. 이것을 부동 소수점(floating point) 형태라 부른다. 수는 두 가지 부분으로 나누어진다. 가수(mantissa)[7]는 임의의 소수점 (위의 예에서 `1.2345`) 형태를 가지며, 지수(exponent)는 정수 형태(위의 예에서 9)를 갖는다(부호가 있거나 없거나). 가수와 지수는 문자 `e` (또는 `E`)로 분리된다. 가수는 지수에 의해 정의된 10의 지수승 만큼 곱해진다.

다음에 나오는 식은 유효숫자 표시법이 아님을 주목하자: $1.2345*10^9$. 이것은 사실 두 개의 연산자(`*` 와 `^`)를 갖는 수식이고, 따라서 보다 많은 시간이 연산에 소요된다. 이것은 또한 좋은 방법이 아니며, 위와 같은 방법은 가급적 피해야 한다.

7) 여기서 가수는 노래부르는 歌手가 아니라 가짜수 假數이다. 이는 그 수에 지수 승을 곱해야 진짜 자기가 의미하는 숫자가 되기 때문이다.

숫자가 너무 크거나 작다면 유효숫자 표시법을 사용하라. 왜냐하면 이 방법이 실수를 줄이는 방법이기 때문이다. 예로 0.000000001은 1e-9로 나타낸다.

표준 부동 소수점 수식을 사용하는 컴퓨터에서 수들은 16개의 십진수로 근사적으로 표시된다. 수의 상대적인 정확성은 함수 eps[8]에 의해 주어지며, 이것은 1.0과 다음에 오는 가장 큰 부동 소수점 숫자와의 차이로 정의된다. eps를 입력하여 여러분 컴퓨터에서 표시하는 값을 확인하라.

> **TIP** PENTIUM 컴퓨터에서 `eps`는 `2.2204e-016`의 값을 갖는다.

수의 범위는 대략 $\pm10^{-308}$에서 $\pm10^{308}$사이이다. MATLAB함수 realmin과 realmax에 의해서 사용하는 여러분 컴퓨터에서의 정확한 값을 얻을 수 있다.

> **TIP** PENTIUM 컴퓨터에서 `realmin`은 `2.2251e-308`, `realmax`는 `1.7977e+308`이다.

실습문제

1. 아래에 나오는 수들을 유효숫자 표시법으로 명령창에 입력해 보라.

   1.234×10^{5}, -8.765×10^{-4}, 10^{-15}, -10^{12}

   (1.234e +05, -8.765e-04, 1e-15, -1e+12)

2.5.2 데이터 유형

MATLAB®은 14개의 기본적인 데이터 유형 (그림 2.2 참조)이 존재한다. 기본으로 설정된 숫자 데이터 유형은 이중 정밀도(double precision)이다. 보다 많은 정보를 살펴보기 위해서는 온라인상의 도움말에서 data types를 찾아보라.

8) eps는"epsilon(ε)의 약자로 수학에서 아주 작은 수를 나타내는 기호로 많이 쓰인다.

MATLAB®의 모든 계산은 이중 정밀도로 행해진다. MATLAB은 또한 `int8`, `uint8`, `single` 등과 같은 함수로 부호를 갖거나(signed) 부호가 없는(unsigned) 정수(integer)와 단일 정밀도(single precision) 부동 소수점(floating point) 형태의 실수를 지원한다. 그러나 수학적인 연산자들이 위와 같은 데이터 유형을 실행하기 전에 이 숫자들은 먼저 함수 double을 이용하여 이중 정밀도 형태로 전환되어야 한다.

2.5.3 대수 연산자

수식의 계산은 대수 연산자(arithmetic operator)들에 의하여 이루어진다. 두 개의 스칼라 상수나 변수들과 같은 대수 연산자들은 표 2.1에서 보이는 것과 같다. 연산자들은 피연산자 (operands)에 작용한다. (테이블에서 a와 b)

좌측 나눗셈은 약간의 호기심을 갖게 한다: 왼쪽 피연산자에 의해 오른쪽 피연산자가 나누어진다. 즉, 스칼라 피연산 수식 `1/3`과 `3\1`은 같은 결과를 얻는다 ('1 over 3'과 대비하여 '3 under 1'으로 읽기도 한다). 그러나 행렬에서 좌측 나눗셈은 전혀 다른 의미를 갖는다. 나중에 살펴보자.

2.5.4 연산자의 우선 순위

몇 개의 연산자들이 하나의 수식에서 결합될 수 있다. 일례로 `g*t^2`. 이런 경우 MATLAB은 이 연산자들이 가장 먼저 어떤 것이 연산되어야 하는지에 대한 엄격한 규칙을 가지고 있다. 이것을 우선순위(precedence of operators) 규칙이라고 한다. 표 2.1에 나온 연산자들의 우선순위 규칙은 표 2.2에 나와 있다. 소괄호 (둥근 괄호)가 최상위의 우선순위를 갖고 있음을 주목하자. 또한 대괄호와 소괄호 사이의 차이점을 유의하라. 소괄호는 연산자의 연산 우선순위를 변경하기 위해서 사용된다. 그리고 첨자를 나타내기 위하여 사용된다. 반면에 대괄호는 벡터들을 생성하기 위해서 사용된다.

연산 식에서 우선순위가 동일한 연산자들은 왼쪽에서 오른쪽으로 실행된다. 따라서 `a/b*c`는 `a/(b*c)`가 아니라 `(a/b)*c`로 계산된다.

표 2.1 두 스칼라 사이의 대수 연산

연산	수학적 형태	MATLAB
덧셈	a + b	a + b
뺄셈	a - b	a - b
곱셈	a x b	a * b
우측 나눗셈	a / b	a / b
좌측 나눗셈	b / a	a \ b
지수승	a^b	a ^ b

표 2.2 대수 연산자의 우선 순위

우선순위	연산자
1	소괄호(둥근 괄호)
2	지수승, 좌측에서 우측으로
3	곱셈과 나눗셈, 좌측에서 우측으로
4	덧셈과 뺄샘, 좌측에서 우측으로

실습문제

1. 아래에 나오는 MATLAB 표현식들을 MATLAB을 실행하여 답을 얻기 전에 값을 계산해 보라.

```
1 + 2 * 3
4 / 2 * 2
1 + 2 / 4
1 + 2 \ 4
2 * 2  ^ 3
2 * 3 \ 3
2 ^ (1 + 2) / 3
1 / 2 e-1
```

2. 아래 수식들에 대하여 MATLAB을 이용하여 값을 구하라.

(a) $\frac{1}{2\times 3}$ (0.1667)

(b) $2^{2\times 3}$ (64)

(c) $1.5\times 10^{-4}+2.5\times 10^{-2}$ (0.0252; 유효숫자 표시법을 사용하라.)

2.5.5 콜론 연산자

콜론 연산자는 + 보다 낮은 우선순위를 갖고 있다.

```
1 + 1 : 5
```

덧셈이 먼저 실행되고 그 다음에 벡터 원소 2, 3, 4, 5로 초기화된다. 아래의 식을 실행시켜보면 놀랄 것이다.

```
1 + [1 : 5]
```

이해되는가? 1이란 값이 1에서 5까지, 각각의 벡터 원소들 모두에 더해졌다. 여기에서 덧셈은 배열 연산자이라고 불려진다. 왜냐하면 이것은 벡터(배열)의 각 원소에 작용하기 때문이다. 배열 연산은 아래에서 논의될 것이다.

MATLAB® 연산자의 완전한 리스트와 우선순위를 알고 싶다면 부록 B를 참고하라.

2.5.6 전치 연산자

전치 연산자는 가장 높은 우선순위를 갖는다. 아래 식을 실행해 보자.

```
1 : 5'
```

5는 가장 먼저 전치되고(스칼라이므로 자기 자신으로!), 행 벡터가 형성된다. 만약 벡터 전체를 전치하기를 원한다면 대괄호를 이용하라.

```
[1: 5 ]'
```

2.5.7 배열에서의 대수 연산자

명령 줄에 아래 식을 입력해 보자.

```
a = [2 4 5];
b = [6 2 2];
a.*b
a./b
```

MATLAB®은 표 2.3과 같은 4개의 부가적인 대수 연산자를 가지고 있다. 이 연산자들은 같은 차원의 배열 원소들에 상응하여 작용을 한다. 이 연산자들은 종종 배열 연산 또는 원소별 연산자라고 일컬어진다. 왜냐하면 연산자들이 각 원소들 별로 수행되기 때문이다. 예를 들어서, a.*b는 아래와 같은 벡터를 생성한다. (이는 배열 곱셈이라고 일컬어지기도 한다.)

```
[a(1)*b(1)  a(2)*b(2)  a(3)*b(3)]
```

즉, [6 8 10]이 된다.

a ./ b는 원소 별로 나누기가 실행되는 것을 보여준다. 이제 [2 3 4].^ [4 3 1]을 시도해 보자. 첫 번째 벡터의 i번째 원소는 두 번째 벡터의 i번째 원소의 지수승이 된다. 마침표(dot)는 곱셈, 나눗셈 그리고 지수승의 배열 연산을 위해 필요하다. 왜냐하면 이러한 연산들은 행렬에서는 다르게 정의되기 때문이다: 그때, 이 연산은 행렬 연산이라고 불린다. (6장 참고)

위에서 정의된 a와 b로 a + b와 a - b를 시도해 보자. 덧셈과 뺄셈에서는 배열 연산과 행렬 연산의 결과가 같다. 따라서 이들을 구별하기 위한 마침표는 필요하지 않다. 배열 연산이 두 벡터에 적용될 때 이들은 같은 크기여야만 한다.

표 2.3 배열에서 원소 별로 연산되는 대수 연산자

연산자	설명
.*	곱셈
./	우측 나눗셈
.\	좌측 나눗셈
.^	지수승

배열 연산은 또한 스칼라와 비 스칼라 사이의 연산에도 응용된다. 이것을 3.*a와 a.^2로 확인해보자. 이런 특성을 스칼라 확장이라고 부른다. 스칼라와 비 스칼라 사이의 곱셈과 나눗셈 연산은 마침표 없이 또는 마침표를 갖는 식으로 쓸 수 있다. 즉, 만약 a가 벡터이면, 3.*a는 3*a와 동일하다.

원소별 곱셈에서 일반적인 방법은 두 벡터 x와 y의 스칼라 곱셈(또는 내적이라 불린다.)을 찾는 것이다. 이것은 다음과 같이 정의된다.

$$\mathrm{x} \cdot \mathrm{y} = \sum_i x_i y_i$$

MATLAB®함수 `sum(z)`는 벡터 z의 모든 원소들의 합을 구한다. 따라서 `sum(a.*b)`은 a와 b의 스칼라 곱의 값을 찾게 될 것이다 (위에서 정의된 a와 b의 경우엔 30).

실습문제

아래 문제를 해결하기 위해서 MATLAB 배열 연산을 이용하라.

2.1 벡터 [2 3 -1]의 각 원소에 1을 더하라.
2.2 벡터 [1 4 8]의 각 원소에 3을 곱하여라.
2.3 두 벡터 [1 2 3]과 [0 -1 1]의 배열 곱셈을 실행하라.
2.4 벡터 [2 3 1]의 각 원소에 제곱 승을 하라.

2.5.8 수식

수식은 변수, 숫자, 연산자 그리고 함수 명으로 구성되는 공식이다. MATLAB의 프롬프트에 수식을 입력하면 계산이 수행된다. 예를 들어서 다음과 같이 2π값을 구해보자.

```
2 * pi
```

MATLAB®의 결과는 다음과 같다.

```
ans =
      6.2832
```

MATLAB®이 수식 계산은 하지만 변수에 저장하지 않기 위해서 함수 ans[9]를 사용했음을 주목하자. 만약 수식이 세미콜론(;)으로 마무리되었다면, 비록 그것이 여전히 ans에 값이 계산되긴 하지만 연산 결과는 표시되지 않는다.

9) 이는 answer의 세 문자를 딴 것이다.

2.5.9 명령문

MATLAB® 명령문(statement)은 종종 다음과 같은 형태를 지닌다.

```
variable = expression
```

예를 들면,

```
s = u * t - g / 2 * t .^ 2;
```

이것은 할당 명령문에 관한 예이다. 왜냐하면 오른쪽의 수식 값이 왼쪽 변수로 할당되기 때문이다. 할당은 항상 이런 방향성을 가지고 적용된다. 왼쪽 편에는 항상 할당 변수 명이 오는 것을 명심하자. 다음과 같이 잘못된 명령 구문을 작성하는 일반적인 실수를 하지 않도록 주의하라.

```
a + b = c
```

기본적으로 MATLAB이 수용 가능한 명령창 또는 프로그램에 입력되는 모든 줄이 명령문이다. 따라서 명령문은 할당, 명령, 또는 수식 표현 모두가 될 수 있다. 예를 들면,

```
x = 29;        % assignment
clear          % command
pi/2           % expression
```

이러한 명칭 규정은 다른 프로그램 언어에서도 지켜지며, 프로그램 상에서 발견되는 여러 종류의 명령문들을 강조하는데 기여한다. 그러나 MATLAB 문서는 이런 모든 것을 '함수'로 간주하는 경향이 있다.

우리가 이미 보았듯이, 할당이나 수식 끝의 세미콜론은 어떤 결과도 나타내지 않는다. 이것은 중간에서의 임시 결과에 대한 무의미한 출력을 없애는데(또는 큰 행렬 출력시) 유용하다.

한 줄에 안 들어 갈 정도로 긴 명령문은 최소 3개의 점을 가진 생략부호(...)를 이용하여 다음 줄로 이어질 수 있다. 예를 들면,

```
x = 3 * 4 - 8.0 ...
    /2 ^ 2;
```

같은 줄의 명령문들은 콤마 (출력 값이 표시된다.) 또는 세미콜론 (출력 값은 표시되지 않는다.)에 의해서 분리된다. 예를 들면,

```
a = 2 ; b = 3, c = 4 ;
```

콤마와 세미콜론은 기술적으로 명령문의 일부가 아님을 명심하자; 이들은 분리기호들이다.

명령문은 배열 연산자를 포함할 수 있으며, 이 연산에서 왼쪽 변수는 벡터나 행렬로 될 것이다.

2.5.10 명령문, 명령 그리고 함수

MATLAB®에서 명령문, 명령 그리고 함수의 구분은 약간 애매하다. 왜냐하면 모두 명령 줄에 입력될 수 있기 때문이다. 명령은 어떤 방식으로든 일반적인 환경을 변화시키는 것으로 생각하면 된다. 예를 들면, `load`, `save`, `clear` 등이 이에 해당된다. 명령문은 보통 우리가 수식을 계산하고, 변수에 값을 할당하며, 결정을 내리고(`if`), 반복하는(`for`)것과 같은 프로그램과 연관되는 종류의 역할을 한다. 함수는 계산된 값을 돌려주거나 데이터에 대한 어떤 연산을 실행한다. 예로서 `sin`, `plot` 등이 있다.

2.5.11 공식의 벡터화

배열 연산으로 큰 데이터에 관한 식을 반복적으로 쉽게 값을 구할 수 있다. 이것이 MATLAB의 가장 유용하고 강력한 특징 중 하나이며, 여러분은 항상 이것이 이용되는 방법을 찾도록 해야 할 것이다.

한 예로, 복리이자 계산에 대하여 생각해 보자. 총 금액 A가 연 이자율 r로 n년 동안 투자되면, 총 금액은 $A(1+r)^n$으로 늘어난다. 우리가 이자율 9%로 10년 동안 각각 $750, $1000, $3000, $5000, $11999로 투자할 때 최종 금액을 구하기를 원한다고 가정해보자. 아래의 프로그램은(comp.m)은 초기 투자액 벡터에 대한 배열 연산을 이용한 것이다.

```
format bank
A = [750 1000 3000 5000 11999];
r = 0.09;
n = 10;
B = A * (1 + r) ^ n;
disp([A' B'])
```

출력 값은 다음과 같다:

```
  750.00        1775.52
 1000.00        2367.36
 3000.00        7102.09
 5000.00       11836.82
11999.00       28406.00
```

다음 사항을 유의하라:

- 명령문 B = A * (1 + r) ^ n에서 (1 + r) ^ n이 먼저 계산된다. 왜냐하면 지수승은 곱셈보다 높은 우선순위를 갖기 때문이다.
- 뒤를 이어서 벡터 A의 각 원소들이 스칼라 (1 + r)^ n과 곱해진다(스칼라 식).
- 연산자 *는 연산자 .* 대신 이용된다. 왜냐하면 스칼라와 비 스칼라 사이의 곱셈이기 때문이다.
- 테이블이 A와 B의 전치된 열 형태로 표시된다.

TIP 스칼라는 배열의 특별한 형태이므로 .*가 오류를 발생시키지는 않는다.

위의 과정을 공식의 벡터화라고 부른다. 만약 comp.m 프로그램을 조절할 수 있다면, 단일 예금액 A($1000)에 대하여 각각 기간 1, 5, 10, 15, 20년 후에 대한 예금액을 구해보자.

〈힌트〉 n에 대한 벡터를 이용하자: [1 5 10 15 20]

실습문제

2.1 다음 MATLAB 수식을 MATLAB의 도움을 받지 않고 스스로 계산해 보라.

```
(a) 2 / 2 * 3 (3)
(b) 2 / 3 ^ 2 (2/9)
(d) (2 / 3) ^ 2 (4/9)
(e) 2 + 3 * 4 - 4 (10)
(d) 2 ^ 2 * 3 / 4 + 3 6)
(e) 2 ^ (2 * 3) / (4 + 3) (64/7)
(f) 2 * 3 + 4 (10)
(g) 2 ^ 3 ^ 2 (64)
(h) -4 ^ 2 (-16: ^는 -보다 우선순위가 높다.)
```

2.2. MATLAB을 사용하여 다음 수식을 계산하라.

(a) $\sqrt{2}$

(b) $\frac{3+4}{5+6}$

(c) the sum of 5 and 3 divided by their product

(d) $2^{3^2}(512)$

(e) the square of 2π (39.4784; use pi)

(f) $2\pi^2(19.7392)$

(g) $1/\sqrt{2\pi}(0.3989)$

(h) $\frac{1}{2\sqrt{\pi}}(0.2821)$

(i) the cube root of the product of 2.3 and 4.5 (2.1793)

(j) $\frac{1-\frac{2}{3+2}}{1+\frac{2}{3-2}}(0.2)$

(k) $1000(1+0.15/12)^{60}$

(l) $(0.0000123+5.678\times10^{-3})\times0.4567\times10^{-4}$ (지수승(^)을 이용하지 말고 유효자리 숫자 표기법을 이용하라.)

실습문제

2.3 수식을 표현하는데 있어 불필요한 괄호를 없애도록 시도해 보라. 다음 수식에서 오류를 지적할 수 있겠는가?

```
(2(3+4)/(5*(6+1))^2
```

MATLAB 편집기에는 '불균형한 구획문자(delimiter)' 문제를 다루는 다음과 같은 유용한 두 가지 방법이 있다.

- 여러분이 닫는 구획문자 즉, 오른쪽 괄호들),], }를 입력하면 그것과 짝이 되는 구획문자가 밝게 표시된다. 따라서 만약 오른쪽 구획문자를 입력하였을 때 밝게 표시되는 것을 볼 수 없다면, 여러분은 너무 많은 구획문자를 사용하고 있음을 즉시 알 수 있을 것이다.
- 여러분이 어떤 구획문자 쌍 내부에 커서를 두고 메뉴에서 Text → Balance Delimiters (또는 Ctrl+B)를 선택하면, 구획문자 쌍 내부의 문자가 밝게 표시될 것이다.

2.4 1, 2, 3, 4, 5의 원소를 갖는 벡터 n을 만들어라. 벡터 n에 대한 MATLAB 배열 연산자를 사용하여 다음 각각 5개의 원소를 갖는 4개의 벡터를 만들어라.

(a) 2, 4, 6, 8, 10 (b) 1/2, 1, 3/2, 2, 5/2

(c) 1, 1/2, 1/3, 1/4, 1/5 (d) 1, $1/2^2$, $1/3^2$, $1/4^2$, $1/5^2$

2.5 다음과 같이 a와 b가 정의되었다고 가정하자.

```
a = [2 -1 5 0];
b = [3 2 -1 4];
```

다음 명령문 안의 벡터 c를 수작업으로 구해 보라. 그리고 나서 MATLAB으로 확인해 보라.

```
(a) c = a - b;
(b) c = b + a - 3;
(c) c = 2 * a + a .^ b;
(d) c = b ./ a;
(e) c = b .\ a;
(f) c = a .^ b
(g) c = 2 .^ b + a
(h) c = 2 * b ./ 3 .^ a;
(i) c = b * 2 .* a;
```

실습문제

2.6 물은 화씨 단위로 32°에서 얼고 212°에서 끓는다. 만약 C와 F가 섭씨온도, 화씨온도를 각각 나타낸다면, 섭씨를 화씨로 바꾸는 공식은 다음과 같다.

```
F = 9C/5 + 32
```

MATLAB 명령줄에서 37°C(보통 인간의 체온)의 온도를 화씨 단위로 변환하라.

2.7 엔지니어는 종종 하나의 측정 단위를 다른 단위로 변환해야 할 때가 있다. 이것은 가끔 까다로울 수 있으며, 주의 깊게 그 과정을 생각할 필요가 있다. 예를 들어, 5 에이커(acres)를 헥타아르(hectares)로 변환하라. 1 에이커는 4840 제곱 야드(yards)이고, 1 야드는 36 인치, 1인치는 2.54 센티미터, 1헥타아르는 10000 제곱 미터이다. 가장 좋은 방법은 x 에이커를 헥타아르로 변환하는 공식을 세우는 것이다. 다음과 같이 수행해 보자.

$$\begin{aligned}
1 \text{ square yard} &= (36 \times 2.54)^2 \text{ cm}^2 \\
1 \text{ acre} &= 4840 \times (36 \times 2.54)^2 \text{ cm}^2 \\
&= 0.4047 \times 10^8 \text{ cm}^2 \\
&= 0.4047 \text{ hectares}
\end{aligned}$$

$$x \text{ acres} = 0.4047x \text{ hectares}$$

이 공식을 이용하여 나머지는 MATLAB으로 수행할 수가 있다.

```
x = 5;                    % acres
h = 0.4047 * x; % hectares
disp(h)
```

2.8 다음 변환에 대한 공식을 세우고 MATLAB 명령문을 작성하라.

(a) 22 야드를 미터로 변환하라.

(b) 무게 1 파운드는 454 그램이다. 75 킬로그램을 파운드로 변환하라.

(c) 49 m/sec를 km/hour로 변환하라.

(d) 1 대기압은 14.7 psi(pounds per square inch)이고, 101.325 kPa이다. 40 psi를 kPa로 변환하라.

(e) 1 칼로리는 4.184 Joule이다. 6.25 kJ을 칼로리로 변환하라.

2.6 출력

MATLAB®에는 결과 값을 구하기 위한 직접적인 방법 두 가지가 있다:

- 세미콜론 없이 명령 줄에 변수 명 또는 수식을 입력한다.
- disp(x)와 같이 disp명령문을 이용한다.

2.6.1 disp

숫자 변수에 대한 일반적인 disp형태는 다음과 같다.

```
disp(variable)
```

disp를 사용할 때, 변수 명은 표시되지 않는다. 그리고 명령 줄에 세미콜론 없이 변수 명을 입력할 때처럼, 출력 값이 표시되기 전에 줄바꿈(line feed)이 일어나지 않는다. 또한 disp를 이용하여 작은따옴표로 둘러싸인 소위 문자열로 일컬어지는 메시지를 나타낼 수 있다. 여기서, 메시지의 일부인 작은따옴표는 이중으로 입력해야 함을 유의하라. 예를 들어서

```
disp( 'Pilate said, ''What is truth?''' );
```

같은 줄에 문자와 숫자를 함께 나타내려면 아래와 같은 방법을 사용한다.

```
x = 2;
disp( ['The answer is',num2str(x)]);
```

결과는 다음과 같다.

```
The answer is 2
```

우리가 앞에서 살펴보았듯이, 대괄호는 벡터를 생성한다. 또한, 우리는 문자열(string)을 나타내기를 원한다. (즉, 작은따옴표 안의 메시지) 그러나 MATLAB 배열의 모든 성분은 숫자만으로 또는 문자만으로 구성되어야 한다. 따라서 우리는 숫자 x를 함수 num2str로 문자열 표현으로 변환시켜야 한다; 이 함수는 'num to string'으로 읽는다. 또 다른 방법으로 Notepad에서 잘라내기와 붙여 넣기를 이용하여 문자열을 출력 값 안에 삽입할

수도 있다. 또한 다음과 같이 한 줄에 하나 이상의 수를 나타낼 수도 있다.

```
disp( [x y z] )
```

대괄호는 세 원소들로 구성된 벡터를 생성하며, 이것 모두가 표시된다.

명령 more on은 결과 값을 한 페이지씩 출력할 수 있게 해 준다. 이것은 큰 행렬들을 나타낼 때 유용하다. 예를 들면 rand(100000,7)을 입력해 보라. 이 함수에 대한 자세한 내용은 도움말을 참고하자. 만약 거대한 행렬을 표시하는데 more를 선택하는 것을 빼먹었다면 Ctrl+Break 또는 Ctrl+C를 이용하여 언제든 중단할 수 있다.

MATLAB®에 익숙해지면 MATLAB의 입력과 출력 기능에 대해서 알고자 할 것이다. 데스크탑 위의 물음표를 클릭해서 도움말 문서를 열어 정보를 찾는 것부터 시작할 수 있다. 이제 fopen 이라는 파일을 생성하는 유틸리티에 대해서 검색해 보자. 이 주제에 대한 도움말의 아래쪽에는 다음의 함수들을 열거되어 있다: fclose, feof, ferror, fprintf, fread, fscanf, fseek, ftell, fwrite. C 언어 프로그래머에게는 친숙한 포맷을 지정할 수 있는 유틸리티 fprintf를 클릭해보자. 도움말 문서에서 이 교재의 많은 예제에서 사용된 input에 대해서 찾아보자. 물론 가장 간단한 데이터의 입력은 프로그램에서 값을 변수에 할당하는 것이다.

2.6.2 format

format은 어떻게 출력 값을 나타낼 것인가를 정의한다. MATLAB은 다음과 같은 두 가지의 기본적인 출력 규칙을 가지고 있다.

- MATLAB®은 항상 정확히 정수들(자연수들)을 나타내려 시도한다. 그러나 만약 정수가 너무 크다면 MATLAB은 5가지 주요 숫자를 갖는 유효숫자 표시법으로 나타낸다. 즉, 1234567890은 1.2346e+009로 표시된다. (즉, 1.2346×10^9)먼저 123456789를 명령 줄에 입력하고, 1234567890을 입력하여 확인해 보라.
- 실수의 경우, 10진수 부분은 4개의 주요 숫자로 표시된다. 만약 x가 $0.001 < x \le 1000$범위에 있다면 이것은 고정 소수점형태로 나타나고, 그렇지 않으면 유

효숫자 표시법(부동 소수점)이 사용된다. 이 경우 가수는 1과 9.9999사이에 있다. 예를 들어서 1000.1은 1.0001e+003으로 표시된다.

실습문제

다음 수를 명령창에 입력하여 확인해 보라.

0.0011, 0.0009, 1/3, 5/3, 2999/3, 3001/3

이것은 소위 기본 형태이다. 즉, 보통의 경우 발생하는 것이다. 그러나 아래와 같이 format 명령으로 기본 값을 다양하게 변화시킬 수 있다.

만약 어떤 값이 그 크기가 어떻든 간에 유효 숫자 표시법(부동 소수점형태)으로 나타나기를 원한다면 아래 명령을 입력한다.

```
format short e
```

이후에 disp 명령문으로부터의 출력 값은 다음 format 명령이 나오기 전까지 5개의 숫자로 표시되는 유효숫자 표시법으로 나타난다. 다음 수들을 각각 명령 라인에 입력하여 이를 확인해보자: 0.0123456, 1.23456, 123.456.

만약 더 정확한 출력 값을 원한다면 format long e를 사용할 수 있다. 이는 유효숫자 15자리로 표시된다. 1/7을 한번 시도해 보라. format long을 이용하여 15개의 숫자로 고정 소수점 형태로 나타낼 수 있다. 예를 들어서 pi 또는 100/7을 실행시켜 보라. 만약 출력 값의 크기 정도를 확신 할 수 없다면 format short g또는 format long g를 사용하라. 여기서 g는 'general'을 의미한다. MATLAB은 각 경우에 대해 고정 소수점을 사용할 지 또는 부동 소수점 형태를 사용할 지 스스로 결정한다.

재정적인 계산을 위해서는 format bank를 사용하라. 고정 소수점 아래 두 자리 십진수를 나타낸다[10]. 10000/7을 실행해 보자. 무의미한 줄 바꿈을 없애기 위해서 format compact를 사용하자. 이는 보다 간결한 표시법으로 표현하게 하며, format loose로 원상태로 돌아갈 수 있다. 16진수 표시를 위해서는 format hex를 이용한다.

10) 이것은 미국식 화폐 단위인 센트 표시를 할 때 유용하게 사용된다.

분수 근사값(두 정수의 비)을 표시하기 위해 format rat을 이용해 보라. 예를 들어서 pi를 입력하면 355/113으로 나타난다[11]. 이것은 근사치임을 명심하자. format rat를 $\sqrt{2}$ 와 자연로그 밑수 e (exp(1))에 적용해 보자.

format + 명령 후에는 벡터나 행렬 원소들의 값이 양수, 음수, 그리고 영에 따라 +, - 표시와 빈칸이 표시된다. 어떤 부분에서는 이 표시법이 행렬을 나타내는데 편리할 수 있다. 기본 출력 형태로 다시 복원시키려면 format이라고만 입력하면 된다.

2.6.3 스케일 인자

다음 명령문을 입력하라. (MATLAB의 응답 또한 아래와 같이 나타낸다.)

```
>> format compact
>> x = [1e3 1 1e-4]
x =
   1.0e+003 *
```

format short(기본 값) 그리고 format long과 함께 일반적인 스케일 인자(scale factor)는 벡터 원소들이 매우 크거나, 매우 작거나 또는 크기 차이가 많이 나는 경우 적용된다. 이 예제에서 기본 스케일 인자는 1000이다. 따라서 맞는 값을 구하기 위해서는 모든 원소가 이 스케일 인자와 곱해져야 한다. 예를 들어서, 두 번째 원소 1.0e+003*0.0010은 1이 된다. 세 번째 원소(1e-4)에서 1000을 취하려면, 1e-7이 되어야 한다. 그러나 단지 4자리 십진수로 표시되어야 하므로 이것은 0.0000으로 나타난다.

만약 스케일 인자를 원하지 않는다면 format bank 또는 format short e를 사용하라.

```
>> format bank
>> x
x =
          1000.00     1.00    0.00
>> format short e
>> x
x =
  1.0000e+003   1.0000e+000    1.0000e-004
```

11) 이전 버전에서는 22/7로 나타났었다.

2.7 FOR를 이용한 반복

지금까지 우리는 어떻게 프로그램 상에서 데이터를 얻고, 수학적 연산을 수행하고, 출력 값을 획득하는지 살펴보았다. 본 절에서는 새로운 특징인 반복에 대하여 살펴볼 것이다. 이것은 매우 강력한 for 문 구조에 의해서 실행된다. 먼저 for문을 이용한 몇 가지 예제를 살펴보고 그 후에 설명하도록 하자.

명령 줄에 아래와 같은 그룹 명령어를 입력하자. 먼저, format compact 명령을 입력하여 결과가 보다 조밀하게 출력되도록 하자.

```
for i = 1:5, disp(i), end
```

이제 위의 구문을 아래와 같이 약간 수정하자.

```
for i = 1:3, disp(i), end
```

마찬가지로 다음과 같이 수행해 보자.

```
for i = 1:0, disp(i), end
```

결과가 어떻게 나오는가? disp 명령문은 5번 반복되고, 다음에 3번, 그리고 마지막엔 반복되지 않는다.

2.7.1 Newton 방법에 의한 제곱근 연산

임의의 양의 정수 a의 제곱근 x는 Newton 방법에 의하여 더하기, 빼기, 그리고 나누기를 이용하여 계산될 수 있다. 이 방법은 가정한 초기치를 보정해 나가는 반복적인 과정을 거친다.

구조적 프로그래밍에 대한 개념의 소개를 위해 제곱근을 찾기 위한 알고리즘의 구조 계획과 $a = 2$에 대한 간단한 출력값을 구하는 프로그램을 생각해 보자.

구조 계획은 다음과 같다:

1. a의 초기화
2. x를 a/2로 초기화
3. 6번 반복
   x를 (x+a/x)/2로 대체
   x값 출력
4. 멈춤

이것을 프로그램화시키면 다음과 같다.

```
a = 2;
x = a/2;
for i = 1 : 6
        x = (x+a/x)/2;
        disp(x)
end

disp('Matlab''s value: ')
disp( sqrt(2))
```

출력 (format long 선택후)은 다음과 같다.

```
Enter number to be square-rooted:2
  1.50000000000000
  1.41666666666667
  1.41421568627451
  1.41421356237469
  1.41421356237310
  1.41421356237310

Matlab's value :
  1.41421356237310
```

x의 값은 어떤 한계치로 수렴하는데 이 값이 $\sqrt{a}$ 이다. MATLAB의 sqrt 함수에 의한 결과와 동일한 값을 가짐을 주목하라. 대부분의 컴퓨터와 계산기들이 내부적으로 이와 비슷한 방법으로 제곱근과 다른 표준 수학적 함수들을 계산한다.

Newton 방법의 일반적인 형태는 14장에서 제시된다.

2.7.2 계승

아래와 같은 프로그램을 실행시켜 n과 n!('n factorial' 또는 'n shriek'라 불린다)의 목록을 만들어 보자.

$$n \neq 1\times 2\times 3\times \ldots \times (n-1)\times n \qquad (2.1)$$

```
n=10;
fact-1;

for k= 1:n
        fact = k*fact;
        disp( [k fact])
end
```

MATLAB®이 n 계승(factorials) 값을 계산할 수 있는 가장 큰 n값을 실험적으로 찾아보라[12]. (disp문은 생략하는 것이 좋다.)

2.7.3 연속 과정의 한계

for 루프는 (위에서 언급한 Newton 방법처럼) 일련의 연속적인 수들을 계산하기에 이상적이다. 아래의 예제는 한계 값을 계산할 때 종종 발생하는 대표적인 문제이다. 아래 식을 생각해 보자.

$$x_n = \frac{a^n}{n!}, \quad n = 1,2,3,\ldots$$

여기서 a는 임의의 상수이며, $n!$은 위에서 정의된 계승 함수이다. 질문은 n이 무한히 큰 수를 취했을 때, 이 과정의 한계치는 과연 어떤 값을 가질까하는 것이다. a=10으로

12) 171! 이상은 Inf를 출력한다. (factorial(170)=7.2574e+306)

설정하고 시도해 보자. 만약 우리가 x_n을 직접 계산하고 시도한다면 어려움에 봉착하게 될 것이다. 왜냐하면 n!은 n이 증가함에 따라 매우 빠른 속도로 커지고 수와 관련된 오버플로(overflow)가 발생할 수 있기 때문이다. 그러나 이것은 만약 아래와 같이 x_n과 x_{n-1}의 점화식을 이용하면 교묘하게 변형시킬 수 있다.

$$x_n = \frac{ax_{n-1}}{n}$$

여기에는 수와 관련된 문제는 발생하지 않는다. 다음에 나오는 프로그램은 $a = 10$인 경우 n의 값을 증가시키면서 x_n을 계산하는 것이다. 이를 실행시켜 보자.

```
a = 10;
x = 1;
k = 20;             % number of terms

for n = 1:k
  x = a*x / n;
  disp( [n x] )
end
```

2.7.4 for 루프의 기본 구조

for 루프의 가장 일반적인 형태는 다음과 같다. (단, 이것은 명령 줄이 아닌 프로그램에서 사용하는 형식이다.)

```
for index = j:k
      statements
end
```

또는

```
for index = j:m:k
      statements
end
```

다음 사항들을 주의 깊게 주목하라.

- j:k는 j, j+1, j+2, ..., k 원소들을 갖는 벡터이다.
- j:m:k는 j, j+m, j+2m, ...,와 같은 원소들을 갖는 벡터이다. $m > 0$이라면, 가장 마지막의 원소는 k를 넘지 않는다. $m < 0$일 경우는 k보다 작지 않게 된다.
- 인덱스(index)는 반드시 변수이어야 한다. 루프가 돌 때마다 인덱스는 벡터 j:k 또는 j:m:k의 다음 원소 값을 갖게 되고, 이 값들 각각에 대하여 (하나 혹은 여러) 명령문들이 수행된다.

`for` 문이 다음과 같다면,

```
for k = first : increment : last
```

루프의 수행 회수는 다음 식으로 계산된다.

$$\text{floor}\left(\frac{last - first}{increment}\right)+1$$

여기서, MATLAB 함수 `floor(x)`는 x를 -∞방향으로 내림한다. 이 값을 반복회수(iteration count 또는 trip count)라고 부른다. 만약 반복회수가 음수라면, 루프는 실행되지 않는다. 예를 들어서, `for i=1:2:6`과 같은 구문은 다음과 같은 반복회수를 갖는다.

$$\texttt{floor+1} = \texttt{floo}\left(\frac{6-1}{2}\right)\text{r}\left(\frac{5}{2}\right)+1 = 3$$

그러므로 i는 1, 3, 5라는 값을 취한다.

- `for` 루프의 완성 시 인덱스는 가장 마지막으로 사용된 값을 갖게 된다.
- 만약 벡터 j:m 또는 j:m:k가 빈행렬(empty matrix)이라면, 명령문은 실행되지 않고, `end`문 다음에 오는 명령문으로 바로 통과하게 된다.
- 인덱스가 명령구문 안에 명확하게 나타날 필요는 없다. 인덱스는 기본적으로 카운터 기능이다. 사실, 인덱스가 구문 상에 명확하게 나타나지 않는다면, `for` 문은 벡터화될 수 있다(아래 참고). 본 절 도입부에서 `disp`를 포함한 예제들은

오직 설명을 목적으로 하는 것이었다. 엄밀히 말하면, for 명령 없이 작성하는 것이 보다 효율적이다.

```
i = 1:5; disp(i')
```

차이를 알 수 있겠는가? 이 경우 i 는 벡터가 할당된다.

- for 루프 내부의 명령문을 안으로 들여 작성하는 것(indent)은 좋은 프로그래밍 스타일이다. MATLAB의 편집기는 자동으로 이것을 실행시켜준다. 이 기능을 스마트 인덴트(smart indenting)라고 부른다.

2.7.5 한 줄 for 구문

만약 한 줄 안에서 for문 사용을 고집한다면, 일반적으로 다음과 같은 형태로 쓴다.

```
for index = j:k, statements, end
```

또는

```
for index = j:m:k, statements, end
```

다음을 주의하라.

- 콤마를 잊지 말자 (세미콜론을 할 수도 있다). 만약 이들이 생략된다면 에러 메시지가 발생할 것이다.
- 명령문은 한 줄 또는 여러 줄로 구성 될 수 있다. 이들은 콤마 또는 세미콜론으로 분리된다.
- 만약 마지막에 end를 잊어버린다면, MATLAB은 end가 입력되기를 계속 기다릴 것이다. 그 전까지는 아무것도 실행되지 않는다.

2.7.6 보다 일반적인 for 구문

보다 일반적인 for문 형태는 다음과 같다.

```
for index = v
```

여기서 v는 임의의 벡터이다. 인덱스는 벡터의 각 원소를 통하여 교대로 이동한다. 이것은 각 아이템이 리스트 안에서 교묘히 처리되는 방법을 제공하게 된다. 예로 2장 끝부분의 연습문제 2.22를 살펴보자. for 구문에 대한 가장 일반적인 형태는 6장에서 우리가 행렬에 대해 좀 더 자세히 살펴본 후에 다시 논의될 것이다.

2.7.7 벡터화를 통한 for 구문 회피

지금까지 우리가 살펴본 예제들처럼 for 루프가 반드시 들어가야 하는 상황이 있다. 그러나 MATLAB이 설계된 방식상 for 루프는 계산 소요 시간 관점에서 볼 때 비효율적인 경향이 있다. 만약 구문 표현에 있어서 루프의 인덱스를 포함한 for 루프를 작성했다면, 필요한 곳에 배열 연산자를 이용하여, 아래에 나오는 예제들에서 보이듯이 벡터화 시켜서 표현하는 것이 가능하다.

아래 식의 값을 구하길 원한다고 가정해 보자.

$$\sum_{n=1}^{100000} n$$

(여기서, 합을 구하는 공식을 생각하지 말자!) 아래에 for 루프를 이용한 방법은 아래와 같다.

```
t0 = clock;
s = 0;
for n = 1:100000
        s = s + n;
end;
etime(clock, t0)
```

여기서, MATLAB함수 clock은 년, 월, 일, 시, 분, 초의 형태로 현재의 날짜와 시간을 6개의 원소 벡터로 나타내 준다. 따라서 t0에는 계산 시작 시간이 기록된다.

함수 etime은 2개의 매개 변수 사이에서 경과된 시간을 초단위로 계산해 준다. 이 2개의 변수들은 clock에 의해 리턴될 때처럼 반드시 벡터들이어야 한다. 펜티엄II에서 위 식은 3.35초가 소요되며, 이 시간이 계산을 위한 전체 시간이다. (이것은 MATLAB 버전과 컴퓨터 속도에 따라 결과가 달라진다.)

이제 이 계산을 벡터화를 통하여 시도해 보자. 이는 다음과 같다.

```
t0 = clock;
n = 1:100000;
s = sum(n);
etime(clock, t0)
```

이 방법으로는 같은 컴퓨터로 겨우 0.06초만이 소요된다. - 즉, 50배 가량 빠르다. 이 소요시간을 살펴볼 수 있는 잘 만들어진 또 다른 MATLAB 명령어들이 있다. 바로 tic 그리고 toc함수이다 (아래 참고).

이제 다음과 같은 식을 계산한다고 가정해 보자.

$$\sum_{n=1}^{100000} \frac{1}{n^2}$$

for 루프 버전이 아래에 있다.

```
tic
s = 0;
for n = 1:100000
   s = s + 1/n^2;
end;
toc
```

위 식은 펜티엄II에서 6초가 걸렸다. 다시 한 번 벡터화 시켜보자.

```
tic
n = 1:100000;
s = sum(1./n.^2);
toc
```

이 벡터화 버전은 약 0.05초가 걸렸다. - 즉, 100배 가량 빠르다. 물론 이 예제의 계산에 걸린 시간은 작다. 하지만 더욱 복잡한 과학 또는 공학 문제를 푸는 계산의 효율을 높이는 것은 프로그래밍 기술을 개발할 때 도움이 된다. 좋은 문제 풀이와 프로그램 설계에 대해서는 이 장의 마지막과 다음 장에서 상세히 다룬다.

부호가 변화되는 급수들은 조금 더 흥미롭다. 이 급수의 합은 자연로그 ln(2)의 값과 같다.

$$1-\frac{1}{2}+\frac{1}{3}-\frac{1}{4}+\frac{1}{5}-\ldots$$

다음에 어떻게 1,000개 항들의 합을 `for` 루프를 이용하여 구할 수 있는지 나와 있다. (어떻게 부호 변화를 다루는지 주목하자)

```
sign = -1;
s = 0;

for n = 1:1000;
sign = -sign;
    s = s+sign / n;
end;
```

여러분이 직접 시도해 보면, 0.6926란 해를 얻을 수 있을 것이다. MATLAB의 `log(2)`은 0.6931이다. 이 정도면 만족스럽다고 할 수 있다. 다음은 벡터화된 방법의 프로그램이다.

```
n = 1:2:999;
s=sum(1./n-1./(n+1))
```

만약 두 가지 버전에 대하여 시간을 측정한다면 다시 한 번 벡터화된 형태가 수십 배 이상 빠르다는 것을 알게 될 것이다.

가능한 모든 곳에서 MATLAB의 함수들은 자연스럽게 벡터화를 이용한다. 예를 들어서 `prod(1:n)`은 본 절의 앞부분에서 언급한 프로그램 코드보다 큰 수 n에 대하여 훨씬 더 빨리 n!값을 계산할 것이다.

실습문제

다음에 나오는 합들을 for문과 벡터화 기법을 이용하여 각각 구해 보자. 두 가지 경우에 대하여 연산 시간을 측정해 보자.

1) $1^2+2^2+3^2+\ldots+1000^2$

2) $1-\frac{1}{3}+\frac{1}{5}-\frac{1}{7}+\frac{1}{9}-\ldots-\frac{1}{1003}$

3) 왼쪽 급수의 합을 구하여라.

$$\frac{1}{1^2\cdot 3^2}+\frac{1}{3^2\cdot 5^2}+\frac{1}{5^2\cdot 7^2}+\ldots=\frac{\pi^2-8}{16}$$

2.8 판단문

MATLAB® 함수 rand는 0과 1사이에서 임의의 수를 발생시킨다. 다음에 나오는 두 개의 명령문을 명령 줄에 입력시켜 보자.

```
r = rand
if r > 0.5 disp('greater indeed'), end
```

MATLAB®은 r이 실제로 0.5보다 클 때만 greater indeed라는 메시지를 출력해야 한다(r값을 출력하여 확인해 보자). 몇 번에 걸쳐서 반복 실행시켜보자. - Command History 윈도우에서 잘라내어 붙이기 기능을 이용한다 (매번 새로운 r값이 생성되는 것을 확인하라). 약간은 다르지만 관계있는 예제로서, 명령 줄에 다음 논리 연산식을 입력시켜 보라.

```
2 > 0
```

이제 논리 대수식 -1 〉 0을 입력한다. MATLAB은 논리 대수 표현이 진실이면 1의 값을, 거짓이면 0의 값을 내줄 것이다.

2.8.1 한 줄 if 구문

위의 예제에서 MATLAB은 r이 0.5보다 작은지 큰지 결정을 내려야 한다. 모든 컴퓨터 언어의 기초가 되는 if 명령문은 이러한 판단 결정문의 근본이 된다. 한 줄로 된 가장 단순한 if 문 형태는 다음과 같다.

```
if condition; statement; end
```

다음 사항들을 주의 깊게 살펴보라.

- 조건문(condition)은 보통 논리연산식(logical expression) 즉, 관계연산자를 포함하며, 이것은 참(true) 또는 거짓(false)이다. 이 관계연산자는 표 2.4에 나와 있다. MATLAB은 조건문에서 수학적인 표현을 할 수도 있다. 만약 표현식이 0의 값을 갖게 되면, 이것은 거짓으로 간주된다. 그 밖의 것은 참이다. 그러나 이것은 일반적으로 추천할 만한 방법은 아니다. 조건문이 논리적 표현식으로 되어있다면 (명령문을 만드는 사람과 그것을 보는 사람 모두에게) if 명령문이 이해하기 쉽다.
- 만약 조건문이 참이라면, 명령문은 실행된다. 그러나 만약 조건문이 거짓이라면, 아무 것도 실행되지 않는다.

TIP **0 이외의 모든 값(2, 100, -5 등)이 참(true)임을 기억하라.**

- 조건문은 벡터이거나 행렬일 것이다. 이런 경우 벡터나 행렬의 구성 원소가 모두 '0'이 아니어야 참이 된다. 단 하나의 '0'인 원소가 벡터나 행렬에 들어가 있다면 거짓이 된다.

아래에 괄호 안의 의미를 갖는 좀 더 많은 관계 연산자를 포함한 논리 표현식들 예제가 나와 있다.

```
b^2 < 4*a*c
x >= 0
a ~= 0
b^2 == 4*a*c
```

($b^2 < 4ac$), ($x \geq 0$), ($a \neq 0$), ($b^2 = 4ac$)

표 2.4 관계 연산자

관계 연산자	의미
<	less than
<=	less than or equal
==	equal
~=	not equal
>	greater than
>=	greater than or equal

동일함을 나타낼 때 이중 등호(==)를 사용하는 것을 명심하라. 예를 들면, 다음과 같다.

```
if x == 0 disp('x equal zero'), end
```

실습문제

아래에 나오는 명령문들은 모두 변수 x에 논리 연산을 한 결과를 할당한다. MATLAB으로 여러분의 답을 확인하기 전에 각 경우에 x값을 올바르게 결정할 수 있는지 생각해 보라.

```
(a) x = 3 > 2
(b) x = 2 > 3
(c) x = -4 <= -3
(d) x = 1 < 1
(e) x = 2 ~= 2
(f) x = 3 == 3
(g) x = 0 < 0.5 < 1
```

TIP

끝에서 2번째는 맞는 것일까? 3==3은 참인 논리적 표현식이다. 왜냐하면 3은 의심할 여지없이 3과 동일하다. 그러므로 1(참)의 값이 x에 할당된다. 그리고 마지막 식은 어떠한가? 수학적으로는 0<0.5<1이 참임이 확실하다. 그러나 MATLAB 표현에서는 왼쪽 <이 먼저 실행된다. 즉, 0<0.5는 참이므로 1의 값을 갖는다. 그리고 오른쪽 <가 수행된다. 즉, 1<1이므로 0(거짓)이 주어진다. 잘 생각해 보라.

2.8.2 if-else 구문

아래 나오는 연습 예제를 따라 해 보자.

1. 두 줄의 명령문을 입력하라.

```
x = 2;
if x < 0 disp ('neg'), else disp ('non-neg'),end
```

non-neg라는 메시지를 얻을 수 있는가?

2. 이제 x의 값을 -1로 변화시키고 다시 if 문을 실행시켜보자. 이번에는 neg라는 메시지가 나왔는가?

3. 이제 다음과 같이 시도해보자.

```
if 79 disp('ture'), else disp('false'),end
```

참이 나왔는가? 79 대신에 0 또는 음수를 포함한 다른 값을 대입해 보자.

4. 대부분의 은행들은 차별적인 이자율을 가지고 있다. 계좌에 입금된 총 금액이 $5,000 미만이라고 했을 때 이자율이 9%이고 그 외에는 12%라고 가정하고, 여러분이 임의의 예금 잔고를 갖고 시작한다고 하자. 다음 프로그램을 여러 번 실행시켜 보라.

```
bal = 10000 * rand;
if bal < 5000
        rate = 0.09;
else
        rate = 0.12;
end

newbal = bal + rate * bal;
disp('New balance after interest compounded is:')
format bank
disp(newbal)
```

MATLAB®이 올바른 이자율을 선택했는지 알아보기 위해서 명령 줄에서 각각 bal과 rate의 수치를 출력해 보자.

if-else 구문의 기본 형태는 아래와 같다.

```
if condition
        statementsA
else
        statementsB
end
```

다음을 유의하라.

- statementsA와 statementsB는 하나 또는 그 이상의 명령문을 나타낸다.
- 만약 조건문(condition)이 참이면 statementsA가 실행되지만, 조건문이 거짓이라면 statementsB가 실행된다.
- else부분은 옵션으로 없어도 상관없다.

2.8.3 한 줄 if-else 구문

한 줄로 if-else문을 사용하기 위한 가장 일반적인 형태는

```
if condition statementsA, else statementsB, end
```

다음 사항을 유의하라:

- 콤마 (또는 세미콜론)는 여러 항목, 절 사이에서 필수적이다.
- else 부분은 선택적이다.
- end를 잊지 말자. end가 없다면, MATLAB은 계속 end가 입력되기를 기다릴 것이다.

2.8.4 elseif

어떤 은행에서 계좌금액 $5,000미만인 경우 9%의 이자율을 적용하고, $5,000이상과

$10,000미만에서는 12%, $10,000이상인 경우는 15%를 적용한다고 가정하자. 아래의 프로그램은 위와 같은 이자율 적용시 일년 후에 은행 고객의 새로 증가된 계좌금액을 계산해준다.

```
bal = 15000 * rand;

if bal < 5000
        rate = 0.09;
elseif bal < 10000
        rate = 0.12;
else
        rate = 0.15;
end

newbal = bal + rate *bal;
format bank
disp ('New balance is:')
disp (newbal)
```

이 프로그램을 몇 번 실행시켜보자. 그리고 MATLAB이 올바른 이자율을 각각의 경우에 잘 적용했는지 확인하기 위하여 bal과 rate의 값을 출력시켜 보자.

일반적으로, elsief 문은 다음과 같이 사용된다.

```
if condition1
        statementsA
elseif condition2
        statementsB
elseif condition3
        statementsC
...
else
        statementsE
end
```

위의 프로그램은 종종 elseif 사다리(ladder)라고 불리며, 다음과 같이 실행된다.

1. 먼저, condition1이 검토된다. 만약 이것이 참이라면, statementsA가 실행된다. 이때 MATLAB은 `end` 명령 이후에 있는 다음 명령문으로 이동한다.
2. 만약 condition1이 거짓이라면, MATLAB은 condition2를 검토한다. 이것이 만일 참이라면, statementsB가 실행된다. 그리고 나서, `end` 명령 이후의 다음 명령문으로 넘어 간다.
3. 이런 방식으로 조건이 참이 나올 때까지 모든 조건이 검토된다. 참인 조건이 나오자마자, 더 이상 `elseif`문은 실행되지 않고, MATLAB은 사다리를 건너뛰게 된다.
4. 약 참인 조건이 하나도 없다면, `elseif` 이후의 statementsE가 실행된다.
5. 하나 이상의 참인 조건이 없도록 논리적으로 배열을 해야 한다.
6. 프로그램 작성시 많은 수의 `elseif`들을 취할 수 있는 반면에 `else`는 기껏해야 한 개만을 취할 수 있다.
7. `elseif`는 반드시 붙여서 적어야 한다.

TIP **`else`와 `if`가 떨어지면 의도한대로 프로그램이 실행되지 않을 수 있음에 주의하라.**

8. 위의 예에서 볼 수 있듯이 각 명령문 그룹 시작시 들여쓰기 하는 것은 좋은 프로그램 작성 형태이다.

2.8.5 논리 연산자

보다 복잡한 논리 표현식은 `&(and)`, `|(or)`, `~(not)` 세 개의 논리 연산자로 구성될 수 있다. 예를 들면, 다음 방정식은

$$ax^2 + bx + c = 0$$

만약, $b^2 - 4ac = 0$ 그리고 $a \neq 0$ (그림 2.4)이라면 $-\dfrac{b}{2a}$라는 중근을 갖는다. 이것은 아래와 같이 MATLAB 명령문으로 번역될 수 있다.

```
if (b^2 - 4*a*c==0)&(a~=0)
        x = -b / (2*a);
end
```

물론, a, b 그리고 c 는 이 명령문들을 실행하기 전 정의되어 있어야 한다.

앞에서도 언급했듯이 동등함을 나타내는데 이중 등호('==')를 사용했음에 유의하라. 논리 연산자에 대해 보다 많은 내용을 살펴보려면 5장을 참고하라.

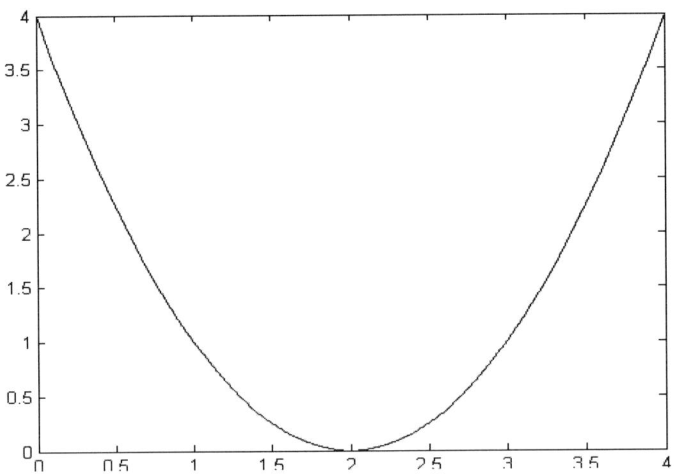

그림 2.2 중근을 갖는 2차 함수

2.8.6 다중 if 구문과 elseif 구문

다음과 같은 임의의 은행 프로그램을 구성할 수 있다.

```
bal = 15000 * rand;

if bal < 5000
        rate = 0.09;
end
```

```
if bal <= 10000
       rate = 0.12;
end
if bal > 10000
       rate = 0.15;
end

newbal = bal + rate * bal;
format bank
disp('New balance is')
disp(newbal)
```

여기서는, 비록 첫 번째 것이 참이라고 하더라도 세 개의 조건이 항상 검토되어야 하므로 이것은 비효율적이다. 앞의 elseif 버전에서는 MATLAB이 참인 조건을 찾자마자 elseif 사다리 구조를 빠져나왔다. 만약 if 문이 자주 반복되는 루프 안에 있다면, 이것은 계산 시간을 줄여줄 것이다 (그리고 판독하기도 수월하다).

elseif 사다리 형태 대신에 이 형태를 이용하면 다음과 같은 일반적인 실수를 할 수도 있다.

```
if bal < 5000
       rate = 0.09;
end
if bal < 10000
       rate = 0.12;
end
if bal >= 10000
       rate = 0.15;
end
```

만약, 변수 bal이 1,000의 값을 갖는다면 왜 잘못된 결과(1,090 대신에 1,120이 나옴)가 나오는지 알겠는가? 논리식을 세울 때에 어느 시점에서 참이 되는 단 하나의 조건만을 만들어야 함을 잊지 말아야 한다. 초보자들이 많이 하는 또 다른 실수는 두 번째 if 문을 다음과 같이 잘못 대체하는 것이다.

```
if 5000 < bal < 10000
     rate = 0.12;
end
```

이 경우, bal이 어떤 값을 갖든 조건문은 항상 참(true)이 될 수 있다. 왜 그런지 알 수 있겠는가? 만일 bal 이 5000보다 크다면, 예를 들어 20000이라면, 첫 번째 시험 5000<bal 의 결과는 참이며, 값 1을 가지며, bal=20000 이지만 이 첫 번째 시험의 결과 1은 언제나 10000 보다 작으므로 조건문의 결과는 참이 된다.

2.8.7 중첩된 if문

어떤 if문은 보다 많은 여러 if들을 포함할 수 있다. 이것을 새둥지 형태의 중첩(nesting)이라고 부른다. 그리고 이것을 elseif 사다리와 혼돈해서는 안 된다. 오히려 else를 주의해야 한다. 일반적으로 else는 아직 종료(end)가 되지 않은 가장 가까운 if에 종속된다. 그러므로 적합한 end의 위치는 매우 중요한 의미를 갖는다. 다음의 예제로 이를 증명해 보자.

2차 방정식의 해를 구하고 싶다고 가정하자. 0으로 나누는 것을 방지하기 위하여 a가 0인지 아닌지를 검토하고자 한다. 다음과 같은 중첩된 if 문을 포함할 수 있다.

```
...
d = b^2 - 4*a*c;
if a ~= 0
        if d < 0
             disp('Complex roots')
        else
             x1 = (-b + sqer(d)) / (2*a);
             x2 = (-b - sqrt(d)) / (2*a);
        end        % first end
end
```

else는 기본값으로 들여쓰기 된 두 번째 if에 종속된다. 이제 다음과 같이 첫 번째 end를 위로 올려보자.

```
d = b^2 - 4*a*c;
if a ~= 0
        if d < 0
             disp('Complex roots')
  end   % first end moved up now
  else
        x1 = (-b + sqrt(d)) / (2*a);
        x2 + (-b - sqrt(d)) / (2*a);
end
```

이동된 end는 두 번째 if 문을 닫는 역할을 한다. 그 결과, else가 두 번째 if 대신에 첫 번째 if에 종속되게 된다. 그리하여 '0'으로 나누는 것을 방지하기는커녕 항상 '0'으로 나누게 만드는 결과를 초래한다.

2.8.8 if문의 벡터화

이제 여러분이 'if 문을 포함하는 for 문이 벡터화 될 수 있을까?' 하는 의구심을 가질지도 모르겠다. 그것에 대한 답은 '논리배열(logical arrays)을 사용하여 가능하다'이다. 이것에 대한 좀 더 흥미로운 논의는 5장에서 다루도록 하겠다.

2.8.9 switch

switch 명령문은 어떤 변수나 식의 값에 기초를 두어 특정한 명령문을 수행하는데 이용된다. 다음 예제에서는 임의의 정수가 1, 2 또는 3인지 아닌지를 결정하는데 이용된다. 여기서, rand 함수 이용에 관한 자세한 설명을 보려면 5장의 주사위 굴리기(Rolling dice) 절을 참고하라.

```
d = floor(3*rand) + 1
switch d
case 1
   disp('That''s a 1!');
case 2
   disp('That''s a 2!');
otherwise
```

```
    disp('must be 3!');
end
```

여러 수식들은 하나의 case 명령문 안에서 case 식을 셀 배열로 늘어놓음으로써 다루어질 수 있다. (11장을 보라):

```
d = floor(10*rand);
switch d
case {2, 4, 6, 8}
   disp('Even');
case {1, 3, 5, 7, 9}
   disp('Odd');
otherwise
   disp('Zero');
end
```

2.9 복소수

만약, 여러분이 복소수에 익숙하지 않다면, 이번 절을 완전히 생략해도 좋다. 하지만 여러분들이 실수(real number)로만 작업을 하려고 하지만, 실수(mistake)로 음수의 제곱근을 계산할 수 있으므로 복소수가 무엇인지에 대해서 알아 두는 것도 좋을 것이다.

MATLAB®에서 복소수는 매우 쉽게 다루어질 수 있다. 특별한 값인 i와 j는 $\sqrt{-1}$을 나타낸다. MATLAB이 복소수를 어떻게 나타내는지 알아보기 위하여 sqrt(-1)을 실행시켜 보자.

i는 복소수 값을 할당하는데 이용된다. 예를 들면,

```
z = 2 + 3i
```

은 복소수 $2+3i$ (실수부(real part) 2, 허수부(imaginary part) 3)을 나타낸다. 또한 복소수 값을 다음과 같이 입력할 수 있다. 예를 들어 입력 프롬프트에서 응답을 보기 위해서 아래와 같이 입력하라 (세미콜론이 없음을 기억하라).

```
2 + 3*i
```

복소수의 허수부 역시 애스터리스크(*) 없이 즉, 3i로 입력될 수 있다. 모든 수식 연산자들(대부분의 함수들)은 복소수와 함께 연산될 수 있다. 예를 들면, `sqrt(2+3*i)`, `exp(i*pi)`. 복소수에 대해 특별히 정의된 함수들이 몇 가지 있다. 만약 z가 복소수라면 `real(z)`, `imag(z)`, `conj(z)` 그리고 `abs(z)`은 모두 명백한 의미들을 가지고 있다.

복소수는 또한 극좌표로 표현될 수 있다. 즉,

$$z = re^{i\theta}$$

`angle(z)`은 $-\pi$와 π사이의 θ값을 돌려준다. 즉, `atan2(img(z), real(z)` 값을 구해준다. `abs(z)`는 크기 r을 구해 준다. $e^{i\theta}$는 극좌표에서 단위 원을 나타내므로, 복소수는 원을 그리는 산뜻한 방법을 제공한다. 다음과 같이 시도해 보자.

```
circle = exp(2*i*[1:360]*pi/360);
plot(circle)
axis('equal')
```

다음 사항을 유의하라.

- 만약 y가 복소수라면 명령문 `plot(y)`는 아래와 같은 동일한 의미를 지닌다.

  ```
  plot(real(y), imag(y))
  ```

- 명령문 `axis('equal')`은 원을 완전히 둥글게 보이게 하기 위해서 필요하다. 이는 모니터의 가로 세로비(aspect ratio)를 변화시킨다. `axis('nomal')`은 가로 세로비를 기본값으로 환원시켜 준다.
  만약 복소수를 사용한다면, 다른 변수로 i와 j를 사용하지 않도록 주의해야한다. 새로 정의된 변수들은 $\sqrt{-1}$을 대체할 것이고, 이는 난처한 문제의 원인이 된다.

TIP

특히, for 루프에서 인덱스로 i나 j를 사용하지 않도록 각별한 주의가 필요하다.

복소수 행렬에서, 연산자 ' 와 .' 는 매우 다르게 연산된다. 연산자 '는 공액 복소수(complex conjugate)로 변환 즉, 행들과 열들이 교환되고 허수부의 부호도 함께 바뀐다. 반면에 연산자 .'는 공액 복소수를 취하지 않고 순수한 전치(transpose)만을 수행한다. 이것을 살펴보기 위하여 다음과 같은 복소수 행렬을 명령문과 함께 만들어 보자.

```
a = [1+i, 2+2i; 3+3i, 4+4i ]
```

이것의 결과는 다음과 같다.

```
a =
   1.0000 + 1.0000i          2.0000 + 2.0000i
   3.0000 + 3.0000i          4.0000 + 4.0000i
```

다음 명령어

```
a'
```

는 공액복소수 전치 결과를 가져온다.

```
ans =
   1.0000 - 1.0000i          3.0000 - 3.0000i
   2.0000 - 2.0000i          4.0000 - 4.0000i
```

이에 반해, 다음 명령어

```
a.'
```

는 순수한 전치만을 수행한다.

```
ans =
   1.0000 + 1.0000i          3.0000 + 3.0000i
   2.0000 + 2.0000i          4.0000 + 4.0000i
```

요약

- MATLAB® 데스크탑은 수많은 툴들로 구성되어 있다: Command Windows, Workspace, Current Directory, Command History

- MATLAB®은 데스크탑 툴바에서 도움말 버튼을 누르거나 어떤 툴에서 **Help** 메뉴를 선택할 수 있는 포괄적인 온라인 Help 시스템을 갖고 있다.

- MATLAB 프로그램은 편집기와 명령창에서 오려붙이기를 하여 작성될 수 있다.

- 스크립트 파일은 MATLAB 명령어의 집합 즉, 프로그램을 포함하는 텍스트 파일이다 (MATLAB 편집기나 다른 어떤 텍스트 편집기에 의해 생성된다). 명령문은 스크립트 파일 이름을 명령창 프롬프트에 입력하면 수행된다. 스크립트 파일 이름은 .m 확장자를 가져야만 한다. 따라서 스크립트 파일을 M-파일이라 부른다.

- 스크립트를 수행하는 추천 방법은 Current Directory 브라우저로부터 수행하는 것이다. 스크립트에 의한 출력은 명령창에 나타날 것이다.

- 변수의 이름은 단지 문자, 숫자, 그리고 언더바(_)로만 구성되며 반드시 문자로 시작되어야만 한다. 문자열은 단지 63자 까지만 구분하며, 기본적으로 대소문자를 구분한다. 실행 과정에 생성된 모든 변수들은 clear 명령에 의해 제거될 때까지 작업공간에 남는다. 명령어 whos는 작업공간의 변수 목록과 함께 변수들의 크기를 나타낸다.

- MATLAB®은 모든 변수들을 그것들이 스칼라, 벡터 또는 행렬이든 관계없이 배열(arrays)로서 참조한다.

- MATLAB® 변수 이름들은 대소문자를 구분한다.

- 데스크탑에 있는 Workspace 브라우저는 작업공간의 조작 가능한 시각 표현을 제공한다. Workspace 브라우저 내의 변수를 클릭하여 변수 값들을 보고 변화시킬 수 있는 Array Editor를 불러낼 수 있다.

- 벡터와 행렬은 대괄호 ([ ]) 안에 입력되며, 원소들은 빈칸 또는 콤마로 구분된다. 행간 구분은 세미콜론을 이용한다. 콜론 연산자는 일정한 증가 (또는 감소)를 갖는 원소로 벡터를 생성시킬 때 사용된다. 벡터는 기본적으로 행 벡터를 의미하며, 전치 연산자 (') 를 이용하여 행 벡터를 열 벡터로 바꿀 수 있다.

- 벡터의 원소는 소괄호( ) 안의 첨자로 참조될 수 있으며, 첨자 또한 벡터가 될 수 있다. 첨자는 항상 1로 시작하며, 양의 정수만이 가능하다.
- `diary` 명령어는 `diary off` 명령이 주어질 때까지 명령 창에서 발생하는 모든 것을 지정된 텍스트 파일 안에 복사한다.
- 같은 줄의 명령어는 콤마나 세미콜론에 의해 구분된다.
- 명령문은 적어도 3개의 마침표 (...)로 다음 줄과 연결되었음을 인식한다.
- 숫자들은 고정점 소수 또는 부동점 표기법으로 표현된다.
- MATLAB®은 14개의 데이터 유형을 갖는다. 기본적인 숫자 유형은 이중정밀도(double precision)이며, 모든 수학적 연산자 역시 이중정밀도로 연산을 수행한다.
- 스칼라에 대한 6개의 수학 연산자는 `= - * \ / ^` 이다. 이것들은 연산 우선순위에 따라 연산을 수행하는데, 괄호는 가장 높은 연산 우선순위를 갖는다.
- 수식은 숫자, 연산자, 변수 그리고 함수를 이용하여 공식을 계산하는 규칙이다. 수식 후의 세미콜론은 그 값을 표시하지 않게 한다.
- 배열 연산자들은 벡터 사이 또는 스칼라와 벡터 사이의 원소별 연산을 수행한다. 곱셈, 오른쪽 나눗셈, 왼쪽 나눗셈과 지수승의 배열 연산자들은 같은 이름의 행렬연산자로부터 구분되도록 `.* ./ .\ .^`로 표현된다.
- 배열연산자들은 벡터의 몇몇 또는 전체 원소에 대하여 반복적으로 공식을 연산하도록 한다. 이것을 공식의 벡터화라 부른다.
- `disp` 함수는 숫자와 문자를 출력하는데 사용한다. 이때, `num2str` 함수는 같은 줄에 숫자와 문자를 동시에 표시할 수 있도록 해준다.
- `format` 명령어는 표시되는 출력 방법 제어한다.
- `format`은 또한 File -> Preferences -> Command Window Preferences에 의해 설정될 수 있다.
- 벡터가 표시될 때, 공통의 스케일 인자는 만약 원소들이 매우 크거나 작을 때 또는 크기 차가 크게 날 때 이용된다.

- `for` 명령문은 정해진 반복 횟수동안 명령문 그룹을 반복할 때 사용된다. 만약, `for` 명령문의 인덱스가 반복된 수식에서 사용된다면, 수식은 종종 벡터화 될 수 있으며, 이것은 계산 시간을 크게 절약시켜 준다.

- 명령문 `tic`과 `toc`은 스톱워치로 사용될 수 있다.

- 논리 표현식은 참(1) 또는 거짓(0)의 값을 가지며, 6개의 관계 연산자(> >= < <= == ~=)로 구성되어 있다. 0의 값을 갖는 표현식은 거짓으로 간주되며, 그 밖의 다른 값은 참으로 간주된다. 더 복잡한 논리 표현식은 논리 연산자 &(and), |(or), ~(not)을 이용하여 형성될 수 있다.

- `if-else` 구문은 논리 표현식이 참인지 거짓인지에 따라 다른 명령문 그룹을 실행시키게 한다. `elseif` 사다리 구문은 한 번에 단지 하나만 참이 되게끔 함으로써 많은 옵션들 사이에서 선택할 수 있도록 하는 좋은 방법이다.

- `switch` 문은 값 또는 수식의 구분된 경우 사이에서 만들어지는 선택을 할 수 있게 해 준다.

- 스트링은 작은따옴표(') 사이에 둘러싸인 문자들의 집합이다.

- 복소수는 허수 $\sqrt{-1}$을 나타내는 특수 변수 `i` 또는 `j`를 이용하여 표현된다.

종합문제

2.1 다음 숫자들이 MATLAB에서 허용가능한지 판단하고 만약 그렇지 않다면 이유를 밝혀라.

(a) 9,87　(b) .0　(c) 25.82　(d) -356231

(e) 3.57*e2　(f) 3.57e2.1　(g) 3.57e+2　(h) 3,57e-2

2.2 다음 문자들이 MATLAB 변수명으로 타당한지 밝히고, 그렇지 않다면 이유를 설명하라.

(a) a2　(b) a.2　(c) 2a　(d)'a'one

(e) aone　(f) _x_1　(g) miXedUp　(h) pay day

(i) inf　(j) Pay_Day　(k) min*2　(l) what

2.3 다음 수식을 MATLAB 표현식으로 변환하라.

(a) $p+\frac{w}{u}$　(b) $p+\frac{w}{u+v}$　(c) $\frac{p+\frac{w}{u+v}}{p+\frac{w}{u-v}}$

(d) $x^{1/2}$　(e) y^{y+z}　(f) x^{y^z}

(g) $(x^y)^z$　(h) $x-x^3/3!+x^5/5!$

2.4 다음을 MATLAB 명령문으로 변환하라.

(a) i 값에 1을 더한 후 그 결과를 i에 저장하라.

(b) i를 3제곱한 후 j를 더하고 그 결과를 i에 저장하라.

(c) 변수 e와 f 중 더 큰 값과 g를 같게 하라.

(d) d가 0보다 크다면, -b를 x와 같게 하라.

(e) a와 b의 합을 c와 d의 곱으로 나눈 후 x에 그 결과를 저장하라.

2.5 다음 MATLAB 명령문은 무엇이 잘못되어 있는가?

(a) n + 1 = n;　(b) Fahrenheit temp = 9*C/5 + 32;

(c) 2 = x;

2.6 x를 계산하는 프로그램을 작성하라.

$$x = \frac{-b + \sqrt{b^2 - 4ac}}{2a}$$

여기서, a=2, b=-10, c=12 이다.

2.7 1갤런은 8파인트, 1리터는 1.76파인트이다. 탱크의 부피가 2갤런 4파인트로 주어졌다. 갤런과 파인트 단위로 부피를 입력받고 리터 단위로 변환하는 스크립트를 작성하라.

2.8 석유 소비를 계산하는 프로그램을 작성하라. 주행 거리(km 단위)와 사용된 석유량(리터 단위)을 할당받아 100km당 리터의 형태뿐만 아니라 km/L 단위로 소비량을 계산하여야 한다. 여러분의 출력이 유용한 머리글과 함께 다음과 같이 나타나도록 작성하라.

```
Distance        Liters used        km/L          L/100km
528             46.23              11.42         8.76
```

2.9 두 변수 a와 b의 내용을 바꾸는 MATLAB 명령문을 작성하시오. 추가 변수 t를 사용하라.

2.10 종합문제 2.9를 추가되는 변수를 사용하지 않고 시도해 보라.

2.11 C와 F가 각각 섭씨와 화씨온도를 나타낼 때, 섭씨온도를 화씨온도로 변환하는 공식은 F=9C/5+32 이다.

(a) 섭씨온도를 물어보고, 한 예로서 다음과 같은 주석문과 함께 동등한 화씨온도를 표시하는 스크립트를 작성하라.

```
The Fahrenheit temperature is: ...
```

다음 섭씨온도에 대해 시도해 보라: 0, 100, -40, 37

(b) 1° 간격으로 20°에서 30°범위에서 섭씨온도와 동등한 화씨온도를 계산하

고 표시하기 위하여 벡터와 배열 연산을 이용하는 스크립트로 변환시켜라. 다음 예와 같이 2개의 열로서 표시하라.

```
Celsius      Fahrenheit
20.00  68.00
21.00  69.80
...          ...
30.00  86.00
```

2.12 도(degree; 첫 번째 열)를 라디안(radian; 두 번째 열)으로 변환하는 표를 만들어라. 도는 0°에서 360°까지 10° 간격으로 변화하며, πradian은 180°임을 상기하라.

2.13 첫 번째 열은 0에서 360까지 30 간격으로 각도를, 두 번째 열은 sine 값을, 세 번째 열은 cosine 값을 갖는 행렬(테이블)을 작성하라. 네 번째 열에 tangent 값을 추가해 보아라. 어떻게 하면 가능한지 이해할 수 있겠는가? format 명령을 사용하여 몇 가지 변화를 시도해 보라.

2.14 10에서 20까지의 정수를 표시하는 명령문을 작성하라. 그 옆에 각각의 제곱근을 표시하라.

2.15 연속적인 짝수 2, 4, ..., 200의 합을 구하고 표시하는 한 줄 명령문을 작성하라.

2.16 한 반에서 10명의 학생이 시험을 보고 있다. 점수는 10점 만점이며, 모든 점수는 MATLAB 벡터 marks에 입력된다. 평균 점수를 구하고 표시하는 명령문을 작성하라. 다음 점수에 대하여 결과를 구해 보라.

```
5  8  0  10  3  8  5  7  9  4
```

<힌트> 함수 mean을 사용하라.

2.17 다음 명령문들이 실행된 후에 x와 a의 값은 얼마인가?

```
a = 0;
i = 1;
```

```
x = 0;
a = a + i;
x = x + i / a;
a = a + i;
x = x + i / a;
a = a + i;
x = x + i / a;
a = a + i;
x = x + i / a;
```

2.18 문제 2.17을 for 루프를 사용하여 보다 경제적으로 명령문을 재작성 하라. 코드를 벡터화 하여 더 간단히 할 수 있겠는가?

2.19 (a) n=4일 때 다음 스크립트의 출력을 수작업으로 구하라.

```
n = input( 'Number of terms? ');
   s = 0;
for k = 1:n
   s = s + 1 / (k ^ 2);
end;
disp(sqrt(6 * s))
```

점점 더 큰 n값에 대하여 이 스크립트를 실행시킨다면 출력이 잘 알려진 어떤 한계치에 다다를 것이다. 그 값이 무엇인지 알 수 있겠는가?

(b) 벡터와 배열 연산자를 이용하여 이 스크립트를 재작성 하라.

2.20 수작업으로 다음 스크립트를 수행해 보아라. 스크립트가 실행되는 동안, i, j, m에 대하여 그 값들이 어떻게 변화하는지 테이블로 나타내 보아라. 그리고 나서, 스크립트를 실행하여 여러분의 답을 점검해 보아라.

```
v = [3 1 5];
i = 1;

for j = v
      i = i + 1;
```

```
        if i == 3
            i = i + 2;
            m = i + j;
        end
    end
```

2.21 저항 R=5, 콘덴서 C=10, 코일 L=4이 직렬로 구성된 회로에서 흐르는 정상상태 전류 I는 다음과 같이 주어진다.

$$I=\frac{E}{\sqrt{R^2+\left(2\pi\omega L-\frac{1}{2\pi\omega C}\right)^2}}$$

여기서 입력 전압 E=2이고 주파수 ω=2이다. I의 값을 구하여라.

2.22 아주 작은 마을의 거주자가 지불하는 전기 요금은 다음과 같이 계산된다. 만약 500 단위 또는 그 이하를 소비할 경우, 요금은 단위당 2센트이다. 만약 소비량이 500 단위보다 크고 1000 단위보다 작으면, 요금은 최초 500 단위에 대하여 $10이고, 500을 초과하는 매 단위마다 5센트이다. 만약 1000 단위보다 많이 소비하면, 요금은 최초 1000 단위에 대하여 $35이고, 1000을 초과하는 매 단위에 대하여 10 센트를 합해서 부과한다. 게다가 얼마나 많은 전기를 썼는지에 상관없이 기본적인 서비스 요금 $5이 부과된다. 다음 5가지 전기 소비량이 벡터로 입력되고, 각각의 경우에 대하여 for 루프를 사용하여 전체 요금을 계산하고 표시하는 프로그램을 작성하라: 200, 500, 700, 1000, 1500.

2.23 1년 동안 매달 은행 통장에 $50을 저축한다고 가정하자. 적립이 끝난 후에 매달 1%의 비율로 이자가 잔액에 더해진다. 예를 들면, 1달 후에 잔고는 $50.50이 되고 두 달 후엔 $101.51이 된다. 1년 동안 매달 잔고를 계산하고 출력하는 프로그램을 작성하라. 출력은 다음과 같은 형태로 나타나도록 하라.

```
MONTH       MONTH-END BALANCE
  1               50.50
  2              101.51
  3              153.02
```

```
                      ...
    12               640.47
```

2.24 만약 1년 동안 12%의 이자율로 \$1,000을 투자하면 1년 뒤에는 \$1,120이 된다. 그러나 만약 매달 1% (즉, 1년 이자의 1/12)의 복리이자로 받는다면, 약간 더 많은 이자를 받을 수 있다. 이 방법으로 1년 동안의 복리이자를 받은 후의 잔고를 for 루프를 이용하여 계산하는 프로그램을 작성하라. 답은 \$1,126.83이 된다. 복리이자에 대한 공식을 사용하여 이 결과를 검토해 보아라:

$$1000 \times 1.01^{12}$$

2.25 한 배관공이 1월 초에 \$100,000이 든 통장을 개설하였다. 그리고 나서 다음 12달 동안 매월 말에 \$1,000을 저축하였다 (1월말부터 시작하였다). 매월 말에 이자가 계산되고 통장에 더해진다 (\$1,000의 저축이 이루어지기 전에). 월별 이자율은 다음과 같은 방식에 따라 이자가 계산되는 시점의 잔고 A에 의해 결정된다.

```
          A≤110,000:  1%
110,000<A≤125,000: 1.5%
          A>125,000:   2%
```

매월 말의 상황 (달수, 이자율, 이자액, 잔액)을 12달 각각에 대하여 적당한 머리말과 함께 표시하는 프로그램을 작성하라.

2.26 미국 인구는 다음 공식에 의해 모델링된다고 제안된 적이 있다.

$$P(t) = \frac{197,273,000}{1 + e^{-0.03134(t - 1913.25)}}$$

여기서, t는 연도를 나타낸다. 1790년부터 2000년까지 매 10년마다 인구를 계산하고 출력하는 프로그램을 작성하라. 또한, 시간에 대한 인구의 그래프를 그려 보아라 (7장 연습문제 7.1의 그림 7.14는 실제 데이터와 모델링 결과를 비교한 것이다). 인구가 '정상상태'에 도달했는지를 판단하는 프로그램을 작성하라. 즉, 인구가 변화되는 것이 멈추었는지를 판단해 보아라.

2.27 저당 약정액 (대부금) L은 집을 살 때 얻어진다. 이자율 r은 연간 15% (0.15)이다.

N년 후에 정확히 대부금 전액을 지불하는 매월 일정 지불액 P는 다음 공식에 의해 주어진다.

$$P = \frac{rL(1+r/12)^{12N}}{12[(1+r/12)^{12N}-1]}$$

(a) 만약 N=20이고 약정액이 $50,000이라면, P를 계산하고 출력하는 프로그램을 작성하라.

(b) 지불액 P가 대부금을 지불하는 기간 N에 따라 어떻게 변화하는지를 살펴보는 것은 흥미로운 일이다. N의 여러 값에 대하여 프로그램을 수행해 보아라 (input 문을 사용하라). 지불액이 $625보다 작아지는 값 N을 찾을 수 있는가?

(c) 이제 20년으로 고정된 N값으로 돌아가서 이자율 변화의 효과를 살펴보아라. 이자율이 1%씩 올라가면, 매월 지불액이 약 $37씩 증가하는 것을 볼 수 있을 것이다.

2.28 만약 매월 지불액 P가 증가하거나 감소한다면 약정 상환의 주기가 어떻게 변화되는지 산정 하는 것은 매우 유용하다. 대부금을 갚는 연수 N에 대한 공식은 다음과 같이 주어진다.

$$N = \frac{\ln\left(\dfrac{P}{P-rL/12}\right)}{12\ln(1+r/12)}$$

(a) 이 공식을 계산하는 새로운 프로그램을 작성하라. 자연 로그 ln을 계산하기 위해서는 내장 함수 log를 사용하라. 만약 이자율이 15%로 유지된다면, 매월 $800로 $50,000의 대부금을 완전히 지불하는데 얼마나 오래 걸리겠는가?

(b) 대부금을 완전히 갚을 수 있는 가장 작은 월별 지불액을 시행오차 방법(trial-and-error)으로 찾아내는 프로그램을 작성하라.

<힌트> 음수의 로그값을 계산하는 것은 불가능하다. 따라서 P는 rL/12보다 작지 않아야 한다.

3장

프로그램 설계와 알고리즘 개발

이번 장에서 소개하고자 하는 내용들은 다음과 같다.

- 프로그램 설계
- 사용자 정의 MATLAB 함수

이번 장에서는 컴퓨터 프로그램의 설계에 대해 소개하도록 한다. MATLAB 같은 소프트웨어를 사용하는 과정을 설계할 때, 하향식(top-down) 설계 과정은 여러분이 문제를 해결하는 좋은 방법을 개발하는데 도움을 준다. 앞으로 우리는 여러분 자신의 툴박스를 설계하는 것에 대해 고려할 것이다. 물론, 현재 여러분이 사용하는 MATLAB 버전의 툴박스(SIMULINK, Symbolic Toolbox, Controls toolbox)도 포함한다. 이러한 툴을 갖고 있다는 것은 MATLAB의 매우 큰 장점이다. 이것을 이용하면, 여러분 자신에게 필요한 여러분 자신만의 작업환경을 만들 수 있다. 이것은 오늘날 학생, 엔지니어, 과학자에게 있어서 '수학 핸드북'이 될 뿐만 아니라, 상대적으로 복잡한 수학문제를 해결하는데 도움이 되는 핸드북 차원을 넘어선 유용한 소프트웨어 개발 환경이 될 것이다. MATLAB의 기능을 사용하는 여러분의 능력은 경험과 교육정도에 따라 제한될 것이다. 만약 여러분의 지식수준을 향상시키고자 한다면, 여러분은 기술적인 문제를 해결하기 위한 이 도구의 깊이를 뛰어넘는 방법을 개발하는데 상상력과 창의력을 보다 더 생산적으로 사용해야 할 것이다. 여기서 다루는 문제들은 졸업한 후에 현장에서 접하게 되는 실제 문제뿐 아니라, 교과과정, 학부연구, 공학 및 설계 프로젝트에서 다루는 문제를 포함하고 있다.

본 장의 첫 번째 파트에서 우리는 설계 과정에 대해 논의할 것이다. 두 번째 파트에서는 구현되는 알고리즘의 상세한 설명인 구조계획(structure plans)의 부가적인 예제를 살펴볼 것이다. 우리는 상대적으로 간단한 프로그램을 살펴볼 것이다. 그러나 기술된 과정은 좀 더 복잡한 문제를 다룰 때 직면하게 될 것들에 대한 통찰력을 제공하게 될 것이다. 물론, 이것들은 여러분들이 정규교육과정과 졸업 후의 평생교육과정 등을 통해 배운 공학, 과학, 수학 문제들이다.

지금까지 우리가 살펴본 예제들은 논리적으로 매우 단순한 것이었다. 왜냐하면 우리는 지금껏 MATLAB 명령어를 정확하게 작성하는 기술적인 관점에 집중해 왔기 때문이다.

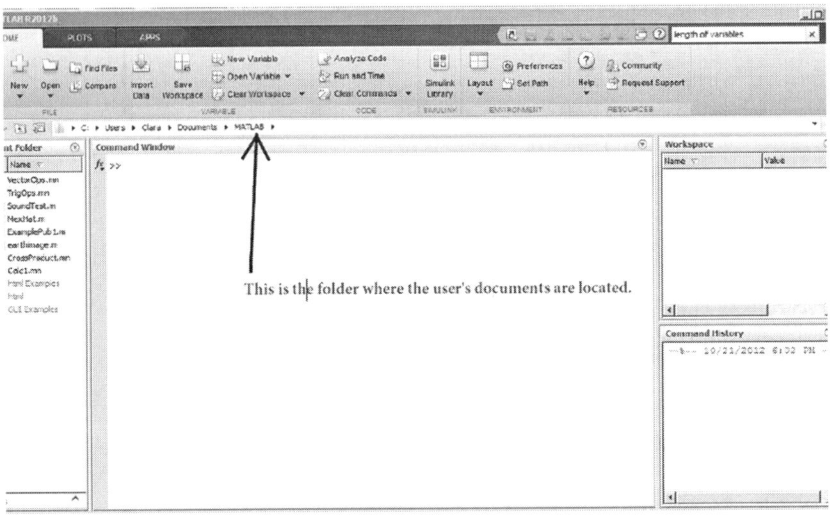

그림 3.1 작업 폴더 만들기: 사용자의 문서폴더에 만들었다.

그러나 실제 문제들은 훨씬 더 복잡하다. 성공적으로 프로그램을 작성하기 위해서는 문제를 완전히 이해하여야 하고, 이 문제를 가장 기본적인 논리상의 단계로 분석해 나가야 한다. 다시 말하면, 우리는 문제해결을 위한 체계적 과정 또는 알고리즘을 개발해야 한다.

알고리즘 개발 과정상에서 이를 보조해주는 여러 가지 방법들이 있다. 이번 3장에서는 컴퓨터의 도움으로 기술적 문제를 해결하는 구조계획에 대해 고찰해 보도록 한다. 여러분은 이미 앞에서 간단하게나마 구조계획의 개념에 대해 접해본 적이 있다. 이 구조계획의 개발은 소프트웨어(또는 컴퓨터 코드) 설계과정에서 가장 중요한 부분이다. 왜냐하면 그것은 컴퓨터가 이해할 수 있는 언어 즉, MATLAB 명령어들로 변환시키는 단계이기 때문이다.

3.1 컴퓨터 프로그램 설계 과정

MATLAB® 언어(명령줄 또는 함수의 연속 명령)로 변환되고 work 디렉토리에 있는 M-파일로 저장된 유용한 유틸리티의 설계는 MATLAB 사용자의 가장 중요하고 유용한 목표중 하나이다. 개인, 산업체 또는 정부가 다양한 공학, 과학 주제에 대해 개발한 유용한 툴박스를 통하여 제공되고 있다. 좋은 예로 Aerospace Toolbox는 우주항공공학 관련해서 설계개발하고 평가하는 데 있어 항공공학 해석에 필요한 기준 표준과 환경 모델, 그리고 항공동역학 계수 등을 제공한다. 이러한 툴박스는 여러분들이 다음의 Mathworks사 웹사이트를 통해 공학자, 과학자, 기술관리자 등에게 도움이 되는 다양한 제품들을 찾아볼 수 있다.(http://www.mathworks.com/)

여러분의 작업 디렉토리 \MATLAB 에 여러분은 MATLAB을 계속해서 사용해 나가면서 여러분이 만들어 놓은 M-files을 모아 놓고 작업을 시작하게 될 것이다.

이때, 여러분은 저장하고자 하는 도구(tools)가 타당하게 잘 작성(또는 잘 설계)되었기를 바랄 것이다. 여기서 잘 작성된 프로그램이란 무엇일까?

소프트웨어 도구의 목표는 그것이 잘 작동하고, 쉽게 해독하고 이해할 수 있으며, 필요할 때 체계적으로 수정 가능해야 한다는 것이다. 프로그램이 잘 동작하기 위해서는 해결하는 데 필요한 문제 또는 문제 유형과 연관된 요구조건을 만족해야 한다. 사양 즉, 기술된 목적, 입력, 풀이방법, 출력, 그리고 어떤 특별한 요구조건 등이 효과적인 알고리즘과 컴퓨터 프로그램을 설계하는 데 알려져야만 한다. 그리고 그것은 완전하게 그리고 정확하게 동작되어야만 하며, 모든 선택사항은 제한된 사양 안에서 오류 없이 사용가능해야만 한다(그림 3.2와 3.3을 보라).

프로그램은 해독 가능해야 하며, 명확하게 이해될 수 있어야 한다. 따라서 주요 작업 또는 프로그램을 주 태스크(또는 주 프로그램)의 특정 부분 즉, 서브프로그램으로 나누는 것이 유용하다. 만약 해결해야 하는 문제가 상대적으로 복잡하다면, 몇 줄 안 되는 서브프로그램을 해독하는 것이 분리되지 않은 하나의 커다란 주프로그램을 해독하는 것보다 훨씬 쉽다. 각 서브프로그램은 그것이 더 큰 구조 (즉, 주프로그램 계획) 안에 포함되기 전에 독립적으로 평가될 수 있도록 설계 되어야만 한다.

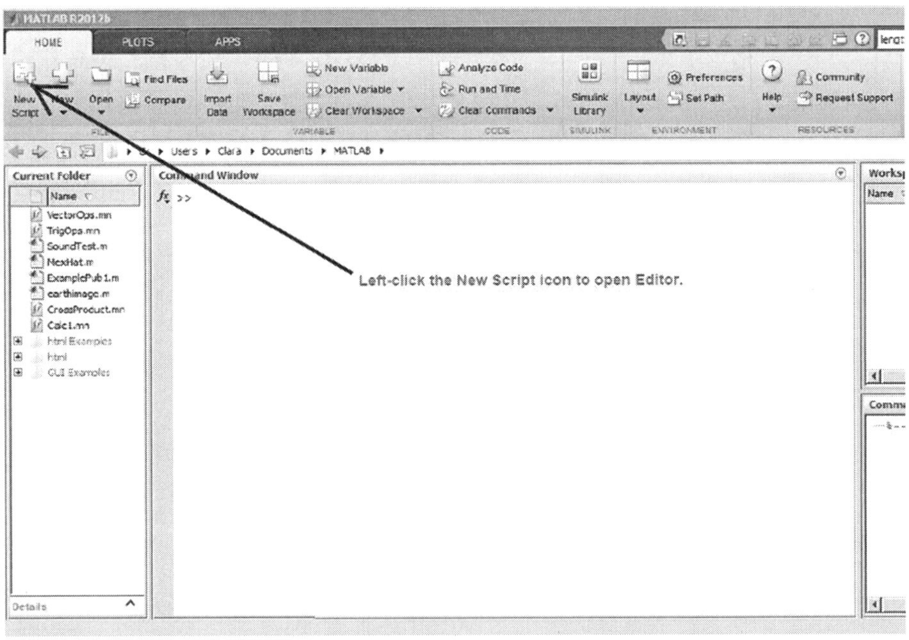

그림 3.2 새로운 스크립트 파일 만들기

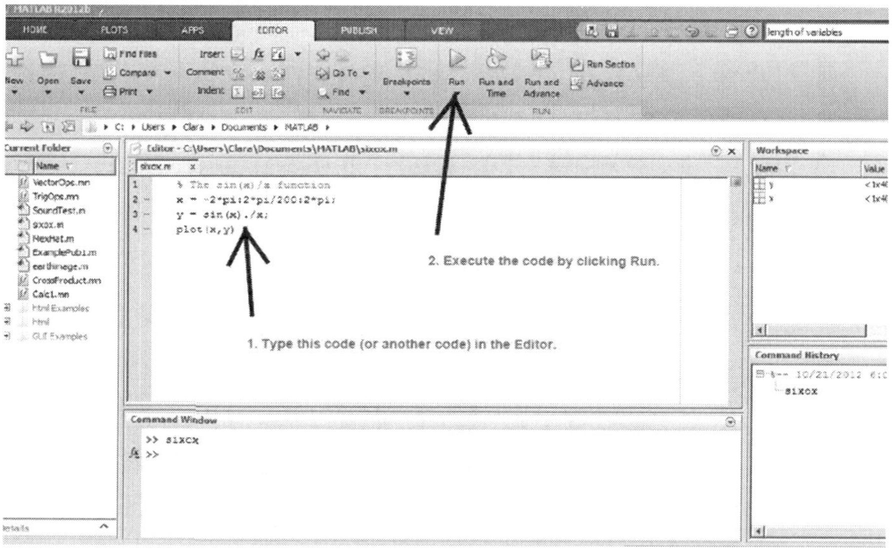

그림 3.3 MATLAB M-파일을 입력하고, 저장하고, 실행하기

잘 작성된 코드는 그것이 동작할 때, 설계 과정의 시험 단계에서 훨씬 쉽게 평가된다. 만약 부호 실수를 고치는 것과 같은 수정작업이 필요하다면, 그것들은 쉽게 구현될 것이다. 여러분이 프로그램 과정을 서술하기 위한 주석문을 추가할 때 기억해야 할 한 가지는 다음과 같다: 여러분이 프로그램을 작성한 때, 정확히 어떤 작업을 했고, 무슨 목적을 위해 했는지 충분한 주석문을 추가하라. 참고로 명령줄에서 help 다음에 여러분의 파일의 이름을 입력했을 때 여러분이 작성한 스크립트 파일의 처음 주석문 줄들이 표시된다.

설계 과정[13]을 간략히 보인다. 단계는 다음의 순서를 따른다:

단계 1 : 문제 해석. 컴퓨터 프로그램 설계를 위한 적절한 의욕을 제공하기 위해 제안하는 조사 방식의 맥락을 수립해야 한다. 설계자는 풀어야 하는 문제에서 요구하는 사항들을 완전히 이해하고, 그 본질을 이해해야 한다.

단계 2 : 문제 서술. 컴퓨터로 풀어야 하는 수학 문제에 대해 상세하게 서술하여라.

단계 3 : 처리 계획. 필요한 입력과 프로그램으로 만들어 내는 출력을 정의한다.

13) 좀 더 상세한 소프트웨어 설계 기술에 대한 묘사에 대해서는, 예를 들어 *C++ Data Structures*, by Nell Dale과 같은 책을 보기 바란다.

단계 4 : 알고리즘. 전체 문제를 부수적인 문제들로 분리하는 탑다운 공정의 각 단계를 설계한다. 부수적인 문제를 풀기 위한 하위 작업들은 프로그래밍 되어야 하는 단계들을 항목별 목록을 만드는 과정을 통해서 정제되어진다. 이 작업의 목록은 구조계획이며 가상 코드로 작성된다(즉 영어, 수학, 그리고 기대되는 MATLAB 명령들의 조합). 목적은 이해하기 쉽고 컴퓨터 언어로 쉽게 번역되는 계획을 수립하는 것이다.

단계 5 : 문제 알고리즘. 알고리즘을 MATLAB과 같은 컴퓨터 언어로 번역 또는 변환하고, 성공적으로 실행될 때까지 문법 오류를 수정해 나간다.

단계 6 : 평가. 모든 조건들의 조합을 테스트 하고 프로그램을 검증하여라. 예를 들어, 결과를 비슷한 작업을 하는 다른 프로그램 비교하거나, 적절한 실험 결과와 비교하거나, 풀이 대상 문제와 관련이 있으며 이론적인 방법론을 바탕으로 하는 이론적인 예측과 비교해 본다. 목적은 하위 작업들과 전체 프로그램이 맞고 정확한지 확인하는 것이다. 이 단계의 추가적인 디버깅 작업은 + 기호를 적어야 하는데 - 기호를 적는 것과 같은 오타에 의한 논리적 오류와 의도하지 않은 부분에서 0으로 나눠지는 일 등과 같은 실행시의 오류를 바로 잡는 것이다.

단계 8 : 적용. 프로그램을 이용해서 문제를 푼다. 프로그램이 잘 설계되었고 유용하다면, 나중을 위해 작업 디렉터리에 저장해 둔다.

3.1.1 발사체 문제

1단계 : 대학교 1학년 물리에서 배우는 발사체 문제(projectile problem)를 고려해 보자. 공학이나 과학 전공 학생들이 잘 이해하고 있다고 가정한다(만약, 이 문제가 친근하지 않다면 이 문제를 다루는 물리학 교재를 찾아보거나 인터넷에서 찾아 보아라; 공식은 2단계에서 제시한다).

이 예제에서 우리는 주어진 발사속도와 발사각에서 발사체의 비행 궤적을 계산하고자 한다. 비행 궤적과 발사체가 땅에 닿기 전에 날아간 수평 거리를 결정하고자 한다. 공기저항은 없으며, 지면으로부터의 수직거리 반대방향으로 일정한 중력가속도가 작용한다고 가정한다. 발사각 θ_0은 수평방향을 기준으로 수직방향으로의 각도로 정의된다.

즉, $0 < \theta_0 \leq \pi/2$이며, 여기서 $\theta_0 = 0$은 수평방향으로, $\theta_0 = \pi/2$는 수직방향(중력과 반대방향)으로 발사된다는 것을 의미한다. 만약 중력가속도 $g = 9.81 m/s^2$을 사용한다면, 발사속도 V_0는 m/s의 단위로 입력되어야 한다. 시간이 $t = 0$의 발사시간으로부터 초(second; s) 단위로 주어지면, x방향으로의 거리(수평 방향)와 y방향으로의 거리(수직방향)는 미터(meters; m) 단위로 계산된다. 우리는 지면에 닿을 때까지의 발사체 운동에 걸리는 시간, 수평 이동 거리, 그리고 궤적의 모양을 결정하고자 한다. 또한 이 벡터 방향에 대한 발사체의 속도를 그래프로 나타내고자 한다. 공기저항이 없는 발사체에 대한 해를 얻기 위한 알고리즘을 개발하기 위해서는 이 문제의 해를 기술하는 원리(수학적 표현)를 알아야 한다.

2단계 : 발사체 문제의 해를 묘사하는 수학식들은 이 단계에서 제공한다. 발사각과 발사 속도는 주어졌으며, $x = y = 0$에 위치한 발사대로부터 이동한 수평 거리는 다음과 같다:

$$x_{max} = 2\frac{V_0^2}{g} sin\theta_0 \cos\theta_0$$

발사된 시간 $t = 0$에서부터 발사체가 x_{max}에 도달하는 시간은:

$$t_{x_{max}} = 2\frac{V_0}{g} sin\theta_0$$

물체가 최대 고도에 다다르면 위치와 시간은:

$$y_{max} = \frac{V_0^2}{2g} sin^2\theta_0, \quad t_{y_{max}} = \frac{V_0}{g} sin\theta_0$$

발사체가 최대 고도에 도달 했을 때 수평으로 이동한 거리는 $x_{y_{max}} = x_{max}/2.0$이다.

시간 $t = 0$과 $t_{x_{max}}$ 사이의 궤도(또는 비행 경로)는 다음의 좌표 쌍으로 기술된다:

$$x = V_0 t \cos\theta_0$$
$$y = V_0 t \sin\theta_0 - \frac{g}{2} t^2$$

주어진 발사조건 $V_0 > 0$과 $0 < \theta \leq \pi/2$에서 시간 영역 $0 < t \leq t_{x_{\max}}$에 대해 이 방정식을 풀 필요가 있다. 그러면 고도와 범위의 최대값은 도착 시간에 따라 구할 수 있다. 마지막으로 θ에 대한 V를 플로팅 하는데, 여기서:

따라서

$$V = \sqrt{(V_0 \cos\theta_0)^2 + (V_0 \sin\theta_0 - gt)^2}$$

그리고

$$\theta = \tan^{-1}\left(\frac{V_y}{V_x}\right)$$

위의 풀이 과정은 공기저항이 없으며, 중력가속도가 일정하다는 식을 바탕으로 하였다는 것을 기억하자.

3단계 : 필요한 입력은 g, V_0, θ_0 이며, 시간 $t = 0$에서 물체가 땅으로 돌아오는 시간 사이의 유한한 시간 단계들이 필요하다. 출력은 비행 거리와 시간, 최대 고도, 그리고 땅에 떨어진 시간이 필요하며 그래프 형태의 궤적 형태가 필요하다.

4와 5단계 : 이 문제를 해결하기 위한 알고리즘과 개발된 구조계획은 MATLAB프로그램 형태로 다음과 같이 주어진다. 이 문제는 일방향성(straightforward) 문제이기 때문에 이 문제를 해결하는데 적용된 방법이 그대로 MATLAB 명령어로 변환될 수 있다. 즉, 풀이 과정이 구조계획의 단계로 나열될 수 있다. 물론, 이 구조계획과 M-file은 설계 과정 동안 시도된 많은 방법들을 모두 변환한 것이 아니라 그 결과들의 요약이다. 여러분들이 살펴볼 더 명확한 구조계획의 예가 다음 절에 나타나 있다. 일반적인 설계 과정과 연계된 단계의 나열 즉, 기술적인 문제 해결 방법이 어렵지 않다는 것을 기억하기 바란다. 그러나 실제로 경험하는 보다 복잡한 기술적인 문제를 해결하기 위해 단계를 명확하게 구현하는 것 또한 쉽지만은 않다는 것을 기억해야 한다. 따라서 우리는 이 절에 기술된 예제와 같은 상대적으로 간단한 프로그램 설계를 공부하는 것으로 시작함으로써 설계 과정의 경험을 쌓도록 해야 한다.

위의 문제를 해결하기 위한 코드는 다음과 같다.

```
% The projectile problem with zero air resistance
% in a gravitational field with constant g
% Written by Daniel T. Valentine .. September 2006
% Revised by D. T. Valentine ........... July 2012
% An eight-step structure plan applied in MATLAB:
%
% 1. Define the input variables.
%
g = 9.81;  % Gravity in m/s^2
v0 = input('What is the launch speed in m/s? ');
th0 = input('What is the launch angle in degrees? ');
th0 = pi*th0/180; %Conversion of degrees to radians.
%
% 2. Calculate the range and duration of the flight.
%
txmax = (2*v0/g) * sin(th0);
xmax = txmax*v0*cos(th0);
%
% 3. Calculate the sequence of time steps to compute trajectory.
%
dt = txmax/100;
t = 0 : dt : txmax;
%
% 4. Compute the trajectory.
%
x = (v0 * cos(th0)) .* t;
y = (v0 * sin(th0)) .* t - (g/2) .* t .^2;
%
% 5. Compute the speed ans angular direction of the projectile.
%       Note that vx = dx/dt, vy = dy/dt.
%
vx = v0 * cos(th0);
vy = v0 * sin(th0) - g .* t;
v = sqrt(vx .* vx + vy .* vy);
th = (180/pi) .* atan2(vy, vx);
%
```

```
% 6. Compute the time, horizontal distance at maximum altitude.
%
tymax = (v0/g) * sin(th0);
xymax = xmax/2;
ymax = (v0/2) * tymax * sin(th0);
%
% 7. Display in the command Window and on figures the output
%
disp(['Range in meters = ', num2str(xmax), ',' ...
    ' Duration in seconds = ', num2str(txmax)])
disp(' ')
disp(['Maximum altitude in meters = ', num2str(ymax),...
    ' Arrival at this altitude in seconds = ', num2str(tymax)])
plot(x, y, 'k', xmax, y(size(t)), 'o', xmax/2, ymax, 'o')
title(['Projectile flight path, v_0 = ', num2str(v0),' m/s' ...
    ',  \theta_0 = ', num2str(180*th0/pi)]),' degrees'])
xlabel('x'), ylabel('y') %Plot of Figure 1.
figure  % Create a new figure.
plot(v, th, 'r')
title('Projectile speed vs. angle')
xlabel('V'), ylabel('\theta') %Plot of Figure 2.
%
% 8. Stop.
%
```

> **TIP**
>
> 위에서 사용된 atan2와 atan와 중요한 차이점이 있음을 주목하자. 함수 atan2(vy, vx)는 vx와 vy의 부호에 따라서 -π에서 π범위에서 vy/vx의 arctangent 값을 돌려준다. 그러나 atan(vy/vx)은 1사분면과 4사분면에 한정된 -π/2에서 π/2범위에서 vy/vx의 arctangent 값을 돌려준다.
>
> 예를 들어서, 위의 프로그램에서 초기 발사각도 135°(발사체는 왼쪽으로 이동)에 대하여 만약 atan2 대신에 atan을 사용한다면, 여러분은 아마 정확한 값인 -158.9°대신에 잘못된 결과인 21.1°을 얻게 될 것이다.

삼각함수에 대한 각도 입력은 반드시 라디안 (radian)으로 표현되어야 하고 결과도 라디안으로 계산되어 돌려준다. 각도를 도에서 라디안으로 변환하기 위해서는 각도 값에

$\pi/180$을 곱하면 된다. 여기서 π는 알다시피, 무리수 3.14159265358979...이며, MATLAB 함수로는 `pi`로 표현된다.

> **TIP**
>
> 원주율 pi는 둘레(perimeter)의 첫 문자(p)에 대한 그리스어(π)로서, 한 원의 둘레 길이와 지름 길이와의 비이다. 현재까지 원주율은 500억 자리 정도까지 계산되어 있으며, 서양에서는 다음과 같은 문장으로 그 값을 기억하기도 한다. 그러나 공학도는 3.14정도까지만 알면 충분할 것이다.
>
> How I want a drink, alcoholic of course, after the heavy lectures involving quantum mechanics!
>
> (각 단어의 글자 수로 3.14159265358979)
>
> 양자역학에 관한 어려운 강의가 끝난 지금 어찌나 한 잔 하고 싶은지!

6과 7단계 : 요구되는 조건 하에서 발사각과 발사속도를 다양하게 입력하여 실행해 봄으로써 프로그램을 평가해 볼 수 있다. 정해진 발사속도에서 최대 비행 거리를 내는 각도인 45o에 대해 검토해 보았다. 이것은 공기저항이 없고, 중력가속도 g가 상수인 경우에 해가 잘 알려져 있다. $V_0 = 10m/s$, $\theta_0 = 45^o$에 대하여 이 코드를 실행하여 발사체 궤적과 방향 대 속도에 대한 그래프를 그리면 그림 3.4, 3.5와 같다.

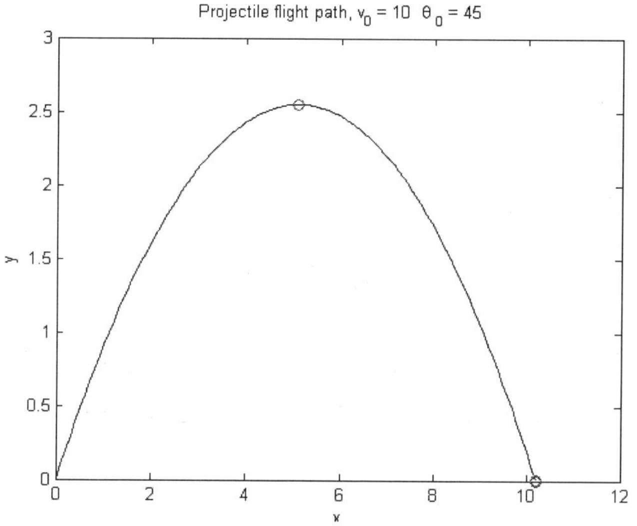

그림 3.4 발사체 궤적

여러분에게 주어진 문제를 해결하기 위한 도구를 개발하는데 도움을 받을 MATLAB 프로그램의 추가적인 예제를 어떻게 찾을 수 있을까? 우리는 이미 예제를 통해 도구(tools) 사용법을 배우는 것이 나쁜 방법이 아님을 알고 있다. 새로운 도구가 MATLAB 사용자에 의해 계속해서 만들어지고 있으며, 새로 개발된 도구는 보다 많은 일반 사용 검증을 거친 후 Mathworks사에서 제품으로 포함시켜 나가고 있다. 또한 많은 예제들이 웹을 통해 공개되어 있다. 물론, 이것들은 적용결과에 대해 만든 사람의 책임이 아닌 사용자의 책임이 있음을 알고 주의 깊게 평가 과정을 거쳐야 할 것이다. 따라서 공학도 또는 과학도들이 그들 스스로 사용한 도구가 주어진 문제를 해결하는데 정말로 타당한지를 검증해야만 하며, 이것은 매우 중요한 사실이다.

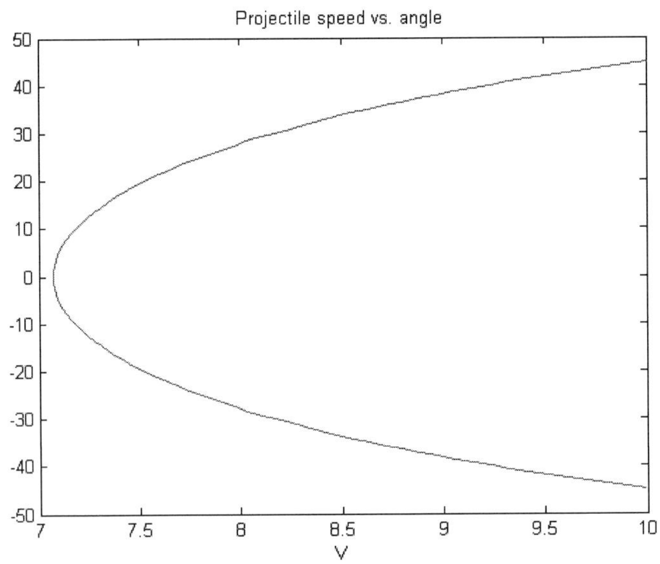

그림 3.5 발사체 발사각 대 속도

스크립트의 예제를 찾는 것이 얼마나 쉬운지를 설명하기 위하여 검색엔진에서 MATLAB examples를 입력하였고, 다음과 같은 MATLAB 예제를 찾았다.

```
>> t = [0:0.1:2*pi]';
>> subplot(2,2,1)
>> plot(t, sin(t))
```

```
>> subplot(2,2,2)
>> plot(t, cos(t))
>> subplot(2,2,3)
>> plot(t, exp(t))
>> subplot(2,2,4)
>> plot(t,1./(1+t.^2))
```

이 스크립트는 하나의 figure 창에서 4개의 그래프를 그리는 방법을 설명하는 예이다. 이것의 동작을 살펴보기 위하여, 명령 창에 각 줄별로 입력을 해 보아라. 각 그래프의 위치는 `subplot` 함수 안의 인자인 3개의 정수에 의해 결정된다. `subplot`에 대한 더 많은 정보를 얻으려면, MATLAB 메뉴의 물음표(?)를 클릭한 후 Help창에서 `subplot`을 입력하면 된다.

예제

이 예제에서는 이차 방정식을 푸는 구조 계획을 보인다. 아마도 학창시절 아래와 같은 형태의 수많은 2차 방정식(quadratic equation)을 풀었을 것이다.

$$ax^2 + bx + c = 0$$

a, b, c가 어떤 값을 갖던지 해 x를 구하기 위한 완전한 알고리즘에 대한 구조 계획은 그림 3.6과 같다. 그림 3.7은 서로 다른 두 실근을 갖는 이차방정식의 그래프를 나타낸다.

프로그램을 작성하려고 할 때, 2장에서 살펴본 것처럼 MATLAB 편집기에 프로그램 구조 계획을 입력할 수 있다. 잘라 붙이기를 이용하여 첫 번째 구조계획 아래에 복사본을 만들어 넣고, 두 번째 복사 부분을 MATLAB 명령어로 변환시켜라. 만약 그것이 훌륭한 구조 계획이라면, 한줄한줄 변환할 수 있을 것이다(그림 3.3). 그러고 나서, Text -> Comment로 원래의 구조계획을 주석문으로 바꾼다. 그렇게 하여 사용자는 이것을 프로그램화 할 수 있다.

```
1. Start
2. Input data (a, b, c)
3. If a = 0 then
      If b = 0 then
          If c = 0 then
              Display 'Solution indeterminate'
          else
              Display 'There is no solution'
      else
          x = -c/b
          Display x (only one root: equation is linear)
   else if b^2 < 5ac < 4ac then
      Display 'Complex roots'
   else if b^2 = 4ac  then
      x=-b / (2a)
      Display x (equal roots)
   else
      x1=(-b+ sqrt(b^2-4ac))/(2a)
      x1=(-b- sqrt(b^2-4ac))/(2a)
      Display x1, x2
4. Stop
```

그림 3.6　2차 방정식의 구조계획

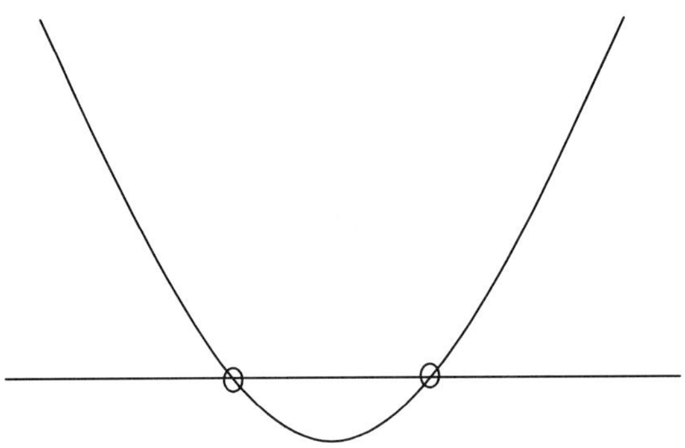

그림 3.7　서로 다른 두 실근을 갖는 2차 방정식의 그래프

3.2 MATLAB® 함수 프로그래밍

MATLAB은 여러분들만의 함수를 만들 수 있게 해 준다. 함수 M-파일은 확장명이 .m 이라는 것은 스크립트 파일과 비슷하다. 하지만 함수 M-파일은 MATLAB의 작업 공간과는 특별히 설계된 입력과 출력을 통해서 통신을 하는 점에서 다르다. 함수는 문제를 관리할 수 있는 논리적인 부분으로 나눌 때 반드시 필요한 도구이다.

짧은 수학 함수들은 한 줄로 구성되는 인라인(inline) 객체로 작성될 수 있다. 이 기능은 다음의 절에서 예를 들어 설명한다. 그 다음의 절에서는 MATLAB의 함수 M-파일을 만들 때 포함시키는 기본적인 아이디어를 소개한다(함수를 작성하는 더 상세한 내용은 7장에 소개한다).

3.2.1 Inline object: 조화 진동

만약 두 개의 연결된 진동자 즉, 두 개의 질량이 매우 부드러운 테이블 위에 스프링에 의해 연결된 진동자를 1차 시스템으로 생각하면, 시간 t에 관한 시스템의 출력은 다음과 같이 주어진다.

$$h(t) = \cos(8t) + \cos(9t) \tag{3.1}$$

이 함수 $h(t)$는 다음과 같은 inline object를 명령줄에 생성시킴으로써 표현할 수 있다.

```
h = inline( 'cos(8*t) + cos(9*t)' ) ;
```

이제 명령창에 함수 h를 이용하여 몇 가지 MATLAB 명령문을 적어서 그림 3.8과 같은 그래프를 그려보자. 즉,

```
x = 0 : 20/300 : 20;
plot(x, h(x)), grid
```

다음 사항을 유의하라:

- h의 inline 정의에서 변수 t는 입력 매개변수(input argument)이다. 이것은 본질적으로 더미(dummy) 변수이고, 이것은 단지 외부에서 함수로 입력되는 값

이다. 여기서 사용자는 변수의 명칭을 임의로 정할 수 있다. 그러나 함수를 사용할 때 사용되었던 것과 이름이 같아서는 안 된다.

- inline에 하나 이상의 변수를 갖는 함수를 만들 수 있다. 예를 들면 다음과 같다.

```
f = inline( 'x.^2 + y.^2' , 'x' , 'y' );
f(1, 2)
ans =
   5
```

여기서 x와 y 입력 값은 배열을 사용할 수 있으며, 그로인해 출력 f1도 x와 y와 같은 크기의 배열이 된다. 예를 들어, 이전의 두 줄을 입력하면 ans = 5를 얻고, 다음을 실행하면:

```
   x = [ 1 2 3; 1 2 3]; y = [ 4 5 6; 4 5 6];
   f1(x,y)
   ans =
17   29   45
17   29   45
```

답은 요소 대 요소 연산이며 함수는 같은 위치의 연산 요소들을 제곱해서 더한 값들을 돌려준다.

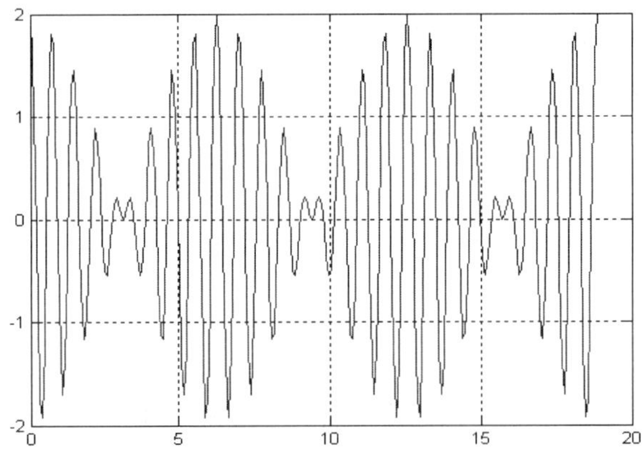

그림 3.8 cos(8t) + cos(9t)

3.2.2 MATLAB® 함수 y=f(x)

다음의 예제에 MATLAB 함수의 기본 기능들을 담았다. 관계 $y=f(x)$로 정의 되는 함수 y, 즉 x에 대한 함수 y를 고려해 보자. 함수를 만드는 첫 번째 단계는 함수 명령을 선언하면서 시작한다. 다음에는 특정한 값 x를 대입해서 그 값에 해당하는 값 y를 얻는 식을 입력한다. 특정 대수학 함수의 평가에 대한 구조 계획은 다음과 같다:

1. function y = f(x) % where x is the input and y is the output
2. y = x.^3 - 0.95*x;
3. end % This is not necessary to include; however, it plays the role of STOP

이 계획을 바탕으로 하는 함수 M-파일은 다음과 같다:

```
function y = f(x) % where $x$ is the input and $y$ is the output
y = x.^3 - 0.95*x;
end % This is not necessary to include; however, it plays the role
of STOP
```

이 내용을 f.m으로 저장한다. 저장 후 커맨드 윈도우에서 다음과 같이 사용할 수 있다. 다음을 시도해 보아라:

```
>> f(2)
ans =
    6.1000
```

이차 방정식의 세 계수를 입력받는 함수를 만들자. 이차 방정식이 해인 두 근을 출력하고 싶다. 이미 아는 이차 방정식의 해를 이용하고 앞서 설명한 구조 계획을 바탕으로 함수를 만들어 보자. 이 함수는 다음과 같다:

```
function x = quadratic(a,b,c)
% Equation:
%    a*x^2 + b*x + c =0
% Input: a,b,c,
% Output: x = [x1 x2], the two solution of
```

```
% this equation
if a==0 & b==0 & c==0
   disp(' ')
   disp('Solution indeterminate')
elseif a==0 & b==0
   disp(' ')
   disp('There is no solution')
elseif a==0
   disp(' ')
   disp('Only one rot: equation is linear')
   disp('x')
elseif b^2 < 4*a*c
   disp(' ')
   disp(' x1, x2 are complex roots')
   disp(' x1 x2')
   x1 = (-b + sqrt(b^2 - 4*a*c))/(2*a);
   x2 = (-b - sqrt(b^2 - 4*a*c))/(2*a);
elseif b^2 == 4*a*c
   x1 = -b/(2*a);
   x2 = x1;
   disp('equal roots')
   disp('x1 x2')
else
   x1 = (-b + sqrt(b^2 - 4*a*c))/(2*a);
   x2 = (-b - sqrt(b^2 - 4*a*c))/(2*a);
end
if a==0 & b==0 & c==0
elseif a==0 & b==0
else
   disp([x1 x2]);
end
end
```

이 함수는 quadratic.m 으로 저장한다.

```
>> a= 4; b=2; c=-2;
```

```
>> quadratic(a,b,c)
   0.5000   -1.0000
>> who
Your variables are:
a  b  c
```

이 경우의 두 근들은 실수이다. 이 함수가 모든 이차 방정식 계수를 잘 처리 하는지 평가해 보는 것도 좋은 연습이다. 이 예제의 목적은 함수 파일을 어떻게 만드는 가를 보여 주는 것이다. 참고로 workspace 에 있는 변수들은 a b c 뿐이다. 함수에서 정의하고 필요한 변수들은 workspace에 포함되지 않는다. 함수는 내부에서 실행될 때 필요한 변수들로 workspace를 지저분하게 만들지 않는다.

요약

- ▶ 알고리즘은 문제를 해결하기 위한 체계화된 논리적인 과정이다.
- ▶ 구조 계획은 의사코드로 된 알고리즘의 표현이다.
- ▶ 함수 M-file은 특정 문제를 다루기 위해 설계된 스크립트 파일의 형태이고, 필요한 때면 언제든지 불러와서 활성화시킬 수 있다.

종합문제

이번 문제는 모두 MATLAB 프로그램화하기 전에 구조계획을 작성해 보는 문제들이다.

3.1 아래에 나오는 구조 계획 예제는 기하학상의 작도를 정의하는 것이다. 이 계획을 수행하여 구조를 스케치해 보라.

1. 2개의 수직인 x, y축을 그린다.
2. 두 점 A(10, 0)와 B(0, 1)를 그린다.
3. 점 A가 원점과 일치하지 않는 동안 계속 반복하라.
   점 A와 B를 직선으로 연결한다.
   점 A를 x축을 따라서 기본 단위만큼 왼쪽으로 이동시킨다.
   점 B를 y축을 따라서 위로 이동시킨다.
4. 멈춘다.

3.2 다음의 구조 계획을 고려해보자. 여기서 M과 N은 MATLAB 변수이다.

1. M = 44, N = 24로 설정한다.
2. M과 N이 일치하지 않는 동안 반복한다.
   M>N인 동안 반복한다.
   M-N값을 M의 값에 대체한다.
   N>M인 동안 반복한다.
   N-M값을 N에 대체시킨다.
3. M값을 보여준다.
4. 멈춘다.
   (a) 구조 계획을 따라 실행하고, 실행되는 동안의 M과 N값을 묘사해 보자. 출력 값을 구해보자.
   (b) (a)를 M=14, 그리고 N=24일 때 위의 과정을 반복해 보라.
   (c) 위 알고리즘은 어떤 일반적인 연산 과정을 수행하는 것인가? (필요하다면, M과 N에 보다 많은 수를 넣어 보자.)

3.3 화씨 온도를 섭씨로 전환하는 프로그램을 작성해 보라. 연습문제 2.11에 있는 데이터를 이용하여 시도해 보라. (여기서는 섭씨를 화씨로 전환하였다.)

3.4 임의로 두 수를 입력하는 스크립트를 작성하라 (두 수는 같을 수 있다). 그리고 적절한 메시지와 함께 큰 수를 표시하라. 그렇지 않고 만약 두수가 같다면 적절한 메시지만을 표시하라.

3.5 이차방정식 $ax^2+bx+c=0$의 일반적인 해를 구하는 스크립트를 작성하라. 그림 3.1을 이용하라. 이 스크립트는 데이터 a, b, c의 임의의 모든 수에 대하여 다룰 수 있어야 한다. 아래에 나오는 a, b, c 값에 대하여 실행해 보자.

(a) 1, 1, 1 (복소근)

(b) 2, 4, 2 (중근 -1.0)

(c) 2, 2, -12 (두 실근 2.0과 -3.0)

그림 3.1에 나오는 구조 계획은 복소수는 다룰 수 없는 프로그램 언어에 대한 것이다. 그러나 MATLAB에서는 가능하다. 복소수 근도 찾을 수 있도록 이를 보완하라. (a)의 경우에 대입하여 실행해 보라. 근은 -0.5±0.866i이다.

3.6 두 개의 선형 연립방정식 (즉, 두 직선의 방정식)의 해를 구하기 위한 구조 계획을 작성하라. 작성되는 알고리즘은 모든 경우를 다룰 수 있어야 한다. 즉, 두 직선이 교차하거나 평행하거나 또는 일치하는 경우 모두를 다룰 수 있어야 한다. 이런 알고리즘을 구현시키는 프로그램을 작성하고 해를 알고 있는 몇 가지 방정식으로 테스트해 보라.

$$x + y = 3,$$
$$2x - y = 3,$$
$$(x = 2,\ y = 1).$$

<힌트> 아래 식의 해에 대한 대수 공식을 유도하는 것으로 시작하라.

$$ax + by = c,$$
$$dx + ey = f.$$

프로그램은 계수 a, b, c, d 값을 입력받아야 한다. 우리는 나중에 MATLAB이 행렬대수학을 이용하여 방정식을 직접 풀 수 있는 명쾌한 방법을 가지고 있음을 알게 될 것이다. 그러나 연습문제와 같은 방식이 프로그래밍 능력을 향상시키는 데는 더 좋을 것이다.

3.7 감쇠 조화 진동 운동을 살펴보자. 단위 질량이 스프링에 달려 있을 때의 작은 크기의 진동은 식 $y=e^{-(R/2)t}\sin(\omega_1 t)$로 주어지며 여기서 $\omega_1^2=\omega_0^2-R^4/4$는 감쇠를 가지는 고유 주파수의 제곱이다. 여기서 감쇠는 저항이 있음을 의미한다. 또한 $\omega_0^2=k$는 감쇠가 없는 진동의 고유 주파수의 제곱이며, k는 용수철 상수이다. 그리고 R은 감쇠 계수이다. 이 때 $k=1$ 이라고 하며, R은 0에서 2까지 0.5씩 증가한다. 시간 t가 0에서 10까지 0.1씩 증가 할 때, t에 대한 y를 플로팅 하여라.

<힌트> 풀이 과정을 문제 서술을 되짚어 보면서 만들어 보아라. 문제 서술의 마지막에서 시작하면, 풀이 과정은 프로그래머에게 입력 변수의 지정을 요구하며, 그 다음으로 크기에 대한 식을 실행하고 그래프로 출력하면서 마친다.

3.8 자체의 무게만으로 매달려 있는 균일한 케이블을 살펴보자. 이 형태는 식 $y=\cosh(x/c)$로 나타낸다. 이 형태는 균일 현수(uniform catenary)라고 한다. 매개변수 c는 현수선의 바탕이 위치한 $y=0$에서 부터의 수직 거리이다. $c=5$일 때, $x=-10$에서 $x=10$까지 현수선의 형태를 플로팅하여라. $c=4$인 경우와 비교해 보아라.

<힌트> 하이퍼볼릭 코사인 cosh 는 MATLAB 내장 함수이며 사인 함수 sin 과 같은 방식으로 사용된다.

4장

MATLAB® 함수와 데이터 입출력 기능

이번 장의 목적은

(1) 보다 많은, 일반적인 MATLAB함수들과 친숙하게 되는 것이다.

(2) 다음과 같은 방법을 사용하여 MATLAB 작업공간에서 데이터를 입출력하는 간단한 방법을 소개하는 것이다.

- load와 save 명령어
- 가져오기 마법사(Wizard)
- 낮은 수준의 입출력(I/O) 함수

지금까지 여러분은 데이터를 입력하고, 반복문과 판단문을 포함하여 데이터에 대한 간단한 대수연산을 수행하며, 이해하기 쉬운 형태로 계산결과를 출력하는 MATLAB 프로그램을 작성하는 방법에 대해 살펴보았다. 그러나 과학과 공학에 있어서 보다 흥미로운 문제들은 거의가 사인(sine), 코사인(cosine), 로그(logarithm) 등과 같은 특별한 수학적 함수를 포함하고 있다. MATLAB은 이러한 함수들의 커다란 집합체를 다룰 수 있으며, 우리는 이미 이들 중의 일부를 살펴보았다. 이번 장에서는 보다 일반적인 것들을 소개하기로 한다. 그와 함께, 수학적으로 데이터를 그래프로 표현하거나 연산하는 경우, 데이터를 불러들이거나 내보내기를 해야 한다. 따라서 이 장에서는 여러 가지

출처로부터 MATLAB 작업공간으로의 데이터 입력에 대해 소개하기로 한다. 또한, MATLAB이나 다른 소프트웨어에서 후에 사용하기 위하여 여러분의 작업 폴더의 파일로 데이터를 내보내는 방법에 대해서도 살펴보기로 한다.

4.1 몇 가지 일반 함수

MATLAB® 함수의 테이블과 명령은 부록 C에 실려 있다. 다음은 보다 일반적인 함수들 몇 가지에 대한 리스트를 기술하였다. 함수에 대한 설명과 추가 관련된 함수들의 카테고리 리스트를 보기 위해서는 명령창에서 helpwin을 이용하면 된다. 또 다른 방법으로는, 왼쪽에 있는 Help 브라우저에서 Help Navigator의 Contents 메뉴로 이동하면 된다. 그리고 계속적으로 MATLAB 메뉴를 확장시켜 Reference, MATLAB Function Reference로 이동한 후, 여기서 Function by Category 또는 Alphabetical List of Function을 선택하면 된다.

만약 함수의 매개변수가 배열이라면, 함수는 배열 안의 모든 값에 대하여 원소별로 적용시킨다. 예를 들어서,

```
sqrt([1 2 3 4])
```

은 다음과 같은 값을 나타낸다.

```
1.0000 1,4142  1.7321  2.0000
```

본 교재는 따라 하기 형식으로 기술되었기 때문에, 여러분은 MATLAB의 좀 더 일반적인 함수에 대해 스스로 살펴볼 수 있을 것이다. 이 함수들을 살펴보는 한 가지 방법은 그것들을 그래프로 그려보는 것이다. 예를 들어 다음과 같이 변수 x를 할당하여 모든 함수에 대해 실습해 보도록 하자.

```
x = -1:0.1:1;
plot(x, abs(x), 'o')
```

이 작업을 성공적으로 수행했다면, V자 모양의 그래프를 얻게 될 것이다.

`abs(x)`

x의 절대값.

`acos(x)`

0과 π사이의 arc cosine값 ($\cos^{-1}(x)$).

`acosh(x)`

x의 inverse hyper sine 값. 즉, $\ln(x+\sqrt{x^2-1})$

`asin(x)`

-π/2 ~ π/2 사이의 값을 갖는 x의 arc sine 값. ($\sin^{-1}(x)$)

`asinh(x)`

x의 inverse hyperbolic sine 값. 즉, $\ln(x+\sqrt{x^2+1})$

`atan(x)`

-π/2 ~ π/2 사이의 값을 갖는 x의 arc tangent 값.

`atan2(y, x)`

-π ~ π 사이의 값을 갖는 y/x의 arc tangent값.

TIP **(인자의 순서에 주의하자)**

`atanh(x)`

x의 inverse hyperbolic tangent값. 즉, $\frac{1}{2}ln\left(\frac{1+x}{1-x}\right)$

`ceil(x)`

x를 초과하는 가장 작은 정수 즉, +∞방향으로 가장 가까운 정수로 반올림. 예를 들어서 ceil(-3.9)는 -3으로, ceil(3.9)는 4로 된다.

```
clock
```
6벡터 인자로 표시되는 시간과 날짜. 예를 들어서 다음 명령문의 결과는 14:09:03이다.

```
t = clock
fprintf(' %02.0f:%02.0f:%02.0f\n' , t(4), t(5), t(6));
```

TIP (어떻게 필요에 따라 시, 분, 초에 0이 왼쪽부터 채워지는지 주목하자.)

```
cos(x)
```
x의 cosine값.

```
cosh(x)
```
x의 hyperbolic cosine값. 즉 $\frac{e^x + e^{-x}}{2}$ (그림 4.1을 보자.)

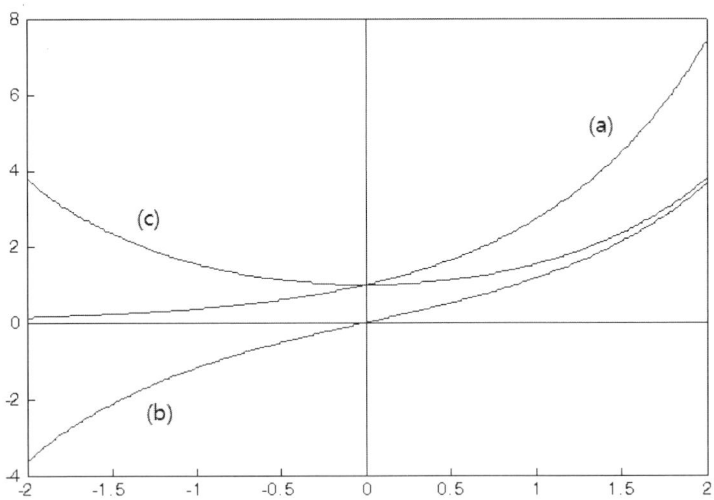

그림 4.1 함수 (a) exponential, (b) hyperbolic sine, (c) hyperbolic cosine

`cot(x)`

x의 cotangent 값.

`csc(x)`

x의 cosecant 값.

`cumsum(x)`

x 인자의 누적 합. 예를 들어서 cumsum(1:4)은 [1 3 6 10]가 된다.

`date`

dd-mmm-yyyy형태의 날짜 표시. 예를 들어서 02-Feb-2003 같은 것이다. 이것은 Y2K 문제를 해결한 것으로, 초기의 MATLAB 버전은 연도를 나타내는 숫자가 오직 2자리였다: 11-Jul-97.

`exp(x)`

exponential 함수 e^x의 값. (그림 4.1을 보라)

`fix(x)`

0을 향하여 가장 가까운 정수로 반올림. 예를 들면 `fix(-3.9)`는 -3, `fix(3.9)`는 3이다.

`floor(x)`

x를 초과하지 않는 가장 큰 정수. 즉, -∞ 방향으로 가장 가까운 정수로 내림. 예를 들어서 `floor(-3.9)`는 -4로 `floor(3.9)`는 3으로 된다.

`length(x)`

벡터 x의 원소의 수.

TIP 행렬의 경우, 행과 열 중에서 많은 원소의 수를 표시한다.

`log(x)`

x의 자연 로그값.

`log10(x)`

밑이 10인 x의 상용 로그값.

`max(x)`

벡터 x에서 가장 큰 원소.

`mean(x)`

벡터 x 원소들의 평균값.

`min(x)`

벡터 x에서 가장 작은 원소.

`pow2(x)`

2^x.

`prod(x)`

벡터 x 원소들의 곱.

`rand`

구간 [0, 1)에서 난수를 생성. 이 값은 진정한 난수라기보다는 가상의 난수이다. 왜냐하면, 같은 'seed'로 시작하는 `rand` 함수는 같은 값을 발생시키기 때문이다. 처음 MATLAB을 실행시키고 난 후, `rand` 함수를 수행하면 항상 같은 난수가 순차적으로 발생됨을 확인할 수 있다. 또 seed 함수를 이용하여 먼저 seed 값을 할당해 주고, `rand` 함수를 실행시켜 보자.

TIP 함수 rand는 0은 포함하되, 1은 포함시키지 않는 함수임을 기억하자

실습문제

1. -10과 10사이의 균등난수 100개를 생성시켜 보아라.
2. 평균이 1.0이고 분산이 0.5인 정규분포 난수 100개를 생성시켜 보아라.

`realmax`[14]

사용자 컴퓨터에서 가장 큰 양의 실수.

`realmin`[15]

사용자 컴퓨터에서 가장 작은 양의 실수.

`rem(x, y)`

x를 y로 나누었을 때의 나머지 값. 예를 들어서 rem(19, 5)은 4가 된다. (19를 5로 나누면 몫이 3이고, 나머지가 4이다.) 엄격히 말해서, rem(x, y)는 x - y * n이고 이때, n = fix(x/y)로 x/y에 가장 가까운 정수이다. 이것은 음수 또는 정수가 아닌 변수를 어떻게 다루는지 보여준다.

fix와 rem은 예를 들어서 inch를 feet와 inch로 변환시킬 때와 같이 작은 단위들을 큰 단위로 변환시킬 때 유용하다 (1 feet = 12 inches). 아래에 나오는 명령문은 40 inches를 이런 방식으로 변환시키는 것이다.

```
feet = fix(40/12)
inches = rem(40, 12)
```

`round(x)`

x에 가장 가까운 정수로 반올림한다. 예를 들어서 round(4.49)는 4가 되고, round(4.5)는 5로 된다.

`sec(x)`

x의 secant값.

---

14) PENTIUM 컴퓨터의 경우, 1.7977e+308 (≒(2^32)^32)
15) PENTIUM 컴퓨터의 경우, 2.2251e-308

`sign(x)`

x가 음수, 0, 양수인지에 따라서 -1, 0 또는 1이 된다.

`sin(x)`

x의 sine 값.

`sinh(x)`

x의 hyperbolic sine 값. 즉, $\frac{e^x - e^{-x}}{2}$ (그림 4.1을 보라.)

`size(a)`

행렬 a의 행과 열의 수

`sort(x)`

오름차순으로 벡터 x의 원소를 정렬시킨다.

> TIP x가 행렬이면, 열별로 정렬시킨다. MATLAB 함수에서 인자가 행렬로 주어질 경우, 기본적으로 열을 기준으로 하여 함수의 기능이 수행됨을 기억하자.

`sqrt(x)`

x의 제곱근. 음수 또는 복소수도 처리한다.

`sum(x)`

벡터 x 원소들의 합.

`tan(x)`

x의 tangent 값.

`tanh(x)`

x의 hyperbolic tangent 값.

```
tic, toc
```

두 함수사이의 프로그램 코드가 실행된 시간을 표시한다.

arc-cosine, arc-sine, arc-tangent 함수 즉, `acos(x)`, `asin(x)`, `atan(x)`를 고려해 보자. 만약 출력이 -1과 1사이의 값을 갖는다면, 해당되는 각도가 어떤 사분면에 해당되어야 하는가? 해를 얻기 위해서 다음 M-file 스크립트를 생성하고 실행해 보자. 계산된 결과의 그래프상의 비교는 그림 4.2에 나타나 있다. 스크립트의 마지막 부분에 있는 REMARKS는 그래프의 해석 결과를 보여주는 것이다.

```
%
% Script to compare the acos(x), asin(x), and atan(x)
% functions over the range -1 < x < 1. The values are
% converted to angles in degrees. The results are
% compared graphically.
%
% The question raised is: What range of angles, i.e.
% which of the four quadrants of the circle from 0 to
% 2*pi are the angular outputs of each of the functions?
%
% Determine the values of x to be examined:
%
x=-1:0.001:1;
%
% Compare the arc-functions:
%
y1 = asin(x);
y2 = acos(x);
y3 = atan(x);
%
% Convert the angles from radians to degrees:
%
y1 = 180*y1/pi;
y2 = 180*y2/pi;
y3 = 180*y3/pi;
```

```
%
% Plot the results:
%
plot(y1,x,y2,x,'-.',y3,x,':'), grid
legend('asin(x)', 'acos(x)', 'atan(x)')
xlabel('\theta in degrees')
ylabel('x, the argument of the function')
%
% REMARKS: Note the following:
%   (1) The acos(x) varies from 0 to 90 to 180 degrees.
%   (2) The asin(x) varies from -90 to 0 to 90 degrees.
%   (3) The atan(x) varies from -45 to 0 to 45 degrees.
%
% Stop
```

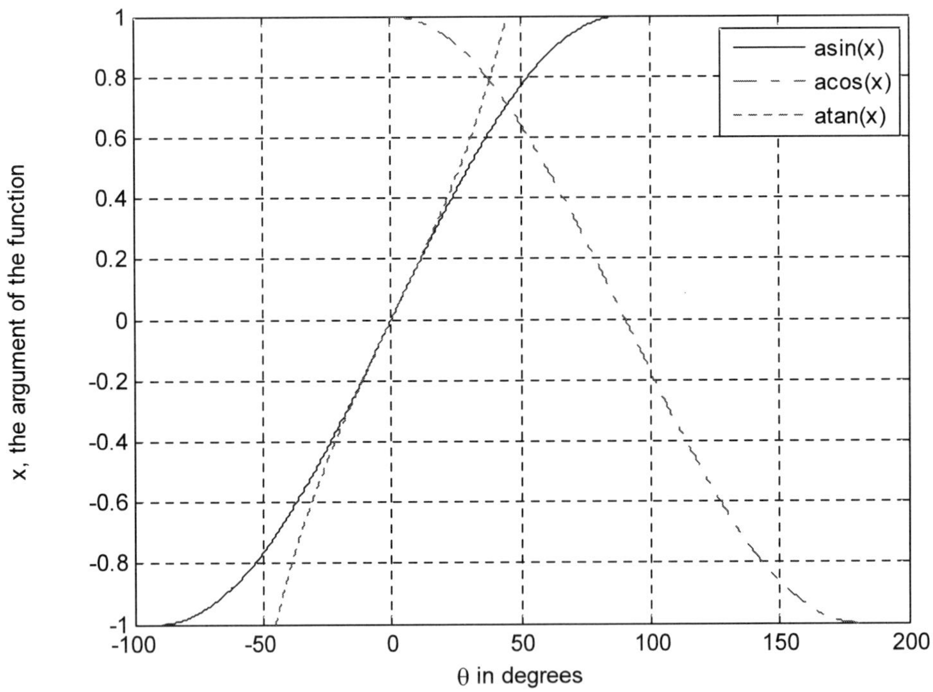

그림 4.2 acos, asin, atan 함수의 결과 비교

실습문제

1. 아래 행렬에 대하여 다음의 MATLAB 함수를 적용시켜 보아라.

$$A=\begin{bmatrix}1 & 2 & 3\\ 4 & 5 & 6\end{bmatrix}$$

(a) length(A)
(b) size(A)
(c) size(A, 1)
(d) size(A, 2)

2. 다음 MATLAB 함수를 실행시켜 보아라.

(a) eye(3)
(b) eye(2, 3)
(c) ones(3)
(d) ones(2, 3)
(e) zeros(3)
(f) zeros(3, 2)

3. 다음 MATLAB 함수를 실행시켜 보아라.

(a) rand(10)
(b) rand(1, 10)
(c) randn(10)
(d) randn(1, 10)
(e) plot(rand(1, 10))
(f) plot(randn(1, 10))
(g) hist(rand(1, 10))
(h) hist(randn(1, 10))

4. 아래 행렬에 대하여 다음의 MATLAB 함수를 적용시켜 보아라.

$$A=\begin{bmatrix}-1.1 & 2.5 & 3.8\\ 4.2 & -5.8 & 6.2\\ 3.9 & -0.2 & -1.2\end{bmatrix}$$

(a) fix(A)
(b) floor(A)
(c) ceil(A)
(d) round(A)

5. 다음 행렬에 대하여 MATLAB 함수를 실행시켜 보아라.

$$A=\begin{bmatrix}1 & 2 & 3 & 4\\ 0 & -1 & -2 & -3\\ 5 & 0 & 1 & 2\end{bmatrix}$$

(a) max(A)
(b) min(A)
(c) max(A, 1)
(d) max(A, 2)
(e) min(A, 1)
(f) min(A, 2)
(g) max(A, [ ], 1)
(d) min(A, [ ], 2)

4.2 데이터 입출력

큰 규모의 프로그래밍을 할 때 여러분은 종종 디스크에 데이터를 저장할 필요가 생긴다. MATLAB과 디스크 파일 사이에서 데이터를 옮기는 과정을 데이터 입력(importing)과 데이터 출력(exporting)이라고 한다. 데이터는 텍스트 또는 이진 형식의 2가지로 디스크 파일에 저장된다. 텍스트 형식에서, 데이터 값은 ASCII 코드이고, 텍스트 에디터에서 볼 수 있다. 이진 형식에서는 데이터 값은 ASCII 코드가 아니며, 텍스트 에디터에서 볼 수 없다. 그러나 이진 형식은 요구되는 저장 공간 측면에서 훨씬 효율적이다. 이 장에서는 MATLAB 데이터를 입출력하는 주요 방법들에 대해 간단히 요약하여 제공한다. 자세한 사용법에 대해서는 Using MATLAB: Development Environment: Importing and Exporting Data를 참조하기 바란다.

4.2.1 load와 save 명령

MATLAB에서 데이터를 저장하고 불러들이고자 한다면, `save`와 `load`가 가장 유용하게 사용될 수 있을 것이다.

4.2.2 텍스트 데이터(ASCII) 출력

다음 행렬을 파일로 저장해 보자.

```
A=
    1   2   3
    4   5   6
```

`myData.txt` 파일에 ASCII 형식으로 저장하는 명령어는 다음과 같다.

```
save myData.txt A -ascii
```

만약, 문서 편집기로 `myData.txt`를 본다면(또는 명령 창에서 `type` 명령을 친다면) 다음과 같이 보일 것이다.

```
1.0000000e+000   2.0000000e+000   3.0000000e+000
4.0000000e+000   5.0000000e+000   6.0000000e+000
```

구분자는 파일 안의 데이터를 구분하기 위하여 사용된 문자 - 기본적으로 빈칸(space)이다. 여러분은 또한 `-ascii` 대신에 `-tabs` 옵션을 사용하여 구분자를 빈칸 대신 탭을 줄 수도 있다. 만약 이러한 방법으로 문자 배열(스트링)을 저장하고자 한다면, 문자의 ASCII 코드가 파일에 저장될 것이다.

4.2.3 텍스트 데이터(ASCII) 입력

`save`의 반대 명령어는 `load`이다. 행렬 A가 `myData.txt`에 저장되어 있을 때, 다음 명령어를 실행해 보라.

```
load myData.txt
```

확장자를 뺀 파일 이름과 동일한 이름의 변수명 즉, `myData`로 데이터가 할당되었음을 볼 수 있다. 만약 파일 이름과 다른 변수명으로 데이터를 불러내고 싶다면 다음과 같이 명령어를 사용하면 된다.

```
A=load('myData.txt')
```

이 방법으로 입력된 데이터는 MATLAB에 의해서 꼭 생성될 필요는 없다. 여러분은 텍스트 에디터에서 그것을 생성할 수 있으며, 또한 ASCII 형식으로 데이터를 출력하는 다른 프로그램에 의해 생성할 수도 있다.

4.2.4 이진 데이터 출력

다음 명령어

```
save filename x y z
```

는 MATLAB 자체의 이진 형식으로 단지 MATLAB에서만 사용되는 MAT-file인 `filename.mat` 파일 안에 변수 `x, y, z`를 저장한다.

- 만약 아무 변수도 나열되지 않는다면, 작업공간 전체가 저장된다.
- 확장자 `.mat`가 기본으로 생성된다. - 다른 확장자를 붙이는 것도 가능하다.
- `save`의 모든 선택사항을 help를 통해 찾아보자.

4.2.4.1 이진 데이터 입력

다음 명령어

```
load filename
```

은 filename.mat로부터 모든 변수들을 작업공간으로 불러들인다. load의 모든 선택사항을 help를 통해 찾아보자.

요약

- MATLAB®은 수학함수, 삼각함수, 그리고 여러 가지 연산자를 다룰 수 있는 다양한 함수들을 갖고 있다.
- 데이터는 텍스트 형태(ASCII) 또는 이진수 형태로 디스크 파일에 저장될 수 있다.
- load와 save는 텍스트와 이진 데이터 모두를 입출력하는데 사용할 수가 있다.

종합문제

4.1 아래를 만족하는 MATLAB 명령문을 작성하라.

(a) 직각 삼각형의 빗변 길이 C를 다른 두 변의 길이 A와 B의 항으로 표현하라.

(b) 다음과 같은 코사인 법칙을 이용하여, 삼각형의 한 변 길이 C를 다른 두 변의 길이 A, B와 그 사이 각 θ를 이용하여 구하라.

$$C^2 = A^2 + B^2 - 2AB\cos(\theta)$$

4.2 아래 나오는 공식을 MATLAB 표현 형식으로 나타내라.

(a) $\ln(x + x^2 + a^2)$

(b) $[e^{3t} + t^2\sin(4t)]\cos^2(3t)$

(c) $4\tan^{-1}(1)$ (inverse tangent)

(d) $\sec^2(x) + \cot(y)$

(e) $\cot^{-1}(|x/a|)$ (inverse cotangent 함수를 이용하라.)

4.3 1미터는 39.37인치, 1피트는 12인치, 1야드는 3피트이다. 미터 길이로 입력을 받고, 그것을 야드, 피트, 인치의 단위로 변환시키는 스크립트를 작성하라. (3.51미터가 3야드 2피트 6.19인치임을 확인하라.)

4.4 질량 m_1인 구가 정지된 질량 m_2의 구에 충돌하는 구의 운동 라인에 각도 α를 갖는 방향으로 비스듬히 충돌한다. 만약, 보정 계수를 e라 하면, 충돌하는 구는 다음과 같은 식의 각도 β를 통해 변형됨을 보일 수 있다.

$$\tan(\beta) = \frac{m_2(1+e)\tan(\alpha)}{m_1 - em_2 + (m_1 + m_2)\tan^2(\alpha)}$$

값 m_1, m_2, e, α(각도 도 단위)를 입력받아 도(degree) 단위로 각도 β를 계산하는 스크립트를 작성하라.

4.5 2.6절에서 $x_n = a^n/n!$를 계산하는 프로그램을 작성하였다. 계산된 모든 값 x_n을 표시하는 이 프로그램을 10번에 1번씩만 x_n을 출력하도록 수정하라.

<힌트> 함수 `rem(n, 10)`은 단지 n이 정확히 10의 배수일 때만 0의 값을 가질 것이다. `if` 문 안에 이것을 사용하여 10번째 x_n값을 표시하도록 하라.

4.6 변수 `mins`의 분(`minutes`) 단위 값을 시간과 분으로 변환하기 위하여 시간 값을 계산하는 데는 `fix(mins/60)`을, 나머지 분 값을 계산하는 데는 `rem(mins, 60)`을 이용하게 될 것이다. 분 단위 값을 입력받고 시간과 분으로 변환시키는 스크립트를 작성하라. 그러고 나서, 시간, 분, 초 단위 값으로 환산하는 스크립트로 작성하라. 10,000초에 대한 결과가 2시간 46분 40초가 됨을 확인하라.

4.7 10,000원짜리 지폐를 받고 10,000원 이하의 물건을 사고 나서 정확히 잔돈을 계산해 주는 기계에 대한 알고리즘 (구조계획)을 설계하라. 그 계획에는 거슬러 주는 모든 지폐와 동전의 수량과 종류를 정의하고 있어야 하며, 가능한 모든 경우에 있어서 지폐와 동전을 거슬러 줄 수 있어야 한다.

4.8 균일보(`uniform beam`)가 양 끝단이 같은 높이에 있도록 `x=0`와 `x=L`에서 양쪽에 자유단으로 고정(`freely hinged`)되어 있다고 하자. 단위 길이당 `W`의 균일 분포 하중이 작용하고, `x`축을 따라 장력 `T`가 작용한다. 한 쪽 끝단으로부터 거리 `x`에서 보의 변형량 `y`는 다음 식과 같이 주어진다.

$$y = \frac{WEI}{T^2}\left[\frac{\cosh[a(L/2-x)]}{\cosh(aL/2)} - 1\right] + \frac{Wx(L-x)}{2T}$$

여기서, $a^2 = T/EI$이며, E는 Young's modulus, I는 보 단면의 관성 모멘트이다. 또한, 보의 길이는 10m, 장력은 1,000N, 하중은 100N/m, 그리고 EI는 104이다. x에 대한 변형 y를 계산하고 그래프를 그리는 프로그램을 작성하라. 그래프를 보다 알아보기 쉽게 하기 위하여 MATLAB의 자동 축 설정 대신 다음 명령어를 사용하라.

```
axis([xmin xmax ymin ymax])
```

먼저 `plot` 명령을 실행하고 난 후에, `xmin`, `xmax`, `ymin`, `ymax`에 적절한 값을 대입하여 `axis` 명령을 실행하라.

5장

논리 백터

이번 장의 목적은 다음과 같다.

- 논리 연산자를 보다 완전히 이해한다.
- 논리 벡터가 어떻게 많은 응용 예에서 효과적으로 사용되는지를 소개한다.
- 논리 함수들을 사용할 수 있도록 한다.

MATLAB®의 고유한 특성으로, 가장 강력하고 훌륭한 특징인 논리 벡터(logical vectors)를 이번 장에서 소개한다. 이 주제는 매우 중요하기 때문에 이번 장 전체를 할애할 것이다. 명령 줄에서 다음을 시도해보자.

1. 다음의 명령문을 입력한다:

```
r = 1 ;
r <= 0.5          % no semi-colon
```

   만약 두 번째 명령문 뒤에 세미콜론을 생략한다면 실행 결과가 0이 되는 것을 알 수 있다.

2. 이제 `r >= 0.5` (역시, 세미콜론은 없다)이란 표현을 입력하자. 이 결과는 1이 될

것 이다. 우리는 2장에서 MATLAB에서 스칼라를 포함하고 있는 논리 연산 식이 거짓은 0, 참은 1인 값으로 출력되는 것을 살펴보았다.

3. 다음의 명령문을 입력해보자.

```
r = 1 : 5;
r <= 3
```

이제 `r <= 3` (여기서 `r`은 벡터이다.) 이라는 논리 연산 식은 벡터로 나타난다:

```
1   1   1   0   0
```

위의 결과를 어떻게 해석하면 될까? r 벡터의 각 원소들이 `r <= 3`을 만족하면 1이 되고 그렇지 않으면 0이 출력된다. 이제, `r == 4`를 입력하여 보자. 왜 결과가 0 0 0 1 0이 되는지 알겠는가?

논리적 표현식에 벡터가 포함되었을 때, 비교 연산은 각 벡터 원소별로 수행된다(대수 연산처럼). 만약 벡터의 특정 원소에 대한 비교 연산이 참일 경우, 우리가 소위 논리 벡터라 부르는 결과 벡터는 해당되는 위치에 1의 값을 갖는다. 그렇지 않으면 0을 갖는다. 이와 동일한 원리가 행렬을 포함한 논리식에도 적용된다(논리 벡터가 버전 4에서는 0-1벡터라고 불렸었다.) 0-1벡터를 포함하고 있는 버전 4 코드는 어떤 환경에서는 버전 6에서 실행되지 않을 수도 있다. - 아래 5.3절을 살펴보라. 여러분은 또한 논리 연산 식으로 벡터와 벡터를 비교할 수도 있다. 다음 명령문을 입력해 보라.

```
a = 1:5 ;
b = [0 2 3 5 6];
a == b                  % no semi-colon!
```

논리 연산 식 a == b는 아래와 같은 논리 벡터 값을 나타낸다.

```
0   1   1   0   0
```

왜냐하면 이 논리식은 벡터 각 원소별로 계산되었기 때문인데, 즉 `a(1)`은 `b(1)`과, `a(2)`는 `b(2)`와 비교된다.

5.1 예 제

5.1.1 불연속 그래프

논리 벡터의 한 가지 매우 유용한 응용은 불연속적인 궤적을 그릴 때이다. 다음 스크립트는 0에서 3π의 범위에서 계산과 함께 그림 5.1과 같은 그래프를 그리는 것이다.

$$y(x) = \begin{cases} \sin(x) & \sin(x) > 0 \\ 0 & \sin(x) \leq 0 \end{cases}$$

```
x = 0 : pi/20 : 3 * pi;
y = sin(x);
y = y. * (y>0);      % set negative values of sin(x) to zero
plot(x, y)
```

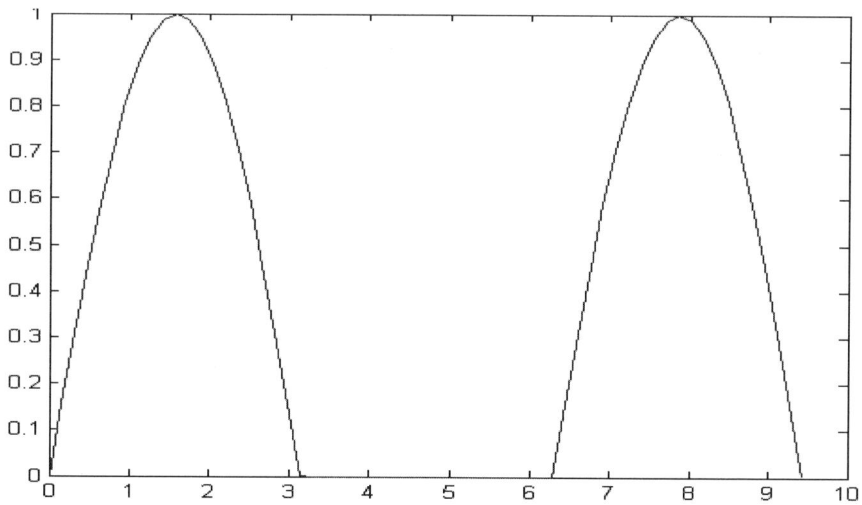

그림 5.1 **논리 벡터를 이용한 불연속 그래프**

`y > 0`인 수식은 `sin(x)`가 양일 때 1, 그렇지 않으면 0을 갖는 논리 벡터를 돌려준다. 이 결과와 y를 `.*`을 이용하여 원소별 곱을 수행하면, y의 양의 원소를 골라낼 수 있다.

5.1.2 영으로 나누는 것 피하기

-4π에서 4π범위에서 sin(x)/x의 그래프를 그린다고 가정해보자. x 좌표의 벡터를 설정하는 가장 손쉬운 방법은 다음과 같다.

```
x = -4*pi : pi/20 : 4*pi;
```

그러나 이때 다음을 시도해 보라.

```
y = sin(x)./ x ;
```

아마도 Divide by zero라는 경고 메시지를 받을 것이다. 왜냐하면 x의 원소들 중에 하나가 바로 0이기 때문이다. 이 문제에 있어서 가장 좋은 방법은 0을 eps로 대체하기 위한 논리 벡터를 사용하는 것이다. 이 MATLAB 함수 eps는 MATLAB에서 표현할 수 있는 1과 1 바로 다음 수와의 차이를 의미하며, 근사적으로 2.2e- 16의 값을 갖는다. 여기서 이것을 어떻게 사용하는지 살펴보자.

```
x = x + (x == 0) * eps;
```

x == 0 이란 식은 0인 x의 원소에 대해서, 1을 갖는 논리 벡터를 돌려준다. 즉, eps는 오직 이 원소에만 추가된다. 다음의 스크립트는 x=0에서 끊어짐 없이 정확한 그래프를 출력한다(그림 5.2 참고하라).

```
x = -4*pi : pi/20 : 4*pi;
x = x + (x == 0) * eps;        %adjust x = 0 to x = eps
y = sin(x)./ x;
plot(x, y)
```

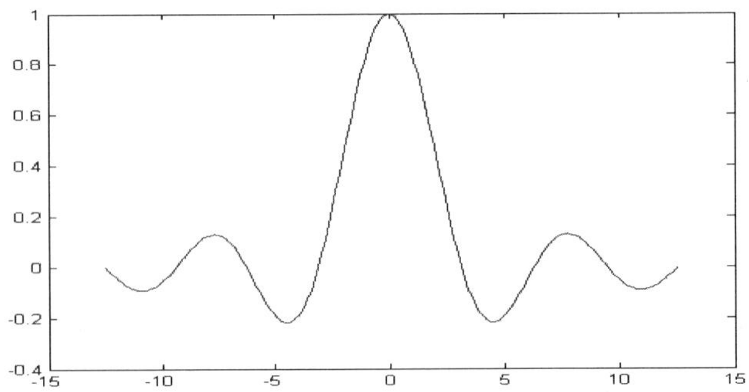

그림 5.2 sin(x)/x

x가 eps값을 가지면, sin(eps)/eps는 0으로 나눈 결과인 NaN(Not-a-Number) 대신에 1의 올바른 극한값, 즉 1의 값을 갖게 된다. (검토해보자.)

5.1.3 무한대 값 회피

다음 스크립트는 -3π/2에서 3π/2까지 범위에서 tan(x)그래프를 그리는 것이다. 삼각 함수 그래프에 익숙하다면, 프로그램을 실행하기 전에 펜과 종이로 대략적으로 그려보자.

```
x = -3/2*pi : pi/100 : 3/2*pi ;
y = tan(x) ;
plot(x, y)
```

그림 5.3 (a)의 MATLAB 그래프에서는 여러분이 손으로 그린 것 같은 특징을 볼 수 없을 것이다. 이 문제는 tan(x)가 π/2의 홀수 배 지점에서 ±∞로 접근하기 때문이다. 따라서 MATLAB 그래프의 스케일은 매우 커지게 된다 (약 1015). 그것은 어디에서도 원하는 형태의 그래프를 보는 것을 불가능하게 만든다.
만약 plot 명령어 바로 전에 다음의 명령문을 추가한다면,

```
y = y .* (abs(y) < 1e10);        %remove the big ones
```

abs(y) < 1e10은 단지 점근선(π/2 홀수 배 근처)에서만 0인 논리 벡터를 돌려준다.

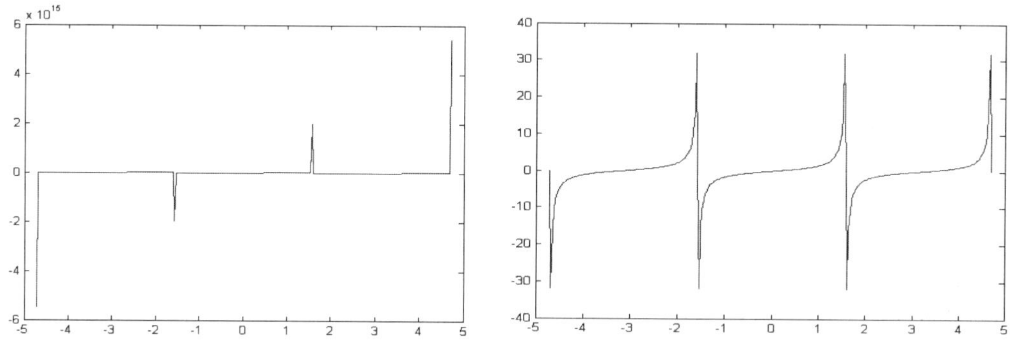

(a) (b)

그림 5.3 tan(x) 그래프에 대한 스케일 변화

그림 5.3 (b)에서 보는 바와 같이 보다 나은 그래프를 얻을 수 있을 것이다. 수식 그리하여 그래프는 이러한 점들에서 0으로 가게 된다. 부수적으로 수직에 가까운 점근선을 그린다. 이러한 '점근선(asymptotes)'들은 x의 증분이 더 작아지면 좀 더 수직적으로 된다.

5.1.4 난수(불규칙수) 세기

함수 rand는 [0, 1)[16] 구간에서 하나의 난수를 발생시킨다. rand(1, n)은 n개의 난수 행 벡터를 만들어 준다. 다음 연습문제를 명령 줄에서 시도해 보라.

1. 7개의 난수를 원소로 갖는 벡터 r을 설정하자 (그 원소들을 볼 수 있도록 세미콜론을 생략하라).

   ```
   r = rand(1, 7)            % no semi-colon
   ```

   r < 0.5인 논리 수식이 정확한 논리 벡터를 주게 되는지 확인해 보자.

2. r < 0.5 인 논리 수식에 함수 sum을 이용하여 0.5보다 작은 r의 원소들 수를 효과적으로 셀 수 있을 것이다. 그것을 실행해 보고, 벡터 r의 표시된 값들에 대해 여러분의 답을 확인해 보라.

   ```
   sum( r < 0.5 )
   ```

3. 이제 0.5 보다 크거나 같은 r의 원소가 몇 개 있는지 확인하기 위해 유사한 명령어를 사용해 보자 (두 개의 답을 합하면 7이 될 것이다).

4. 함수 rand는 균일하게 분포된 난수들을 발생시키기 때문에 점점 더 많은 수를 생성시킴으로써 0.5보다 작은 난수의 수가 절반에 점점 더 가까워짐을 기대할 수 있다. 수천 개의 난수를 갖는 벡터를 생성시켜 보자. (세미콜론을 사용하여 표시되는 것을 막아보자.) 그리고 논리벡터를 사용하여 0.5보다 작은 원소들이 몇 개나 있는

16) [0, 1)은 0은 포함하고 1은 포함하지 않는 숫자의 범위에서 난수를 발생시킴을 의미한다.

지 확인해 보자. 매번 난수들을 새롭게 발생시켜서 몇 번 반복해 보자. 숫자들이 불규칙하기 때문에 할 때마다 같은 결과를 얻을 수는 없을 것이다.

약간의 명령을 포함하여 논리벡터 없이 이 문제를 수행해 보자. 다음은 그 프로그램이다:

```
tic             % start
a = 0;          % number >= 0.5
b = 0;          % number < 0.5

for n = 1 : 5000
     r = rand;
     if r >=0.5
          a = a + 1;
     else
          b = b + 1;
     end;
end;

t = toc;        % finish
disp( ['less than 0.5: ' num2str(b)])
disp( ['time : 'num2str(t)])
```

실행하는데 훨씬 긴 시간이 소요될 것이다. 여러분 컴퓨터에서 두 가지의 방법에 대한 실행 시간을 비교해 보아라.

5.1.5 주사위 굴리기

주사위를 굴렸을 때, 나오는 숫자는 1에서 6까지의 어떤 정수일 것이다. 그래서 만약 rand가 [0, 1)의 범위에서의 불규칙 숫자라면, 6 * rand는 [0, 6)의 범위를 가지게 될 것이다. 그리고 6*rand+1은 [1, 7), 즉 1과 6.9999사이의 범위를 가지게 될 것이다. floor 명령어를 사용하여 소수부분을 버리게 되면 요구하는 범위의 정수 값을 얻을 수 있다. 다음을 시도해 보라.

1. 20개의 1에서 6사이의 정수 난수를 갖는 벡터 d를 만들어 보자.

```
d = floor(6 * rand(1, 20)) + 1
```

2. 논리벡터 `d == 6`을 사용하여 결과를 합함으로써 숫자 6의 개수를 세어보자.
3. d를 표시하여 여러분의 결과를 검증하자.
4. 6이 나온 수를 20으로 나누어 6이 던져질 확률을 계산해 보자. 이처럼 확률에 근거를 둔 실제 상황을 모사하기 위해 난수를 사용하는 것을 시뮬레이션 (simulation)이 라고 한다.
5. 벡터 d에서 좀 더 많은 난수를 반복해 보자. 여러분이 더 많이 하면 할수록 6이 나오는 비율이 이론적으로 기대할 수 있는 0.1667 즉, 1/6에 점점 더 가깝게 얻어질 것이다.
6. `floor` 명령어 대신 `round` 명령어를 사용하면 왜 부정확한 결과가 되는지 알 수 있는가? 함수 `round`는 양쪽 방향으로 반올림하지만, `floor`는 모든 것을 음의 방향에 가장 가까운 정수를 주기 때문이다.

5.2 논리 연산자

우리는 2장에서 논리 수식이 6개의 관계 연산자들뿐만 아니라, 표 5.1에서와 같은 3개의 논리 연산자들로도 구성될 수 있다는 것을 간단하게 살펴보았다. 표 5.2는 일반적인 논리적 표현들 lex1과 lex2에 대한 이러한 연산자의 효과를 보여준다.

OR 연산자(|)는 기술적으로 inclusive OR라고 한다. 왜냐하면 그것은 둘 중 하나 혹은 둘 다 참(true)일 때 참이기 때문이다.

표 5.1 논리 연산자

연산자	의미
~	NOT
&	AND
|	OR

표 5.2 진리표 (T = true; F = false)

lex1	lex2	~lex1	lex1 & lex2	lex1 | lex2	xor(lex1, lex2)
F	F	T	F	F	F
F	T	T	F	T	T
T	F	F	F	T	T
T	T	F	T	T	F

표 5.3 연산자 우선순위

우선순위	연산자
1.	( )
2.	^ .^ ' .'(pure transpose)
3.	+(unary plus) −(unary minus) ~(NOT)
4.	* / \ .* ./ .\
5.	+(addition) −(subtraction)
6.	:
7.	> < >= <= == ~=
8.	& (AND)
9.	| (OR)

MATLAB은 또한 exclusive OR 함수 xor(a, b)를 갖고 있다. 이것은 a와 b가 둘 다 참 또는 거짓이 아닌, 각각 다른 값을 가지면 표 5.2에서 보는 바와 같이 1의 값을 갖게 된다. MATLAB은 또한 bit 단위로 논리연산을 수행하는 많은 함수들을 갖고 있다. ops에 대한 HELP를 참조하라.

표 5.3은 논리 연산자들의 우선순위를 나타내고 있다. 보통 우선순위는 괄호([ ], { }, ( ))에 의해 바뀔 수 있다. 예를 들면,

```
~ 0 & 0
```

은 0(false)의 값을 갖지만,

```
~ ( 0 & 0 )
```

은 1(true)이 된다. 예를 좀 더 들어보자:

```
(b * b == 4*a*c) & (a ~=0)
(final >= 60) & (final < 70)
(a ~= 0) | (b ~= 0) | (c ~= 0)
~((a == 0) & (b == 0) & (c == 0))
```

논리적으로 좀 더 명확하게 만들기 위해 괄호를 사용하는 것은 결코 잘못된 것이 아니다. 심지어 그것들이 문장구성상 불필요하다고 할지라도 말이다. 부수적으로 위에서 마지막 두 연산 식들은 논리적으로 같다. 그리고 `a = b = c = 0` 일 때만 거짓(false)이 된다. 이 말에 동의하는가?

5.2.1 연산자 우선순위

우연히 다음과 같은 연산 식을 입력했다고 하자 (시도해 보라).

```
2 > 1 & 0
```

MATLAB®에서 위 연산 식이 허락된다는 것(a)과 결과가 0(false)(b) 이라는 이유 때문에 놀라게 될 것이다.

(a) 2 > 1 & 0은 이치에 맞지 않기 때문에 놀라게 될 것이다. MATLAB은 잘 알려진 언어 C를 기반으로 하고 있다. C는 여러분이 서로 다른 형태의 논리 연산자를 이와 같은 방법으로 쓰는 것이 가능하게 되어 있다. (다른 언어 Pascal은 결코 이러한 유연성을 가지고 있지 않는다!)

(b) 우리는 보통 직관적으로 &가 더 우선순위의 연산자일 것이라고 생각하고 있기 때문에 연산결과에 놀라게 될 것이다. 1 & 0은 0(false)으로 계산된다. 그래서 2 > 0은 분명 0이 아닌 1일 것이다. MATLAB은 연산자들이 좀 더 호기심 많고 비직관적인 방법으로 그룹화 되어 있다. 표 5.3에 완벽한 연산자의 우선순위가 주어져 있다 (부록 B에서 참조하기 쉽게 재구성한 것이다).

괄호는 항상 최우선순위를 갖고 있다.

5.2.2 주의

수학적인 부등호 $0 < r < 1$을 부정확하게 바꾸는 초보자들이 종종 있다. 즉, MATLAB 수식으로 다음과 같이 쓴 것이다.

```
0 < r < 1
```

다시 한 번 말하지만, 위의 식을 입력하면, MATLAB은 오류 메시지를 내보내지 않는다. 즉, 이 결과는 MATLAB은 수식에서 연산자를 어떻게 혼합하는지 상관하지 않는다는 것을 나타낸다. 이는 단순히 (예상치 못한) 수식 규칙에 따라서 연산 식을 휘저어 놓은 결과와 같다.

r의 값이 0.5라고 가정해 보자. 수학적으로, 이 경우 r의 값이 요구되는 범위 안에 놓이므로 부등식은 참이 된다. 그러나 연산 식, 0〈r〈1은 0으로 계산된다. 왜냐하면 왼편의 연산 (0〈0.5)이 먼저 실행되어 1이 나오고, 뒤따라서 1〈1식을 연산한다. 이것은 거짓이므로 0이 나오는 것이다.

위와 같은 부등식은 다음과 같이 표현되는 것이 정확한 방법이다.

```
(0 < r) & (r < 1)
```

둥근 괄호는 꼭 필요한 것은 아니다 (표 5.3을 참고하라). 그러나 이것은 확실히 논리식을 명백하게 하는데 도움이 된다.

5.2.3 논리 연산자와 벡터

논리 연산자들은 벡터들(동일한 크기를 갖는)에게 적용할 수 있다. 예를 들어,

```
~(~[1 2 0 -4 0])
```

은 0이 아닌 것을 1로 대체하고, 0은 그대로 0으로 둔다. 한번 실행해 보자.

둥근 괄호가 두 개의 ~을 구분하기 위해서 사용되었음을 인식하자. 대부분의 연산자들은 다른 연산자 옆에 바로 나타나지 않는다. (예를 들어서 + ~); 필요에 따라 괄호로 분리시킨다.

TIP 괄호가 반드시 있어야 하는 것은 아니다. 즉, ~~[1 2 0 -4 0]으로 입력해도 연산은 수행된다.

5.1절의 0으로 나누는 것을 피하는 스크립트는 중요한 명령문을 포함하고 있다.

```
x = x + (x == 0)*eps;
```

이것은 다음과 동일하다.

```
x = x + (~x)*eps;
```

이것을 실행시켜보자. 그리고 어떻게 연산되는지 확실히 이해하도록 하자.

실습문제

아래에 나오는 식들을 명령 줄에서 확인하기 전에 결과를 예측해 보라.

```
a = [-1 0 3];
b = [0 3 1];
~a
a & b
a | b
xor(a, b)
a > 0 & b > 0
a > 0 | b > 0
~a > 0
a + (~b)
a > ~b
~a > b
~(a > b)
```

5.3 논리 벡터에 의한 첨자화

2장에서 간단하게 벡터의 원소들이 첨자로 참조되는 것을 보았다. 그리고 이 첨자들 자신이 벡터가 될 수 있다. 예를 들어서,

```
a = [-2 0 1 5 9]
a([5 1 3])
```

결과는 다음과 같다.

```
9  -2  1
```

즉, 벡터 a의 다섯 번째, 첫 번째, 세 번째 값이다. 만약 x와 v가 벡터이고, v가 n개의 원소를 가지고 있다면, x(v)는 아래와 같은 의미가 된다.

```
[x(v(1)), x(v(2)), ..., x(v(n))]
```

이제 위에서 정의된 a를 이용하여 다음이 어떤 결과가 나오는지 살펴보자.

```
a(logical([0 1 0 1 0]))
```

함수 `logical(v)`는 논리 벡터로 나타난다. v의 원소가 0인지 아닌지에 따라서 `logical(v)`의 원소는 1이 되거나 0이 된다[17].

```
A logical vector v may be subscript of another vector x.
Only the elements of x corresponding to 1's in v are returned.
```

그림 5.4 **논리 벡터 첨자**

그림 5.4는 첨자로서 논리 벡터를 이용하는 규칙을 요약한 것이다. 따라서 위 식의 실행 결과는 다음과 같다.

```
0    5
```

즉, `logical([0 1 0 1 0])`의 1에 상응하는 벡터 a의 두 번째, 네 번째 원소들이다.

```
a(logical([1 1 1 0 0]))
```

위 식의 결과는 어떻게 되겠는가? 그리고 `a(logical([0 0 0 0 0]))`의 결과는 어떠한가? 논리 벡터 첨자는 벡터의 어떤 원소를 제거하는데 있어 훌륭한 방법을 제공한다. 예를 들어,

```
a = a(a>0)
```

17) 버전 4에서는 사용자가 '0-1'벡터를 하부 첨자로 직접 사용할 수 있기 때문에 logical 함수가 필요하지 않다.

는 양수가 아닌 모든 원소를 제거한다. 왜냐하면 a>0이 논리 벡터 [0 0 1 1 1]을 돌려주기 때문이다. 우리는 부수적으로 a>0식이 논리 벡터임을 증명할 수 있다. 왜냐하면 아래 명령문

```
islogical(a > 0)
```

의 값이 1이기 때문이다. 그러나 숫자 벡터 [0 0 1 1 1]은 논리 벡터가 아니다; 즉, 다음 식의 값은 0이다.

```
islogical([0 0 1 1 1])
```

5.4 논리 함수

MATLAB은 스칼라, 벡터, 행렬 상에서 작동하는 수많은 논리 함수를 가지고 있다. 밑에 예제들이 나와 있다 (여기서 x는 특별한 언급이 없으면 벡터이다). 논리함수에 대한 도움말을 살펴보자. (이 함수들은 행렬의 독립변수에 관해서 약간 다르게 정의된다. - 도움말이나 6장을 참고하라.)

```
any(x)
```

만약 x의 어떤 원소라도 0이 아니면(참이면) 스칼라 값 1(참)을 내보낸다.

```
all(x)
```

만약 x의 모든 원소가 0이 아니면 스칼라 값 1(참)을 내보낸다

```
exist('a')
```

만약 a가 작업공간 상의 변수 명이라면 1을 내보낸다. 다른 가능한 결과 값에 대해서는 도움말을 살펴보라. 벡터 a는 작은따옴표로 쌓여 있어야 함을 잊지 말아야 한다.

```
find(x)
```

벡터 x의 0이 아닌(참) 원소의 첨자를 포함하는 벡터로 돌려준다.

예를 들어서,

```
a = a( find(a) )
```

는 벡터 a에서 0인 원소를 모두 제거한다. 시도해 보라.

find의 또 다른 사용법은 벡터에서 가장 큰 (가장 작은) 원소가 하나 이상일 때 그 첨자를 찾는 것이다. 다음 식을 따라서 해보자.

```
x = [8 1 -4 8 6 ];
find(x >= max(x))
```

벡터 [1 4]가 결과로 된다. 이것은 가장 큰 원소(8)의 첨자들이다. 논리 연산 식 x>=max(x)가 단지 가장 큰 원소에서만 1의 값을 갖는 논리 벡터를 만들기 때문이다.

isempty(x)

만약 x가 빈 배열(empty array)이면 1, 아니면 0의 값을 돌려준다. 빈 배열은 0×0의 크기를 갖는다.

isinf(x)

x의 원소가 +Inf 또는 -Inf가 있으면 1, 아니면 0의 값을 돌려준다.

isnan(x)

x의 원소 중에 NaN이 있으면 1, 아니면 0의 값을 돌려준다. 이 함수는 데이터 집합에서 NaN을 제거할 때 사용할 수 있다. 이 상황은 통계 처리할 때 발생할 수 있다. 즉, 틀린 값이나 가능하지 않은 값이 임시로 NaN으로 표현될 수 있다. 그러나 만약 NaN을 포함하는 어떤 계산을 수행한다면, 이것들은 중간 결과를 통하여 최종 결과까지 전파된다. 이것을 피하기 위하여 벡터에서 NaN은 다음 명령문과 같은 형태로 제거되어야 한다.

```
x(isnan(x)) = [ ]
```

MATLAB®은 문자 is로 시작하는 수많은 다른 논리 함수들을 갖고 있다. 완전한 리스트를 보려면 Help 인덱스에서 is*를 살펴보아라.

5.4.1 any와 all의 사용

벡터 매개변수로서 any와 all은 스칼라 값을 돌려주기 때문에 특별히 if 문에서 유용하다. 예를 들어,

```
if all (a >= 1)
      do something
end
```

은 '만약 벡터 a의 모든 원소들이 1보다 크거나 같다면, 어떤 일을 해라(do something)'라는 의미를 갖는다.

2장을 돌이켜 보면 단지 모든 원소들이 0이 아닐 때 if 명령문 안의 벡터 조건이 참이다. 따라서 만약 벡터 a와 b가 동일할 때 아래 명령문(statement)을 수행시키고자 한다면 다음과 같이 작성한다.

```
if a == b
      statement
end
```

if 문은 단지 모든 원소가 1일 때만 a==b에 의한 논리 벡터가 참으로 인식된다. 반면에 만약 벡터 a와 b가 동일하지 않을 때 특별히 명령문이 실행되기를 원한다면, 다음과 같이 작성하기 쉽다.

```
if a ~= b        % wrong wrong wrong !!!
      statement
end
```

그러나 이것은 제대로 동작하지 않는다. 왜냐하면, a와 b 각각에 해당되는 모든 원소가 다를 때에만 실행되기 때문이다. 이것은 any를 이용하여 다음과 같이 수정할 수 있다.

```
if any(a ~= b)        % right right right !!!
      statement
end
```

이것은 요구한대로 a의 어떤 한 원소가 상응하는 b의 원소와 다를 때 any(a ~= b)의 값이 스칼라 1의 값을 결과로 주기 때문이다.

5.5 elseif 구조문 대신의 논리 벡터

지난 오랜 기간 동안 틀에 박힌 기존 프로그램 언어 환경(C나 BASIC 같은)에서 지내온 여러분은 일반적인 문제를 풀 때 논리 벡터를 이용하는 것이 어렵게 생각될 것이다. 그러나 프로그램을 작성할 때마다 논리 벡터를 사용하는 것이 가능한가를 스스로에게 물어보는 것은 좋은 도전이 될 것이다. 그것들이 비록 나중에 명확히 해독하기가 어렵다 하더라도 실행 속도는 다른 방법보다 훨씬 빠르다는 것을 기억하라. 따라서 여러분은 논리 벡터를 언제 중요하게 사용할지 결정해야만 한다. 가능할 때마다 여러분 스스로가 강제로 논리 벡터를 사용하도록 하는 것은 좋은 프로그램 연습이 될 것이다. 다음 예제는 우선 전형적인 방법으로 프로그램을 한 후에 논리 벡터로 재구성함으로써 이러한 관점을 설명하고 있다.

삶에는 두 가지 불행하고 피할 수 없는 사실이 있다고들 말한다: 죽음과 세금을 일컬어 하는 말이다. 수입에 대한 세금을 계산하는 매우 간단한 버전은 다음 표를 근거로 행해질 수 있다.

수입	세금
$10,000 이하	수입의 10 %
$10,000에서 $20,000 사이	$1,000 + $10,000을 초과하는 수입의 20%
$20,000 초과	$3,000 + $20,000을 초과하는 수입의 50%

예를 들어, $30,000의 수입에 대해 지불해야 하는 세금은 다음과 같이 계산된다.

$3,000 + ($30,000−$20,000)의 50%; 즉 $8,000

우리는 다음 수입에 대한 세금을 계산하고자 한다: 5,000, 10,000, 15,000, 30,000, 50,000. 기존의 전형적인 프로그램 방식으로, 이 문제는 수입을 원소로 갖는 벡터를 만들고 각 원소에 대한 계산을 위해 다음과 같이 elseif 사다리 구조와 함께 루프문을 사용하여 해결할 수 있다.

```
% Income tax the old-fashioned way
inc = [5000 10000 15000 30000 50000];
```

```
    for ti = inc
       if ti < 10000
       tax = 0.1 * ti;
    elseif ti < 20000
       tax = 1000 + 0.2 * (ti - 10000);
    else
       tax = 3000 + 0.5 * (ti - 20000);
    end;
    disp( [ti tax] )
end;
```

여기 적절히 편집된 출력이 있다.

```
Texable income        Income tax
       5000.00           500.00
      10000.00          1000.00
      15000.00          2000.00
      30000.00          8000.00
      50000.00         18000.00
```

이제 논리적 방법으로 해결해 보자.

```
% Income tax the logical way

inc = [5000 10000 15000 30000 50000];

tax = 0.1 * inc.*(inc <= 10000);
tax = tax + (inc > 10000 & inc <= 20000) ...
                              .* (0.2 * (inc-10000) + 1000);
tax = tax + (inc > 20000) .* (0.5 * (inc-20000) + 3000);

disp( [inc' tax'] );
```

이것을 한줄 한줄 명령 줄에 직접 명령문을 입력하면 이해하는데 도움이 될 것이다. 주어진 벡터 inc를 입력함으로써 시작해 보자. 벡터 inc를 생성하였으면 이제 다음과 같이 입력하라.

```
inc <= 10000
```

이것은 논리 벡터 [1 1 0 0 0]을 결과로 줄 것이다. 다음으로 아래와 같이 입력하자.

```
inc .* (inc <= 10000)
```

이것은 벡터 [5000 10000 0 0 0]을 결과로 준다. 이것으로 첫 번째 그룹의 수입만을 성공적으로 선택할 수 있다. 이 수입들에 대한 세금은 다음 식으로 계산된다.

```
tax = 0.1 * inc.* (inc <= 10000)
```

이것은 [500 1000 0 0 0]의 결과를 발생시킨다. 이제 두 번째 세금 그룹을 선택하자. 다음 수식을 입력하라.

```
inc > 10000 & inc <= 20000
```

이것의 결과는 [0 0 1 0 0]의 논리 벡터가 된다. 이 그룹 안에는 단지 한 개의 수입만 존재한다. 이제 다음을 입력하라.

```
0.2 * (inc-10000) + 1000
```

이것은 [0 1000 2000 5000 9000]의 값을 돌려주지만, 단지 세 번째 항만이 우리가 원하는 값이다. 이 벡터와 논리 벡터를 곱하면 다음과 같은 결과가 된다. [0 0 2000 0 0]. 즉, 이 결과는 이미 존재하는 두 개의 원소(첫 번째 그룹)에 영향을 주지 않고 안전하게 벡터 tax에 더해질 수 있다.

이러한 식으로 각 수입에 대한 세금을 논리 벡터를 이용하여 계산할 수 있음을 확인할 수 있을 것이다. 이렇듯 논리 벡터에 의한 방법이 기존의 전형적인 방법보다 훨씬 흥미로운 것은 사실이다.

요약

- 관계 또는 논리연산자가 벡터 수식에 연산될 때, 연산은 원소별로 수행된다. 결과는 0(FALSE)과 1(TRUE)로 구성된 논리 벡터이다.
- 벡터는 같은 크기의 논리 벡터로 첨자화 될 수 있다. 단지 논리 벡터 안에 1로 대응되는 원소만이 결과로 출력된다.
- 논리 연산자(~ & |)들 중의 하나가 수식에서 연산될 때, 피연산자(operand) 안의 0이 아닌 값이 참(TRUE)으로 간주되며, 0은 거짓(FALSE)으로 간주되어 논리 벡터로 값이 돌려진다.
- 대수, 관계 그리고 논리 연산자는 같은 하나의 수식에 함께 쓰일 수 있다. 그러한 상황에서는 정확한 연산 우선순위를 살펴보는 것이 매우 중요하다.
- 논리 수식 안의 벡터는 모두 같은 크기여야 한다.
- 만약 논리 수식이 벡터이거나 행렬이면, `if` 문안에서 모든 원소가 0이 아닐 때만 참으로 고려된다.
- 괄호는 병렬로 배치된 어떤 연산자들을 분리할 때 필요하다.
- 논리 함수 `any`와 `all`은 벡터 매개변수를 받아 스칼라 값을 결과로 주며, 따라서 `if` 문에서 유용하게 쓰인다.
- 논리 벡터는 종종 전형적인 `elseif` 사다리 구문 대신 사용된다. 이것은 훨씬 보기 좋고 실행 속도가 빠른 코드를 제공한다. 그러나 정교함이 요구되고 나중에 해독하는데 어려움이 있을 수는 있다.

종합문제

5.1 다음 연산 식을 MATLAB을 이용하여 답을 확인하기 전에 여러분 스스로 값을 계산해 보아라. 표 5.3을 참고하여 수행하라.

(a) `1 & -1`
(b) `13 & ~(-6)`
(c) `0 < -2 | 0`
(d) `~[1 0 2] * 3`
(e) `0 <= 0.2 <= 0.4`
(f) `5 > 4 > 3`
(g) `2 > 3 & 1`

5.2 a = [1 0 2]와 b = [0 2 2]가 주어졌을 때 다음 수식의 값을 구하여라.

(a) `a ~= b`
(b) `a < b`
(c) `a < b < a`
(d) `a < b < b`
(e) `a | (~a)`
(f) `b & (~b)`
(g) `a(~(~b))`
(h) `a = b == a` (a의 최종 값을 결정하라)

5.3 다음 벡터 x의 얼마나 많은 원소가 음수인지, 0인지, 그리고 양수인지를 판단하는 MATLAB 명령어를 논리 벡터를 사용하여 명령 줄에 작성하라.

```
[-4  0  5  -3  0  3  7  -1  6]
```

5.4 국세청에서 5.5절의 세금 테이블에 추가의 세금 그룹을 도입하여 세 번째 그룹의 세율을 변화시킴으로써 세금을 약간 변화시키고자 결정하였다.

수입	세금
$10,000 이하	수입의 10%
$10,000과 $20,000 사이	$1,000+$10,000을 넘는 수입의 20%
$20,000과 $40,000 사이	$3,000+$20,000을 넘는 수입의 30%
$40,000 초과	$9,000+$40,000을 넘는 수입의 50%

이 테이블을 다루기 위한 논리 벡터 스크립트를 수정하여 다음 수입에 대한 세금을 계산하라(달러): 5,000, 10,000, 15,000, 22,000, 30,000, 38,000, 50,000.

5.5 어떤 회사가 다음과 같은 7가지의 연봉 급여를 제공하고 있다(달러): 12,000, 15,000, 18,000, 24,000, 35,000, 50,000, 70,000. 또한 각각의 종업원 수는 3,000, 2,500, 1,500, 1,000, 400, 100, 25명이다. 다음 명령을 수행하는 명령문을 명령 줄에서 작성하라.

(a) 평균 연봉 수준(level)은 얼마인가? 함수 mean을 사용하라.

(b) 이 평균 연봉보다 높은 수준과 낮은 수준의 종업원 수는 각각 얼마인가? 논리 벡터를 사용하라. 즉, 논리 벡터와 종업원 수 벡터를 원소별로 곱하고 그 결과를 합하라.

(c) 회사에서 각 개인이 버는 평균 연봉은 얼마인가? (즉, 총 연봉액을 종업원 수로 나누어라.)

5.6 한 벡터에서 가장 큰 원소를 제거하기 위한 명령문을 작성하라. x= [1 2 5 0 5]에 대하여 시도해 보라. 결과는 [1 2 0]으로 나타날 것이다. find문과 빈 행렬 [ ]을 사용하라.

5.7 시골의 아주 작은 마을에 사는 거주자의 전기 요금은 다음과 같이 계산된다.

- 만약 500 단위 이하로 사용했다면 요금은 단위당 2센트이다.
- 만약 500 보다 많고 1000 단위보다 많지 않다면, 비용은 최초 500 단위에 대한 $10과 500을 초과한 단위당 요금 5센트를 더한다.
- 만약 1000 단위이상 사용했다면, 비용은 최초 1000 단위에 대한 요금 $35와 1000을 초과한 단위당 요금 10 센트를 더한다.
- 추가로 사용 전기량에 상관없이 기본 서비스 요금 $5가 부과된다.

5명의 거주자가 어떤 달에 다음과 같은 전기량을 사용하였다: 200, 500, 700, 1000, 1500. 그들이 지불해야 하는 요금을 계산하는 프로그램을 논리 벡터를 이용하여 작성하라. 결과는 두 개의 열로 출력되도록 하여라. 각 경우에 사용된 전기량이 한 열, 지불액이 한 열이 되도록 하여라.

6장

행렬과 배열

이번 장의 목적은 다음과 같다.

- 행렬을 생성시키고 조작하는 방법에 대해 소개한다.
- 행렬 연산자에 대해 소개한다.
- 문자열에 대해 소개하고 그것들을 다루기 위한 기능에 대해 소개한다.
- 행렬의 적용을 다음의 예를 이용해서 보인다.
  - 종족 번식
  - Markov 공정
  - 선형 방정식
- MATLAB의 희소 행렬 기능

우리는 이미 앞에서 MATLAB은 MATrix LABoratory를 의미하는 것으로, 특별히 행렬(2차원 배열) 형태로 주어진 데이터를 갖고 작동하도록 구성된 시스템이라는 것을 알았다. 6장에서 행렬(matrix)이란 용어는 2가지 서로 다른 의미로 쓰이고 있다.

1. 행과 열로 구성된 데이터 배열, 즉 테이블
2. 특별한 수학 연산을 위하여 정의된 수학적 객체, 예를 들면 행렬곱.

먼저 우리는 첫 번째 의미로서 행렬을 살펴보고, 2장에서 배운 행렬을 요약, 확장하면서 이 장을 시작할 것이다. 그러고 나서 행렬과 관계된 수학적 연산을 간단히 살펴볼 것이다. 뒤쪽에 있는 장에서는 행렬 연산이 선형 방정식 시스템, 인구 동역학, Markov 프로세스와 같은 많은 다른 영역에서 어떻게 적용될 수 있는지를 살펴볼 것이다.

6.1 행렬

6.1.1 콘크리트 회사의 예

한 레미콘 회사가 3개의 공장(S1, S2, S3)을 갖고 있으며, 3개의 빌딩 건설 현장(D1, D2, D3)에 콘크리트를 공급해야 한다고 하자. 어떤 한 공장에서 한 현장까지 콘크리트를 수송하는 비용(어떤 적절한 통화 단위로)이 다음과 같이 비용 테이블로 주어져 있다.

	D1	*D2*	*D3*
S1	*3*	*12*	*10*
S2	*17*	*18*	*35*
S3	*7*	*10*	*24*

각각의 공장은 매일 4, 12, 8의 적재량을 공급할 수 있고, 각각의 현장에서는 매일 10, 9, 5의 적재량을 요구한다. 여기서 현실적인 문제는 현장에서 요구하는 양을 만족시키면서 가장 싼 비용으로 콘크리트를 수송하는 방법을 찾는 것이다. 그러나 우리는 여기서 그것을 고려하지는 않을 것이다.

공장 관리자가 다음과 같은 수송 계획을 제안한다고 가정하자. 여기서, 각각의 원소는 특정한 경로를 따라 수송되는 콘크리트의 적재량 수를 나타낸다.

	D1	D2	D3
S1	4	0	0
S2	6	6	0
S3	0	3	5

이러한 종류의 계획이 수송 문제에 있어서 솔루션이라고 할 수 있다. (행과 열을 각각 더해보면 각 공장의 공급량과 각 현장의 요구량이 계산됨을 볼 수 있을 것이다.) 이때 비용 테이블과 솔루션 테이블은 각각 테이블 C와 X로 표현될 수 있다. 여기서, c_{ij}는 비용 테이블의 i번째 행과 j번째 열의 원소이며, X에 대해서도 같은 방법으로 정의할 수 있다.

위의 해에 대한 비용을 계산하기 위해서는 솔루션 테이블에 있는 각각의 원소가 상응하는 비용 테이블의 원소와 곱해져야 한다.

TIP 이 연산을 수학적인 행렬곱과 혼동해서는 안 된다. 이 점은 뒤에서 다시 논의하자.

따라서 우리는 다음과 같은 계산을 해야 한다.

$$3 \times 4 + 12 \times 0 + \ldots + 24 \times 5$$

MATLAB®에서 이것을 계산하기 위해서 명령줄에서 각 행의 끝에 세미콜론을 붙여 행렬 C와 X를 입력한다.

TIP 각 원소 사이에는 빈칸(space) 또는 콤마(,)를 붙이며, 행을 바꿀 때는 세미콜론(;)을 붙임을 기억하자.

```
C = [3 12 10; 17 18 35; 7 10 24];
X = [4 0 0; 6 6 0; 0 3 5];
```

그러고 나서 C와 X의 배열 곱(array product)을 계산한다.

TIP 사용자는 '*'와 '.*'의 차이를 유의해야 할 것이다.

```
total = C .* X
```

그러면 다음과 같은 결과가 나온다.

```
 12      0      0
102    108      0
  0     30    120
```

다음 명령어

```
sum(total)
```

를 실행하면, 변수 total의 각 열에 대한 합을 원소로 갖는 벡터가 다음과 같이 계산될 것이다.

```
114   138   120
```

차례로 이것을 합하면 즉,

```
sum(sum(total))
```

을 실행하면, 최종적인 답인 372를 얻을 수 있다.

6.1.2 행렬의 생성

위에서 살펴보았듯이 행렬을 입력할 때 행의 마지막이란 것을 가리키기 위하여 세미콜론을 이용하라. 또, 작은 행렬을 이용하여 더 큰 행렬을 구성할 수도 있다. 다음과 같이 명령어를 입력해 보자.

```
a = [1 2; 3 4];
x = [5 6];
a = [a; x]
```

그러면 다음과 같은 결과가 나올 것이다.

```
a =
       1     2
       3     4
       5     6
```

행렬을 입력할 때, 세미콜론 대신에 줄 바꿈(line-feed; Enter key)을 이용하여 행의 끝임을 가리킬 수도 있다.

6.1.3 첨자

행렬의 개별적인 원소들은 2개의 첨자(subscripts)로 참조되는데, 첫 번째 숫자는 행을 나타내고 두 번째 숫자는 열을 나타낸다. 예를 들어, a(3, 2)의 값은 위의 행렬 a에서 6에 해당된다.

다른 방법으로, 일반적이지는 않지만 하나의 첨자를 이용하기도 한다. 이 경우 행렬을 열과 열을 연결하여 길게 늘어놓은 것이라고 생각하여도 좋다. 따라서 위의 경우 행렬 a 에서는 a(5)는 4에 해당된다. (여기서, 열을 기준으로 첨자가 붙는 것을 기억하자.)

만약 행과 열의 범위 밖의 첨자를 참조한다면 즉, 위에서 a(3, 3)을 입력하면 에러 메시지를 받을 것이다. 그러나 만약 범위 밖의 원소에 어떤 수치를 할당하면 행렬은 새로운 원소를 수용하여 확장된다. 예를 들어서 새로운 배열로 다음과 같이 할당하면,

```
a(3, 3) = 7
```

a(3, 3)을 제외한 모든 원소들 즉, a(1, 3)과 a(2, 3)에 0의 값을 갖는 새로운 열이 추가될 것이다.

6.1.4 전치 연산자

다음과 같은 명령문을 입력해 보자.

```
a = [1:3; 4:6]
b = a'
```

결과는 다음과 같다.

```
a =
        1    2    3
        4    5    6

b =
        1    4
        2    5
        3    6
```

전치 연산자 '(apostrophe)는 행과 열, 열과 행을 바꿔 놓는다.

6.1.5 콜론 연산자

- 콜론 연산자는 행렬들을 처리하는데 매우 강력하고 효과적인 방법을 제공한다. 예를 들어 a가 다음과 같은 행렬이라면,

```
a =
        1    2    3
        4    5    6
        7    8    9
```

다음 명령문

```
a(2:3, 1:2)
```

의 결과는

```
4    5
7    8
```

이다. (2행부터 3행, 1열부터 2열에 속하는 원소들이 출력된다.) 다음 명령문

```
a(3, :)
```

의 결과는

```
7    8    9
```

이다. (3행의 모든 원소가 출력된다.) 그리고 다음 명령문

```
a(1:2, 2:3) = ones(2)
```

의 결과는

```
a =
        1    1    1
        4    1    1
        7    8    0
```

이다. (1행부터 2행 그리고 2열부터 3열에 속하는 원소는 1로 대체된다.)

위의 예제에서 우리는 콜론 연산자가 벡터의 첨자를 생성하는데 사용됨을 볼 수 있다. 또한, 이 벡터 첨자의 위치에서 콜론 연산자 자체가 상응하는 행 또는 열의 모든 원소를 나타내기도 한다. 따라서 a(3, :)는 3행의 모든 요소를 의미한다.

다음 예제에서 테이블을 구성하는데 이러한 특성을 이용하였다. 우리가 0° 와 180° 사이에서 30° 간격으로 사인(sine)과 코사인(cosine)의 테이블 trig를 원한다고 가정해보자. 다음의 명령문이 이것을 구하는 것이다.

```
x = [0:30:180]';
trig(:, 1) = x;
trig(:, 2) = sin(pi/180*x);
tirg(:, 3) = cos(pi/180*x);
```

■ 보다 복잡한 효과를 얻는데 벡터 첨자를 이용할 수 있다. 예를 들어,

```
a(:, [1 3]) = b(:, [4 2])
```

은 a의 1열과 3열을 b의 4열과 2열로 대체하는 명령어이다.

> **TIP** 여기서 a와 b는 같은 수의 행을 가져야 한다.

■ 콜론 연산자는 가우스 소거법(Gauss reduction)에서 행 연산을 수행하는데 있어서 이상적으로 사용된다. 예를 들어서, 만약 행렬 a가 다음과 같다면,

```
a =
     1    -1     2
     2     1    -1
     3     0     1
```

다음 명령문은

```
a(2, :) = a(2, :) - a(2, 1)*a(1, :)
```

2번째 행의 각 원소에서, 2번째 행 1번째 열 원소와 1번째 행의 각 원소를 곱한 값을 빼서 2번째 행의 원소로 대체하라는 의미이다. 이것의 결과는 다음과 같다.

```
a =
     1    -1     2
     0     3    -5
     3     0     1
```

TIP a(1, 1)의 아래 원소가 0이 되었음을 볼 수 있다.

- 주요 명령어(keyword) end는 배열에서 마지막 행이나 열을 참조하라는 의미이다. 예를 들어서 r이 행 벡터라면 명령문은

  ```
  sum(r(3:end))
  ```

  3번째에서 마지막까지 r의 모든 성분들의 합을 구하라는 것이 된다.

- 콜론 연산자는 명령문의 오른쪽 또는 왼쪽에 놓고 구별되게 쓰고자 할 경우 단독 첨자로 사용할 수 있다. 명령문의 오른쪽에 있을 때, a(:)는 a의 모든 원소를 하나의 긴 열로 만든다. 예를 들어, 행렬 a가 다음과 같다면,

  ```
  a =
       1     2
       3     4
  ```

  명령문

```
b = a(:)
```

의 결과는

```
b =
      1
      3
      2
      4
```

가 된다.

> **TIP** 행렬 a에서 열을 기준으로 1열씩 순서가 정해짐을 기억하자. 즉, [1 2 3 4]'가 아니다.

그러나 a(:)가 명령문의 왼쪽에 있을 때는 행렬을 새로운 형태(reshape)로 만들게 된다. 여기서, a는 반드시 미리 존재하여야 한다. 이때 a(:)는 행렬 a와 같은 차원의 행렬을 나타내나 각각의 원소들은 오른쪽 항으로부터 생기는 새로운 값을 갖게 된다. 다시 말하면, 오른쪽에 있는 행렬이 왼쪽에 있는 행렬 a의 형태로 재형성하게 된다(reshape). 다음 몇 가지 예제가 이해하는데 도움을 줄 것이다. 만약

```
b =
      1     2     3
      4     5     6

a =
      0     0
      0     0
      0     0
```

이라면, 다음 명령문

```
a(:) = b
```

의 결과는

```
a =
```

```
        1     5
        4     3
        2     6
```

와 같다.

> **TIP** b의 성분이 하나의 긴 열로 배열된 후, 행렬 a에 열의 순서로 채워진다.

또 다른 예제에서 명령문

```
a(:) = 1:6
```

에 대한 결과는 다음과 같다. (위의 a를 사용한다고 가정)

```
a =
        1     4
        2     5
        3     6
```

행렬의 형태를 바꾸는 것은 또한 reshape 함수를 통해서 수행될 수 있다. 위의 예에서 reshape 함수를 사용한다면 다음과 같다. 결과가 같게 나오는지 실행해 보자.

```
a = reshape(b, 3, 2)
```

함수에 대한 자세한 설명은 도움말을 참조하자.

콜론 연산자가 명령문 배열의 오른쪽에 있든지 왼쪽에 있든지, 행렬 또는 종속되는 행렬은 동일한 형태를 가지게 된다. (단, 아래와 같은 특별한 경우는 예외이다.)

- 특별한 경우로서 단독의 콜론 첨자는 행렬의 모든 원소를 하나의 스칼라 값으로 대체하는데 사용된다.

```
a(:) = -1
```

6.1.6 행과 열의 반복

가끔 모든 행 또는 열이 동일한 행렬을 생성하는 것이 유용할 때가 있다. 이것은 함수

repmat를 사용하여 실행할 수 있다. 만약 행 벡터가 아래와 같다면

```
a =
     1     2     3
```

다음 명령문에 의해서

```
repmat(a, [3 1])
```

결과는

```
ans =
     1     2     3
     1     2     3
     1     2     3
```

와 같이 된다. 도움말의 독창적인 전문 용어에서 살펴보면, 이 명령문은 행렬 a의 복사체를 3x1 행렬로 생성(tiling)시키라는 의미이다. 사용자는 행렬 a를 3개의 타일 조각처럼 생각할 수 있을 것이다. 즉, 3행, 1열로 된 타일 조각으로 마루바닥을 붙이는 것과 같이 행렬을 생성시키는 명령어이다.

함수 repmat의 또 다른 구문으로 다음과 같은 것이 있다.

```
repmat(a, 3, 1)
```

이 과정의 흥미로운 예제들은 이 절 마지막 부분의 복습 문제에서 살펴볼 수 있다.

6.1.7 행과 열의 삭제

완전히 행과 열을 삭제하기 위해서는 콜론 연산자와 빈 배열기호를 사용한다. 예를 들어, 다음 명령어는

```
a (:, 2) = [ ]
```

행렬 a의 두 번째 열을 삭제시킨다.

그러나 다음 명령과 같이 어떤 원소가 행렬을 이루고 있는 동안에는 행렬의 한 원소만을 제거 할 수는 없다.

```
a(1, 2) = [ ]
```

이것의 결과는 error이다. 그러나 단독으로 사용하는 첨자 표시법을 이용하여 행렬로부터 연속적인 원소들을 제거하고 남은 원소들로 행 벡터 형태로 재배열시킬 수 있다. 예를 들면 만약 행렬 a가

```
a =
     1     2     3
     4     5     6
     7     8     9
```

라면, 명령문

```
a(2:2:6) = [ ]
```

의 결과는

```
a =
     1     7     5     3     6     9
```

가 된다. 이해가 되는가?[18)]

행렬로부터 어떤 선택된 열이나 행을 추출하고자 한다면 logical 벡터를 사용할 수 있다. 예를 들어서 만약 행렬 a가 원래 위에서 정의된 것처럼 3×3 행렬이라면, 명령문은

```
a(:, logical([1 0 1]))
```

이고 결과는

```
ans =
     1     3
     4     6
     7     9
```

이다. (1열과 3열이 추출되었다.) 동일한 결과를 다음 명령어를 사용하여 얻을 수도 있다.

```
a(:, [1 3])
```

18) 먼저 행렬 a를 열 기준으로 풀어 쓰고, 그 다음 2번째, 4번째, 6번째 원소인 4, 2, 8을 제거한다.

6.1.8 기본 행렬

많은 응용 분야에서 사용되는 기본 행렬들을 생성시키기 위한 함수 그룹이 있다. 도움말의 elmat를 살펴보라.[19]

예를 들어서 zeros, ones, rand와 같은 함수들은 각각 0과 1 그리고 임의의 숫자로 이루어진 행렬을 만들어낸다. 이 함수들은 하나의 독립변수 n으로 $n \times n$ 행렬을 만들어낸다. 또 두개의 독립변수 n과 m을 이용하여 $n \times m$ 행렬을 만들 수도 있다.

> TIP
> **아주 큰 행렬에 대해서는 보통 repmat가 zeros 나 ones보다 더 빠르게 행렬을 생성시킨다.**

eye(n) 함수는 $n \times n$ 형태의 단위행렬(identity matrix)을 만들어낸다. 즉, 행렬에서 주대각성분은 1이고 나머지 원소들은 0으로 채워진다.

다음 명령문

```
eye(3)
```

의 결과는

```
ans =
     1     0     0
     0     1     0
     0     0     1
```

와 같다.

> TIP
> **MATLAB 최초의 버전에서는 단위행렬을 나타내는데 보다 명백한 명칭인 I를 사용할 수 없었다. 왜냐하면 최초 버전은 대문자와 소문자를 구별하지 못하였을 뿐 아니라 또 i는 허수를 나타내는데 이용하였기 때문이다.**

19) 명령줄에서 help elmat라고 타이핑한다.

예로서, eye는 다음의 행렬과 같은 3중 대각행렬(tridiagonal matrix)을 만드는데 이용할 수 있다.

명령문

```
a = 2 * eye(5) ;
a(1:4 , 2:5) = a(1:4 , 2:5) - eye(4) ;
a(2:5 , 1:4) = a(2:5 , 1:4) - eye(4)
```

에 대한 결과는

```
a =
     2    -1     0     0     0
    -1     2    -1     0     0
     0    -1     2    -1     0
     0     0    -1     2    -1
     0     0     0    -1     2
```

이다. 추가로, 만약 커다란 3중 대각행렬로 작업을 해야 한다면 MATLAB에서 활용 가능한 희박행렬(sparse matrix)[20] 기능을 살펴보아야 한다.

6.1.9 특수 행렬

`pascal(n)`

n차의 파스칼 행렬을 생성한다. 기술적으로 이것은 파스칼 삼각형(Pascal's triangle)으로부터 만들어지는 원소를 갖는 대칭의 행렬이다. 예로서

```
pascal(4)
```

의 결과는 다음과 같다.

```
ans =
     1     1     1     1
     1     2     3     4
     1     3     6    10
     1     4    10    20
```

20) 고급단계의 MATLAB 명령어이므로 16장에서 다루도록 하겠다.

```
magic(n)
```

$n \times n$차의 마방진(magic square)을 생성한다. 직접 실행해서 확인해 보자.

MATLAB®은 `gallery`, `hadamard`, `hilb`, `toeplitz`, `vander` 등의 특별한 행렬을 생성시키는 또 다른 수많은 함수들을 갖고 있다. `help elmat`을 실행하여 살펴보자.

6.1.10 행렬에서 MATLAB® 함수의 활용

MATLAB®의 수학 함수나 삼각 함수가 행렬 인자를 가질 때, 예상할 수 있듯이 그 함수는 행렬의 모든 원소 각각에 대해서 연산을 수행한다.

그러나 많은 다른 MATLAB 함수들은 열별로 행렬에 대해 연산작용을 수행한다. 만약 행렬 a가

```
a =
     1     0     1
     1     1     1
     0     0     1
```

이고 명령문이

```
all(a)
```

이면, 결과는

```
ans =
     0     0     1
```

이다. 행렬 a의 각 열에서 모든 성분이 1이면 (non-zero) `all` 명령은 1이라는 결과를 내보내고, 그렇지 않으면 `all`은 0을 결과로 출력한다. 따라서 `all`은 행렬 인수를 취할 때 논리적인 벡터를 연산 결과로 내놓는 것이다. 행렬 a의 모든 성분 인자가 참값(non-zero)인지 아닌지를 테스트하기 위하여 `all`을 두 번 사용해보자. 명령문은

```
all(all(a))
```

이고 결과는 0이 된다. 왜냐하면 행렬 a의 몇몇 인자들은 0이기 때문이다. 반면에 다음 명령문은

```
any(a)

ans =
     1     1     1
```

이란 결과를 나타낸다.

왜냐하면 행렬 a의 각 열은 최소한 한 개 이상의 1 (non-zero)을 가지고 있고 any(any(a)) 역시 마찬가지로 1이란 답을 내놓는다. 만약 특정 함수가 행렬 연산에서 열 개념으로 연산되는지 아니면 성분 인자들끼리의 연산인지 확신이 서지 않는다면 언제든지 도움말을 참조하면 된다.

6.1.11 행렬 조작

다음에 행렬 조작과 관련된 몇 가지 함수들이 소개되고 있다. 자세한 내용은 도움말을 참조하라.

`diag`
대각행렬(diagonal matrix)을 생성하거나 추출한다.

`fliplr`
왼쪽에서 오른쪽으로 열을 뒤집는다. (flip from left to right)

`flipud`
위에서 아래로 행을 뒤집는다. (flip from top to down)

`rot90`
반시계방향으로 회전시킨다.

`tril`
삼각형 형태의 아래 부분(lower triangular part)을 뽑아낸다. 예를 들어, 명령문

```
tril(pascal(4))
```

의 결과는 다음과 같다.

```
ans =
     1     0     0     0
     1     2     0     0
     1     3     6     0
     1     4    10    20
```

`triu`

삼각형 형태의 위 부분(upper triangular part)을 추출한다.

> **실습문제**
>
> 다음 행렬에 대해 MATLAB 행렬조작 함수를 실행시켜 보아라.
>
> $$A = \begin{bmatrix} 0 & -1 & 0 & 3 \\ 4 & 3 & 5 & 0 \\ 1 & 2 & 3 & 0 \end{bmatrix}$$
>
> (a) rot90(A)
> (b) rot90(A, 3)
> (c) fliplr(A)
> (d) flipud(A)
> (e) reshape(A, 2, 6)
> (f) find(A)
> (g) triu(A)
> (h) tril(A, 1)

6.1.12 행렬에서의 배열 연산

2장에서 논의된 배열(element-by-element) 연산은 모두 벡터 뿐 만 아니라 행렬에서도 적용될 수 있다. 예를 들어서 a가 행렬을 나타낸다면 a*2는 행렬의 모든 원소에 2를 곱하게 된다. 그리고 만약 행렬 a가

```
a =
     1     2     3
     4     5     6
```

이면, 명령문

```
a .^ 2
```

에 대한 결과는 다음과 같다.

```
ans =
      1    4    9
     16   25   36
```

6.1.13 행렬과 for 명령문

행렬 a가

```
a =
      1    2    3
      4    5    6
      7    8    9
```

일 때, 명령문

```
for v = a
     disp('v''='), disp(v')
end
```

에 대한 결과는 다음과 같다.

> TIP v'를 표현하기 위해 v''를 사용했음을 주목하라.

```
1    4    7
2    5    8
3    6    9
```

for 명령문의 가장 일반적인 형태인 위의 예제를 살펴보면, 인덱스 v는 행렬 a에서 각 열에 해당하는 값을 차례로 취한다. 이것은 행렬의 모든 열에 대하여 같은 방법으로 연산 과정을 수행하게 하며, 만약 a를 전치(transpose)시킨다면, 행별로 똑같이 연산이 수행될 것이다. 다음 명령문은 행렬 a의 행이 한번에 한 줄씩 출력되도록 한다. 이해가 되는가?

```
for v = a'
   disp('v''='), disp(v')
end
```

6.1.14 행렬의 시각화

행렬들은 MATLAB 프로그램에서 그래픽으로 시각화(visualization)될 수 있다. 이 주제는 7장에서 예제들과 함께 다시 논의될 것이기 때문에 여기서는 생략하기로 한다.

6.1.15 중첩된 for 명령문의 벡터화: 대부금 지불의 예

대부금 A에 대하여 1년에 n번, 명목상의 연 이자율 r로 k년의 기한동안, 고정된 정기 지불 금액 P씩 상환하여 갚아 나간다면, 이때 P는 다음과 같은 식으로 주어진다.

$$P = \frac{rA(1+r/n)^{nk}}{n[(1+r/n)^{nk}-1]}$$

우리는 연 이자율을 1%단위로 10%에서 20%까지 다양하게 설정하고, 15, 20 또는 25년 동안 대부금 $1000에 대한 상환 테이블을 작성할 수 있다. 위의 공식에서 P가 A 에 정비례하므로 테이블을 통한 간단한 비례 계산에 의해서 어느 정도 크기의 상환금 P를 책정할 것인가를 결정할 수 있다.

이런 문제를 처리하는 전통적인 방법은 중첩된(nested) for 명령문이다.

명령문 fprintf는 같은 라인 상에서 각 이자율을 고려한 출력을 위해서 필요하다. (2.11을 참조)

```
A = 1000; % amount borrowed
n = 12; % number or payments per year

for r = 0.1 : 0.01 : 0.2
   fprintf( '%4.0f%', 100 * r );
   for k = 15 : 5 : 25
      temp = (1 + r/n) ^ (n*k);
      p = r * A * temp / n / (temp - 1);
```

```
        fprintf( '%10.2f', p );
    end;
    fprintf( '\n' ); % new line
end ;
```

처음 부분을 수정하여 다음과 같은 출력을 얻을 수 있다.

```
rate %      15 yrs      20 yrs      25 yrs
  10        10.75        9.65        9.09
  11        11.37       10.32        9.80
  ...
  19        16.83       16.21       15.98
  20        17.56       16.99       16.78
```

그러나 2장에서 우리는 for 명령문 루프가 많은 계산 시간을 절약하기 위해서 종종 벡터화 되는 것을 보았다. (또한 흥미로운 지적 도전을 위해 시도해 볼 만하다.) 내부 루프는 쉽게 벡터화 될 수 있으며 따라서, 다음 프로그램 코드에서는 오직 한번의 for 명령만을 이용한다.

```
...
for r = 0.1 : 0.01 : 0.2
    k = 15 : 5 : 25;
    temp = (1 + r/n) .^ (n * k);
    p = r * A * temp / n ./ (temp - 1);
    disp( [100 * r, p]);
end;
```

여기서, 배열 연산자(.^, ./)가 사용되었음을 주목하자.

그러나 진정한 도전은 외부 루프를 벡터화시키는 것이다. 우리는 11개의 행과 3개의 열을 갖는 테이블을 원한다. (명령줄에서) A와 n에 값을 할당함으로써 시작해 보자.

```
A = 1000;
n = 12;
```

그리고 나서 이자율에 대한 열 벡터를 만들어보자.

```
r = [ 0.1 : 0.01 : 0.2 ]'
```

이제 이것을 각각의 r과 동일한 3개의 열을 갖는 테이블로 변환시켜보자.

```
r = repmat(r, [ 1 3 ])
```

행렬 r은 다음과 같이 나타난다.

```
0.10        0.10        0.10
0.11        0.11        0.11
...
0.19        0.19        0.19
0.20        0.20        0.20
```

이제 상환 기간 k에 대해서도 비슷한 작업을 수행하자. 다음과 같이 행 벡터를 생성시킨다.

```
k = 15 : 5 : 25
```

그리고 이것을 k와 동일한 11개의 행들을 갖는 테이블로 확장시킨다.

```
k = repmat( k, [ 11 1 ] )
```

그러면 다음과 같은 결과가 될 것이다.

```
15      20      25
15      20      25
...
15      20      25
15      20      25
```

P에 관한 공식은 약간 복잡하다. 따라서 이것을 두 단계로 나누어 보자 :

```
temp = ( 1 + r/n) .^ (n * k);
P = r * A .* temp / n ./ (temp -1)
```

최종적으로 P에 관해서 다음을 얻을 수 있다.

```
10.75           9.65            9.09
11.37          10.32            9.80
...
16.83          16.21           15.98
17.56          16.99           16.78
```

이 예제는 테이블 r과 k가 구성되고 MATLAB 배열연산이 원소별로 수행되기 때문에 잘 동작된다. 예를 들어, P의 2행, 1열에 대해 계산이 수행될 때, 배열연산자는 r의 2행 (모두 0.11)과 k의 1열 (모두 15)을 선택하여 P에 대한 바른 값을 계산하게 된다 (11.37).

중첩된 for문이 프로그램 하는데 더 쉽게 느껴질 것이다. 그러나 위 방법은 확실히 더 흥미롭고 실행시간을 훨씬 단축시켜 줄 것이다. (큰 행렬 연산에서는 그 차이를 크게 느낄 것이다. 직접 수행하여 비교 체험해 보라.)

6.1.16 다차원 배열

MATLAB® 배열은 2차원 이상의 배열을 가질 수 있다. 예를 들어서 다음과 같이 행렬을 만들었다고 하자.

```
a = [1:2; 3:4]
```

다음과 같은 명령어로 행렬 a에 3번째 차원을 추가시킬 수 있다.

```
a(:,:,2) = [5:6; 7:8]
```

MATLAB® 수행 결과는 다음과 같다.

```
a(:,:,1) =
     1    2
     3    4

a(:,:,2) =
     5    6
     7    8
```

이 3차원 배열 a는 각 페이지마다 행렬을 갖는 일련의 '페이지' 시리즈로 생각하면 이해하는데 도움이 될 것이다. a의 3번째 차원은 페이지들에 번호를 매기는 것이다. 이것은 다중 시트-각 시트마다 테이블(행렬)을 갖고 있는-를 갖는 스프레드시트(spread sheet)와 동일하게 생각할 수 있다.

만약 원한다면 더 높은 차원의 hyperpage를 얻을 수도 있다.

특수한 다중 차원의 배열함수 리스트를 보기 원한다면, `help datatypes`를 입력하여 살펴보라.

6.2 행렬 연산자

우리는 행렬에 대해 각 원소별로 계산을 수행하는 배열 연산자를 살펴보았다. 그러나 MATLAB의 근간이 되는 행렬 연산자는 어떤 경우에 있어서는 수학적 개념과 다르게 정의된다. 행렬 가감산은 동일한 크기의 배열 연산과 같은 방법으로 정의된다. 즉 원소별로 계산을 수행한다. 그러나 행렬 곱은 상당히 다르다.

6.2.1 행렬 곱셈

행렬 곱은 아마 가장 중요한 행렬 연산일 것이다. 그것은 네트웍 이론(network theory), 선형시스템의 방정식 해법, 좌표계 변환, 그리고 인구 모델링과 같은 영역에서 폭넓게 사용된다. 행렬 곱에 대한 규칙은 만약 전에 본 적이 없다면, 약간은 이상하게 보일지도 모르나 다음과 같이 정의된다.

두 행렬 A와 B가 서로 곱해질 때, 그들의 곱을 세 번째 행렬 C라 하자. 연산자는 다음과 같이 표현된다.

$$C = AB$$

행렬 C의 일반 원소 c_{ij}는 A의 i번째 행과 B의 j번째 열의 스칼라 곱으로 구해진다. (두 벡터 x와 y의 스칼라 곱은 $x_1y_1 + x_2y_2 + \ldots$이며, 여기서 x_i와 y_i는 벡터의 원소들이다.) 단지 A의 열 수와 B의 행수가 같을 때만 행렬 A, B는 성공적으로 곱해질 수 있다. 따라서 행렬 곱의 일반적인 정의는 다음과 같다. 만약 A가 $n \times m$ 행렬이고, B가 $m \times p$ 행렬이라면, 그들의 곱 C는 일반원소 c_{ij}가 다음 식과 같이 구해지는 $n \times p$ 행렬이 된다.

$$c_{ij} = \sum_{k=1}^{m} a_{ik} b_{kj}$$

일반적으로 AB는 BA와 같지 않음을 주목하라. (행렬 곱은 교환법칙이 성립하지 않는다.)

예:

$$\begin{bmatrix} 1 & 2 \\ 3 & 4 \end{bmatrix} \begin{bmatrix} 5 & 6 \\ 0 & -1 \end{bmatrix} = \begin{bmatrix} 5 & 4 \\ 15 & 14 \end{bmatrix}$$

벡터는 1차원 행렬이므로, 위 행렬곱의 정의는 또한 적절한 행렬과 벡터가 곱해질 때도 적용될 수 있다.

예를 들면,

$$\begin{bmatrix} 1 & 2 \\ 3 & 4 \end{bmatrix} \begin{bmatrix} 2 \\ 3 \end{bmatrix} = \begin{bmatrix} 8 \\ 18 \end{bmatrix}$$

연산자 *는 추측할 수 있듯이 행렬곱을 연산할 때 이용한다.

```
a =
       1     2
       3     4
```

이고

```
b =
       5      6
       0     -1
```

일 때 명령문

```
c = a * b
```

의 결과는 다음과 같다.

```
c =
     5     4
    15    14
```

배열연산 a .* b와 행렬연산 a * b에서 중요한 차이가 있음을 기억하라. (한번쯤 수작업으로 연산해서 확인하라) 계속해서 행렬을 벡터와 곱하기 위해서는, 벡터가 열 벡터이어야 한다. 다음 벡터에 대해

```
b = [ 2 3 ]'
```

명령문

```
c = a * b
```

의 결과는 다음과 같다.

```
c =
     8
    18
```

6.2.2 행렬의 지수승

행렬 연산 A^2은 $A \times A$를 의미하며, 여기서 A는 정방행렬(square matrix)이어야만 한다. 연산자 ^은 행렬의 지수승(matrix exponentiation)을 나타내는데 사용된다. 예를 들어 행렬 a가

```
a =
     1     2
     3     4
```

이고 명령문이

```
a ^ 2
```

라면 결과는 다음과 같다.

```
ans =
     7    10
    15    22
```

이것은 a * a와 같은 결과이다. (한번 실습해보자) 다시 한번 강조하지만 배열 연산인 a .^ 2와 행렬 연산인 a ^ 2의 차이점을 주목하자 (손으로 계산하고 MATLAB으로 검토해보자).

6.3 그 밖의 행렬 함수

여기에서는 보다 향상된 MATLAB에서의 몇 가지 행렬 함수들을 소개한다.

`det`
: 행렬식 (determinant)

`eig`
: 고유값 분해 (eigenvalue decomposition)

`expm`
: 행렬 지수 즉, e^{A}이며, 여기서 A는 행렬이다. 행렬 지수는 상수 계수를 갖는 선형 상미분 방정식의 해석적 해를 구하는데 이용될 것이다.

`inv`
: 역행렬 (inverse)

`lu`
: LU 인수 분해(factorization) (하삼각(lower triangular matrix)과 상삼각 행렬(upper triangular matrix)로 분해)

`qr`
: 직교 인수 분해 (orthogonal factorization)

`svd`
: 특이치 분해 (singular value decomposition)

6.4 종족 번식 : Leslie 행렬

행렬의 첫 응용 예는 종족 번식을 모델링 하는 것이다.

토끼가 임의의 시간에 몇 마리 있었다고 하면 몇 년이 지난 다음에는 어떻게 될까를 따진다. 접근 방법은 이렇다. 토끼 종족을 나이에 따라(혹은 시간 단위에 따라) 몇 개 그룹으로 나누는데, 앞 그룹은 뒤의 그룹보다 더 젊은 종속이 차지하도록 한다. 여기서 시간 단위는 해당 종족을 연구하는데 편리한 시간 즉, 날, 달, 분기 따위가 되겠다.

X_i가 i번째 그룹의 종속 수일 때 생존 계수(survival factor) P_i는 $(i+1)$번째 그룹에 포함될 때까지 살아있는 종족 수로 정의한다. 즉, i번째 그룹을 졸업하는 종속의 수이다. 그리고 F_i는 i번째 그룹의 평균 번식 수(mean fertility)인데 그룹의 종족이 하나의 단위 시간 동안에 생산한 새끼의 수이다.

이 책에서 예로 든 토끼 모델의 경우 세 그룹 즉, X_1, X_2, 그리고 X_3로 이루어져 있으며 편리하게 젊은 토끼, 중년 토끼, 그리고 늙은 토끼 그룹이라 하자. 그리고 시간 단위를 한 달로 했기에 X_1은 현재 달에 태어난 토끼들, X_2는 현재 달에 중년이 된 토끼들, 그리고 X_3는 가장 나이 많은 토끼들의 그룹이 되겠다. 한편, 가장 젊은 토끼들은 아직 번식을 하지 못하므로 $F_1=0$이고, 또 중년 및 늙은 토끼 그룹의 번식률을 각각 9와 12로 가정하여 $F_2=9$와 $F_3=12$로 둔다. 젊은 토끼가 중년토끼로 살아남을 확률은 1/3, 중년토끼가 살아남아서 늙은 토끼가 되는 수는 거의 반, 그리고 늙은 토끼는 모두 그 달의 끝까지 살아 있을 수가 없다고 가정하면 각 그룹의 생존 계수는 $P_1=1/3$, $P_2=0.5$, 그리고 $P_3=0$이다. 따라서 이런 정보를 바탕으로 하면 토끼의 번식 구조가 다달이 어떻게 변해 가는지를 체계적으로 밝힐 수 있을 것이다.

우선, 현재 달을 t, 그리고 다음 달을 $(t+1)$로 표기하여 이 달과 다음 달의 젊은 토끼 그룹을 각각 $X_1(t)$와 $X_1(t+1)$로 나타내고 나머지 두 그룹도 같은 방식을 써서 기호로 표시한다. 그러면 t에서 $(t+1)$의 달 사이에 토끼 번식에 대한 식을 다음과 같이 작성할 수 있다.

```
X1(t+1) = F2X2(t) + F3X3(t)
X2(t+1) = P1X1(t)
X3(t+1) = P2X2(t)
```

이제 번식 벡터(population vector) X(t)를 정의하는데 이는 3개의 성분 즉, $X_1(t)$, $X_2(t)$, 그리고 $X_3(t)$로 구성되어 있고 t달에서 토끼를 번식하는 세 그룹을 각각 나타낸다. 한편, 위의 세 식을 행렬 형태로 쓰면

$$\begin{bmatrix} X_1 \\ X_2 \\ X_3 \end{bmatrix}_{(t+1)} = \begin{bmatrix} 0 & F_2 & F_3 \\ P_1 & 0 & 0 \\ 0 & P_2 & 0 \end{bmatrix} \times \begin{bmatrix} X_1 \\ X_2 \\ X_3 \end{bmatrix}_t$$

와 같은데, 여기서 벡터의 아래쪽에 적힌 첨자는 달을 뜻한다. 나아가 이를 좀 더 간추리고 새로운 기호를 도입하면

$$\mathrm{X}(t+1) = \mathrm{LX}(t) \tag{6.1}$$

와 같이 표시할 수 있고, 이때 L은 Leslie 행렬로 다음과 같다.

$$\begin{bmatrix} 0 & 9 & 12 \\ 1/3 & 0 & 0 \\ 0 & 1/2 & 0 \end{bmatrix}$$

앞에서 설명하고 정의한 나이 그룹이나 번식률, 생존 계수 등을 사용하면 번식 모델을 식 (16.1)의 형태로 항상 나타낼 수 있고, 만약 현재 달이 아닌 다음 달에 대한 모델을 얻고 싶으면 식 (16.1)에서 달의 표시만 바꾸어

$$\mathrm{X}(t+2) = \mathrm{LX}(t+1)$$

$$\mathrm{X}(t+3) = \mathrm{LX}(t+2)$$

$$\cdots$$

와 같이 계속 반복하여 사용하면 된다. 다음은 지금까지 설명한 토끼 번식 모델에 대한 스크립트 파일이다. 단, 처음에는 나이 든 암컷 토끼만 있다고 보아 $X_1 = X_2 = 0$와 $X_3 = 1$로 두었다.

```
% Leslie matrix population model
      n = 3;
      L = zeros(n);           % all elements set to zero
      L(1, 2) = 9;
      L(1, 3) = 12;
      L(2, 1) = 1/3;
      L(3, 2) = 0.5;
      x = [ 0 0 1 ]';    % remember x must be a column vector!

      for t = 1:24
       x = L * x;
      disp( [t  x'  sum(x)] )  % x' is a row
   end
```

위 프로그램의 결과(시간 구간은 24개월)는 다음과 같다.

```
   달      젊은토끼      중년토끼      늙은토끼        합
    1          12           0           0          12
    2           0           4           0           4
    3          36           0           2          38
    4          24          12           0          36
    5         108           8           6         122
  ...
   22    11184720     1864164      466020    13514904
   23    22369716     3728240      932082    27030038
   24    44739144     7456572     1864120    54059836
```

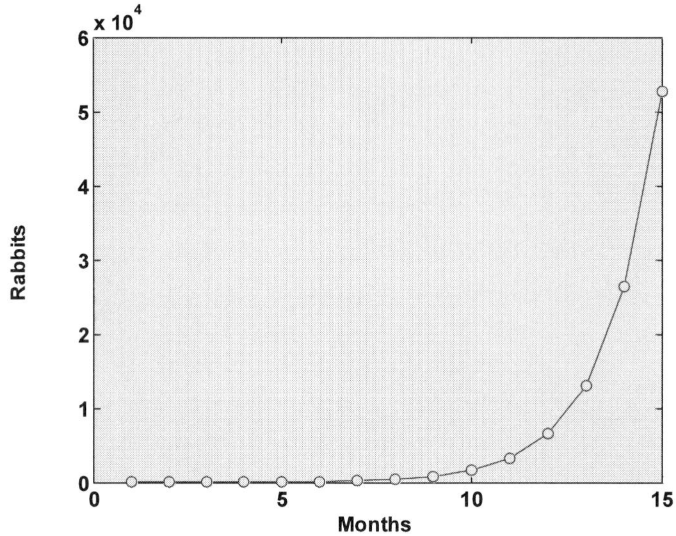

그림 6.1 15개월 뒤의 토끼의 수

이 결과를 자세히 살펴보면 처음 몇 달이 지나가고 나면 번식 수가 달마다 2배씩 증가하는 것을 발견할 수 있을 것이다. 이처럼 달마다 증가하는 배수를 성장 계수(growth factor)라 하는데 이는 Leslie 행렬의 고유한 특성(이를 전문 용어로 이 행렬의 대표 극점(dominant pole)이라 함)으로 결정된다. 이 예의 성장 계수는 2이지만 `Leslie` 행렬의 값이 바뀌면 이 역시 바뀌게 되는데 시험 삼아 한번 확인해 보길 바란다.

그림 6.1은 토끼의 전체 번식 수가 처음 15개월 동안 어떻게 변하는지를 보여 준다. 이 그림을 직접 그려 보려면 위의 프로그램에서 `for` 루프 안에 있는 `x = L*x;`의 문장 다음에

```
p(t) = sum(x);
```

을 새로 삽입하여 각 달이 끝날 때마다 누적된 번식 수가 얼마인지를 벡터 p에 따로 담아 나중에 명령창에서

```
    plot(1:15, p(1:15)), xlabel('Months'), ylabel('Rabbits'),
hold, plot(1:15, p(1:15),'o')
```

와 같이 입력하면 된다. 그래프를 보면 번식 수가 뒤로 갈수록 가파르게 증가하는 것

을 볼 수 있는데, 만약 24개월 모두에 대한 데이터를 그린다면 지수적인 증가(exponential growth)의 진정한 모습을 느낄 수 있을 것이다.

그리고 결과의 데이터를 수치적으로 세밀히 관찰하지 않았다면 각 그룹의 번식 수에 대한 비(보통 극한 비(limiting ratio))가 24:4:1인 것을 알아채지는 못했을 것이다. 극한 비는 번식 수의 안정적인 나이분포(age distribution)이기도 한데, 이 역시 Leslie 행렬의 고유한 특성값(전문 용어로 이 행렬의 대표 극점에 대한 고유벡터라고 함) 중의 하나이다. 따라서 번식 행렬이 다르면 이런 나이분포도 당연히 다르다.

끝으로, Leslie 행렬은 번식 수의 비인 나이분포를 항상 똑같이 만들어 준다는 것이 이 문제의 마지막 흥미로운 점이다. 즉, 처음 개체의 수가 어떻게 분포되든지 상관없이 성장 계수만 같으면 결국 같은 비로 나타난다는 말이다. 예를 들어, 이 예의 초기 조건을 달리 하여 푼다 하더라도 성장 계수가 2이면 나이분포는 항상 24:4:1인 것을 확인할 수 있는데 한번 직접 해 보길 바란다.

6.5 Markov 프로세스

어떤 일을 처리하는 과정(process)이 여러 이산(discrete) 혹은 불연속(discontinuity) 상태로 출력을 표시하는 경우가 많은데 여기서는 이런 문제를 다루기로 한다. 예를 들어, 동전 던지기를 한다면 출력은 두 개의 이산 상태 즉, 앞면과 뒷면(이 두 상태 사이에는 아무것도 없음)인 경우가 되겠다. 또한, 이런 과정이 동전 던지기에서처럼 무작위로 일어난다면 어떤 순간에 여러 상태 중에서 하나의 상태가 될 확률이 있을 것이며 한 상태에서 다른 상태로 변하는 확률 역시 나타나게 된다. 이때 상태가 한쪽에서 다른 쪽으로 변할 때 이전 상태에는 전혀 상관없고 오직 현 상태에만 영향을 받아 확률이 결정되는 과정을 Markov 체인(chain)이라 한다. 15장에서 살펴본 눈이 어두운 선원이 선창을 걸어가는 일 따위가 이의 예가 되겠고, 이 외에도 Markov 체인은 여러 분야에 널리 쓰이는데 생물학이나 경제 분야의 의사결정(decision-making) 모델에 특히 유용하다.

6.5.1 무작위 걷기

이 예는 15장에서 살펴본 문제를 약간 변형한 것이다. 학생이 6갈래로 나눠진 교차로에서 1번 도로 쪽의 집으로 갈지, 아니면 6번 도로 쪽인 인터넷 카페로 갈지를 따지는 문제이다. 다만, 집이나 카페 이외의 도로 쪽에서 집으로 갈 확률은 1/3, 그리고 카페로 갈 확률은 2/3와 같이 따로 주어진 경우가 되겠다. 그리고 집이나 카페에 도착하고 나면 그것으로 끝이다. 더 이상 그곳에서 나오지 않는다는 말이고, 이를 Markov는 '흡수되었다(absorbed)' 라고 표현했다.

이 문제에서 알고 싶은 것은 집이나 카페에 도착할 확률은 얼마인가 하는 것이다. 학생의 걸음 방향은 무작위이므로 6개의 상태 중의 하나가 반드시 될 것인데 상태 1은 집 그리고 상태 6은 카페와 같은 식으로 번호를 붙여 쉽게 구분하기로 한다. 각 상태의 확률은 6개 요소로 구성된 상태 벡터(state vector) $X(t)$로 나타내고, 이때 이의 요소인 $X_i(t)$는 학생이 임의의 시간 t에서 i번째 도로로 갈 확률로 모두 합하면 1이다.

이제, Markov 프로세스를 다음과 같은 확률 전이 행렬(probability transition matrix) P를 써서 나타낸다. 여기서 P의 각 값은 현재 상태인 열에서 다음 상태인 행으로 갈 때의 확률이다.

	Home	2	3	4	5	Cafe
Home	1	1/3	0	0	0	0
2	0	0	1/3	0	0	0
3	0	2/3	0	1/3	0	0
4	0	0	2/3	0	1/3	0
5	0	0	0	2/3	0	0
Cafe	0	0	0	0	2/3	1

표에서 집-집과 카페-카페의 위치에 1이 들어 있는 것은 집이나 카페에 도착하면 이제 다른 곳으로 옮길 가능성이 하나도 없기 때문이다.

이와 같은 확률 행렬 P로 학생이 어디로 갈지를 식으로 나타낼 수 있다. 예를 들어, $(t+1)$의 시간에 3번 도로에 있을 때는

$$X_3(t+1) = 2/3X_2(t) + 1/3X_4(t)$$

와 같이 표시할 수 있는 것처럼. 3번 도로에 도착하기 위해서는 앞선 시간에 이미 2번이나 4번 도로에 있어야 하므로 여기서 3번 도로로 갈 확률은 각각 2/3와 1/3라는 말이다. 따라서 수학적으로 살펴보면 이는 Leslie 행렬 문제와 전적으로 같아서 각각의 시간에 이전 상태의 정보를 바탕으로 새로운 상태 벡터를 다음과 같은 하나의 행렬식으로 만들 수 있다.

$$X(t+1) = PX(t)$$

이 문제에 대한 스크립트를 짜기 위해 학생은 처음에 도로 2에 있다고 하고, 그래서 각 지점에 도착할 현재의 확률은 (0; 1; 0; 0; 0; 0)로 둔다. Leslie 행렬 문제와 같다고 했기에 이의 프로그램을 다음과 같이 약간 수정하여 사용하기로 한다.

```
n = 6;
P = zeros(n);              % all element set to zero
for i = 3:6
   P(i, i-1) = 2/3;
   P(i-2, i-1) = 1/3;
end
P(1, 1) = 1;
P(6, 6) = 1;
x = [ 0 1 0 0 0 0]';  % remember x must e a column vector!
for t = 1:50
   x = P*x;
   disp( [t x'] )
end
```

이의 결과를 약간 편집하여 정리정돈 해 놓으면 다음과 같다.

```
Time    Home       2        3        4        5     Cafe
   1  0.3333       0   0.6667        0        0        0
   2   0.333   0.222        0   0.4444        0        0
   3  0.4074       0   0.2963        0   0.2963        0
   4  0.4074  0.0988        0   0.2963        0   0.1975
   5  0.4403       0   0.1646        0   0.1975   0.1975
   6  0.4403  0.0549        0   0.1756        0   0.3292
   7  0.4586       0   0.0951        0   0.1171   0.3292
   8  0.4586  0.0317        0  0.01024        0   0.4073
...
  20  0.4829  0.0012        0   0.0040        0   0.5119
...
  40  0.4839  0.0000        0   0.0000        0   0.5161
...
  50  0.4839   0.000        0    0.000        0   0.5161
```

위 프로그램에서 횟수를 높인다면 아마 특정한 값으로 수렴하는 확률을 찾을 수 있을 것이다. 50번 돌린 이 예에서도 집에 도착할 확률은 48%, 그리고 카페에는 52%의 확률이 된다는 것이 어렴풋이 나타난다. 카페에 도착할 확률이 좀 더 높다는 사실은 별로 놀랄만한 것은 아닌데, 이는 확률 전이 행렬에 이미 카페의 확률이 더 크게 나와 있기 때문이다.

사실 Markov 체인 접근방법은 시뮬레이션은 아니다. 각 시간마다 이론적인 확률을 컴퓨터 없이 손으로 간단한 수학적 도구를 써서 구할 수 있기 때문이다. 하지만 학생의 걸음 방향을 확률 수 발생기(MATLAB의 rand 함수 따위)로 시뮬레이션 하여 확률의 수렴하는 값을 확인하는 일은 참 흥미롭다. 바로 이렇게 구한 예가 15장의 연습문제 15.5가 되겠다.

6.6 선형 방정식

공학적인 응용문제에서는 흔히 다음과 같은 여러 선형 방정식을 풀어야 하는 경우가 종종 있다. 즉,

$$3x + 2y - z = 10 \quad (6.2)$$

$$-x + 3y + 2z = 5 \quad (6.3)$$

$$x - y - z = -1 \quad (6.4)$$

이다. MATLAB은 앞으로 확인하겠지만 기본적으로 이런 방정식을 직접적이면서 아주 손쉽게 풀 수 있도록 고안된 도구이다. 우선, 행렬 A를 다음과 같이 정의한다.

$$A = \begin{bmatrix} 3 & 2 & -1 \\ -1 & 3 & 2 \\ 1 & -1 & -1 \end{bmatrix}$$

그리고 벡터 x와 b를 다음과 같이 두면:

$$\mathrm{x} = \begin{bmatrix} x \\ y \\ z \end{bmatrix}, \quad \mathrm{y} = \begin{bmatrix} 10 \\ 5 \\ -1 \end{bmatrix}$$

위의 3개의 연립 방정식은 행렬의 형태로 다음과 같이 나타낼 수 있으며:

$$\begin{bmatrix} 3 & 2 & -1 \\ -1 & 3 & 2 \\ 1 & -1 & -1 \end{bmatrix} \begin{bmatrix} x \\ y \\ z \end{bmatrix} = \begin{bmatrix} 10 \\ 5 \\ -1 \end{bmatrix}$$

이것은 아주 간단히

$$\mathrm{Ax} = \mathrm{b} \quad (16.5)$$

와 같이 하나의 행렬 방정식으로 나타낼 수 있고, 이때 이의 해는 다음과 같다.

$$\mathrm{x} = \mathrm{A}^{-1}\mathrm{b} \quad (16.6)$$

여기서 A^{-1}은 A의 역 행렬(inverse of matrix)로 단위 행렬(identity matrix) I와 $\mathrm{AA}^{-1} = \mathrm{I}$의 관계를 만족한다.

6.6.1 MATLAB®으로 해 찾기

선형 방정식의 해는 MATLAB의 왼쪽 나눗셈 연산자(left division operator)로 찾을 수 있다. 즉, a와 b가 스칼라이건 벡터나 행렬이건 관계없이 a \ b(혹은 오른쪽 나눗셈 연산자를 쓰면 b / a)와 같이 사용할 수 있다. 따라서 식 (6.2)에서 (6.4)까지 풀려면 명령창에서

```
A = [3  2  -1; -1  3  2;  1  -1  -1];
b = [10  5  -1]';
x = A \ b
```

와 같이 입력하면 되고, 이때 이의 결과는 다음과 같다.

```
x =
    -2.0000
     5.0000
    -6.0000
```

즉, 식 (16.2) - (16.4)의 해는 각각 $x=-2$, $y=5$, 그리고 $z=-6$이다.

행렬 연산 A \ b는 "b를 A로 나눈다" 혹은 "A의 역 행렬을 b로 곱한다"라는 뜻이고, 특히 뒤에 있는 뜻은 식 (16.6)에 대한 직접적인 설명이기도 하다. 또는 다른 사람(저자의 친구 중 한 사람)은 이 연산을 "A 위에 b"라고 읽기도 한다.

식 (16.6)을 MATLAB에서는 다음과 같이 실행할 수도 있다.

```
x = inv(A)*b
```

함수 inv이 역 행렬을 직접 구해주기 때문인데, 그래도 A \ b을 사용하는 것이 정확할 뿐만 아니라 효율적이다. MATLAB Help에서 inv를 찾아 보기 바란다.

6.6.2 나머지

선형 방정식을 수치적으로 풀 때 해의 정확도에 대해 생각해 볼 필요가 있다. 이를 검사하는 가장 초보적인 방법으로 나머지(residual)를 다음과 같이 정의하여 사용하기도 한다.

```
r = A*x - b
```

여기서 x는 x = A\b로 구한 값이다. 이론적으로는 나머지 r이 식 (16.5)에 따라서 A*x = b이기 때문에 0이 되어야 한다. 이 경우에 살펴보면 나머지는

```
r =
   11.0e-015 *
         0
     0.8882
     0.6661
```

이다. 컴퓨터에서 항상 발생하는 마무리 오차 따위를 생각하면 절대값으로 10-15보다 작은 오차는 충분히 참을 만하다. 그런데도 이런 표면에 나타나는 문제 말고도 다룰 때 조심해야 하는 경우가 있는데 이는 바로 아래에서 곧 얘기하기로 한다.

6.6.3 미지수보다 방정식 개수가 많은 경우

연립 방정식에서 미지수보다 방정식 개수가 많은 경우를 변수 초과 시스템(over determined system)이라 하는데 예는 다음과 같다.

```
x - y = 0
    y = 2
    x = 1
```

그리고 MATLAB에서 이 시스템의 해를 찾으려면

```
A = [ 1  -1;  0  1;  1  0 ];
b = [ 0  2  1]';
```

와 같이 데이터를 입력한 후에 문장 A \ b를 명령창에 치면 되고, 이때 결과는

```
x =
    1.3333
    1.6667
```

인데 나머지를 r = A*x - b로 계산하면 다음과 같다.

```
r =
   -0.3333
   -0.3333
    0.3333
```

이 경우 MATLAB이 찾은 해는 이른바 최소제곱(least square) 관점에서 계산한 값이다. 다시 말하면, 나머지(혹은 오차) r의 크기를

$$\sqrt{R(1)^2 + R(2)^2 + R(3)^2}$$

로 두고 이를 가장 작게 하는 해를 구해 준다는 말이다. 실제 이 값을 MATLAB에서 `sqrt(r'*r)` 혹은 `sqrt(sum(r.*r)`의 명령으로 구해 보면 0.5774로 나왔는데 최소제곱 관점에서는 가장 작은 값인 것이다. 이와 관련하여 좋은 예는 데이터를 지수적으로 감소하는 함수에 곡선 접합(curve fitting)을 하는 경우로 MATLAB 도움말에서 Over determined Systems을 찾아보기 바란다.

6.6.4 방정식 개수보다 미지수가 많은 경우

연립 방정식이 만들어질 때 미지수가 방정식 개수보다 더 많은 경우도 있는데 이를 변수 부족 시스템(underdetermined system)이라 한다. 이런 시스템은 해가 무수히 많을 수밖에 없다. 그래서 MATLAB은 이의 해를 어떤 미지수의 값을 0으로 미리 정해 놓고 푼다. 이런 방정식은 선형 프로그래밍(linear programming) 문제에 제약 조건(constraints)으로 자주 등장하니 관심 있는 독자는 이 분야를 참조하면 좋겠다.

6.6.5 허약 조건

지금까지 살펴본 연립 방정식의 계수는 때때로 실험을 통해 만들어질 수 있고, 이때는 더러 오차가 포함될 수도 있다. 그래서 이런 실험 오차에 방정식의 해가 얼마만큼 민감하게 반응하는지 알 필요가 있는 것이다. 하나의 예로, 다음의 방정식을 생각해 보자.

$$10x + 7y + 8z + 7w = 32$$
$$7x + 5y + 6z + 5w = 23$$
$$8x + 6y + 10z + 9w = 33$$
$$7x + 5y + 9z + 10w = 31$$

이 방정식을 MATLAB의 왼쪽 나눗셈 연산자를 이용하여 해를 구하면 $x = y = z = w = 1$이고, 나머지도 정확히 0으로 나온다. (직접 확인해 볼 것!) 하지만, 식의 오른쪽에 있는 계수를 각각 32.1, 22.9, 32.9, 그리고 31.1로 바꾸면 나머지는 아주 작게 나와 다행이지만 해가 $x = 6$, $y = -7.2$, $z = 2.9$ 및 $w = -0.1$와 같이 아주 다른 것을 볼 수 있다.

이처럼 계수가 약간 변했는데도 해가 아주 크게 변하는 연립 방정식을 허약 조건을 갖는 시스템(ill-conditioned system)이라고 한다. MATLAB은 이를 조사할 수 있도록 함수 rcond를 제공한다. A가 계수 행렬인 경우 rcond(A)는 0과 1 사이의 값을 돌려주는 데 만약 A가 허약 조건이면 0에, 그리고 강한 조건(well-condition)이면 1에 가까운 값이다. 이 예의 경우는 2×10^{-4}로 나와 허약 조건 시스템인 것을 확인할 수 있었다.

어떤 사람들은 계수 행렬의 행렬식(determinant)이 이 행렬을 구성하는 각 요소들의 값보다 아주 작아도 허약 조건이 된다는 것을 많은 경험으로 밝혀냈다. 이 문제에 역시 적용해 보면 계수 행렬의 행렬식인 1은 각각의 개별 요소에 견주어 아주 작은 것을 확인할 수 있다. 참고로, MATLAB에서 임의의 행렬 A의 행렬식은 det 함수 즉, det(A)로 찾을 수 있다.

6.6.6 행렬 나눗셈

행렬의 왼쪽 나눗셈 A \ B는 B의 행이 A의 행과 개수가 같을 때만 성립한다. 그리고

```
x = A \ B
```

는 일반적으로 연립 방정식 $Ax = B$의 해이고, 만약 A가 정방 행렬(square matrix)이면 이와 같은 왼쪽 나눗셈은 Gauss 소거법을 써서 계산해 준다. A가 정방 행렬이 아니면 변수 초과 및 부족 시스템이 되는데, 이때는 앞에서 설명한 최소제곱 관점에서 해 x를 $m \times n$행렬로 찾는다. 여기서 m은 A의 열의 개수, 그리고 n은 B의 행의 개수이다.

행렬의 오른쪽 나눗셈 B/A는 왼쪽 나눗셈으로도 나타낼 수 있는데 B/A = (A'\B')'와 같다. 그래서 식 (16.2) - (16.4)의 방정식을 보고 계수 행렬 a와 b를 구성했다면 해 x = a\b는

```
x = (b'/a')'
```

와 같이 해도 구할 수 있다. 그렇지 않겠는가? 이상하게 보인다면 직접 해 보고, 또 그 까닭도 한번 짚어 보길 바란다.

변수 초과 및 부족 시스템의 해를 왼쪽 및 오른쪽 나눗셈 연산자가 최소제곱 관점에서 찾는 것을 보면 어떨 때는 약간 신기할 경우도 있다. 벡터를 벡터로 나눌 때 특히 그렇다. 하나의 예로,

```
    a = [ 1  2 ];
b = [ 3  4 ];
```

와 같이 모두 행 벡터인 경우에 a/b의 결과는

```
ans =
     0.4400
```

이다. 왜 그럴까? 이는 a/b이 (b'\a')'와 같기 때문이고, 이는 바로 b'x'=a'의 해로 다음과 같은 하나의 열 벡터로 구성된 방정식을 최소제곱 관점에서 구해 스칼라가 된 셈이다.

$$\begin{bmatrix} 3 \\ 4 \end{bmatrix} x = \begin{bmatrix} 1 \\ 2 \end{bmatrix}$$

그러면 a \ b의 해는 왜 다음과 같을까?

```
ans =
        0         0
   1.5000    2.0000
```

방정식을 MATLAB에서 직접 작성하여 결과를 확인해 보길 바란다. 연립 선형 방정식의 풀이에 대한 알고리즘은 온라인 도움말 및 MATLAB 함수 도움말인 MATLAB Reference: Alphabetical List of Functions: Arithmetic Operators(+, -, *, /, \, ^, ')에 아주 잘 설명되어 있다.

6.7 압축 행렬

공학에서 사용하는 행렬은 때때로 규모가 아주 커서 요소가 수천 개가 되는 경우도 있다. 이런 행렬은 메모리를 많이 쓸 뿐만 아니라 컴퓨터의 계산 시간도 엄청나게 잡아먹는 것이 일반적이다. 간단한 예로, n개의 연립 방정식은 행렬의 요소는 n^2이며 계산 시간은 n^3에 비례한다.

하지만 이런 행렬도 0이 아닌 요소는 상대적으로 적은 경우가 있는데 이를 대부분 0이 아닌 요소로 구성된 완전 행렬(full matrix)에 견주어 압축 행렬(sparse matrix)이라 한다. 따라서 행렬의 압축성(sparsity)을 잘 활용하면 메모리나 시간 측면에서 큰 이점을 얻을 수 있고, MATLAB 역시 이와 관련한 유용한 도구를 제공한다. 하나의 예로, 경계값 문제를 풀기 위해 격자선을 64×64로 한 모델의 편미분 방정식은 행렬의 크기가 4096×4096이지만 이 중에서 0이 아닌 요소는 20,224개 이다. 이 행렬을 MATLAB에서 압축 행렬 형태로 저장했더니 메모리를 250KB만 썼지만 완전 행렬 형태로는 128MB의 메모리를 사용했다. 엄청난 차이를 느낄 수 있을 것이다. 그리고 이 행렬을 Ax = b로 구성하여 실제 풀어 보았더니 계산 시간은 압축 행렬인 경우가 완전 행렬보다 무려 4000배나 빨랐다. 12시간 걸릴 일을 10초 만에 했다는 말이다.

이 절에서는 MATLAB에서 압축 행렬을 어떻게 만드는지 간략히 알아보는데(빼고 그냥 넘어가도 전체 내용의 연속성에는 지장이 없다.) 이에 대한 완전한 설명은 MATLAB 도움말인 Using MATLAB: Mathematics: Sparse Matrices를 참고하면 되겠다.

6.5절의 무작위 걸음에 대한 예에서 소개한 확률 전이 행렬(probability transition matrix)이 압축 행렬을 설명하는데 좋은 예가 될 것 같아 이를 대상으로 삼는다. 36개의 요소 중에서 오직 10개만 0이 아닌 경우이다. 사실 이런 행렬은 0이 아닌 요소가 대각선과 1줄 위와 아래 대각선(sub-and super-diagonals)에만 있기 때문에 행렬의 크기가 크면 클수록(혹은 교차로의 도로가 많으면 많을수록) 압축성이 더욱 더 높아진다. 간단한 예로, 이 문제를 100×100 행렬로 구성했다면 198개만이 0이 아닌 요소로 압축성은 1.98%나 된다.

MATLAB®이 압축 행렬을 기억하기 위해 필요한 정보는 0이 아닌 요소의 값과 이의 위치(행렬에서의 열과 행에 대한 정보)인데, 이는 MATLAB 함수 `sparse`가 제 몫을 담당한다. 6.5절의 전이 행렬을 압축 행렬로 만들려면

```
n = 6;
P = sparse(1, 1, 1, n, n);
P = P + sparse(n, n, 1, n, n);
P = P + sparse(1:n-2, 2:n-1, 1/3, n, n);
P = P + sparse(3:n, 2:n-1, 2/3, n, n)
```

와 같이 작성하고, 이때 명령창에 나타나는 결과는 다음과 같다.

```
P =
   (1,1)      1
   (1,2)     1/3
   (3,2)     2/3
   (2,3)     1/3
   (4,3)     2/3
   (3,4)     1/3
   (5,4)     2/3
   (4,5)     1/3
   (6,5)     2/3
   (6,6)      1
```

표시된 줄들은 0이 아닌 요소들만을 행과 열의 정보와 함께, 예를 들어 3행 2열은 2/3 으로 표시한다. 이런 압축 행렬을 다시 완전 행렬로 바꾸려면 함수 full을 써서

```
full(P)
```

와 같이 명령하면 되고 이의 결과는 다음과 같다.

```
ans =
    1    1/3     0      0      0    0
    0      0   1/3      0      0    0
    0    2/3     0    1/3      0    0
    0      0   2/3      0    1/3    0
    0      0     0    2/3      0    0
    0      0     0      0    2/3    1
```

함수 sparse의 사용법을 간단히 소개하면 다음과 같다.

```
sparse(rows, cols, value, m, n)
```

즉, 만들 압축 행렬의 크기를 m×n로 하고 0이 아닌 값 value를 (rows, cols)의 위치에 두라는 뜻이다. 그래서 위 프로그램(n = 6)에서

```
sparse(1:n-2, 2:n-1, 1/3, n, n);
```

는 6×6 압축 행렬의 0이 아닌 요소 1/3을 1에서 4까지의 행과 2에서 5까지의 열(즉, 1줄 위 대각선)에 놓이게 된다. 하나 알아 둘 것은 압축 행렬의 다른 요소에 0이 아닌 값을 다시 넣을 때는 위의 프로그램에서처럼 앞에 만든 압축 행렬을 다시 반복하여(혹은 계속 더해 가면서) 써야 한다는 것이다. 그래야 압축성이 보장되기 때문인데, 자세한 내용은 명령창에서 help sparse를 쳐 확인하면 좋겠다.

MATLAB 명령창에서 압축 행렬의 효율성을 검증하는 좋은 방법이 있다. 먼저, 다음과 같은 단위 행렬을 만든다.

```
a = eye(1000);
```

명령창에서 a^2를 계산하는데 몇 초 걸리는지 확인해 보라. 저자의 컴퓨터(Celeron 프로세서)에서는 27.5초 걸렸다. 단위 행렬은 대각선을 빼고는 모두 0이니(이 예에서는 100만개 중에 1000개만 0이 아님) 압축 행렬의 좋은 후보가 되는 것은 당연하다. 다음과 같이 압축 행렬을 만든다.

```
s = sparse(1:1000, 1:1000, 1, 1000, 1000);
```

역시 s^2를 계산해 보라. 0.05초밖에 걸리지 않았으니 무려 500배나 빠른 것을 확인할 수 있을 것이다.

요약

- 행렬은 2차원 배열이다. 원소들은 전통적인 방법으로 두개의 첨자로 참조될 것이다. 또 다른 방법으로 하나의 첨자를 사용하기도 하는데 이 경우는 행렬이 열의 형태로 풀어지게 된다.
- 콜론 연산자는 하나의 첨자처럼 사용되어 행렬의 모든 행과 열을 나타내게 된다.
- 주요 용어인 end는 행렬에서 마지막 행과 열을 참조하라는 의미로 쓰인다.
- 행렬의 행이나 열을 복사하기 위해서 repmat 명령어를 사용한다.
- 행렬의 열과 행을 삭제하기 위해서는 빈 배열 [ ]을 사용한다.
- 배열은 2차원 이상으로 구성된다. 3차원 배열의 경우, 세 번째 첨자는 페이지의 번호를 나타낸다고 생각할 수 있으며, 이때 각 페이지는 앞의 2개의 첨자에 의해 정의된 행렬을 포함하게 된다.
- 행렬의 지수 연산이나 곱셈 연산은 행렬 연산자 ^와 *으로 표현한다.
- 행렬의 왼쪽 나누기 연산자 \ 는 연립 방정식을 직접 풀이하는 데 사용된다. 행렬의 나눗셈 연산자 \ 와 / 는 최소 자승과 함께 놀랄만한 결과를 생성할 수 있다. 반드시 연립 방정식을 풀었을 때에는 나머지(residual)를 계산해 보아라.
- 영이 아닌 요소들이 상대적으로 적으면서도 큰 행렬을 이용한 작업을 할 때에는 MATLAB의 희소 행렬 기능의 사용을 고려해 보아라.

종합문제

6.1 임의의 3×3 행렬 a를 설정하자. 아래와 같은 작업을 수행하기 위해 명령줄에 명령문을 적어보자.

(a) 2열과 3열을 교환시켜 보라.

(b) 4번째 열을 첨가시켜 보라.

(c) 행렬 a의 새로운 두 번째 행으로서 1로 된 행을 삽입시켜보라.(즉 현재의 2 번째와 세 번째 행을 아래로 이동시키게 된다.)

(d) 2번째 열을 제거시켜 보라.

6.2 6.5절의 예에서 학생이 교차로의 각 도로를 차례대로 출발할 때 확률이 최종적으로 수렴하는 값을 계산해 보고, 또 카페(도로 6번)의 가까운 곳에서 출발하면 할수록 카페에 훨씬 더 빨리 도착하는지도 관찰해 보라. P^50을 직접 계산해 보아라. 첫 번째 행에 수렴하는 확률이 나타나는가?

6.3 다음 방정식을 왼쪽 나눗셈 연산자를 써서 풀어라.

$$
\begin{aligned}
2x - y + z &= 4 \\
x + y + z &= 3 \\
3x - y - z &= 1
\end{aligned}
$$

그리고 나머지(residual)를 계산하여 해를 검토하고 계수 행렬에 대해서는 det를 이용해서 행렬식을 구하고 rcond를 이용해서 조건수(condition number)를 구해서 나름대로 평가해 보라.

6.4 계수 행렬이 허약 조건인 경우의 문제이다. 왼쪽 나눗셈 연산자를 써서 다음 연립방정식의 해가 x = 2와 y = 3인 것을 밝히고 나머지도 함께 계산해 보라.

$$
\begin{aligned}
x + 5.000y &= 17.0 \\
1.5x + 7.50y &= 25.503
\end{aligned}
$$

이제 두번째 식의 등식 오른쪽 값을 25.501로 바꾼다. 이처럼 거의 12000분의 1 정도 바꾸었을 때의 새로운 해는 얼마인지, 그리고 이 경우의 나머지도 역시 구해 보라. 해가 완전히 다른 것을 확인했으면 식의 값을 25.502와 25.504 따위로 바꾸어 가면서 반복하라. 계수 행렬에 실험 오차가 들어 있다면 해는 별로 쓸모가 없다. 함수 det와 rcond를 써서 이의 행렬식과 조건수를 계산해 보고 이 값이 허약 조건이라고 판단할 수 있는 근거가 되는지 확인해 보라.

행렬의 허약 조건을 다른 방법으로 판단해 보려면 계수에 대해 감도 해석(sensitivity analysis)을 수행한다. 즉, 각 계수를 차례대로 같은 비율만큼 변화시켜 가면서 해에 어떤 영향이 있는지를 관찰한다는 말이다. 학생들 스스로 한번 해 보길 바란다.

6.5 6.4절의 Leslie 행렬에 대해 함수 sparse를 써서 압축 행렬로 만들어라. 또 이 압축행렬을 프로그램에 직접 사용한 결과와 본문의 결과를 서로 비교해 보라.

6.6 Gauss 소거법에 익숙하다고 보고(익숙하지 않으면 다른 책을 찾아서 익힐 것) 확장계수 행렬(augmented coefficient matrix)의 행을 직접 소거하는 프로그램을 작성하는데 함수 이름과 형태는 다음을 따르도록 하라.

x = mygauss(a, b)

여기서 a와 b는 일반적인 연립 방정식인 **Ax = b**의 각 계수 행렬이고, 이를 합친 [a b]를 확장계수 행렬이라 한다. 참고로 각 행을 소거해 갈 때 콜론 연산자를 쓰면 프로그램 코드 수를 확 줄일 수 있다. 작성한 프로그램을 **A**와 **b**에 임의의 행렬로 채워 실행해 보라. 그리고 16.3절에 있는 예와 16.4번의 문제를 사용해 직접 짠 프로그램의 결과와 MATLAB의 왼쪽 나눗셈 연산자를 쓴 결과를 서로 비교해 보라.

7장

함수 M-files

이번 장의 목적은

- 자신만의 함수 M-file을 표현할 수 있도록 하는데 있다.

우리는 이미 앞에서 MATLAB이 수많은 함수들 (예를 들어 `sin`, `sqrt`, `sum` 등)을 갖고 있음을 보았다. 이 함수들은 type 명령을 통해 MATLAB에 내장된 것임을 확인할 수 있다. 한 예로 type sin을 입력해 보라. MATLAB은 또한 M-file 함수 형태의 몇몇 함수들을 가지고 있다. 이것에 대한 예로는 `fzero`, `why` 등이 있으며, 이 함수들의 내용도 `type`를 이용하여 알 수 있다. `type why`를 실행해 보라.

함수들은 어떤 문제를 처리 가능한 논리적인 부분으로 분석할 때 꼭 필요하다. MATLAB은 사용자만의 함수 M-file을 만들 수 있게 해준다. M-file은 확장자 `.m`을 갖는 문자 파일과 유사하다. 그러나 함수 M-file은 오직 특별히 정의된 입출력 독립변수를 통해서 MATLAB 작업 공간에서 정보를 주고받는다는 점에서 문자 함수와 차이점이 있다.

이번 장에서는 3장 3.2.2절에서 소개한 함수 M-file의 구현의 기본적인 내용을 예제를 통해서 확장하는 것에서부터 시작한다. 그리고 기본적인 규칙들과 여러분들이 함수 M-file을 개발할 때 사용할 수 있는 다양한 입력과 출력에 대해서 다루게 된다. 추가적인 정보와 예제들은 명령 창에서 `help function` 라고 입력하고 표시된 정보의 제일 아래에 있는 `doc function`을 클릭해 보아라.

7.1 예제 : 뉴턴 방법

뉴턴 방법을 이용하여 다음과 같은 반복 연산을 수행함으로써 일반적인 방정식 $f(x)=0$을 풀 수 있다.

$$x \text{ becomes } x = \frac{f(x)}{f\,'(x)}$$

여기서, $f'(x)$ (즉, df/dx)는 $f(x)$의 일차 미분계수이다. 이 과정은 x에 관한 근사값에 충분히 가까워질 때까지 계속된다.

$f(x)=x^3+x-3$이라고 가정해 보자. 즉, $x^3+x-3=0$의 해를 구하고자 한다. (이 문제를 정의하는데 있어서 또 다른 방법은 $f(x)$를 '0'으로 만드는 x를 찾는 것이라고 말할 수 있다.) 이 경우 $f(x)$는 간단히 미분할 수 있다. 즉, $f'(x)=3x^2+1$. $f(x)$와 $f'(x)$ 모두 inline object로 쓸 수 있지만 이 예제에서는 M-file을 이용해 보도록 한다.

편집기를 사용하여 다음과 같이 `f.m` 함수 파일을 생성하고 현재 사용 중인 MATLAB 폴더 안에 저장한다.

```
function y = f(x)
y = x^3 + x - 3;]
```

그리고 다른 함수 파일 df.m을 생성시키고 저장한다.

```
function y = df(x)
y = 3*x^2 + 1;
```

이제 별도의 스크립트 파일 newtgen.m을 같은 디렉토리 안에 작성해 보자. 이것은 x의 상대 오차가 10^{-8}보다 작을 때, 또는 20 단계 실행 후에 멈출 것이다. 즉,

```
% Newton's method in general
% exclude zero roots !

steps = 0; % iteration counter
x = input( 'Initial guess: ' ); % estimate of root
re = 1e-8; % required relative error
myrel = 1;

while (myrel > re) & (steps < 20)
    xold = x;
    x = x - f(x)/df(x);
    steps = steps + 1;
    disp( [x f(x)])
    myrel = abs((x-xold)/x);
end;

if myrel <= re
    disp( 'Zero found at' )
    disp( x )
else
    disp( 'Zero NOT found' )
end;
```

두 가지의 조건(수렴 또는 20 단계 수행 완료)에 의해서 while 루프는 멈춰질 것이다. 이 조건이 없으면 이 스크립트는 무한히 돌아가게 될 지도 모른다.

$x = 1$에서 시작하는 예제의 실행 결과가 아래에 있다.

> **TIP** 여기서, 출력 형태는 format long e이다.

```
Initial guess : 1
     1.250000000000000e+000       2.031250000000000e-001
     1.214285714285714e+000       4.737609329445558e-003
     1.213412175782825e+000       2.779086666571118e-006
     1.213411662762407e+000       9.583445148564351e-013
     1.213411662762230e+000      -4.440892098500626e-016

Zero found at
   1.213411662762230e+000
```

다음 사항을 유의하라:

- 함수 파일 f.m과 df.m에서의 변수 y는 출력 변수이다. 이것은 더미(dummy) 변수이고 어떻게 출력이 바깥으로 보내질 것인가를 정의한다.

사용자는 당연히 명령 줄에서 자신이 만든 함수를 어떻게 이용할 것인가를 인지하고 있을 것이다. 예를 들어서, 다음 명령문은

```
>> f(2)
```

위에서 정의된 f.m에 의해서 결과로 7이 출력된다.

7.2 기본적인 규칙들

다음에 나오는 보다 일반적인 예제를 한번 실행해보자. 이 예제는 벡터 x의 값들에 대한 표준편차(stdev)와 평균(avg)을 구하는 함수이다. 이런 연산을 수행할 수 있는 2개의 MATLAB 함수 (mean, std)가 있지만, 이 둘을 하나로 결합시키는 것이 훨씬 유용할 수 있다. 함수 파일 stats.m을 적어보자:

```
function[avg, stdev]=stats(x)  % function definition line
% STATS     Mean and standard deviation             %H1 line
%           Returns mean (avg) and standard         %Help text
%           deviation (stdev) of the data in the
```

```
%          vector x, using Matlab function

avg = mean(x);
stdev = std(x);                              %function body
```

이제 이것을 임의의 숫자를 가지고 명령창에서 테스트 해보자. 즉,

```
r = rand(100, 1);
[a, s] = stats(r);
```

아래에 M-files 함수에 대한 일반적인 주의사항을 정리해 놓았다.

■ **함수의 일반적인 형태**

M-files함수 name.m은 다음과 같은 일반적인 형태를 갖는다.

```
function [outarg1, outarg2, ... ] = name( inarg1, inarg2, ... )
% comments to be displayed with help
...
outarg1 = ... ;
outarg2 = ... ;
...
```

■ **함수 명령어**

함수 파일은 반드시 함수 정의 라인에서 function으로 시작한다.

■ **입출력 독립변수**

입력과 출력 독립변수들 (*inarg1*, *outarg1*, etc.)은 더미 변수들이고 작업공간에서 함수들의 정보교환 수단을 규정짓는 역할을 한다. 그러므로 함수가 참조될 때, 그것들의 위치에서 다른 이름의 변수들이 사용될 것이다.

실제적인 매개변수를 생각해 볼 수 있는데, 이는 함수가 불릴 때 더미 입력 매개변수 속으로 복사되어 들어간다. 즉, stats(r)가 위의 예제에서 불릴 때 실제 입력 독립변수 r은 함수 파일 안의 입력 독립변수 x속으로 복사되어 들어간다. 함수가 실행이 완료되어 돌아올 때 더미 출력 매개변수 avg와 std는 함수 파일에서 실제의 출력 변수 a와 s로 복사되어 들어간다.

■ 다중 출력 변수

하나 이상의 출력 변수가 있다면, 이 출력 변수는 위에서 보다시피 함수를 정의하는 줄에서 반드시 콤마와 사각 괄호로 분리되어야 한다. 그러나 함수가 하나 이상의 출력 변수로 불러졌을 때는 실제 출력 변수는 콤마 또는 빈칸으로 분리될 것이다. 만약 오직 한 개의 출력 변수만 있다면 사각 괄호는 필요 없다.

■ 함수 이름 규칙

함수의 이름들은 변수 이름에 관한 MATLAB 규칙을 따라야한다. 만약 파일이름과 함수 정의 라인의 명칭이 다르면 내부 이름은 무시된다.

> TIP 즉, m-file 이름과 함수 이름이 다를 경우, m-file 이름에 의해 함수가 실행된다.

■ 도움말

사용자가 `help` *function_name*을 타이핑하면, MATLAB은 함수 정의 라인과 맨 처음 나오는 주석문이 아닌 (실행할 수 있거나 빈 공간) 라인 사이에 있는 해설 라인을 보여준다.

처음의 해설 라인은 *H1 line* 이라고 불린다. `lookfor` 함수는 오직 *H1 line*상에서만 찾아보고 나타낸다. 모든 M-files 디렉토리 안의 *H1 line*들은 Desktop Current Directory browser의 세로 형태의 Description 상에서 나타난다.

완전한 디렉토리를 위해 디렉토리에 상주하는 `Contents.m`이란 이름을 갖는 파일을 생성시킴으로써 도움말을 만들 수 있다. 이 파일은 오직 설명 라인만을 포함한다. `Contents.m`의 내용은 다음과 같은 명령을 통해 나타나게 된다.

```
help directory_name
```

만약 디렉토리에서 `Contents.m`을 안 갖고 있다면, 이 명령은 디렉토리 안의 각 M-files의 H1 line을 나타내게 된다.

■ 지역변수(local variables)

함수내부에서 정의된 어떤 변수들은 함수 외부에서 접근할 수 없도록 한정한다.

이러한 변수들을 지역변수(local variables)라고 부른다. - 이들은 오직 함수 내부에만 존재하고 명령창 안에서 정의되는 변수들의 기본 작업공간으로부터 분리된 고유의 작업공간을 갖고 있다.
이 말은 함수 내에서 루프 인덱스로 어떤 변수를 사용했을 때, 또 다른 함수에서나 또는 작업공간에서 동일한 이름으로 사용 중인 변수와 충돌이 일어나지 않음을 의미한다.
변수가 접근하기 쉬운 라인의 범위로서 변수의 scope을 생각할 수 있다.

■ 광역변수(global variables)

기본 작업공간에서 정의된 변수들은 일반적으로 함수 내부에서 접근할 수 없다. 즉, 이들의 유효범위는 다음과 같이 global이 선언되지 않았다면 작업공간 자체만으로 제한을 받는다.

```
global PLINK PLONK
```

> TIP 다수의 global 변수는 쉼표가 아닌 빈칸에 의해 구분됨을 기억하자.

만약 몇몇의 함수들과 기본 작업공간 모두 global을 통해 특별한 변수들로 선언된다면, 이때 이들은 모두 자신들의 변수 단일 복사본을 공유하게 된다.
MATLAB®은 global 변수들을 나중에 기억하기 쉽게 하기 위해 대문자로 선언할 것을 추천한다.
함수 `isglobal(A)`은 A가 global로 선언되었다면 1로, 그렇지 않으면 0으로 응답한다.
who global명령은 global 변수들의 목록을 나타내 준다.
`clear global`을 사용하여 모든 변수들을 non-global 상태로 만들거나 또는 `clear PLINK`을 사용하여 PLINK만을 non-global로 만들 수 있다.

■ 영구 변수(persistent variables)

함수에서 변수는 persistent로 선언될 수 있다. 함수가 리턴 되었을 때 지역 변수들은 정상적으로 실존하는 것을 멈춘다. 그러나 영구 변수들은 여전히 함수

call 사이에 존재한다. 이 때, 영구 변수는 빈 배열로 초기화된다.
아래의 예제에서 영구 변수는 함수 test가 얼마나 많이 불리는지를 계산한다.

```
function test
persistent count
if isempty(count)
     count = 1
else
     count = count + 1
end
```

영구 변수는 M-file이 지워지거나 변화될 때까지 메모리에 남아 있게 된다. 예를 들면,

```
clear test
```

M-file 내부의 함수 mlock은 M-file이 제거되는 것을 방지한다. 잠겨진 M-file은 munlock에 의해서 풀려진다. 함수 mislocked는 M-file을 제거할 수 있는지 없는지를 지시한다.
persistent에 대한 도움말 항목은 확신 있게 선언한다: '만약 같은 이름의 변수가 현재의 작업공간에 존재한다면 변수를 영구적으로 선언하는 것은 오류이다.' 그러나 이것은 명확하게 작성되는 순간에 관련된 경우는 아니다.

■ **값을 되돌리지 않는 함수**

수치를 되돌리지 않는 함수를 사용할 경우도 있다. (이러한 함수를 Pascal이나 Fortran 같은 언어에서는 procedures 또는 subroutines라 부르고 Java나 C++에서는 void라고 불린다.) 이 경우에 사용자는 단순히 출력 변수와 함수 정의 시에 등호를 생략한다. 예를 들어서, 다음과 같은 함수는 n개의 별 모양을 나타낼 것이다.

```
function stars(n)
asteriks = char(abs('*')*ones(1,n));
disp( asteriks )
```

함수파일(stars.m)을 적고 이 실행결과를 살펴보자. 예를 들어서, stars(13)는 13개의 별 모양을 만들어낼 것이다.

■ 벡터 독립변수

입력 변수와 출력 변수로 벡터가 오는 것은 놀라운 일이 아닐 것이다. 예를 들면 다음과 같은 함수는 주사위를 n번 굴린 결과 벡터를 생성시킨다.

```
function d = dice( n )
d = floor( 6 * rand(1, n) + 1 );
```

출력 변수가 벡터일 때, 이 벡터는 함수가 불러질 때마다 초기화되고, 이전의 원소들은 제거된다. 그러므로 어떤 순간에서 벡터의 크기는 가장 최근에 불린 함수에 의해서 결정된다. 예를 들어서, 함수 test.m이 아래와 같이 정의되었다고 가정해 보자.

```
function a = test
a(3) = 92;
```

만약, b가 기본 작업공간에서 다음과 같이 정의되었다면,

```
b =
     1     2     3     4     5     6
```

명령문

```
b = test
```

의 결과는 다음과 같다.

```
b =
     0     0    92
```

■ 함수 독립변수를 통과시키는 방법

만약 함수가 어떤 입력 변수의 값을 변화시킨다면 이 변화는 작업공간에 되돌려지는 실제 입력 변수에 반영되지 않는다. (함수가 같은 이름의 입력 변수와 출력 변수로 불러지지 않는다면 - 아래 참고) 보다 기술적으로 보면 입력 독립

변수는 무심코 값을 지나쳐 버린 듯이 보인다.

입력 변수로서 어떤 값을 통과하는 큰 행렬을 갖는 것은 메모리의 낭비라고 생각될지도 모르고, 또 그것이 사실일 것이다. 그러나 MATLAB의 설계자는 이것을 인지하고 있었고, 그래서 입력 변수는 오직 함수가 입력 변수를 변경할 때만 수치로 통과된다. (비록 이 변경 사항이 반영되지 않더라도) 만약 함수가 입력 변수를 수정하지 않는다면 그것은 reference에 의해 통과된다.

■ reference에 의한 가상 통과

어떤 함수가 동일한 실제 입출력 변수로 불려질 수도 있다. 예를 들어서 다음과 같은 함수 prune.m은 입력 변수의 '0'의 원소를 모두 제거한다.

```
function y = prune(x)
y = x(x ~= 0);
```

> **TIP** 만약 이것이 이해되지 않는다면, 5장의 '논리 벡터를 이용한 첨자 붙이기'를 참고하라.

이는 벡터 x의 '0'의 원소를 모두 제거하는데 아래와 같이 사용할 수 있다.

```
x = prune(x)
```

■ 함수 독립변수의 개수 점검

함수는 입력 독립변수의 전부, 일부 또는 아무 것도 갖지 않으면서 불릴 수 있다. 어떠한 독립변수도 없이 불린다면 괄호는 생략된다. 함수를 정의하면서 나타난 것보다 입력 독립변수가 더 많이 사용되지는 않는다.

출력 독립변수에서도 이는 동일하게 적용된다. - 사용자는 함수를 사용할 때 출력 독립변수의 전부, 일부 또는 아무 것도 없는 것을 일일이 나열할 것이다. 출력 독립변수 없이 함수를 호출하면 정의된 범위 안에서 처음 변수의 값이 리턴 된다.

함수가 특정한 호출에서 입력/출력 독립변수가 얼마나 자주 사용되었는지 알 필요가 있을 때가 있다. 이런 경우, 함수 nargin과 nargout은 실제 입력과 출력 독립변수의 수를 결정하는데 사용된다. 예를 들면,

```
function y = foo(a, b, c) ;
disp( nargin ) ;
...
```

함수 foo가 호출될 때 존재하는 입력 독립변수의 수를 나타내 준다.

■ **다양한 개수의 독립변수 적용**

함수 varargin과 varargout은 사용자가 입력과 출력 독립변수에 대해 정해지지 않은 임의의 개수와 함께 함수를 호출할 수 있게 해준다. 이러한 기능은 셀 단위 배열(cell array) 안에서 패킹(packing) 독립변수를 포함하기 때문에 가능하다.

> TIP 함수 varargin과 varargout을 이용하면, 함수를 호출할 때 입력 독립 변수가 어떤 때는 1개, 어떤 때는 2개, 또 어떤 때는 3개의 인자로 호출될 수 있게 할 수 있다.

7.2.1 부함수

함수 M-file은 한 개의 함수보다 많은 코드를 포함한다. 파일에서 최초의 함수는 주함수(primary function)이고, 이는 함수 M-file의 이름으로 불려진다. 파일에서 추가적인 함수는 부함수(subfunctions)라고 불리고, 이는 오직 주 함수와 다른 하부 함수들에서만 불릴 수 있다.

각각의 하부 함수들은 그들 자신의 함수 정의 라인을 갖고 시작된다. 하부 함수들은 주함수 뒤에서 어떠한 순서와 상관없이 작성된다.

7.2.2 사유함수

사유함수(private function)는 private란 하부 폴더 안에 존재하는 함수를 말한다. 사유함수는 오직 상위 폴더 내의 함수들에서만 불릴 수 있다.

7.2.3 P-code 파일

맨 처음 함수가 호출되면, 이 함수는 현재 세션(session)동안 반복해서 컴파일되는 필요를 제거하기 위해 MATLAB 세션동안 가상 코드로 번역되어 메모리에 저장된다. 이 가상 코드는 clear function_name으로 제거할 때까지 메모리에 남아 있게 된다. (clear와 관련된 모든 가능성을 알기 위해 Help를 참조하라.)

사용자는 M-file의 컴파일된 버전을 나중에 MATLAB session에서 사용할 때, 또는 다른 사람들에게 자신의 알고리즘을 숨기고자 할 때 함수 pcode를 사용하여 저장할 수 있다. 예를 들어서, 다음 명령어

```
pcode stats
```

은 stats.m을 분석하고 stats.p 이름의 파일로 가상 코드의 결과를 저장한다.

MATLAB은 기계어로 컴파일 하는데 있어서 매우 효율적이므로 P-code 파일을 생성하는 속도 차이는 좀처럼 생기지 않는데, 컴퓨터의 처리 결과를 나타내기 전에 많은 M-file이 번역되어야하는 큰 용량의 GUI을 처리할 때에는 예외적이다.

7.2.4 profiler로 M-file 성능 개선

MATLAB Profiler는 프로그램 어느 부분에서 병목현상이 일어나는지를 알게 해준다. 예를 들면, 어떤 함수가 많은 시간을 소비하는지 알게 해준다. 이러한 정보로 사용자는 종종 프로그램을 보다 효율적으로 재구성할 수 있다. 이 유틸리티에 대해서 더 알고 싶다면 타이틀 바 아래에 있는 "?" 를 누르고 검색 공간에서 "Profiler" 라고 입력해서 MATLAB Help 문서를 열어 보아라.

7.3 함수 핸들

7.1절에서의 스크립트 파일 newtgen.m은 특정 이름 f.m을 갖는 함수 파일로 정의된 f(x)에 대해 방정식 $f(x)=0$을 푼다. 이것은 다른 방정식을 풀기 위해서는 f.m이 먼저 수행되어야 하므로 제한적이다. newtgen.m을 보다 일반적으로 만들기 위해서

이것은 입력 독립변수값이 f.m을 처리하는 함수 M-file로 수정될 수 있다. 이 과정은 다음 예와 같은 함수처리의 개념인 내장함수 feval에 의해 실행될 수 있다.

명령줄에서 다음 명령을 실행해 보자.

```
fhandle = @sqrt;
feval(fhandle, 9)
feval(fhandle, 25)
```

feval(fhandle,x)가 sqrt(x)와 같은 것임을 이해할 수 있는가? 다음 명령문

```
fhandle = @sqrt
```

은 함수 sqrt의 핸들(handle)을 생성한다. 핸들은 예로 또 다른 함수의 입력 독립변수 목록과 같은, 함수에 대해 참조하는 방법을 제공한다. 비록 포인터가 더 일반적이기는 하지만 MATLAB 함수 핸들은 C++에서의 포인터와 유사하다.

만약 $f(x) = x^3 + x - 3$으로 정의된 f.m 함수 파일을 가지고 있다면, 다음을 검증 해보자.

```
feval(@f , 2)
```

은 f(2)와 같은 수치를 가진다.

- 일반적으로, feval의 첫 번째 독립변수는 특정 함수를 지정하며, 다음 변수는 그 값에 의해 지정된 함수 값을 계산하는데 이용된다.

feval은 함수 내부에서 하나의 변수로서 통과되는 또 다른 함수를 평가하는데 이용될 수 있다. 이것에 대해 살펴보자. 예를 들어서 newtgen 스크립트를 다음과 같이 호출되는 함수 newtgen으로 수정하고자 한다.

```
[x f conv] = newtfun( fh, dfh, x0 )
```

여기서 fh와 dfh는 $f(x)$와 $f'(x)$을 각각 포함하는 M-files의 핸들이고, x0은 초기 추정치이다. '0'에서의 함수 값 즉, 출력은 0이고, 독립변수 conv는 수행 과정이 수렴하는지 또는 수렴하지 않는지를 나타내는 변수이다. 완전한 M-file newtfun.m은 다음과 같다.

```
function [x, f, conv] = newtfun(fh, dfh, x0)
% NEWTON Uses Newton's method to solve f(x) = 0
% fh is handle to f(x), dfh is handle to f'(x).
% Initial guess is x0.
% Returns final value of x, f(x), and
% con (1 = convergence), 0 = divergence)

steps = 0 ;                  % iteration counter
x = x0 ;
re = 1e-8 ;                  % required relative error
myrel = 1 ;

while myrel > re & (steps < 20)
    xold = x ;
    x = x - feval(fh, x)/feval(dfh, x) ;
    steps = steps + 1 ;
    disp( [x feval(fh, x] )
    myrel = abs((x-xold)/x);
end;

if myrel <= re
    conv = 1;
else
    conv = 0;
end;
f = feval(fh, x);
```

이를 실행해 보자. 출력 변수들을 3개 이하로 해서 newtfun을 호출할 수 있는지 검증해보자. 또한 help newton도 검사해보자.

함수 handle은 단순한 함수 참조보다 많은 것을 제공한다. 더 많은 정보를 얻고자 한다면 도움말 문서를 열고 "function handles" 를 검색해 보아라.

feval, fplot, newtfun 등과 같이 독립변수로 함수 핸들을 취하는 함수들은 MATLAB에 의해서, 독립변수로서 수 배열을 취하는 함수들과 반대되는 function functions로 참조된다.

함수를 평가하기 위한 함수 핸들의 사용으로 함수이름을 포함한 문자열이 독립변수로 통과되었던 이전의 feval 사용을 대체시킬 수 있다.

7.4 명령어/함수의 이중성

MATLAB®의 가장 초기 버전은 다음과 같은 명령문들과

```
clear
save junk x y z
whos
```

다음과 같은 함수들 사이에 명백한 구분이 있었다.

```
sin(x)
plot(x, y)
```

만약 명령문들이 어떤 독립변수를 가지고 있다면 이들은 괄호가 없는 빈칸으로 나뉘어야 한다. 명령문들은 환경을 변화시키지만, 결과를 되돌려 받지는 않는다. 새로운 명령들은 M-file들을 가지고 생성될 수 없었다.

버전 4부터는 함수들과 명령문들은 명령문들이 문자열 독립변수를 취하는 함수로 고려되는 관점에서 이중성(duality)을 갖는다. 따라서 다음 명령문은 같은 기능을 한다.

```
axis off
axis( 'off' )
```

다른 예로는 다음과 같은 것들이 있다.

```
disp Error!
hold('on')
```

이러한 이중성은 문자열의 조정과 M-file을 갖는 새로운 명령문과 명령 독립변수를 생성하는 것을 가능하게 만들었다.

7.5 함수 이름 분석

작업공간 내의 변수는 같은 이름의 내장 고유 함수의 기능을 없앨 수 있고, 내장 함수는 M-file을 감출 수 있다는 것을 기억하자.

특히, MATLAB은 어떤 명칭이 사용될 때 다음과 같은 순서에 의해 그것을 해결하려고 한다.

1. 명칭이 변수인지 아닌지 검사한다.
2. 명칭이 호출되는 함수의 하부함수인지 아닌지 검사한다.
3. 명칭이 private 함수인지 검사한다.
4. 명칭이 MATLAB의 찾기 경로(search path)에 의해 특정화된 디렉토리 안에 있는지 검사한다.

TIP **MATLAB은 항상 함수나 스크립트로 사용되기 전에 먼저 변수 명칭으로 사용하려고 시도한다는 것을 기억하자.**

7.6 M-files 디버깅

함수 내부 M-file에서 발생하는 수행 오류(run-time error)는 구문 오류(syntax error)와 달리 수정하기가 어렵다. 왜냐하면 오류가 기본 작업 공간으로 강제로 되돌려질 때 함수 작업 공간이 손실되기 때문이다. Editor/Debugger는 함수가 실행되는 동안 무엇이 잘못 수행되는지 알 수 있도록 함수 내부로 들어갈 수 있게 해준다.

7.6.1 스크립트 디버깅

쌍방향간에 어떻게 디버그(debug)가 되는지 알기 위해, 먼저 10.3절의 newtgen.m을 시도해보자. 그리고 다음 단계를 따라가자.

■ MATLAB® Editor/Debugger에서 newtgen.m을 열자. (사용자는 edit newtgen과 같이 명령 줄로부터 직접 편집기를 수행할 수도 있다.) 편집기 창에서 라인에 숫자가 매겨져 있는 것을 볼 수 있을 것이다. 명령문 dbtype을 이용하여 참조 목적으로 명령줄로부터 이러한 라인 숫자를 생성시킬 수도 있다.

```
dbtype newtgen

% Newton's method in general
% exclude zero roots !

steps = 0;                          % iteration counter
x = input( 'Initial guess: ' );     % estimate of root
re = 1e-8;                          % required relative error
myrel = 1;

while myrel > re & (steps < 20)
      xold = x;
      x = x - f(x)/df(x);
      steps = steps + 1 ;
      disp( [x f(x)] )
      myrel = abs((x-xold)/x);
end;

if myrel <= re
      disp( 'Zero found at' )
      disp( x )
else
      disp( 'Zero NOT found' )
end ;
```

■ 디버그 모드로 들어가기 위해서 문제가 발생한 곳이라 생각되는 곳 앞에 breakpoint를 배치하는 것이 필요하다. 또 다른 방법으로 단지 'step through'를 통하여 한줄 한줄 수행하고자 한다면 처음 수행할 명령문에 breakpoint를 배치한다. 라인 숫자의 오른쪽 열을 breakpoint alley라고 부른다. 오직 수행 가능한 명령문들에만 breakpoint를 배치시킬 수 있다. - 이 명령문들은 breakpoint alley에서 대쉬

(dash)로 표시된다.
breakpoint alley에서 마우스를 클릭하여 breakpoint를 4번째 라인(step = 0;)에 배치시켜 보자. breakpoint 아이콘을 클릭 하거나 편집기의 Breakpoint 메뉴를 이용하여 (이 메뉴는 사용자가 중지 조건을 정의할 수 있게도 한다.) breakpoint를 제거할 수 있다. 또한, 현재 라인에서 툴바의 set/clear breakpoint 버튼으로 breakpoint를 set/clear 시킬 수 있다.

- breakpoint가 배치되면, 툴바에서 run버튼을 클릭하거나 메뉴에서 Debug-> Run(f5)를 수행하여 편집기에서 스크립트를 실행하라. 또한, 명령줄에서 스크립트를 수행할 수도 있다.

- 스크립트가 수행될 때 특별히 알아야 할 두 가지 사항이 있다.
첫째, 기호 K가 MATLAB이 디버그 모드에 있음을 상기시키기 위해서 명령줄 왼쪽에 나타난다. (즉, K>>) 둘째, 녹색 화살표가 편집기안의 breakpoint 바로 옆에 나타난다. 화살표는 이제 막 실행하려고 하는 다음 명령문을 가리킨다.

- 이제 Debug -> Step(F10)으로 스크립트를 통해 진행해 보자. 5번째 라인이 실 행될 때 명령줄의 x에 수치를 입력해야 할 필요가 있다.

- 이런 식으로 11번째 라인(`x = x - f(x)/df(x);`)에 왔을 때 Debug -> Step In(F11)을 이용하라. 그러면, Debugger는 함수 `f.m`과 `df.m`으로 안내할 것이다.

- F10으로 계속 진행하자. 출력 독립변수는 명령창에 각각의 disp 명령문이 실행될 때마다 나타난다.

- 디버그 모드에서 변수 값을 검증하는 방법은 여러 가지가 있다.

  1. 편집기에서 변수의 왼쪽에 커서를 위치시킨다. 변수의 현재 값이 박스 안에 나타난다. - 이것을 datatip이라고 부른다.

2. 명령창에 변수의 이름을 타이핑한다.
3. 배열 편집기를 이용한다: 작업 공간 브라우저를 열고 변수를 더블클릭 한다. 만약 주의 깊게 윈도우를 정렬하면 배열 편집기에서 프로그램을 단계적으로 나아갈 때 변수 값이 변화하는 것을 볼 수 있다. 단지, 현재 작업 공간에 있는 변수들만을 볼 수 있는 것을 명심하라. 편집기는 사용자가 선택한 작업 공간에서 툴바 오른쪽에 스택(stack) 영역을 갖는다. 예를 들어서 `f.m`으로 들어서면 현재 작업 공간은 f로 바뀐다. 이 시점에서 사용자는 스택 영역에 있는 `newtgen`을 선택함으로써 newtgen 작업 공간에 있는 변수 값을 볼 수 있다.
   배열 편집기 또는 명령줄을 이용하여 변수 값을 변화시킬 수 있다. 그러면, 사용자는 이 새로운 변수 값을 갖고 스크립트가 어떻게 수행되는지 살펴볼 수 있다.

- 또 다른 유용한 디버깅 특성은 Debug -> Go Until Cursor 이다. 이것은 사용자가 위치시킨 커서가 있는 라인까지 사용자가 스크립트를 계속 수행하게 해준다.

- 디버깅을 멈추기 위해서 Editor/Debugger에 있는 exit debug mode 버튼을 클릭하거나 또는 Debug -> Exit Debug Mode을 선택한다.
  만약 디버깅을 중지하는 것을 잊어버렸다면 명령줄의 K 프롬프트를 제거할 수 없을 것이다.

7.6.2 함수의 디버깅

Editor/Debugger에서 직접 함수를 실행할 수는 없다. - 함수에 breakpoint를 배치하고 명령줄에서 함수를 실행하라. 예로 `newtfun.m`를 사용해 보자.

- `newtfun.m`을 Editor/Debugger에서 연다.

- 8번 라인(`steps = 0;`)에 breakpoint를 위치시킨다.

- 명령창에 `f`와 `df`에 대한 함수 handle을 수행하고 `newtfun`을 호출한다.

```
fhand = @f ;
```

```
dfhand = @df ;
[x f conv] = newtfun(fhand, dfhand, 10)
```

- MATLAB®은 디버그 모드로 들어가고 newtfun의 breakpoint로 안내하는 것을 볼 수 있을 것이다. 이제 앞에서와 같이 계속해서 디버깅을 할 수 있을 것이다.

디버깅은 또한 명령줄로부터 디버그 함수로 실행될 수도 있다. help debug를 실행해 보자.

7.7 순환

많은 수학적 함수들은 순환적으로 - 보다 간단한 형태인 함수 자신의 항으로 - 정의된다. 예를 들면, 계승(factorial) 함수는 1!이 1로 정의되는 한 순환적으로 다음과 같이 정의된다.

$$n \neq n \times (n-1)!$$

MATLAB®은 함수가 자신을 호출하는 것을 허용한다; 이 과정을 순환(recursion)이라고 부른다. 계승 함수는 M-file fact.m에서 순환적으로 다음과 같이 쓰인다.

```
function y = fact(n)
% FACT Recursive definition of n!

if n > 1
   y = n * fact(n-1);
else
   y = 1;
end;
```

순환 함수는 통상 다음과 같은 방법으로 쓰인다: if 구문이 일반적인 순환적 정의를 처리한다; else 부분이 특별한 경우를 처리한다(n=1).

비록 순환이 믿을 수 없을 정도로 단순하게 나타난다 하더라도, 순환은 다음 실험에서 보여 주듯이 진보된 방법임에 틀림없다. disp(n) 명령구문을 if 구문 바로 위의 fact 정의 안에 삽입하고, fact(5)를 명령줄에서 실행해 보자. 기대되는 결과는 정수들이 5에서 1로 감소하여 나타나는 것이다. 이제 disp(n)을 if 구문 아래로 이동시키자. 그리고 어떤 일이 생기는지 살펴보자. 결과는 놀랍게도 정수들이 1에서 5로 증가하여 나타난다.

첫 번째 경우에는, n의 값이 fact가 호출될 때마다 나타나며, 출력이 명백하다. 그러나 여기에는 순환 함수의 호출과 실행 사이의 차이점이 존재한다. 두 번째 경우에는, disp 구문이 오직 if 구문이 실행이 끝난 후에 실행된다. 그러면, 언제가 정확한가? 초기에 fact의 호출이 발생할 때 n은 5란 수치를 갖는다. 그래서 if의 첫 번째 구문이 불려진다. 그러나 fact(4)의 수치는 이 시점에서 알려지지 않았다. 따라서 fact(4)의 값을 알기 위해 일단 실행될 필요가 있는 함수의 모든 명령 구문에 대한 복사본이 만들어진다. fact(4)를 참조하기 위하여 fact는 자신을 호출하게 만든다. 이때 n의 값은 4이다. 다시, if 안의 첫 번째 명령 구문이 불리어지고 이때 MATLAB은 fact(3)의 값을 모른다는 것을 발견한다. 그래서 fact(3)의 값을 알기 위해 실행되어야 하는 모든 명령 구문의 또 다른 복사본이 만들어진다. 그리고 fact가 매번 호출될 때마다 앞으로 실행될 모든 명령 구문의 복사본은 분리된다. 마지막으로, 기쁘게도 MATLAB은 n(1)의 수치를 알고, 이것은 실제적으로 fact의 값을 아는 것이다. 따라서 이것은 메모리 안에 저장된 명령 구문 더미를 마침내(역순으로) 실행할 수 있다.

이러한 논의는 순환이 반복으로 처리된다는 점을 설명한다. 순환함수는 예제에서와 같이 완벽하게 이용할 수는 있지만, 많은 양의 컴퓨터 메모리와 시간을 필요로 할 수도 있다.

요약

- 좋은 구조를 갖는 프로그램이란 함수 M-file로 분리된 실제 문제 해결 프로그램을 말한다.
- 함수 정의 라인에서의 함수 이름은 M-file 이름과 같아야 한다. M-file은 확장자 .m을 갖는다.
- 함수는 작업 공간과 의사소통을 하는 유일한 방법으로 입력과 출력 독립변수를 갖는다. 입력/출력 독립변수는 더미(dummy) 변수들이다.
- help 명령이 함수에 대해 실행될 때 함수의 첫 번째 비주석문 전까지의 주석문이 표시된다.
- 함수 내부에 정의된 변수들은 지역 변수들이고, 이들은 함수 외부에서 접근하기 어렵다.
- 작업 공간 내의 변수들은 global로 선언되지 않는다면 함수 내부로 접근하기 어렵다.
- 함수는 어떠한 출력 독립변수도 가져서는 안 된다.
- 입력 독립변수는 함수로 어떤 수치를 지나치는 특성이 있다. 이것은 함수 내부에서 발생된 입력 독립변수의 변화가 함수가 실행될 때 실제 입력 독립변수에 영향을 주지 않는다는 것을 의미한다.
- 함수는 함수가 갖는 입력/출력 독립변수들 보다 적은 수만큼 호출된다.
- 함수 nargin과 nargout은 얼마나 많은 입력과 출력 독립변수들이 특정 함수를 호출하는데 이용되는지 가리킨다.
- 함수 내부에서 persistent로 선언된 변수들은 그 값이 함수가 호출되는 사이에도 유지된다.
- M-file에서 하부함수들은 단지 주함수와 같은 M-file 안에 있는 다른 하부함수들로만 접근이 가능하다.
- 사유 함수(private function)는 private로 명명된 하부 디렉토리 안에 존재하는 함수를 말하며, 이것은 오직 상위 디렉토리 안의 함수로만 접근이 가능하다.
- 함수들은 pcode 함수를 통해 컴파일된다. 결과 코드는 확장자 .p를 갖고 P-code 파일로 불린다.
- Profiler는 프로그램 어느 부분에서 시간이 오래 걸리는지 알게 해준다.

▶ 함수의 handle은 @를 붙여 생성된다. 함수는 그것의 handle로 표현될 수 있으며, 특별히 handle은 독립변수로서 다른 함수로 통과될 수 있다.

▶ feval은 어떤 독립변수로서 함수를 통과하는 handle을 갖는 함수 값을 계산해 준다.

▶ MATLAB®은 명령에 대해 먼저 변수 명칭인지, 다음에 내장된 고유 함수 명칭인지, 최종적으로 다양한 형태의 함수 명칭인지 찾아 명령을 수행한다.

▶ 명령문/함수의 이중성은 새로운 명령들이 M-file함수로 만들어지고, 명령 독립 변수들이 문자열의 조작으로 생성될 수 있음을 의미한다.

▶ Editor/Debugger는 디버그 모드에서 한 줄 한 줄마다 함수나 스크립트를 통하여 작업을 할 수 있게 해주고, 실행 도중에 변수 값을 검증하거나 변화시키는 것을 가능하게 해준다.

▶ 함수는 자신을 호출할 수 있다. 이런 특성을 순환이라고 부른다.

종합문제

7.1 7.2 절의 stars 함수를 어떤 특정 문자의 선을 그릴 수 있는 pretty 함수로 변화시키자. 사용된 문자는 부가적인 입력 독립변수(문자열)로서 통과돼야 한다. 예를 들어서, pretty(6, '$')은 여섯 개의 달러 기호를 그려야 한다.

7.2 $x=1$에서 $f(x)=x^3$의 1차 미분 값을 계산하기 위하여 Newton quotient $[f(x+h)-f(x)]/h$를 사용하는 newquot.m을 작성하라. 단, 연속적인 작은 값의 h를 사용하라: 1, 10^{-1}, 10^{-2} 등. $f(x)$에 대한 함수 M-file을 이용하라.
newquot를 $f(x)$의 핸들을 입력 변수로 사용할 수 있도록 새로 작성해 보아라.

7.3 입력 변수를 2배로 만드는 함수 double(x)를 작성하고 테스트해 보라. 즉, 명령문 x = double(x)는 x의 값을 2배로 만들어준다.

7.4 두 입력 변수의 값을 교환하는 함수 swop(x, y)를 작성하고 테스트하라.

7.5 테일러 급수로부터 직접 지수 함수를 계산하기 위한 MATLAB 함수를 자신만의 함수로 작성해 보라.

$$e^x = 1 + x + \frac{x^2}{2!} + \frac{x^3}{3!} + \ldots$$

이 급수는 마지막 항목이 10^{-6}보다 작을 때 끝날 것이다. 자신의 함수를 내장된 함수 exp와 비교하여 테스트하라. 그러나 x를 너무 크게 설정하지 않도록 주의한다. - 이것은 반올림 오차(rounding error)의 원인이 된다.

7.6 임의의 변수 X가 평균 0, 그리고 단위 표준 편차를 갖는 정규분포를 갖는다면, $0 \le X \le x$일 확률은 표준 정규 함수 Φ(x)에 의해서 구해진다. 이것은 통상적으로 테이블에서 찾아야 하나, 다음과 같이 근사적으로 얻을 수 있다.

$$\Phi(x) = 0.5 - r(at + bt^2 + ct^3),$$

여기서, $a=0.4361836$, $b=-0.1201676$, $c=0.937298$, $r=\exp(-0.5x^2)/\sqrt{2\pi}$, 그리고 $t=1/(1+0.3326x)$이다. Φ(x)를 계산하기 위한 함수를 작성하라. 그리고 0.1 간격으로

$0 \le x \le 4$에 대한 값을 기록하기 위한 프로그램에 이 함수를 사용하라. Φ(x)=0.3413인지 체크하라.

7.7 다음 함수를 작성하라.

```
function [x1, x2, flag] = quad( a, b, c )
```

이것은 2차 방정식 $ax^2 + bx + c = 0$의 근을 계산한다. 입력 독립변수들 a, b, c(이것들은 임의의 값을 취한다.)는 이차 방정식 계수들이고 x1, x2는 동일한 중근일 수도 있는 2개의 근이다. (근이 2개 존재한다면) 구문 구조 계획을 위해서 3장의 그림 3.3을 참고하라. 출력 변수 flag는 수와 근의 형태에 따라 다음과 같은 값으로 할당받는다.

0: 근 없음 (a = b = 0, c ≠ 0);
1: 하나의 실근 (a = 0, b ≠ 0, 그러므로 근은 -c/b);
2: 두 개의 실근 혹은 복소근 (이들이 실수라면 중근이 된다.);
99: 모든 x가 해(부정) (a = b = c = 0)

종합문제 3.5의 데이터로 자신의 함수를 테스트 해 보아라.

7.8 피보나치 수들은 아래의 수열에 의해서 생성된다.

$$1, 1, 2, 3, 5, 8, 13, \ldots$$

다음에 나올 항목은 무엇인지 알 수 있겠는가? 다음의 관계를 이용하여 F_0에서 F_{20}까지의 피노나치 수를 계산하기 위한 순환 함수 f(n)을 작성하라.

$$F_n = F_{n-1} + F_{n-2},$$

여기서, $F_0 = F_1 = 1$이다.

7.9 처음 3개의 Legendre 다항식은 $P_0(x) = 1$, $P_1(x) = x$, $P_2(x) = (3x^2 - 1)/2$이다. 여기에는 다음과 같이 정의되는 Legendre 다항식에 관한 일반적인 순환 공식이 있다:

$$(n+1)P_{n+1}(x) - (2n+1)xP_n(x) + nP_{n-1}(x) = 0$$

P_0과 P_1이 주어졌을 때, 일반적인 Legendre 다항식을 생성하는 순환 함수 P(n, x)를 정의하라. x의 어떤 값에 대하여 만들어진 함수를 사용하여 P(2, x)를 계산하라. 그리고 나온 결과를 위에서 주어진 $P_2(x)$의 해석적 형태를 사용했을 때의 결과와 비교하라.

8장

루프 문

이번 장의 목적은 다음을 배우는 데 있다.

- for를 사용하는 확정 루프(determinate loops) 프로그램 (또는 코드)
- while을 사용하는 불확정 루프(indeterminate loops) 프로그램 (또는 코드)

우리는 2장에서 정해진 횟수만큼 명령문 블록을 반복하는 유용한 for문에 대해 살펴보았다. 미리 반복하는 숫자가 결정되어야 하는 이런 구조를 우리는 확정 루프문(determinate repetition)이라 부른다. 그러나 종종 루프문을 끝내는 조건이 루프문이 실행되는 동안 만족되는 경우가 생기기도 한다. 그러한 구조를 불확정(indeterminate)이라 부른다. 본 장에서는 주로 불확정 루프문에 대해서 다루지만, 2가지 유형의 루프문에 대한 차이점을 강조하기 위하여 앞부분에서 몇 가지 더 for 루프문의 예제들을 살펴볼 것이다.

8.1 for를 사용하는 확정 루프문

8.1.1 이항 계수

이항 계수(binomial coefficient)는 수학과 통계학에서 폭넓게 사용되고 있다. 이항계수는 순서에 상관없이 n에서 r만큼의 객체를 선택하는 방법의 수로 정의되며, 다음 식과 같이 계산된다.

$$\binom{n}{r} = \frac{n!}{r!(n-r)!} \tag{8.1}$$

만약 이 형태가 사용된다면, 계승(factorial) 값이 매우 커질 수 있고, 따라서 오버플로(overflow)의 원인이 될 수 있다. 그러나 조금만 생각해 보면 식(8.1)은 다음과 같이 간단히 할 수 있음을 밝힐 수 있다.

$$\binom{n}{r} = \frac{n(n-1)(n-2)\ldots(n-r+1)}{r!} \tag{8.2}$$

예로서,

$$\binom{10}{3} = \frac{10!}{3!\times 7!} = \frac{10\times 9\times 8}{1\times 2\times 3}$$

식 (8.2)를 사용하는 것은 컴퓨터로 계산할 때 훨씬 더 효과적이다.

```
ncr = 1;
n = ...
r = ...
for k = 1:r
   ncr = ncr * (n - k + 1) / k;
end
disp( ncr )
```

이항계수는 때때로 '엔씨알($_nC_r$)'로 불려진다. 몇 가지 예제 값에 대하여 손으로 계산하고 컴퓨터 프로그램을 확인해 보라.

8.1.2 갱신 프로세스

많은 과학과 공학 문제들은 프로세스를 모델링하는 것을 포함하고 있으며, 여기서 주요 변수들은 시간의 주기로 반복적으로 변경된다. 여기에 그러한 갱신 프로세스(update process)에 대한 한 예가 있다.

오렌지 주스 한 캔을 25℃일 때 냉장고 안에 두었고, 냉장고 내부 주위의 온도 F는 10℃이다. 우리는 오렌지 주스의 온도가 시간의 주기로 어떻게 변화되는지 알고 싶어 한다. 이러한 문제를 접근하는 표준적인 방법은 크기가 dt인 수많은 작은 간격으로 시간 주기를 쪼개는 것이다. 만약 T_i가 시작 단계 i에서의 온도라면, 우리는 다음 모델을 이용하여 T_i로부터 T_{i+1}의 값을 얻을 수 있다.

$$T_{i+1} = T_i - K\ dt\ (T_i - F) \tag{8.3}$$

여기서, K는 캔의 밀폐 성능과 오렌지 주스의 온도 성질에 따른 상수 파라미터이다. 단위는 시간이 분(minute) 단위가 되도록 선택되었다고 가정하자.

다음 프로그램은 이러한 구조를 실행시킨 것이다. 해를 더 일반적으로 만들기 위하여 시작 시간을 a로, 끝 시간을 b1로 취한다. 만약 dt가 매우 작다면, 이것은 모든 단계 후에 출력을 나타내는데 적절하지 못하다. 따라서 프로그램은 사용자에게 출력간격(output interval) opint에 관해 묻는다. 이것이 연속적인 출력값들 사이 시간(수 분 이내)이며, 이 간격이 dt의 정수배인지 검토한다. 예를 들어 dt = 0.2분, 그리고 opint = 5분 (이 수치는 아래와 같은 출력을 위해 사용되었다)으로 해서 프로그램을 실행해 보자.

```
K = 0.05;
F = 10;
a = 0;                    % start time
b = 100;                  % end time
time = a;                 % initialize time
T = 25;                   % initialize temperature
load train                % prepare to blow the whistle
dt = input( 'dt: ' );
opint = input( 'output interval (minutes): ' );
if opint/dt ~= fix(opint/dt)
```

```
        sound(y, Fs)    % blow the whistle!
        disp( 'output interval is not a multiple of dt!' );
        break
    end

    clc
    format bank
    disp( ' Time Temperature' );
    disp( [time T] )      % display initial values

    for time = a+dt : dt : b
      T = T - K * dt * (T - F);
      if abs(rem(time, opint)) < 1e-6 % practically zero!
        disp( [time T] )
      end
    end
```

출력은 다음과 같다.

```
     Time            Temperature
        0            25.00
      5.00           21.67
       ...
     95.00           10.13
    100.00           10.10
```

다음 사항을 유의하라:

1. 함수 rem은 매 opint분마다 결과들을 표시하는데 사용된다: 시간이 opint의 정수배일 때 opint로 나누어지면 시간의 나머지는 '0'이 되어야 한다. 그러나 마무리 오차(rounding error) 때문에 나머지가 항상 정확하게 '0'이 되진 않는다. 따라서 마무리 오차의 절대값이 어떤 매우 작은 수 보다 작은지 아닌지를 시험하는 것이 더 좋은 방법이다. (라운딩 오차는 9장에서 논의된다.)
2. 아마도 이것이 프로그램을 작성하는 가장 명확한 방법이지만, 이 방법으로 시간에 대응하는 온도의 그래프를 쉽게 그릴 수는 없다. 왜냐하면 time 그리고 T는 반복

적으로 갱신되는 스칼라 값이기 때문이다. 그래프를 그리기 위해서는 이 값들은 모두 벡터이어야 한다.

3. 어떠한 소리가 나오는지 주목하자. MATLAB에 의해 제공되는 또 다른 재미있는 소리를 알아보려면 `help audio`를 타이핑해 보아라.
4. 어떻게 올바른 위치에 머리말을 설정하는지 궁금증이 생길 것을 대비하여, 그 비밀 속으로 안내하겠다. 머리말을 생략하고 프로그램을 수행시켜도 우리가 원하는 수치적인 출력값은 나온다. 그러면 간단하게 머리말과 함께 `disp` 명령문을 명령창에 복사하여 붙이고 머리말이 올바른 위치에 놓일 때까지 이것을 수정한다.
5. 사용자가 잘못된 입력을 하였을 때 프로그램을 급하게 멈추기 위하여 `break`를 사용하고 있음을 주목하자. 아래에서 break의 보다 일반적인 사용법을 참고하도록 하자.

8.1.3 중첩 for문

6장에서 벡터화된 중첩 for 문(Vectorizing nested `fors`)을 살펴보았을 때 `for` 루프문은 서로 서로의 구조체 안에 포개져서 존재할 수 있었다. 우리가 주목해야 할 점은 내부 `for` 문의 인덱스가 더 빠르게 움직인다는 것이다.

8.2 while을 이용한 불확정 루프문

일반적으로 확정 루프문은 모두 원칙적으로 사용자가 루프가 시작되기 전에 얼마나 많은 반복이 요구되는지를 알고 나서 정확하게 실행할 수 있다는 공통점을 갖는다. 그러나 다음의 예제에서는 실행 반복 횟수의 원칙이 없고, 따라서 차별화된 구조가 요구된다.

8.2.1 추측 게임

이 게임의 내용은 간단하다. MATLAB은 1과 10사이의 한 정수를 생각한다. (즉, 불규칙 난수 하나를 생성한다.) 사용자는 이것을 예측해야 한다. 만약 예측한 값이 너무 높거나 너무 낮으면, 프로그램은 이 사실을 알려준다. 추측이 정확히 맞는다면 축하한다는 메시지가 화면에 표시된다.

여기서 조금 더 많은 생각을 하려면, 프로그램 구조 계획이 유용할 것이다.

1. 임의의 정수를 생성한다.
2. 사용자에게 추측한 값을 묻는다.
3. 추측이 틀리는 동안:
    - 추측이 너무 낮으면
        - MATLAB이 너무 낮다고 알려준다.
    - 그렇지 않으면
        - MATLAB이 너무 높다고 알려준다.
    - 사용자에게 새로운 추측한 값을 묻는다.
4. 축하 메시지를 보낸다.
5. 멈춘다.

여기 생성된 프로그램이 있다.

```
matnum = floor(10 * rand + 1);
guess = input( 'Your guess please: ' );
load splat

while guess ~= matnum
    sound(y, Fs)

    if guess > matnum
        disp( 'Too high' )
    else
        disp( 'Too low' )
    end;

    guess = input( 'Your next guess please: ' );
end

disp( 'At last!' )
load handel
```

```
sound(y, Fs)          % hallelujah!
```

이것을 몇 회에 걸쳐 시도해 보자. while 루프가 matnum이 guess와 같지 않으면 계속해서 반복됨을 주목하자. 사용자가 정확하게 추측하기 전에 얼마나 많은 루프가 실행되는지 알 수 있는 원칙적인 방법은 없다. 문제는 정확한 결정이 어렵다는 것이다.

guess는 두 곳에 입력되어야 한다는 것에 주의하자: 먼저 while 루프로 가기 위해서이고, 두 번째는 while이 실행되고 있는 동안이다.

8.2.2 while 루프문

일반적인 while 명령문은 다음과 같다.

while *condition*
  statements
end

while 구조는 이것의 조건이 참으로 유지되는 동안 명령문을 반복하게 한다. 그러므로 이 조건은 다시한번 반복하기 위한 조건이 되는 것이다. 조건은 명령문이 반복되기 전에 매번 테스트된다. 조건은 명령문이 실행되기 전에 평가되므로, 어떤 환경 하에서 명령문이 전혀 실행되지 않도록 배열하는 것도 가능하다. 명백히, condition은 반드시 어떤 방법으로든 명령문에 의존해야 한다. 그렇지 않으면 루프는 결코 끝나지 않을 수 있다. 만약 벡터의 모든 성분이 영이 아니라면 vector 조건은 참으로 간주된다는 것을 상기하자.

while 문의 명령줄 표현 방식은 다음과 같다.

while *condition statements*, end

> TIP **end 앞에 콤마(,)가 옴을 기억하자.**

8.2.3 수익이 2배가 되는 시간

연 이자율 복리 10%의 어떤 투자 자금을 가지고 있다고 생각해보자. 우리는 아마 얼마나 오래 있어야 투자 금액이 2배로 되는지 알고 싶을 것이다. 더 특별하게, 잔고가 2배가 될 때까지 매년마다의 회계 보고서를 원한다고 하자. 이 문제에 관한 아래의 구조 계획은 우리가 불확정 루프를 사용해야함을 암시한다.

1. 이자율, 연도, 잔고를 초기화한다.
2. 머리말을 나타낸다.
3. 반복 시행한다.
    이자율에 따라서 잔고를 업데이트한다.
    최초 잔고가 두 배를 초과할 때까지 연도, 잔고를 나타낸다.
5. 멈춘다.

이 구조계획을 실행하기 위한 프로그램은 아래와 같다.

```
a = 1000 ;
r = 0.1 ;
bal = a ;
year = 0 ;
disp( ' year Balance ' )

while bal < 2 * a
   bal = bal + r * bal ;
   year = year + 1 ;
   disp( [year bal] )
end
```

구조 계획에서 보다 자연스러운 어구 '최초의 잔고가 두 배를 초과할 때까지'는 다음과 같은 프로그램으로 짜여 진다.

```
while bal < 2 * a ...
```

이 조건은 또 다른 루프가 형성되기 전에 매번 검토된다. 반복은 오직 조건이 참일 때

만 이루어진다. 여기 어떤 출력값이 있다. ($1000의 초기 잔고에 관련된)

```
Year          Balance

   1          1100.00
   2          1210.00
   3          1331.00
   4          1464.10
   5          1610.51
   6          1771.56
   7          1948.72
   8          2143.59
```

마지막 루프가 완료되었을 때, 새로운 잔고($2,143.59)가 $2,000보다 많기 때문에 반복을 위한 조건이 처음으로 거짓이 됨을 주목하자. 또한, 확정된 for 루프는 여기서 사용할 수 없음을 주목하라. 왜냐하면 프로그램이 실행된 후, 그 때까지 우리는 얼마나 많은 루프가 필요한지 알 수 없기 때문이다. (비록 위의 특별한 예제에서는 미리 얼마나 많은 반복들이 필요한지 계산할 수 있겠지만)

만약 $2,000 미만일 경우에만 새로운 잔고를 기록하기를 원한다면, 단지 아래의 구문을 while 루프의 첫 명령문이 되도록 이동시키면 된다.

```
disp( [year bal] )
```

그러면, 초기 잔고 $1,000이 이제 표시되고 있음을 주목하자.

8.2.4 소수

많은 사람들이 소수(prime numbers)에 대해 고민해 왔으며, 대부분의 프로그램관련 교재들은 주어진 수가 소수인지 아닌지 검토하기 위한 알고리즘을 포함하고 있다. 따라서 여기서도 이 내용을 다루고자 한다.

어떤 수가 자신과 1을 제외한 다른 수의 정확한 배수가 아니면 그 수는 소수이다. 즉, 자신 수와 1을 제외한 약수가 없다면 소수이다. 가장 손쉬운 구조 계획은 다음과 같다. P가 검토되어질 수라고 가정해보자. 만약 임의의 수 N이 P를 나머지 없이 나눌 수 있는 수라고 생각하자. N과 같은 수가 없다면 P는 소수이다. 어떤 수 N을 시도해야 하는가? 좀더 작업의 속도를 내기 위하여 P를 홀수로 제한하자. 즉, 나누는 수는 오직 홀수만을 시도한다. 그러면 우리는 언제 테스트를 멈출까? N=P일 때? 아니다. 우리는 훨씬 빨리 멈출 수 있다. 사실 우리는 N이 $\sqrt{P}$에 다다를 때 멈출 수 있다. 왜냐하면 만약 어떤 약수가 $\sqrt{P}$ 보다 크다면, 이미 우리가 발견한 $\sqrt{P}$ 보다 작은 어떤 약수와 반드시 일치해야 한다. 그러면 어디에서부터 시작해야할까? N=1은 모든 P의 약수가 될 것이므로, 우리는 N=3에서 출발하기로 한다. 구조 계획은 아래와 같이 세울 수 있다.

1. P를 입력한다.
2. N을 3으로 초기화한다.
3. P를 N으로 나누었을 때 나머지 R을 구한다.
4. R ≠ 0이고 N 〈 $\sqrt{P}$ 인 동안 :
   N을 2씩 증가시킨다.
   P를 N으로 나누었을 때 나머지 R을 구한다.
5. 만약 R ≠ 0 이면
   P는 소수이다.
   그렇지 않으면
   P는 소수가 아니다.
6. 멈춘다.

여기에서 반복이 없을 수도 있음을 주목하자. - R은 맨 처음 아마 0일 것이다. 또한 루프가 멈추는 조건은 2가지가 있음을 주목하라. 결과적으로 if는 루프가 완료된 후에 어떤 조건에서 멈추어졌는지를 판단하는데 사용된다.

프로그램을 작성할 수 있다면 검토해 보라. 이때 다음과 같은 수로 시도해보자: 4058879 (소수 아님), 193707721 (소수)과 2147483647(소수). 만약 이런 것에 관심이 있다면 손으로 계산된 가장 큰 소수는 $2^{6972593}-1$(1999년 6월에 발견)이다. 이것은

2098960개의 숫자를 가지며, 신문크기의 종이에 인쇄를 하면 70페이지가 필요하다. 분명히 우리의 알고리즘은 이렇게 큰 숫자를 검토할 수는 없다. 왜냐하면 이런 수는 MATLAB에서 표현할 수 있는 가장 큰 수 보다 훨씬 더, 상상할 수 없을 정도로 큰 수이기 때문이다. 이렇게 거대한 수를 검토하는 최초의 방법들은 D.E. Knuth가 쓴 The Art of Computer Programming. Volume 2: Seminumerical Algorithms (Addison- Wesley, 1981)에 서술되어있다. 이렇게 특별나게 큰 수는 GIMPS(Great Internet Mersenne Prime Search)에서 발견되었다. 이미 알려진 큰 소수에 대한 보다 많은 정보는 다음의 사이트를 참고하라. http://www.utm.edu/research/primes/largest.html

8.2.5 발사체 궤적

4장에서 우리는 공기 저항은 고려하지 않고 흔한 운동방정식으로 주어지는 발사체의 비행에 대해 고려해 보았다. 언제, 어디서 이 발사체가 땅과 부딪히는지 알고 싶다고 하자. 비록 이 문제를 (만약 충분히 많은 적용되는 수학식을 알고 있다면) 확정 루프 문을 가지고 해결할 수도 있지만, 우리의 관심사는 불확정 while 루프를 가지고 어떻게 해결하는지를 살펴보는 것이다. 이 문제 해결을 위한 발상은 증가하는 시간에 대한 수직 변위(y)가 양으로 유지되는 동안 반복적으로 궤도를 계산하는 것이다. 아래에 프로그램이 있다.

```
dt = 0.1 ;
g = 9.8 ;
u = 60 ;
ang = input( 'Launch angle in degrees: ' ) ;
ang = ang * pi / 180 ;          % convert to radians
x = 0 ; y = 0 ; t = 0 ;         % for starters
more(15)
while y >= 0
   disp( [t x y] );
   t = t + dt ;
   y = u * sin(ang) * t - g * t^2 / 2 ;
   x = u * cos(ang) * t ;
end
```

more(n) 명령은 n개 라인을 출력하고 잠시 멈추게 한다. 이것을 페이징(paging)이라고 부른다. 또 다른 한 줄의 출력을 얻기 원한다면 〈Enter〉를 누른다. n개 라인의 다음 페이지를 보기 원한다면 〈Space bar〉를 누른다. 프로그램을 중단하기를 원한다면 〈q〉를 누른다.

서로 다른 발사 각도에서 프로그램을 실행시켜보자. 최대 수평거리(x)를 갖는 각도를 찾아낼 수 있겠는가? 어떤 발사 각도를 가질 때 공중에서 가장 오래 머무는가?

루프가 마지막으로 끝났을 때 y의 수치는 아마 음수가 될 것이다.(y를 나타냄으로써 이것을 확인해 보자.) 그러나, disp 명령문의 위치는 오직 양의 y값만을 나타내도록 한다. 만약 어떠한 이유로 인해서 t의 마지막 수치를 기록해야 할 필요가 있다면, y가 음수가 되기 전에 while 루프 안에 if 명령문이 필요할 것이다. 예를 들면

```
if y >= 0
   tmax = t ;
end
```

프로그램이 y가 양인 마지막 순간의 시간(tmax)을 나타낼 수 있도록 while 루프가 종료된 후 프로그램을 변경해 보자.

이제 우리가 그림 8.1에 보이는 궤적을 그리고자 원한다고 가정해 보자. 특히 x축 위의 궤적이 어떻게 멈추는지를 주목하자. 이제 우리는 벡터를 사용할 필요가 있다. 프로그램은 다음과 같다.

```
dt = 0.1;
g = 9.8;
u = 60;
ang = input( 'Launch angle in degrees: ' );
ang = ang * pi / 180;        % convert to radians
xp = zeros(1); yp = zeros(1);   % initialize
y = 0; t = 0;
i = 1;                       % initial vector subscript
while y >= 0
   t = t + dt;
   i = i + 1;
```

```
    y = u * sin(ang) * t - g * t^2 / 2;
    if y >= 0
        xp(i) = u * cos(ang) * t;
        yp(i) = y;
    end
end
plot(xp, yp),grid
```

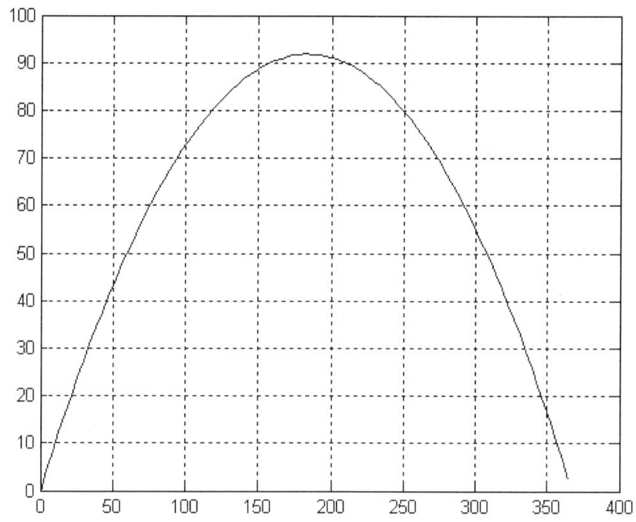

그림 8.1 Projectile trajectory

함수 zeros가 벡터를 초기화시키는데 사용되었음을 주목하자. 이것은 이전에 수행된 작업공간에 남아있는 같은 이름의 어떠한 벡터도 초기화시킨다.

또한 오직 땅위 점들의 좌표만이 벡터 xp와 yp에 추가되는 것을 보장하기 위하여 while루프 내부에 if 명령어를 사용하고 있음을 주목하자.

만약 땅에 가장 근접한 마지막 점을 알고 싶다면, 0.1과 같은 보다 작은 dt의 수치를 사용하자.

8.2.6 break와 continue

과학적인 프로그램에서 마주치게 될 어떠한 루프 구조도 이번 장에서 예증을 보였듯이 순수한 for구문이나 while구문으로 만들 수 있다. 그러나 지적인 게으름의 권리처럼 break와 continue명령문에 관련된 언급은 해야 할 것 같다.

while 루프를 멈추게 하는 많은 조건들이 있다면, 여러분은 어떤 cut-off 값 (또는 `Inf`) 안에서 반복되는 수만큼 `for` 문을 사용하고자 할지도 모른다. 그러나 그것은 for문 안에서 다양한 조건들에서 벗어나기 위하여 많은 `if` 문을 계속 사용해야 하는 결과를 낳게 될 것이다. 어째서 이것이 훌륭한 프로그램이 될 수 없을까? 그 이유는 간단하다. 여러분이 수개월이 지난 후에 작성된 코드를 다시 읽었을 때, while 문에서처럼 루프를 시작하는 위치에 나열된 모든 조건을 보는 것보다 오히려 전체 루프를 통하여 수행 완료될 모든 조건을 찾는 것이 어렵기 때문이다.

만약 여러분이 break를 사용하기를 원한다면 `help break`를 타이핑하여 스스로 더 알아보도록 하자.

`continue` 문은 `break` 문보다는 사용하기가 수월하다.

8.2.7 함수 menu

다음 프로그램을 실행시켜보자. 이 프로그램은 그림 8.2와 같은 메뉴 윈도우를 만든다:

```
k = 0;

while k ~= 3
    k = menu( 'Click on your option', 'Do this', ...
        'Do that', 'Quit' );
    if k == 1
        disp( 'Do this ... press any key to continue ...' )
        pause
    elseif k == 2
        disp( 'Do that ... press any key to continue ...' )
        pause
    end
end;
```

다음 사항을 유의하라:

1. 함수 `menu`는 사용자를 위한 선택 메뉴를 설정할 수 있게 한다.
2. 함수 `menu`는 오직 문자열 변수만을 취한다. 맨 처음 변수는 메뉴의 타이틀이다. 두 번째와 그 이하의 문자열들은 사용자가 이용할 수 있는 선택이다.
3. 함수 `menu`에 의해서 사용자의 선택이 숫자(여기서는 k)로 리턴된다.
4. 사용자가 얼마나 많은 선택들을 만들지 모르기 때문에, `menu`는 불확정 `while` 루프에 둘러싸이게 된다.
5. MATLAB GUIDE (Graphical User Interface Development Environment)를 참조하여 보다 정교한 메뉴 구동 응용 프로그램을 설계할 수 있다.

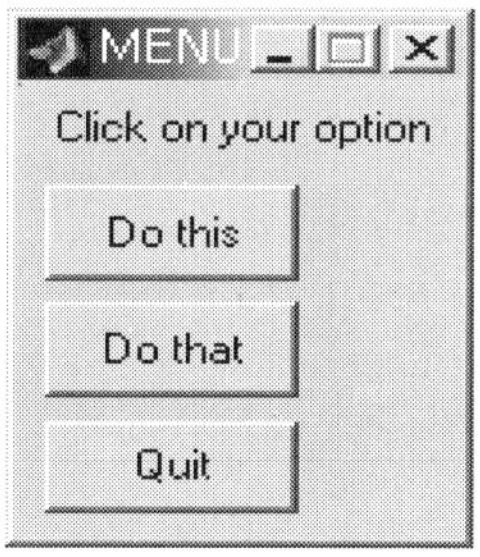

그림 8.2 A menu window

요약

▶ for 명령문은(원칙적으로) 루프가 시작되기 전에 반복의 횟수가 알려진 확정된 루프 프로그램으로 사용되어야 한다. 이러한 상황은 일반적인 구조 계획에 의하여 특성화된다.

Repeat *N* times:
  Block of statements to repeated

여기서 N은 처음 시작되기 전에 알려지거나 계산된다. 그리고 이 수는 Block에 의해서 변하지는 않는다.

▶ while 명령문은 불확정 반복 구문 프로그램에 사용된다. 이 구문에서 정확한 반복의 수는 미리 알지 못한다. 다시 말하면, 이 구문들은 반복을 위한 참값의 조건이 루프 본문에서 변화될 때마다 사용되어야 한다. 이런 상황은 다음과 같은 구조 계획에 의해서 특성화된다.

while *condition* is true repeat:
  statements to be repeated (reset truth value of condition)

*condition*은 반복을 위한 조건임을 주목하자.

▶ while 구조에서 명령문은 어떤 때는 전혀 실행되지 않을 수도 있다.

▶ 루프는 어떤 계층 (횟수)으로 반복될 수도 있다.

▶ while 루프의 안쪽 menu 명령문은 사용자가 선택 메뉴로 표현하는데 사용되기도 한다.

종합문제

8.1 어떤 사람의 은행 예치금이 \$1000이 있다. 이자는 매달 이자율 1%의 비율로 계산된다. 매달 잔고를 계산하는 프로그램을 작성하라. 그러나 출력은 10년 동안 1년 단위로만 한다. (10년에 대해서 외부 루프를, 12달에 대해서 내부 루프를 갖는 중첩 for 루프를 사용하라.) 매달 이자를 계산하는 경우, 10년 후에는 예치금이 \$3300.39이 되나, 만약 이자율을 연이율 12%로 적용하면 예치금은 겨우 \$3105.85가 됨을 주목하라. 이제 해답을 벡터화 시킬 수 있는지 검토해 보라.

8.2 원주율 π를 계산하기 위한 여러 가지 공식이 있다. 가장 간단한 예는 다음과 같다.

$$\frac{\pi}{4} = 1 - 1/3 + 1/5 - 1/7 + 1/9 - \dots \qquad (8.4)$$

이것은 아래의 급수에서 x=1로 하여 유도된 것이다.

$$\arctan x = x - \frac{x^3}{3} + \frac{x^5}{5} - \frac{x^7}{7} + \frac{x^9}{9} - \dots \qquad (8.5)$$

(a) 원주율 π를 계산하기 위한 프로그램을 방정식 (8.4)를 이용하여 작성하라. 사용자 컴퓨터가 허락하는 한도 안에서 최대한 많은 급수 항목을 사용하라. (처음에는 무리하지 말고 100항으로 시작하자. 그리고 프로그램을 매번 조금씩 더 늘려가면서 다시 실행한다.) 이 급수가 매우 천천히 수렴하는 것을 발견할 것이다. 즉 원주율 π에 꽤 가까이 근접하기 위해서는 매우 많은 항들이 다루어져야 한다.

(b) 수렴 속도를 향상시키기 위해 급수를 재배열시켜 보자.

$$\frac{\pi}{8} = \frac{1}{1\times 3} + \frac{1}{5\times 7} + \frac{1}{9\times 11} + \cdots$$

위의 급수를 이용하여 원주율 π를 계산하는 프로그램을 만들어 보자. 아마 (a)에서 얻은 정도의 정확성을 얻기 위해 훨씬 적은 항목이 필요한 것을 알게 될 것이다.

(c) π를 계산하기 위한 가장 빠른 급수 중의 하나는 다음과 같다.

$$\frac{\pi}{4} = 6\arctan\frac{1}{8} + 2\arctan\frac{1}{57} + \arctan\frac{1}{239}$$

이것을 이용하여 원주율 π를 계산하라. arctangent값을 계산하기 위해 MATLAB 함수를 사용하지 마라. 왜냐하면 그것은 규정을 어기는 것이다. 차라리 공식 (8.5)를 사용하라.

(d) 어떠한 해답이든지 벡터화 시킬 수 있겠는가? (만약 이미 벡터화 시키지 않았다면)

8.3 π를 계산하기 위한 다음의 방법은 Archimedes에 의해 유도되었다.

1. Let A = 1 and N = 6
2. Repeat 10 times, say:

   Replace N by 2N

   Replace A by $[2-\sqrt{4-a^2}]^{1/2}$

   Let L = NA/2

   Let U = L/ $\sqrt{1-A^2/2}$

   Let P = (U + L)/2 (estimate of π)

   Let E = (U - L)/2 (estimate of error)

   Print N, P, E
3. Stop

알고리즘을 실행하기 위한 프로그램을 작성하라.

8.4 다음 함수의 테이블을 계산할 수 있는 프로그램을 작성하라.

$$f(x) = x \sin\left[\frac{\pi(1+20x)}{2}\right]$$

폐구간 [-1, 1]에서 (a) 0.2, (b) 0.1, 그리고 (c) 0.01의 x 증분을 이용하라. 3가지 경우의 f(x) 그래프를 수작업으로 그려 보라. 그리고 f(x)에 대하여 완전히 잘못된 그림을 주는 (a)와 (b)의 테이블을 관찰하자.

3가지 경우에 대해서 f(x) 그래프를 그릴 수 있도록 프로그램을 수정하라.

8.5 초월 숫자 e(2.71828182845904...)는 다음의 관계식에 limit를 취하여 나타낼 수 있다. (x는 0으로 수렴)

$$(1+x)^{1/x}$$

x가 0으로 가까이 갈수록 e가 어떻게 수렴하는지를 보여주는 프로그램을 작성하라.

8.6 주기 T의 사각파는 다음과 같은 함수로 정의된다.

$$f(t) = \begin{cases} 1\,(0 < t < T) \\ -1\,(-T < t < 0) \end{cases}$$

f(t)에 대한 Fourier 급수는 다음과 같이 주어진다.

$$F(t) = \frac{4}{\pi}\sum_{k=0}^{\infty}\frac{1}{2k+1} sin\left[\frac{(2k+1)\pi t}{T}\right]$$

이 무한한 합에 있어서 훌륭한 근사치를 얻기 위해서 얼마나 많은 항이 필요한지가 관심사이다. T=1로 정하고, t가 -1.1에서 1.1까지 0.01의 간격으로 변화할 때 n항까지의 합을 계산하고 그래프를 그리는 프로그램을 작성하라. 즉 서로 다른 n값에 관하여 프로그램을 실행시켜 보라. 예를 들면 1, 3, 6 등. 몇몇 n값에 대하여 t에 대한 F(t)의 그래프를 덧붙여라.
불연속성의 어떤 측면에서 Fourier 급수는 Gibbs 현상으로 알려진 특별한 진동 거동을 보여준다. 그림 8.3은 n=20 (t의 간격은 0.01)일 때 이것을 분명히 보여준다. 이 현상은 n=200이고 t의 증분 값이 0.001일 때 보다 더 잘 나타난다.

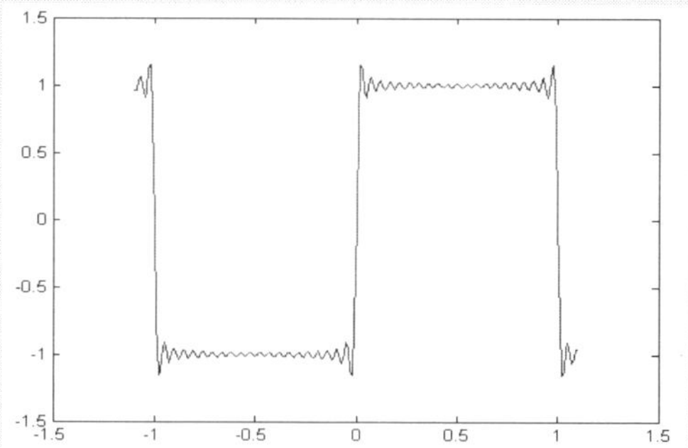

그림 8.3 Fourier 급수: Gibbs 현상

8.7 A라는 금액이 k년 동안 연 이자율 r로(소수로 표현되는) 투자된다면 k년도 후의 투자가치 V는 아래와 같이 계산된다.

$$V = A(1 + \frac{r}{n})^{nk}$$

여기서, n은 1년마다 복리로 계산되는 주기이다. n이 점점 더 커질 때 (즉, 복리 계산 주기가 달마다에서 날마다로, 또 시간마다로 빈번해 지는 것을 의미한다) V를 계산하는 프로그램을 작성하라.

A=1000, r=4%, k=10년으로 하여 계산해 보라. 출력 값이 점점 한계치로 접근하는 것을 관찰할 수 있을 것이다.

<힌트> n=1로 시작하여 매번 n을 2배로 해주는 for 루프를 사용하라.

8.8 다음과 같은 급수의 합이 1000을 초과하지 않고 가능한 한 큰 값을 갖도록 그 합을 계산하는 프로그램을 작성하라.

$$1^2 + 2^2 + 3^2 \ldots$$

이 합을 구하는 급수에서 얼마나 많은 항들이 사용되었는지 보여주도록 프로그램을 작성하라.

8.9 8.2절에서 나온 프로그램 중 하나는 \$1000이 연이자율 10%로 8년 동안 있으면 두 배가 된다는 것을 보여준다. 같은 이자율을 적용하고 초기 예치금을 \$500, \$2000 그리고 \$10000로 설정하여 초기 예치금이 두 배가 되려면 얼마나 오래 걸리는지 살펴보자. 이 결과에 매우 놀랄 것이다.

8.10 종합문제 3.2의 구조 계획을 실행하는 프로그램을 작성하라.

8.11 다음 테일러 급수를 사용하여

$$\cos x = 1 - \frac{x^2}{2!} + \frac{x^4}{4!} - \frac{x^6}{6!} + \ldots$$

cos x (x는 라디안)를 소수점 4자리까지 정확히 계산하기 위한 프로그램을 작성하라. MATLAB 함수 cos의 결과와 소수점 4자리까지 일치하기 위하여 얼마나 많은 항이 필요한지 살펴보아라. x를 너무 크지 않게 하라. 큰 x값은 반올림 오차의 원인이 될 수 있다.

8.12 어떤 학생이 중고차를 구입하기 위해 $10,000을 빌렸다. 그녀의 대출금액의 이자율은 남은 부채가 $5000이상일 때는 매달 2%이고, 그렇지 않으면 1%로 책정되었다. 그녀는 지불해야 될 돈이 $300이 되지 않는 마지막 달을 제외하고는 매달 $300씩 갚아야 한다. 그녀는 잔고에 대한 이자가 복리로 계산된 후에 매달 말에 상환한다. 제일 처음의 상환은 대부금이 지불된 후 1달 뒤에 이루어진다. 매달 잔고(매월 상환이 이루어진 후의), 최종 상환금, 그리고 마지막으로 지불하는 달을 출력하는 프로그램을 작성하라.

8.13 3장에서 주어진 운동방정식으로, 발사체는 초기 속도 60m/s, 수평선 기준으로 초기 각도 50°를 가지고 0점에서 발사된다. 궤적이 0점 기준으로 수평선 위에 존재하는 동안 공중에서의 시간을 계산하여 나타내 고 0점으로부터 수평, 수직 변위를 매 0.5초 간격으로 계산하여 보여주는 프로그램을 작성하라.

8.14 저항(R), 콘덴서(C), 배터리(V)가 직렬로 연결되어있고 만약 t = 0 에서 축전기의 전하량이 0이라면 때 축전기 전하량 Q는 다음과 같이 설정된다.

$$Q(t) = CV(1 - e^{-t/RC})$$

문제는 R = 4, C = 1, V = 9로 주어졌을 때, 언제 전하량이 단위 전하량의 8배 수준에 도달하는지를 감지하기 위하여 0.1초마다 축전기의 전하량을 모니터링 하는 것이다. 전하량이 최초로 단위 전하량의 8배에 도달할 때까지의 시간과 0.1초마다 시간과 전하량을 나타내는 프로그램을 작성하라. (즉, 마지막으로 나타나는 전하량은 8을 초과해야 한다.) 일단 이 프로그램을 작성했으면, 엄밀하게 단위 전하량의 8배 보다 작을 동안의 전하량을 나타내주는 프로그램을 다시 작성해 보라.

8.15 8.2절에서의 소수 알고리즘에 대한 프로그램을 주어진 숫자(홀수 또는 짝수)의 모든 소수 인자를 구할 수 있도록 수정하라.

9장

MATLAB® 그래픽

이번 장의 목적은 다음과 같다.

- 커맨드 윈도우에서 몇몇 간단한 MATLAB 명령어들을 사용해 보기
- MATLAB이 갖고 있는 높은 수준의 2차원과 3차원 그래픽 기능을 소개하는 것이다.
- 핸들 그래픽스
- 플롯 편집
- 애니메이션
- 그래프의 저장과 내보내기
- 색, 빛, 그리고 카메라

하나의 그림이 천 마디 말보다 낫다고 이야기한다. MATLAB은 데이터를 표현하고 시각화시킬 수 있는 강력한 그래픽 시스템을 갖고 있으며 이것은 사용하기 또한 쉽다(이 책에 있는 대부분의 그림은 MATLAB에 의해 만들어진 것이다).

본 장에서는 MATLAB이 갖고 있는 고수준의 2차원과 3차원 그래픽 기능과 핸들 그래픽과 같은 저수준 기능에 대해 소개한다.

9장에서는 그래픽을 다루는 데 있어 필수적인 간단한 내용과 MATLAB의 강력하고도 풍부한 기능을 보여주는데 역점을 두었다. 9장에서 언급한 그래픽 함수들의 모든 기능에 대해 알고 싶다면 독자들은 help를 타이핑하여 조언을 받아야 할 것이다. 뿐만 아니라 타이틀바 아래의 "?" 기호를 클릭한 후 검색 툴에서 graphics를 입력해서 도움말에 나오는 그래픽 함수의 포괄적인 목록을 참조하면 된다.

9.1 기본 2차원(2-D) 그래프

2차원의 그래프들은 plot 명령어를 사용해서 그리게 된다. 이 명령어의 간단한 형태로, plot(y)와 같이 단일 벡터 변수를 취할 수 있다. 이 경우 y의 요소들은 그들의 목록 순서에 대응하여 그려진다. 예를 들어 plot(rand(1, 20))은 20개의 불규칙 숫자들이 정수 1부터 20에 대응되어 그림 9.1(a)과 같이 직선으로 연속하는 점들을 연결하여 그려진다. 만약 y가 행렬이라면 각각의 성분들이 그것의 목록 순서에 대응되어 그려지게 된다.

축들은 자동적으로 스케일 되는데, 최대값, 최소값 데이터 점들을 포함하게끔 설정된다.

가장 일반적인 plot의 형태는 plot(x, y)이며, 여기서 x와 y는 같은 길이를 갖는 벡터이다. 예로서 다음 명령문을 시행해 보라.

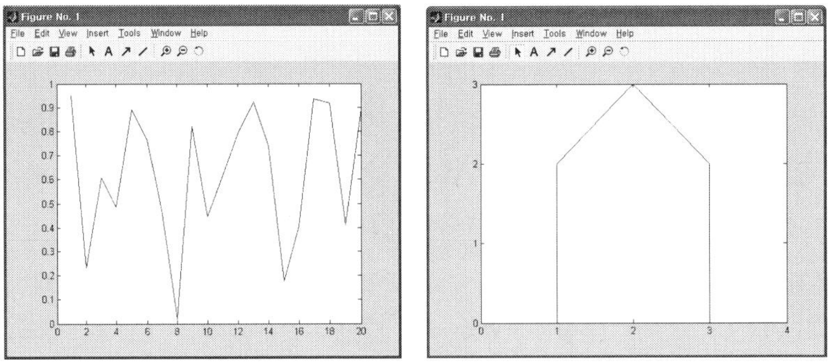

(a) (b)

그림 9.1 plot 명령의 사용 예

```
x = 0:pi/40:4*pi;
plot(x, sin(x))
```

이 경우 i번째 점의 좌표는 x_i, y_i이다. plot의 이런 형태는 이전의 장들에서 폭넓게 사용되어 왔다.

직선 그래프는 두 벡터 끝점의 x와 y좌표가 주어짐으로써 그려진다. 예를 들어서, 데카르트 좌표(cartesian coordinates)상의 점 (0, 1)과 (4, 3)사이의 선을 그리기 위해선 다음 명령문을 사용한다.

```
plot ([0 4], [1 3])
```

즉, [0 4]는 두 점의 x 좌표들을, [1 3]은 y 좌표들을 포함하고 있다.

MATLAB은 사용하기 간편한 그림 그리는 명령문들을 가지고 있는데, 이들은 'ez'[21]라는 문자로 시작한다. plot의 간편한 사용 형태는 ezplot이다. 예를 들면 다음과 같다.

```
ezplot('tan(x)')
```

9.1.1 라벨

그래프는 다음의 명령 구문들로 라벨(labels)이 붙여진다.

gtext('text')

그래프 윈도우상에서 'text'라는 문자열을 넣는 기능을 한다. gtext는 그래프 윈도우상에 십자 모양(cross-hair) 커서를 만들어 놓고 마우스 버튼이나 키보드 버튼이 눌려질 때까지 기다리게 되는데, 이 커서는 마우스를 움직여서 이동시킬 수 있다. 예를 들어 다음 명령어를 한번 시도해 보자.

```
gtext('X marks the spot')
```

문자들은 또한, 그래프 윈도우에서 Tools -> Edit Plot 메뉴를 이용하여 그래프 상의 원하는 위치에 재배치할 수 있다.

21) 영어의 "쉬운"에 해당되는 easy와 같은 발음이 되는 명령어이다.

```
grid
```

현재 그래프에서 격자선(grid line)을 추가하거나 삭제시킨다. 격자선의 상태는 토글(toggle)로 변환된다.

```
text(x, y, 'text')
```

그래픽 윈도우의 x, y 좌표에 의해 정해지는 점에 문자열을 쓰게 한다.
x와 y가 벡터 값들이라면 문자는 각각의 점에서 모두 쓰인다. 만약, 텍스트가 배열을 갖고 있다면 연속적인 점들이 텍스트의 행과 일치되어 각각의 위치에 각각의 문자가 쓰인다.

```
title('text')
```

그래프의 위 부분에 제목으로 문자를 써넣는다.

```
xlabel('horizontal')
```

x축에 라벨을 넣는다.

```
ylabel('vertical')
```

y축에 라벨을 넣는다.

9.1.2 같은 축을 갖는 다중 그래프

같은 축 상에 다중 그래프를 그리는 데는 최소한 3가지 방법이 있다. (그러나 이 축들은 새로운 데이터가 이전의 데이터 범위밖에 놓이게 되면 다시 재조정된다.)

1. 가장 쉬운 방법은 축 상의 현재 그래프를 유지시키기 위해서 간단히 hold 명령어를 사용하는 것이다. 다음에 그려지는 모든 그래프들은 hold off 또는 hold를 사용하여 hold가 해제될 때까지 같은 축 위에 놓이게 된다. (hold는 그 상태가 토글로 변환된다.)
2. 두 번째 방법은 다중 변수로서 plot 명령어를 사용하는 것이다. 예를 들어

```
plot(x1, y1, x2, y2, x3, y3, ...)
```

은 (x_1, y_1), (x_2, y_2)와 같은 벡터 쌍을 그린다. 이 방법의 장점은 벡터쌍이 다른 길이를 가져도 된다는 것이다. MATLAB은 각각의 쌍에 대하여 자동으로 다른 색을 지정한다. 만약 같은 축상에 2개의 그래프를 그린다면, plotyy가 유용하게 사용될 수 있다. - 이 명령어는 좌측과 우측에 독립적인 y축 라벨을 붙일 수 있다.[22)]

```
plotyy(x, sin(x), x, 10 * cos(x))
```

3. 세 번째 방법은 다음의 형태의 명령 구문을 사용하는 것이다.

```
plot(x, y)
```

여기서 x와 y는 모두 행렬이거나, 하나는 벡터, 하나는 행렬이다.

만약 x 또는 y중의 하나가 행렬이고 다른 하나가 벡터라면, 행렬의 행과 열은 벡터에 대응하여 각각 다른 색깔을 사용하여 그려지게 된다. 행렬의 행과 열은 벡터로서 같은 수의 원소를 갖는 것에 따라 선택된다. 만약 행렬이 정방 행렬이라면 열이 사용된다.
만약 x와 y가 모두 같은 크기의 행렬이라면 행렬 x의 열들이 행렬 y의 행에 대응하여 그려지게 된다.

만약 y가 행렬일 때, `plot(y)`처럼 x가 정해지지 않는다면, y의 열은 행의 인덱스에 대응하여 그려진다.

9.1.3 선의 형태, 표식과 색상

선의 형태(styles), 표식(markers)과 색상(color)은 `plot`의 문자변수로 하나의 그래프에 대하여 선택될 수 있다. 예를 들어 다음 명령어는

```
plot(x, y, '--')
```

점선으로 점을 연결하여 그린다. 반면에

```
plot(x, y, 'o')
```

22) x는 적절히 정의되었다고 가정한다.

는 각 데이터 점들을 선으로 연결하는 것이 아니라, 그 점에서 원을 그린다. 사용자는 세 가지 성질 모두를 조건으로 지정할 수 있다. 예를 들어

```
plot(x, sin(x), x, cos(x), 'om--')
```

은 sin(x)를 기본으로 설정된 스타일과 색상으로 그리고, cos(x)는 자홍색(magenta)의 원과 점선으로 그린다. 이용 가능한 색상은 `c, m, y, k, r, g, b, w`[23]와 같은 기호로 표시된다. 이들이 무엇을 나타내는지 알기 위해서 즐거운 마음으로 기호를 변경해 가며 실행해 보라. 또한, 이용 가능한 모든 범위의 기호들을 알기 위해서 help `plot`를 이용할 수도 있다.

9.1.4 축의 한계 설정

MATLAB을 사용하여 그래프를 그릴 때마다 MATLAB은 자동으로 데이터에 맞게 축의 한계를 조정한다. 이것은 다음과 같은 명령어로 설정할 수도 있다.

```
axis( [xmin, xmax, ymin, ymax ])
```

이것은 현재 그래프의 상한, 하한을 재조정한다. 즉, 먼저 그래프를 그리고 나서, 축의 한계를 재설정한다. 만약 축의 한계 값을 설정하는데 있어서 다른 값은 자동으로 하고 최소값이나 최대값 중 하나를 새로 지정하고자 한다면, 자동 설정치에 대해서는 Inf 또는 -Inf를 사용하라.

다음 명령어를 사용하여 자동 축 설정의 기본값으로 되돌릴 수도 있다.

```
axis auto
```

명령문

```
v = axis
```

은 벡터 v에 현재 축 설정값을 기록한다.

크기 설정은 다음 명령어를 이용하여 현재 한계치로 고정시킬 수 있다.

```
axis manual
```

23) c(yan), m(agenta), y(ellow), (blac)k, r(ed), g(reen), b(lue), w(hite)의 약자이다.

따라서 만약 hold가 적용되고 있는 상태라면 다음에 그려지는 그래프들도 모두 같은 한계값을 이용하게 될 것이다. 만약 다음의 명령문을 이용하여 원을 그린다면,

```
x = 0:pi/40:2*pi;
plot(sin(x), cos(x))
```

특별히 그래프 윈도우의 크기를 재조정하지 않으면 아마도 완전한 원으로 나타나지 않을 것이다. 명령어

```
axis equal
```

은 x와 y 축을 따라 단위 증분을 만들어 모니터 상에서 물리적으로 동일한 길이를 만들고, 그 결과 원은 항상 완전한 형태의 원형으로 나타난다. 이런 효과는 `axis normal` 상태에서는 수행되지 않는다.

`axis off`를 통해 축의 라벨과 축 간격(tick) 마크를 없어지게 할 수도 있고 axis on을 통해서 다시 되돌릴 수도 있다.

axes와 axis

'axes'란 단어를 단순히 사전에서의 정의처럼 'axis'의 복수형이라고 생각할 수도 있다. 그러나 MATLAB에서 용어 'axes'는 특별한 그래프 객체(object)로 사용된다. 이 객체는 x축과 y축 그리고 이들의 라벨과 점검 기호뿐만 아니라 이 특별한 축 상에 그려지는 모든 것 - 그림에서 포함된 실제 그래프와 모든 텍스트 - 들을 포함하고 있다.

9.1.5 한 그림내의 다중 그래프: subplot

`subplot` 기능을 사용하여 하나의 그래프 윈도우 안에 많은 수의 그래프를 그릴 수 있다. 처음에 이것이 약간 복잡하게 보일지 모르지만, 이것의 사용 요령을 터득하는 데는 그리 어렵지 않다.

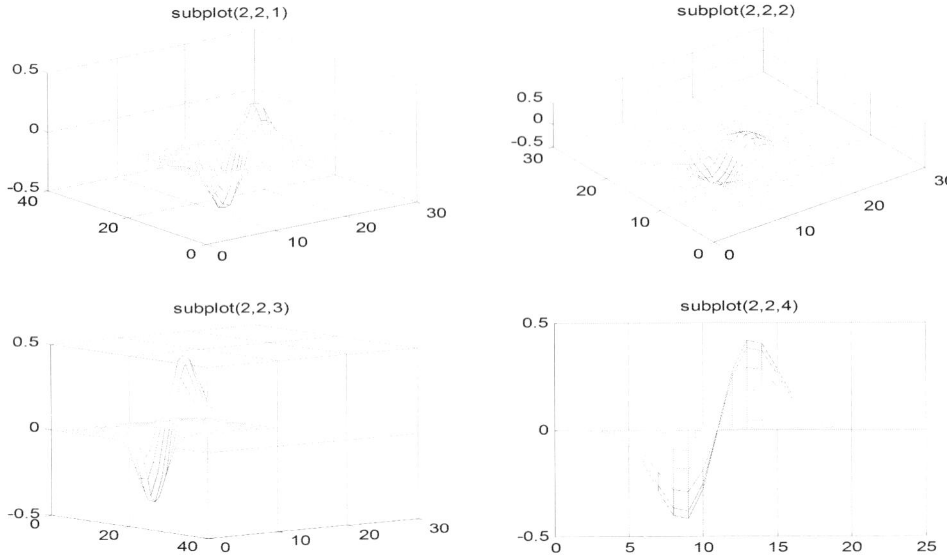

그림 9.2 4개의 subplots : 3차원 표면의 회전

명령 구문

```
subplot(m, n, p)
```

은 그래프 윈도우를 $m \times n$ 개의 작은 축 세트로 나눈다. 그리고 현재의 그래프를 그리기 위해서 p번째 세트를 선택한다. (맨 위 행의 좌측으로부터 행 순서로 번호를 붙인다.) 예를 들어서 다음의 명령구문은 그림 9.2에서 보이는 것처럼 4개의 그래프를 생성한다. (3차원 그래프는 9.2절에서 자세하게 논의될 것이다.)

```
[x, y] = meshgrid(-3:0.3:3);
z = x .* exp(-x .^ 2 - y .^ 2);
subplot(2,2,1)
mesh(z), title('subplot(2,2,1)')
subplot(2,2,2)
mesh(z)
view(-37.5,70), title('subplot(2,2,2)')
subplot(2,2,3)
mesh(z)
```

```
view(37.5,-10), title('subplot(2,2,3)')
subplot(2,2,4)
mesh(z)
view(0,0), title('subplot(2,2,4)')
```

명령어 subplot(1,1,1)은 그림에서 하나의 축 세트로 다시 돌아가게 한다.

9.1.6 명령 figure, clf와 cla

figure(h)(여기서, h는 정수)는 새로운 그래프 윈도우를 생성하거나, 현재 작업할 그림을 figure h로 전환한다. 이후 그려지는 그래프들은 현재의 그림 안에서 그려지게 된다. h는 그림의 핸들(handle)이라고 불린다.

clf는 현재의 그래프 윈도우를 깨끗이 정리해 준다. 또한 이것은 hold 상태나 axis 상태 같은 축과 연관된 모든 특성을 초기화시켜 준다.

cla는 현재 축 상의 모든 그래프와 텍스트를 제거시킨다. 즉, 오직 x-축과 y-축 그리고 이것과 관련된 정보만을 남겨둔다.

9.1.7 그래프 입력

명령문

```
[x, y] = ginput
```

은 마우스나 방향키를 사용하여 현재 그래프로부터 무제한의 점들을 선택할 수 있게 해준다. 그래프 상에 이동 가능한 십자형 커서가 나타날 것이다. 마우스를 클릭하면 이 점의 좌표가 x(i)와 y(i)에 저장된다. Enter 키를 누르면 입력을 끝내게 된다. 그래프의 점들을 선택하고 그것들을 곡선 적합(curve fitting)시키는 예제는 이 책의 마지막 장에서 살펴보기로 하자.

명령어

```
[x, y] = ginput(n)
```

은 사용자가 정확하게 n개의 점을 선택해야 하는 것을 제외하면 ginput과 비슷하다. 보다 많은 정보는 도움말을 참조하자.

9.1.8 로그 그래프

명령어

```
semilogy(x, y)
```

는 x축은 선형 단위로, y축은 $\log_{10}$ 단위로 그래프를 그리게 한다. 예를 들어서

```
x = 0:0.01:4;
semilogy(x, exp(x)), grid
```

은 그림 9.3과 같은 그래프를 생성시킨다. y-축을 따라서 나타나는 균등한 증분은 10의 거듭제곱의 배수를 나타낸다. 따라서 격자선(grid line)은 맨 밑에서부터 시작하여 1, 2, 3, 4, ..., 10, 20, 30, ..., 100, ...을 나타낸다. 부수적으로 이 축에서 e^x의 그래프는 직선이 된다. 왜냐하면 방정식 $y = e^x$는 양쪽 모두에 로그를 취하면 1차 선형 그래프로 변형되기 때문이다.

또한, semilogx와 loglog도 살펴보도록 하자.
x와 y가 plot에서와 마찬가지로 벡터 그리고/또는 행렬 모두 될 수 있다.

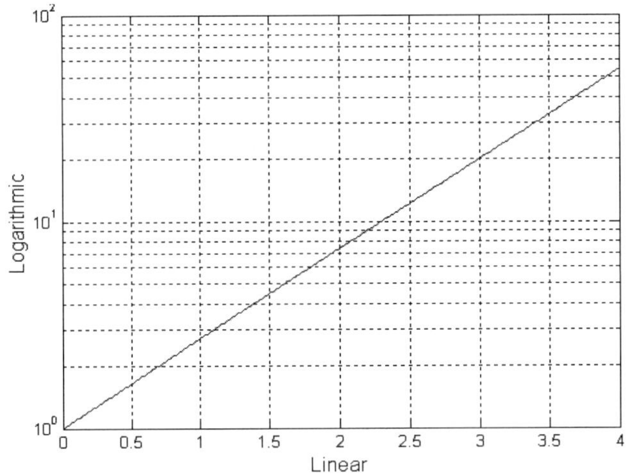

그림 9.3 로그 그래프

실습문제

semilogy를 이용하여 x^2, x^3, x^4과 e^{x^2}의 그래프를 $0 \le x \le 4$의 구간에서 그려 보라.

9.1.9 극좌표 그래프

데카르트 좌표에서의 점 (x, y)는 극좌표에서 점 (θ, r)로 표현된다. 여기서

$$\begin{aligned} x &= r\cos(\theta), \\ y &= r\sin(\theta), \end{aligned}$$

이고, θ는 0에서 2π 라디안(360°) 사이의 값을 갖는다.

다음 명령어

```
polar(theta, r)
```

는 theta의 각도와 r의 크기를 갖는 점의 극좌표 그래프(polar plot)를 생성시킨다.

다음 예제는

```
x = 0:pi/40:2*pi;
polar(x, sin(2*x)), grid
```

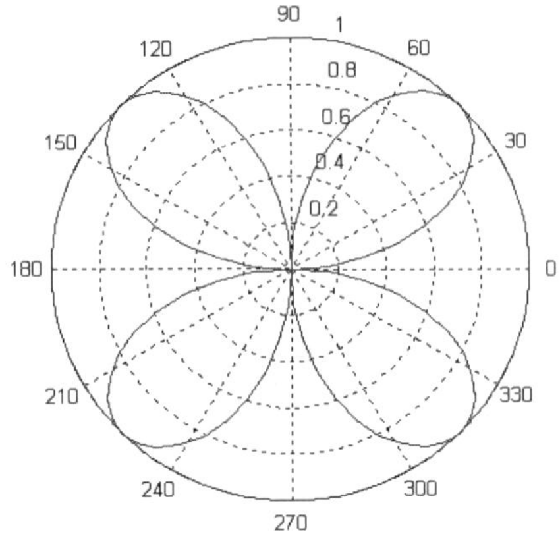

그림 9.4 θ에 대한 $\sin(2\theta)$의 극좌표 그래프

그림 9.4와 같은 그래프를 만든다.

9.1.10 수학 함수를 빠르게 변환시켜 그래프를 그리는 함수: fplot

지금까지의 그래프 예제들은 모두 x=0:0.01:4에서와 같이 x-좌표 값들이 등간격을 갖고 있었다. 그러나 만약 함수가 어떤 특정 구간에서 매우 빠르게 변화한다면, 이것은 효과적일 수 없으며 잘못된 그래프를 보여줄 수도 있다.
다음 예제를 살펴보자.

```
x= 0.01:0.001:0.1;
plot(x, sin(1./x))
```

이것을 실행시키면 그림 9.5(a)와 같이 그려질 것이다. 그러나 만약 x 증분량을 0.0001로 감소시킨다면 우리는 그림 9.5(b)와 같은 그림을 얻을 것이다. 여기서, $x < 0.04$인 구간에서는 두 개의 그래프가 매우 다르게 보인다.

MATLAB®은 보다 세련된 방법으로 그래프를 그리는 fplot 함수가 있다. 위의 방법은 같은 간격 안에서 $\sin(1/x)$을 나타내는 반면에, fplot은 보다 빠르게 변화하는 구간에서는 자주 계산하여 표시한다. 여기서 이 함수를 어떻게 사용하는지 살펴보자.

```
fplot('sin(1/x)', [0.01 0.1]) % no, 1./x not need!
```

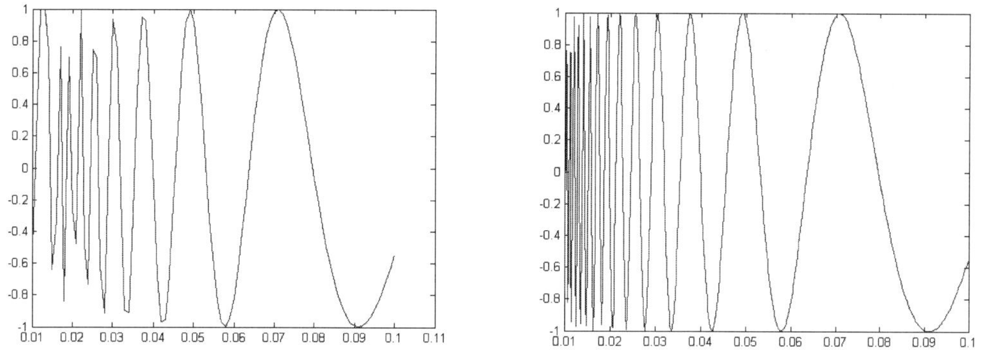

(a) (b)

그림 9.5 y = sin(1/x) 그래프

9.1.11 그래프 특성 편집

그래프를 편집하는 가장 일반적인 방법은 Property Editor를 이용하는 것이다. 즉, 그래프 윈도우에서 Edit -> Figure Properties를 선택하여 편집한다. 이 주제에 대해서는 이 장의 마지막에서 간단히 설명할 것이다.

9.2 3차원(3-D) 그래프

MATLAB®은 3차원 공간상의 직선이나 다양한 형태의 표면을 이용하여 3차원에서 데이터를 표시하고 시각화해주는 여러 함수들을 갖고 있다. 본 절에서는 대략적인 개요만 살펴보기로 한다.

9.2.1 plot3

함수 plot3는 plot의 3차원 버전에 해당된다. 명령문은 다음과 같은 형태가 되며, 좌표가 벡터 x, y, z의 원소인 점들을 통하여 3차원 공간상에서 직선의 2차원 투영도(projection)를 그린다.

```
plot3(x, y, z)
```

예를 들어서 명령문

```
plot3(rand(1,10), rand(1, 10), rand(1, 10))
```

은 3차원 공간상에 임의의 10개 점들을 생성시키고 이들을 직선으로 연결시켜 그림 9.6(a)와 같은 그림을 만들어 낸다.

다른 예제로 다음과 같은 명령문은

```
t = 0:pi/50:10*pi;
plot3(exp(-0.02*t).*sin(t), exp(-0.02*t).*cos(t),t), ...
xlabel('x-axis'), ylabel('y-axis'), zlabel('z-axis')
```

그림 9.6(b)에서 보이는 것처럼 안쪽으로 용수철 모양이 되는 나선을 나타낸다. 여기서 x-축, y-축, z-축의 방향을 주목하고 특별히 z-축은 zlabel로 라벨이 붙여진다.

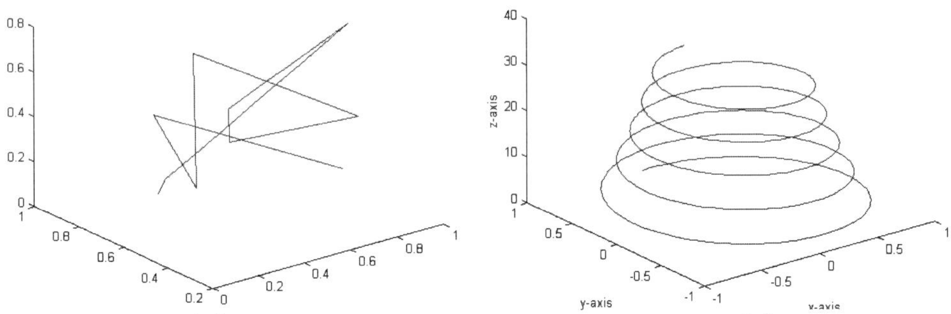

(a) (b)

그림 9.6 plot3의 예

9.2.2 3차원 애니메이션 함수: comet3

함수 comet3는 그림이 움직이는 'comet head'를 갖고 그려진다는 것만 빼고는 plot3와 유사하다. comet3를 이용하여 그림 9.6(b)의 나선을 움직이게 해보자.

9.2.3 그물망 표면 그래프

1장에서 우리는 멕시코 모자(Mexican hat)를 어떻게 그리는지 살펴보았다. (그림 1.13):

```
[x y] = meshgrid (-8 : 0.5 : 8 );
r = sqrt(x.^2 + y.^2) + eps;
z = sin(r) ./ r;
```

이것은 그물망 표면 그래프(mesh graph)의 한 예를 나타낸다.

어떻게 이러한 표면이 그려지는지 알기 위해서 간단한 예제 $z = x^2 - y^2$을 취해보자. 우리가 찾는 표면은 $x - y$ 평면 주위를 움직임으로써 나타나는 z값에 의해 생성된다. 이 평면의 첫 번째 사분면을 다음과 같은 범위로 제한하여 보자.

$$0 \leqq x \leqq 5, \ 0 \leqq y \leqq 5$$

첫 번째 단계는 그래프가 그려질 $x - y$ 평면에 눈금을 설정하는 것이다. 이를 위해 MATLAB 함수 meshgrid를 다음과 같이 사용할 수 있다.

```
[x y] = meshgrid(0:5)
```

이 명령문은 2개의 행렬 x와 y를 생성시킨다. (meshgrid와 같은 함수들은 출력 독립변수를 한 개 이상 되돌려주는 함수로서, 10장에서 자세하게 다루어질 것이다.) 그러나, 본 장에서 meshgrid를 사용하기 위해서 이 부분에 대하여 자세하게 알 필요는 없다.

이번 예제에서 생성된 2개의 행렬은 아래와 같다.

```
x =
     0     1     2     3     4     5
     0     1     2     3     4     5
     0     1     2     3     4     5
     0     1     2     3     4     5
     0     1     2     3     4     5
     0     1     2     3     4     5


y =
```

```
0     0     0     0     0     0
1     1     1     1     1     1
2     2     2     2     2     2
3     3     3     3     3     3
4     4     4     4     4     4
5     5     5     5     5     5
```

이 함수를 실행시키면, 행렬 x의 열은 격자점(grid) 안에 있는 점들의 x좌표를 유지시키며 y의 행은 y 좌표값을 유지시킨다. 즉, meshgrid 안의 매개변수에 의해 생성된 벡터를 그 수만큼 x는 행으로 복사하고, y는 열로 복사한다. MATLAB 배열 연산자가 원소별로 연산을 수행한다는 것을 상기해 보면, 다음 명령문은

```
z = x .^ 2 - y .^ 2
```

올바르게 표면의 점들을 생성시킬 수 있음을 알 수 있다.

```
z =
      0     1     4     9    16    25
     -1     0     3     8    15    24
     -4    -3     0     5    12    21
     -9    -8    -5     0     7    16
    -16   -15   -12    -7     0     9
    -25   -24   -21   -16    -9     0
```

예를 들어서 격자점 (5, 2)에서 z는 $5^2 - 2^2 = 21$이란 값을 가진다. 그런데, 처음부터 눈금 좌표와 행렬의 첨자와의 정확한 관계에 대해서 걱정할 필요는 없다. 이것은 meshgrid에 의해 만들어지기 때문이다.

명령 구문 mesh(z)는 격자점들 위에 놓여 있는 표면에서 각 좌표 점들을 연결한 그물 모양의 선들로 그림 9.7과 같은 그림을 그리게 한다.

mesh(z)가 x축과 y축에 대해서 행과 열 순서(인덱스)에 따른 행렬 값을 z로 나타내고 있음을 주목하라. 만약, x와 y축에 대하여 정해진 위치에 해당되는 값을 나타내고자 한다면, mesh(x, y, z)를 사용하라. 이것은 다른 많은 3차원 그래프 함수에도 적용된다.

mesh 함수는 표면을 그물망(wire frame) 형태로 그린다. 이 그물망 형태의 그림은 작은 타일로 뒤덮인 모습을 나타낸다. 시각화를 위한 또 다른 대안은 색상으로 채워진 표면(surface)을 생성시키는 surf 함수이다.

mesh와 surf의 다양한 쓰임을 알고 싶다면 도움말을 살펴보자.

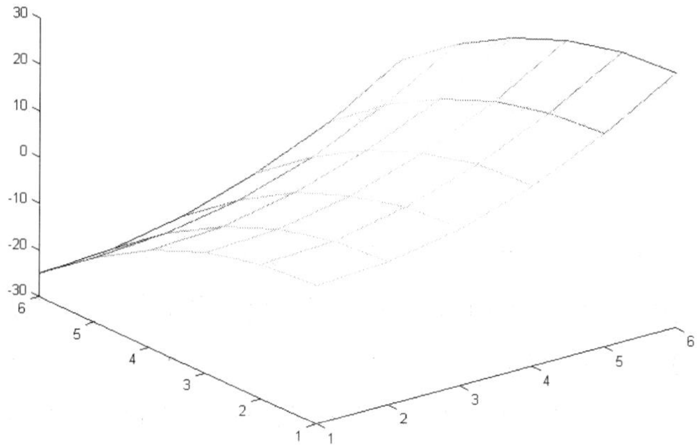

그림 9.7 $z = x^2 - y^2$의 표면 그래프

실습문제

1. 다음 명령어를 이용하여 정교한 격자면(각 방향으로 0.25의 간격)으로 그림 9.7의 표면을 다시 그려 보라(mesh 점들의 수는 각 방향으로 21 이다).

```
[x y] = meshgrid(0:0.25:5);
```

2. 강철판의 최초 열 분포는 다음 함수로 주어진다.

$$u(x,y) = 80y^2 e^{-x^2 - 0.3y^2}$$

다음과 같이 정해진 격자 범위에서 표면 u의 그래프를 그려 보라.

$-2.1 \le x \le 2.1,\ -6 \le y \le 6,$

격자 폭은 양 방향 모두 0.15이다. 그림 9.8과 같은 그림을 얻을 수 있을 것이다.

9.2.4 등고선 그래프

만약 그림 9.8에 대해 분석하려 한다면 다음 명령어를 사용해 보자.

```
contour(u)
```

그림 9.9(a)에서 보듯이 열 분포의 등고선 그래프(contour plots) 즉, 등온선(같은 온도들의 연결선)을 얻을 수 있다.

```
%x-y-grids different
[x y] = meshgrid(-2.1:0.15:2.1, -6:0.15:6);
u = 80 * y.^2 .* exp(-x.^2 - 0.3*y.^2);
contour(u)
```

함수 contour는 두 번째 입력 변수를 취할 수 있다. 그것은 얼마나 많은 등고선을 그릴 것인가를 명시하는 스칼라 값이거나 또는 등고선 수준을 그리기 위한 값들을 정의하는 벡터가 될 수도 있다. 그림 9.9(b)에서 보듯이 contour3를 가지고 3차원 등고선 그래프를 얻을 수 있으며, 등고선 수준은 clabel로 라벨이 붙여진다(도움말 참조하라).

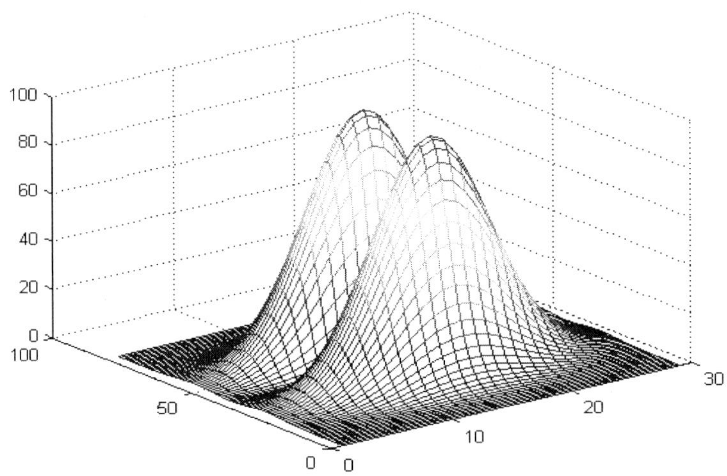

그림 9.8 강철 평판의 열분포

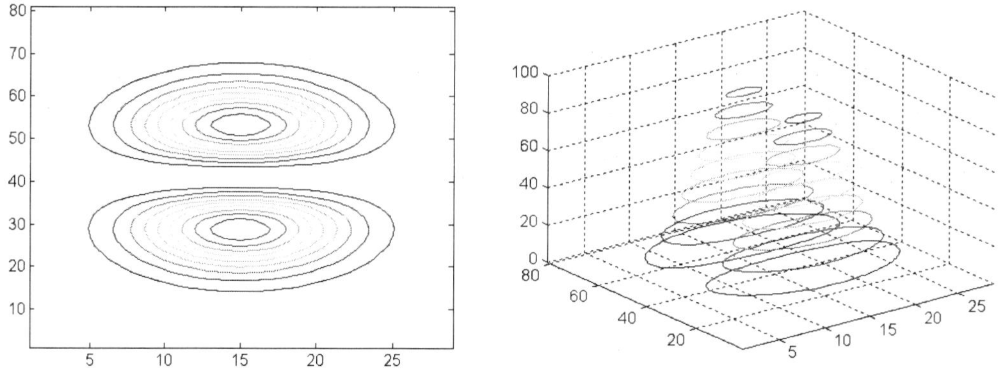

(a) (b)

그림 9.9 등고선 그래프

3차원 등고선 그래프는 meshc 또는 surfc로 표면 그래프 아래에 그려지게 된다. 예를 들어, 다음 명령어는

```
[x y] = meshgrid(-2:.2:2, -2:.2:2);
z = x .* exp(-x.^2 - y.^2);
meshc(z)
```

그림 9.10(a)와 같은 그래프를 생성시킨다.

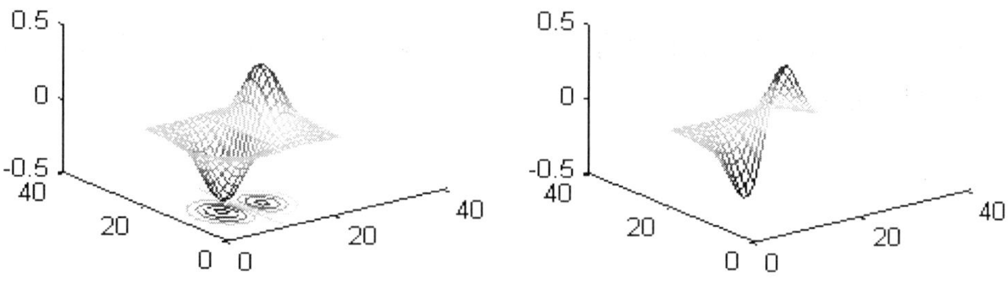

(a) (b)

그림 9.10 (a) meshc; (b) 표면 잘라내기

9.2.5 NaN을 이용한 표면 그래프 잘라내기

표면 그래프를 나타내기 위한 행렬이 NaN을 포함하고 있다면 이 원소들은 그려지지 않는다. 즉, 이것은 표면의 일정 부분을 잘라낼 수 있게 해준다. 예를 들어서 다음 명령문은 그림 9.10(b)와 같은 그래프를 만들어낸다.

```
[x y ] = meshgrid(-2:.2:2, -2:.2:2);
z = x .* exp(-x.^2 - y.^2);
c = z; % preserve the original surface
c(1:11, 1:21) = nan*c(1:11, 1:21);
mesh(c), xlabel('x-axis'), ylabel('y-axis')
```

9.2.6 벡터장의 가시화

함수 quiver는 경사도 또는 벡터장을 가리키는 작은 화살표들을 그리는 기능을 한다. 이 함수가 2차원의 그래프를 작성함에도 불구하고, 종종 contour 함수와 결합되어 사용하고, 이것이 본 장에서 이 함수가 간략히 기술되는 이유이다.

일례로 두 개의 변수를 갖는 스칼라 함수 $V=x^2+y$를 생각해보자. V의 경사도는 벡터장(vector fields)으로 정의된다.

$$\begin{aligned} \nabla V &= \left(\frac{\partial V}{\partial x}, \frac{\partial V}{\partial y}\right) \\ &= (2x,\ 1) \end{aligned}$$

다음 명령문은 $x-y$ 평면상의 점에서 ∇V의 방향을 가리키는 화살표들을 그린다(그림 9.11을 참조하라):

```
[x y] = meshgrid(-2:.2:2, -2:.2:2);
V = x.^2 + y;
dx = 2*x;
dy = dx;                % dy same size as dx
dy(:,:)=1;         % now dy is same size as dx but all 1's
contour(x, y, V), hold on
quiver(x, y, dx, dy), hold off
```

등고선(contour) 선들은 같은 수준의 표면 집합을 가리킨다. 어떤 점에서의 경사도는 그 점이 통과하는 표면의 수준에 직교한다. 벡터 x와 y는 등고선 그래프에 대한 축들을 지정하기 위하여 `contour` 함수를 부를 때 필요하다.

quiver에 대한 추가적인 선택 사양 파라미터는 화살표의 길이를 정의하는 것이다. 도움말을 참조하라. 만약 V를 미분할 수 없거나 하기를 원치 않는다면, 다음과 같이 도함수(derivative)를 추정하기 위하여 gradient 함수를 사용할 수 있다.

```
[dx dy] = gradient(V, 0.2, 0.2);
```

여기서, 0.2란 수치는 근사적으로 사용된 x와 y방향에서의 증분량을 나타낸다.

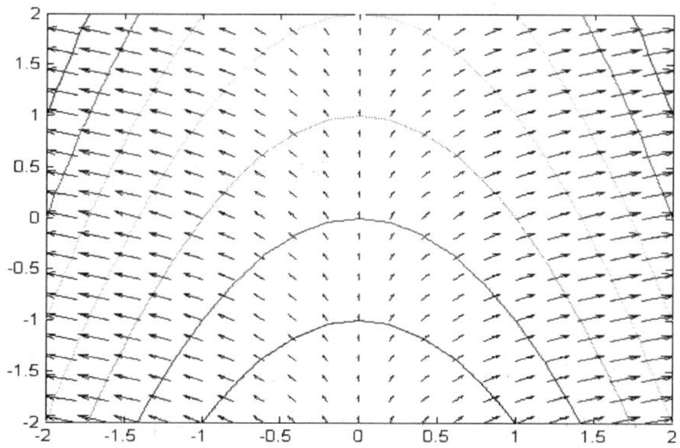

그림 9.11 경사도와 등고선 그래프

9.2.7 행렬의 시각화

함수 `mesh`는 행렬을 시각화시키는데 사용될 수 있다. 다음 명령문은 그림 9.12와 같은 그래프를 생성시킨다.

```
a = zeros(30,30);
a(:,15) = 0.2*ones(30,1);
a(7,:) = 0.1*ones(1,30);
a(15,15) = 1;
mesh(a)
```

행렬 a는 30×30 행렬이다. 중간에 있는 원소, a(15, 15)는 1이고, 7행의 모든 원소는 0.1이다. 그리고 15열에 있는 나머지 원소들은 0.2이다. mesh(a)는 행렬 a의 행과 열을 $x-y$ 좌표계로 하고, 값 a(i, j)를 점 (i, j)위에서의 그물망 표면으로 형성시킨다.

함수 spy는 희박행렬(sparse matrix)을 시각화하는데 유용하다.

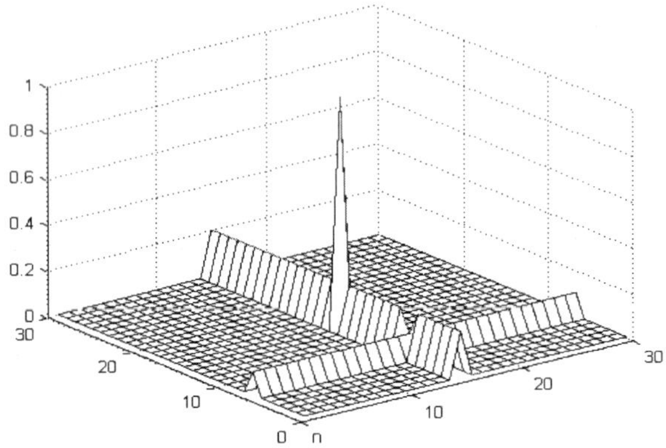

그림 9.12 행렬의 시각화

9.2.8 3차원 그래프의 회전

함수 view는 3차원 그래프를 보는 각도를 설정할 수 있게 한다. 그것이 동작되는 것을 보고 싶다면 다음 프로그램을 실행해 보라. 그림 9.12에 있는 시각화된 행렬이 회전하는 것을 볼 수 있을 것이다.

```
a = zeros(30,30);
a(:,15) = 0.2*ones(30,1);
a(7,:) = 0.1*ones(1,30);
a(15,15) = 1;
el = 30;
for az = -37.5:15:-37.5+360
     mesh(a), view(az, el)
     pause(0.5)
end
```

함수 `view`는 2개의 파라미터를 갖는다. 첫 번째 것은(예제에서 az) $x-y$ 평면에 있는 방위각(azimuth) 또는 극좌표 각도(단위: degree)를 가리킨다. 변수 az는 $z-$축에 대하여 - 즉, 그림 9.12에 있는 뾰족한 점 (15,15)에 대하여 관찰위치(viewpoint)를 반시계 방향으로 회전시킨다. `az`의 기본값은 -37.5° 이다. 따라서 프로그램은 기본 위치에서 15° 의 간격으로 $z-$축에 관해서 반시계방향으로 회전시키게 된다.

함수 `view`의 두 번째 파라미터는 수직 고도(elevation) el이다(단위: degree). 이것은 관찰위치로부터의 직선이 $x-y$ 평면과 만드는 각도를 의미한다. 즉, el에 대한 값이 90° 이면, 바로 위에서 관찰을 한다는 뜻이다. 이 수직 고도가 양수이면 관찰 위치가 $x-y$ 평면보다 위에 있다는 것을 의미하고, 음수는 아래에 있음을 뜻한다. el의 기본값은 30° 이다.

명령어 `pause(n)`은 n초 동안 실행을 중지시킨다.

다음과 같은 방법으로 3차원 그래프를 대화식으로 회전시킬 수도 있다. 그래프 윈도우에서 메뉴 아래 툴바(toolbar)의 맨 오른쪽에 있는 'Rotate 3-D' 버튼을 클릭하라. 그래프를 마우스로 클릭하면 회전시키는데 도움이 되는 윤곽선이 보이게 될 것이다. 회전시키고자 하는 방향으로 마우스를 드래그(drag)한 후 버튼을 놓으면 회전된 그래프가 다시 그려지게 된다.

TIP 마우스를 드래그 하는 동안 보이는 그래프 좌측 하단의 Az와 El의 값을 참조하면 원하는 방위각과 고도를 정확히 설정할 수 있을 것이다.

실습문제

위의 프로그램을 고도를 점진적으로 변화시키는 것으로 수정하라. 단, 방위각은 기본값을 사용한다.

9.3 핸들 그래픽스

MATLAB®이 우수한 그래프 능력을 많이 지원하는 것은 순전히 그래프의 각 요소를 객체로 다루는 핸들 그래픽스(handle graphics) 때문이다. 이와 관련한 자세한 내용은 MATLAB 매뉴얼인 『**MATLAB 사용법**(Using MATLAB): **그래픽스**(Graphics)』에 있음을 밝히고 여기서는 평소 자주 사용하는 몇몇 중요한 특징들에 대하여 간략히 살피기로 한다.

핸들 그래픽스와 관련한 객체는 MATLAB 그래프에서 사용하는 기본적인 요소이다. 이는 그림 9.13에서 보는 바와 같이 부모-자식 관계로 서로의 정보를 계승하고 참조할 수 있도록 되어 있다. 하나의 예로, 선(Line)과 글자(Text) 객체는 축(Axes)의 객체와 자식 관계에 있고, 또 축은 그림(Figure) 객체를 부모로 가지는 식이다.

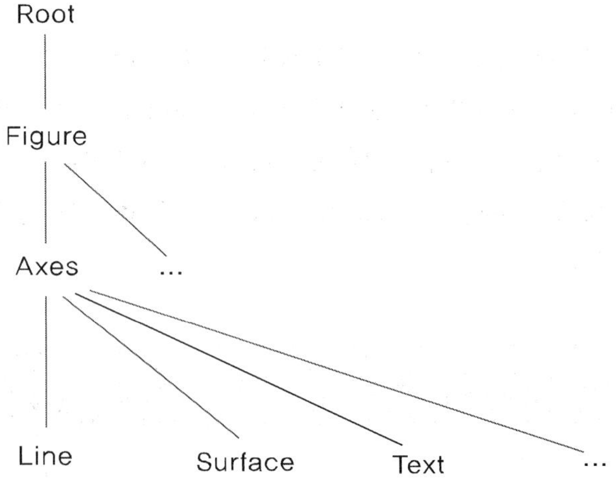

그림 9.13 핸들 그래픽스의 부모-자식 관계(위에서 아래로)

MATLAB® 사용자가 그린 그림의 실제 객체는 선이지만 이는 내부적으로 선의 부모인 축이 축의 부모인 그림 안에 자리를 잡아 선의 방향을 정하고, 또 축에 제목을 붙인다거나 아무 곳에나 주석을 다는 따위도 글자 객체가 축의 자식이기 때문에 가능한 것이다. 아무튼 그래프 객체를 마음대로 조작하기 위해서는 이런 부모-자식 관계를 아는 것이 가장 중요한 일이다.

그래프 객체의 핸들이란 도대체 무얼까? MATLAB은 그래프를 그릴 때마다 그래프의 각 객체에 자동적으로 번호를 붙여 놓는데 이것이 핸들이다. 이런 핸들은 이를 돌려주는 함수를 써서 얻을 수도 있고, 또 자신이 그래프를 그릴 때 핸들을 직접 받아 쓸 수도 있다. 핸들은 그림이나 뿌리(Root) 객체를 제외하고는 모두 부동소수점 숫자이지만 정확한 값은 별 의미가 없고 이를 잘 저장하였다고 나중에 그래프를 바꾸고 조작할 때 어떻게 사용하느냐 하는 일이 훨씬 더 중요하다.

뿌리 객체는 핸들이 0으로 고정되어 있는데 이는 MATLAB이 기동할 때 오직 하나만 만들기 때문이다. 그리고 그림 객체는 뿌리 객체의 자식으로 여러 개 있을 수 있으므로 만들어지는 순서대로 정수 1부터 n까지 번호를 붙여 핸들로 사용한다. 그림 9.13을 다시 살펴 그래프 객체의 부모-자식 관계를 다시한번 새겨두면 좋겠다.

9.3.1 핸들의 취득

그래프 객체에 대한 핸들을 얻는 방법은 다음과 같다.

- 그래프 객체를 만드는(그리는) 함수는 항상 그 객체에 대한 핸들을 반환한다. 즉,

```
x = 0:pi/20:2*pi;
hsin = plot(x,sin(x))
hold on
hx = xlabel('x')
```

  와 같이 얻을 수 있다. 여기서 hsin는 선 객체(사인 함수)에 대한 핸들이고 hx는 현재의 축 객체에 자식으로 등록된 글자 객체(x축의 제목)에 대한 핸들이다. 또 임의의 정수 h를 사용한

```
figure(h)
```

  는 핸들이 h인 새로운 그림 객체(보통 그림창(figure window)이라 함)를 만들어 주고 이를 현재의 그림창으로 활성화시킨다.

- 특별한 그래프 객체의 핸들을 돌려주는 함수는 다음과 같다.

gcf 현재의 그림창에 대한 핸들을 돌려준다.

hf = gcf; 따위로 쓸 수 있다. 참고로 gcf는 "get current figure"의 약자이다.

gca 현재의 축에 대한 핸들을 돌려준다.

"get current axes"의 약자이다.

gco 현재의 그래프 객체(가장 최근에 만들거나 마우스로 클릭한 객체)에 대한 핸들을 돌려준다. 예를들어, 이전에 사인 그래프를 그리고 이의 핸들을 hsin에 저장해 놓은 상태에서 지금 마우스로 그림창의 사인 곡선을 클릭한 후에 ho = gco와 같이 명령하면 ho는 hsin와 같이 사인 그래프에 대한 핸들을 담게 된다. 참고로 그림창에서 사인 곡선이 아닌 다른 곳을 클릭하면 ho는 이 사인 곡선의 부모가 되는 축에 대한 핸들이 저장된다. 확인해 보길 바란다. "get current object"의 약자이다.

9.3.2 그래프 객체의 특성값과 이의 수정

그래프 객체에 대한 핸들을 저장해 두었다면 이를 이용하여 언제든지 그 객체의 특성값을 바꿀 수 있다. 하나의 예로, 다음과 같이 사인 그래프를 그려서 이의 핸들을 사용할 수 있다고 치자.

```
x = 0:pi/20:2*pi;
hsin = plot(x, sin(x))
```

먼저, 이 그래프에 선의 굵기를 좀 더 두껍게 하고자 한다면

```
set(hsin, 'linewidth', 4)
```

와 같이 명령한다. 확인해 보라. 여기서 linewidth는 그래프 객체의 많은 특성값 중에서 하나에 불과하다. 임의의 객체가 어떤 특성값을 가지고 있는지 알고 싶으면 그 객체의 핸들인 h를 함수 get을 이용하여 명령창에 get(h)와 같이 입력하면 되겠다. 사인 그래프인 경우의 특성값은 다음과 같다.

```
get(h)
    Color: [0 0 1]
    EraseMode: 'normal'
    LineStyle: '-'
    LineWidth: 4
    Marker: 'none'
    MarkerSize: 6
```

```
        MarkerEdgeColor: 'auto'
        MarkerFaceColor: 'none'
        XData: [1x41 double]
        YData: [1x41 double]
        ZData: [1x0 double]
        BeingDeleted: 'off'
        ButtonDownFcn: []
        Children: [0x1 double]
        Clipping: 'on'
        CreateFcn: []
        DeleteFcn: []
        BusyAction: 'queue'
        HandleVisibility: 'on'
        HitTest: 'on'
        Interruptible: 'on'
        Parent: 157.0026
        Selected: 'off'
        SelectionHighlight: 'on'
        Tag: ''
        Type: 'line'
        UIContextMenu: []
        UserData: []
        Visible: 'on'
```

객체에 대한 특성값을 알았으면 set 함수를 써서 이를 수정할 수 있다. 즉,

```
set(handle, 'PropertyName', PropertyValue)
```

와 같은 형식이다. 그리고 관심 있는 객체에 어떤 특성값을 수정할 수 있는지 찾으려면 간단히 set(handle)로 명령한다. 좀 복잡하게 보일지 몰라도 이의 사용 방법이 꼭 정해져 있어서 조금만 익숙하면 전혀 문제될 게 없다. 예를 하나 더 들면,

```
set(gcf, 'visible', 'off')
```

은 현재의 그림창을보이지 않게 하라는 뜻이다. 물론 그림창을 닫지는 않았기 때문에 여전히 그 자리에 있으면서 단지 눈에 보이지만 말게 하라는 것이므로 나중에 다시 나

타나게 할 수 있다.

특성값의 이름은 대·소문자를 구분하지 않고, 또 여러 특성값 이름에서 꼭 하나로만 인식할 수 있다면 몇몇 글자로 축약하여 적을 수도 있다. 즉, 특성값 이름 Type을 ty로 축약하여

```
get(hsin, 'ty')
ans =
line
```

와 같이 사용해도 괜찮다. 그리고 특성값은 그래프 객체마다 모두 똑같지는 않다. 각 객체를 잘 기술하고 표현할 수 있는 특성값만 있기 때문인데, 하지만 몇몇 특성 값 즉, children, parent, type 따위는 모든 그래프 객체에 다 공통적으로 존재한다.

9.3.3 핸들 벡터

그래프 객체가 자식 객체를 여럿 가지고 있을 때 `get` 명령어로 이 객체의 `children` 특성값에 들어있는 내용을 돌려받으면 핸들도 여러 개 즉, 핸들을 요소로 하는 벡터를 얻는다. 그리고 이 핸들을 정렬해 보면 아주 흥미로운데 객체의 부모-자식 관계를 왜 알아야 하는지를 느낄 수 있다. 하나의 예로, 진폭이 일정한 사인 곡선과 진폭이 지수적으로 감소하는 사인 곡선(서로 구분하기 위해 이 곡선은 o 표시로 나타냄)을 같은 그림창에 그려보자. 즉,

```
x = 0:pi/20:4*pi;
plot(x, sin(x))
hold on
plot(x, exp(-0.1*x).*sin(x), 'o')
hold off
```

와 같이 입력한 후에

```
hkids = get(gca, 'children')
```

을 실행해 보자. 우선, `hkids`는 선 객체에 대한 2개의 핸들을 담은 벡터인 것을 확인할 수 있을 것이다. 그러면 어떤 핸들이 어떤 그래프(선 객체)를 가리킬까? 답은 이렇다. `hkids`의 요소에 자리 잡는 순서는 축 객체의 자식 즉, 각 사인 그래프가 그려

진 순서와 반대이다. hkids(1)은 지수적으로 감소하는 사인 그래프의 핸들이고 hkids(2)는 먼저 그려진 사인 곡선에 대한 핸들이라는 말이다. 따라서 이 핸들 벡터를 써서 하나는 곡선의 표시를 *로 바꾸고, 또 다른 하나는 곡선의 두께를 좀 두껍게 하여 그림 9.14와 같이 수정하고자 한다면

```
set(hkids(1), 'marker', '*')
set(hkids(2), 'linewidth', 4)
```

을 명령창에 입력할 수 있겠다.

현재 다루고 있는 그래프에서 임의의 핸들을 얻으려면 이 핸들을 지정할 수 있는 특성값과 함께 findobj 함수를 이용한다. 즉, 그림 9.14에서 지수적으로 감소하는 사인 곡선의 핸들(* 표시의 선 객체)을 찾으려면

```
hdecay = findobj('marker', '*')
```

와 같이 쓸 수 있다.

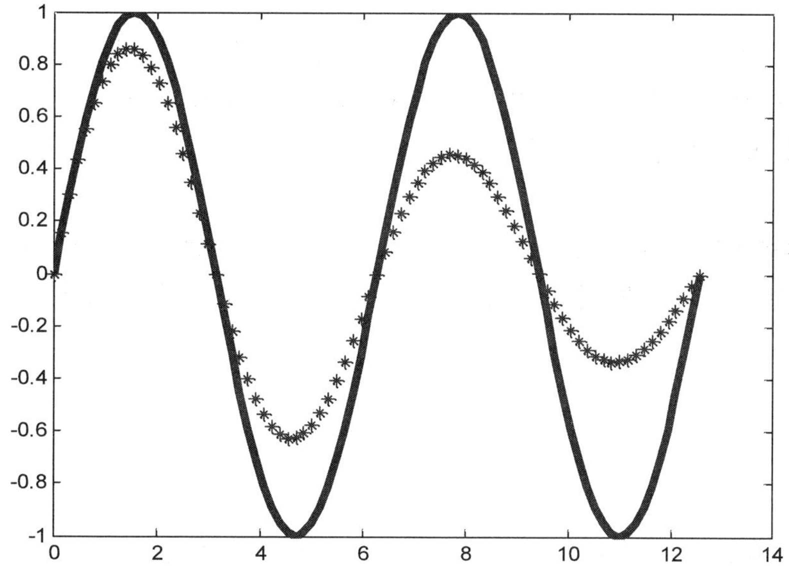

그림 9.14 축의 자식 핸들로 그림을 조작한 결과

9.3.4 그래프 객체의 생성 함수

그림 9.13에 표시된 각 그래프 객체는 뿌리 객체를 제외하고는 모두 자신의 이름이 객체의 생성 함수인데 좀 더 자세한 내용은 스스로 help 명령을 써서 알아보길 바란다.

9.3.5 그래프 객체의 생성 위치 지정

모든 그래프 객체가 생성될 때는 기본적으로 현재 그림창에 놓이지만 사용자가 임의의 그림창을 지정할 수도 있다. 예를 들어,

```
axes('parent', figure_handle, …)
```

는 축 객체를 만드는데 현재 그림창이 아니라 핸들이 figure_handle인 그림창을 부모로 하라는 뜻이다. 미리 만들어진 객체는 다음과 같이 부모를 직접 바꾸는 명령을 통해 객체의 위치를 새로 지정할 수도 있다.

```
set(gca, 'parent', figure_handle)
```

9.3.6 그림창의 크기 조정

MATLAB®은 처음 기동하면서 앞으로 사용할 그림창의 크기와 위치를 사용자의 컴퓨터 모니터 사양에 따라 미리 지정해 놓는다. 하지만 사용자가 객체의 Position 특성값을 써서 이를 직접 조정할 수 있다.

사용자가 그림창의 크기와 위치를 조정하려면 사용하는 컴퓨터 모니터에 대한 기본 사양을 먼저 알아야 하는데 이는 다음과 같이 뿌리 객체의 기본 특성값으로 확인할 수 있다.

```
get(0, 'screensize')
ans =
     1     1   1360    768
```

즉, 현재 저자가 쓰는 컴퓨터 모니터의 해상도는 1360×768로 단위는 기본값인 픽셀(pixel)인데 자신에게 익숙한 단위로 바꾸려면

```
set(0, 'units', 'normalized')
```

와 같이 뿌리 객체의 units 특성값을 이용할 수 있다. 하나의 예로 든 이 명령은 컴퓨터 모니터의 가로와 세로 크기를 모두 1로 정규화하라는 뜻인데, 이는 그림창을 컴퓨터 시스템이 서로 달라도 항상 같은 위치에 나타내고자 할 때 쓰면 아주 유용하다.

MATLAB®이 Position 특성값에 대한 반응으로 돌려주는 컴퓨터 모니터의 크기와 위치 정보는 다음과 같은 벡터 데이터이다.

```
[left  bottom  width  height]
```

여기서 left와 bottom은 컴퓨터 모니터를 기준으로 하여 그림창의 왼편 아래쪽을, 그리고 width와 height는 left와 bottom을 기준으로 그림창의 오른편 위쪽을 지정하는 값이다. (이 경우그림창의 경계는 각 데이터에 포함되지 않는다) 따라서 이런 정보와 앞에서 설명한 units 특성값으로 모니터 크기와 상관없이 같은 그림창을 같은 위치에 나타내려면(아래 예에서는 두 개의 그림창을 사용하는 모니터의 위쪽 반에 펼쳐서 나타냄) 다음과 같이 입력할 수 있겠다.

```
set(0, 'units', 'normalized')
h1 = figure('units', 'normalized', 'visible', 'off')
h2 = figure('units', 'normalized', 'visible', 'off')
set(h1, 'position', [0.05 0.5 0.45 0.35], 'visible', 'on')
set(h2, 'position', [0.53 0.5 0.45 0.35], 'visible', 'on')
```

여기서 그림창을 만들 때 visible 특성값을 'off'로 둔 까닭은 MATLAB이 그림창을 원래의 기본 위치에 놓는 일을 피하고 오직 position 특성값으로 새 위치를 정의한 다음에만 나타내려고 하였기 때문이다. 물론 이 명령들을 그림창을 만드는 명령 하나만을 써서

```
h1 = figure('units', 'normalized', 'position', [0.05 0.5 0.45
0.35], …)
```

와 같이 실행할 수도 있다.

9.4 그림의 편집

MATLAB®에서 그림을 편집하는 방법은 사용자의 취향에 따라 여러 가지로 할 수 있다.

9.4.1 그림 편집 모드

그림 편집 모드를 활성화하는 방법은 다음 중에서 하나를 선택하면 된다.

- 그림창의 메뉴에서 Tools -> Edit Plot을 선택한다.
- 그림창의 도구막대에서 그림 편집 버턴(북서쪽을 가리키는 화살표 버턴)을 누른다.
- 명령창에서 plotedit 명령을 실행한다. 그림이 편집 모드가 되면 툴바의 선택 버턴이 활성화된다. 그림 편집 모드에서 객체를 클릭해서 선택할 수 있다. 선택된 객체에 선택 표시자(selection handle)가 나타난다.

간단한 예로, 앞에서 그린 사인 곡선에 대해 이런 편집 모드를 이용하는 방법은 다음과 같다.

- 그래프 즉, 사인 곡선(혹은 선 객체)을 마우스로 눌러 선택 표시자가 나타나도록 한다.
- 선택한 객체에 오른쪽 마우스 버턴을 눌러 팝업 메뉴를 띄운다.
- 팝업 메뉴를 써서 객체의 선 종류 및 색 따위를 바꾼다.
- 각 객체에 설명을 달기 위해 메뉴에서 Insert를 선택한다(그림에 여러 개의 그림을 그릴 때 알아보기 쉽다).
- 그림창에 글상자(text box)를 넣는 과정은 이렇다. 도구막대에서 글상자 입력 버턴(대문자 A로 표시)을 눌러 글 입력 모드로 바꾼다. 이 경우 마우스의 모양이 변하는 것을 확인할 수 있고, 이 이후에 필요한 글을 입력하면 된다. 글을 입력할 때는 TeX 문자를 쓸 수 있는데, 하나의 예로 그림 14.1에 있는 x_k는 문자열 `{\itx_k}`로 입력하면 된다. MATLAB에서 사용할 수 있는 TeX 문자 및 이의 명령을 좀 더 알고 싶으면 도움말을 참조하면 좋겠다.
- 그래프에 붙은 여러 제목(라벨 포함)도 이의 형식 즉, 글자체의 종류나 크기 따

위를 바꿀 수 있는데 제목에 오른쪽 마우스 버턴을 눌러 관련된 명령을 선택하면 된다.

- 그래프에 독립된 화살표나 선을 첨가하려면 역시 도구메뉴에서 관련된 버턴을 선택한다.

그림 편집 모드를 벗어나려면 Tools 메뉴에서 Edit Plot 버턴을 한 번 더 누른다.

9.4.2 특성값 편집기

특성값 편집기(Property Editor)는 그림 편집 모드에서 작업하는 것보다 좀 더 일반적인 일을 할 수 있도록 한다. set 명령어나 마우스로 하나씩 하는 작업이 아니라 대화식으로 직접 객체의 특성값을 바꿀 수 있도록 해준다는 말이다. 특성값 편집기를 기동하는 방법은 다음과 같다.

- 그림 편집 모드에 있다면 바꿀 객체를 마우스로 더블클릭하거나 객체에 오른쪽 마우스 버턴을 눌러 나온 팝업 메뉴에서 Properties 명령을 선택한다.
- 그림창의 Edit 메뉴에서 Figure Properties, Axes Properties, 혹은 Current Object Properties 명령 중에서 하나를 선택한다.
- 명령창에서 propedit 명령을 실행한다.

특성값 편집기는 그림창에 여러 객체들이 있을 때 특히 유용하다. 즉,

```
x = 0:pi/20:2*pi;
hsin = plot(x, sin(x))
hold on
hcos = plot(x, cos(x))
hold off
```

와 같이 그래프를 그린 후에 특성값 편집기를 다음과 같이 사용할 수 있다.

- 특성값 편집기의 위쪽에 자리 잡고 있는 안내막대(navigation bar)로 현재 편집되고 있는 객체를 확인할 수 있고(안내막대에 Edit Properties for:의 형식으로 표시), 또 안내막대의 오른쪽에 있는 아래 화살표를 누르면 현재 그림창에 담겨

있는 편집 가능한 모든 객체를 보여준다. 이 예의 경우엔 두 개의 선 객체가 나타난다. 하지만 사인이나 코사인 곡선이 어떤 객체인지는 알 수 없기 때문에 직접 작업하기 전에 각 객체의 Tag 특성값에 알맞은 꼬리표를 미리 달아두는 것이 좋다.

그림창에서 사인 곡선을 선택하여 안내막대에 선 객체가 나타나도록 하고, 아울러 안내막대 아래에 세 개의 탭(tabs) 즉, Data, Style, 그리고 Info을 확인한다. 먼저, Info 탭을 눌러 sine 이라는 꼬리표를 단다. 이 꼬리표가 안내막대에 등록된 선 객체 옆에 즉시 나타나는 것을 확인할 수 있을 것이다. 코사인 곡선을 선택하여 역시 이와 똑같이 꼬리표를 달아둔다.

- 사인 곡선을 다시 선택하여 Style 탭을 써서 색, 선의 종류, 선의 두께 및 마크 표시 따위를 수정한다.
- 이제 축 객체를 선택하고 축의 몇몇 제목을 달기 위해 Labels 탭을 이용한다. 또 각 축의 범위를 정하려면 Scale 탭을 쓴다. 참고로, 현재 3-D 그래프를 편집하는 중이라면 Viewpoint 탭으로 관찰 각이나 여러 카메라 특성값을 바꿀 수 있다.

9.5 애니메이션

MATLAB®에서 애니메이션에는 3가지 기능이 있다.

- 함수 `comet`와 `comet3`로 7장에서 간단히 언급했던 혜성 모양의 그림을 그릴 때 사용한다.
- 함수 `getframe`는 연속된 여러 개의 그래프를 이용하여 이른바 "촬영 프레임(movie frame)"을 만들 때 쓰고, 그리고 함수 movie는 이렇게 촬영한 영화를 지정한 수만큼 돌릴 때(혹은 상영할 때) 쓴다.

  MATLAB의 온라인 문서 중 MATLAB Graphics: Creating Specialized Plots : Animation 에는 복잡한 행렬을 Fourier 변환하여 이로부터 16 프레임을 만들어 보인 예가 있다. 즉,

```
for k = 1:16
plot(fft(eye(k+16)))
axis equal
M(k) = getframe;
    end
```

이고, 또 이를 상영하고자(여기서는 5번)

```
movie(M, 5)
```

이 나와 있으니 참조하길 바란다.

- 애니메이션을 가장 멋있게 하려면 앞에서 배운 핸들 그래픽스(Handle Graphics)를 이용하는데, 이의 예는 바로 아래에 이어서 설명한다.

9.5.1 핸들 그래픽스를 이용한 애니메이션

우선, 다음 스크립트 파일을 실행해 보라. o 표시가 자신의 자취를 남기면서 사인 곡선을 계속 그려나가는 것을 볼 수 있을 것이다.

```
% animated sine graph
x = 0;
y = 0;
dx = pi/40;
p = plot(x, y, 'o', 'erasemode', 'none');
% 'xor' shows only current point
% 'none' show all points
axis([0  20*pi  -2  2])
for x = dx:dx:20*pi
   x = x + dx;
   y = sin(x);
   set(p, 'xData', x, 'yData', y)
   drawnow
end
```

위 프로그램에 대한 간단한 설명은 다음과 같다.

■ 문장

```
p = plot(x, y, 'o', 'erasemode', 'none');
```

는 여러 일을 하는데, 우선 그래프의 첫 번째 데이터를 그림창에 찍고 다음 번 그래프의 기준을 제공하기 위해 이의 핸들을 반환한다. 두 번째 일은 특성값 Erasemode를 'none'으로 하여 객체를 그릴 때 기존에 찍힌 객체를 지우지 말라는 명령을 미리 해 놓는다. (참고로 이 특성값을 'xor'로 두고 해보면 애니메이션에 대한 이해를 좀 더 높일 수 있을 것이다.)

■ 문장

```
set(p, 'xData', x, 'yData', y)
```

는 객체 p의 x 및 y 데이터를 `for` 루프 안에서 새로운 값으로 계속 바꾸어준다. 값만 바꾸지 그림창에 그리지는 않는다. 다시 말하면, 그리라는 명령이 있기까지는 메모리의 데이터 대기열(data queue)에 배치해 둔다는 뜻이다.

■ 마지막으로 함수 `drawnow`을 불러 대기열에 있는 데이터를 모니터에 그리게 한다. 명령창에서 `help drawnow`를 쳐 MATLAB이 대기열의 데이터를 불러 모니터에 그리는 몇 가지 경우를 확인해 볼 수 있는데 간단히 요약하면 다음과 같다.

- 실행 제어가 MATLAB 프롬프트로 돌아갈 때(MATLAB에서 그래프를 그리는 대부분의 경우가 여기에 해당한다)
- 문장 pause를 만날 때
- 명령 getframe을 실행할 때
- 명령 drawnow를 실행할 때

하나의 예로, 위의 애니메이션에서 o 표시가 좀 더 천천히 움직이도록 하려 drawnow를 pause(0.05)로 바꾸어 0.05초 간격으로 애니메이션이 일어나게 할 수 있다.

다음 번 예는 애니메이션에 대한 MATLAB 도움말의 Animation 부분을 참조한 것인데 3개의 비선형 미분 방정식으로 표시되는 카오스 운동(chaotic motion)을 다루고 있다.

보통 이런 미분 방정식을 Lorenz의 요상한 끌개(strange attractor)라 하고 이의 기본 형식은

$$\frac{dy}{dt} = \mathrm{A}y$$

와 같다. 여기서 $y(t)$는 요소가 3개인 벡터이고 A는 y에 따라 값이 변하는 행렬로

$$\mathrm{A} = \begin{bmatrix} -8/3 & 0 & y(2) \\ 0 & -10 & 10 \\ -y(2) & 28 & -1 \end{bmatrix}$$

이다.

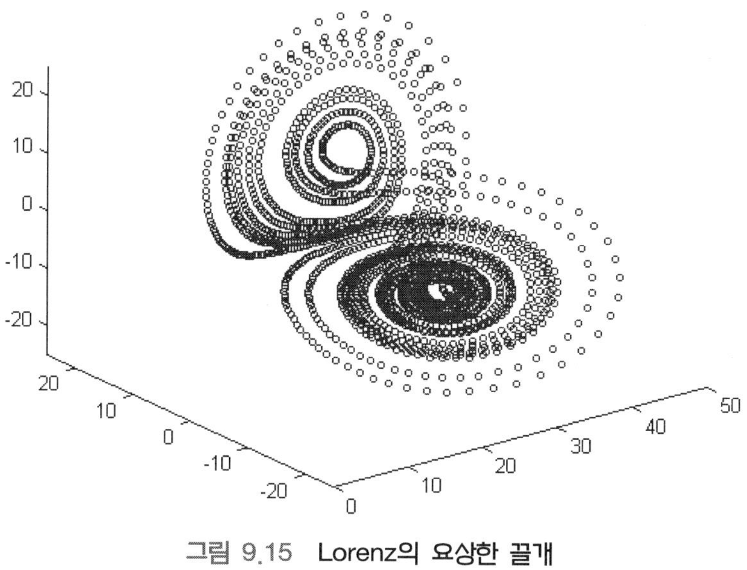

그림 9.15 Lorenz의 요상한 끌개

다음 스크립트 파일은 이 미분 방정식을 Euler 방법을 써서 근사적으로 풀고, 동시에 이 해가 두 개의 서로 다른 끌개를 중심으로 운동한다는 사실을 보인다. 그림 9.15은 이 해의 데이터를 수천 개 이상 그린 후에 나타난 그림이다.

```
A = [-8/3  0  0;  0  -10  10;  0  28  -1];
y = [35  -10  -7]';
```

```
h = 0.01;
p = plot3(y(1), y(2), y(3), 'o', 'erasemode',...
    'none', 'markersize', 2);
axis([0  50  -25  25  -25  25])
hold on
i = 1;
while 1
   A(1, 3) = y(2);
   A(3, 1) = -y(2);
   ydot = A*y;
   y = y + h*ydot;

   % change color occasionally
   if rem(i, 500) == 0
      set(p, 'color', [rand  rand  rand])
   end
   % change coordinates
   set(p, 'xData', y(1), 'yData', y(2), 'zData', y(3))
   drawnow
   i = i+1;
end
```

모든 데이터를 같은 색으로 그리면 새 데이터를 확인할 수 없기 때문에 500개의 데이터 마다 임의의 색으로 바꾸도록 했다.

9.6 색에 대하여

9.6.1 색지도

MATLAB® 그래픽스를 이용하면 엄청난 색을 만들 수 있다. 아마 어떻게 그럴 수 있나 하면서 놀랄 정도일 것인데, 하나의 예로 다음 스크립트 파일을 실행해 보라. 우주에서 본 지구의 모습을 볼 수 있을 것이다.

```
load earth
image(X); colormap(map)
axis image
```

여기서 axis image는 축이 사각형 박스로 나타나 데이터를 꼭 맞게 감싸는 것을 제외하고는 axis equal와 같은 명령이고, 또 지구의 색을 다르게 보이고 싶다면 colormap의 입력 인수를 map에서 hot 따위로 바꾸어도 좋겠다.

데이터 집합 earth에서 불러들인 행렬 X는 크기가 257×250이며 이의 각 요소는 범위가 1에서 64까지로 정해진 정수이다. 이를 확인해 보려면 X의 부행렬(submatrix)을 다음과 같이 출력해 보면 된다. (이 경우 아프리카의 북동부 지역에 해당한다)

```
X(39:41, 100:102)
ans =
    14    15    14
    10    16    10
    10    10    10
```

함수 colormap은 기본값으로 64×3의 행렬을 만드는데 이의 요소 범위는 0과 1 사이의 값으로 3개의 열에 있는 각 값이 바로 비디오 성분 RGB 즉, 빨강색(red), 녹색(green), 그리고 파란색(blue)에 대한 비율 강도를 나타낸다. 따라서 이 행렬의 각 행이 RGB에 따른 특별한 색을 정의한다고 보면 된다. 함수 image는 입력 인수의 각 요소를 색지도의 각 행과 연결시키는데, 간단한 예로 X(40, 101)은 값이 16이므로 색지도의 16번째 행인

```
0.6784   0.3216   0.1922
```

이 해당하는 곳의 색이 되도록 하는 식이다. 이때, 색지도의 16번째 행의 값은

```
cm = colormap(map);
cm(16, :)
```

와 같이 확인할 수 있다. 여기서 색지도 map은 앞에서 earth 데이터를 읽어올 때 메모리에 함께 저장된 색지도이다. 이 RGB의 값들은 그림의 위에서 40번째, 그림의 왼쪽에서 101번째 픽셀의 색을 명시한다. 덤으로 다음을 실행해 보면:

```
[xp yp] = ginput
```

그림에 십자선 커서가 나타나고 마우스를 이용해서 그림의 한 점을 클릭하면 그 점의 좌표를 얻을 수 있다. 북동 아프리카를 클릭해 보면:

```
xp =
   101.8289  % from the left (column of X)
yp =
   40.7032  % from the top (row of X)
```

여기서 xp와 yp는 X의 열과 행에 해당한다(X가 그림 위에 중첩 되었다고 상상해 보아라).

MATLAB®은 기본적으로 색지도 함수를 여러 개 지원한다. 즉, jet(기본 색지도), bone, flag, prism 따위가 있는데 관심 있는 독자는 명령창에서 help graph3d를 쳐 확인해 보길 바란다.

다음의 명령들을 이용해서 색지도를 꽤 멋지게 뽑아볼 수 있다. 64개의 수직 색 띠들이 다른 색으로 나타날 것이다.

```
image(1:64),colormap(prism)
```

사실 색지도는 값의 범위가 0과 1 사이에 있는 한 사용자가 직접 만들어 쓸 수도 있다. 그래서 0과 1 사이의 확률적인 값을 써서

```
randmap(:, 1) = rand(64, 1);
randmap(:, 1) = rand(64, 1);
randmap(:, 1) = rand(64, 1);
image(1:64); colormap(randmap)
```

도 가능하다.

함수 colorbar는 현재 사용하고 있는 색지도를 그림창에 수직 혹은 수평으로 나타내고

자 할 때 쓴다. 64개의 색이 어떻게 구성되어 있는가를 보여준다는 말인데 앞에서 그린 지구 그림에 직접 적용해 보라.

색지도가 64개의 색으로 구성된 것은 MATLAB이 제공하는 색의 기본 길이이기 때문이다. 하지만, 색지도 함수를 이용할 때 색 길이에 대한 입력을 여유로 넣어 길이를 달리 지정할 수도 있다.

9.6.2 면그래프의 색

면그래프(surface plot)를 그릴 때, surf(z)와 같이 입력 매개변수가 하나인 경우, 매개변수 z는 면의 높이뿐만 아니라 색도 함께 지정한다. 한 예로서 함수 여러 개의 봉우리와 골짜기를 생성하는 peaks를 사용해 보자:

```
z = peaks;
surf(z), colormap(jet), colorbar
```

colorbar는 z의 제일 작은 값(-6 정도)이 색지도(여기서는 jet)의 첫번째 행(R = 0, G = 0, 그리고 B = 0.5625)에, 그리고 제일 큰 값(8 정도)은 64번째 행(R = 0.5625, G = 0, 그리고 B = 0)에 맞춰진 것을 나타낸다.

면 그래프를 그릴 때 그래프 데이터와 같은 크기의 색 데이터를 두 번째 입력 인수로 첨가하여 색을 다음과 같이 직접 지정할 수도 있다.

```
z = peaks(16)   % generates a 16-by-16 mesh
c = rand(16);
surf(z, c), colormap(prism)
```

이 때 면은 prism 색지도에서 16×16 색의 무작위 패턴으로 칠해진다.;

함수 surf를 surf(z, c)의 형식으로 쓰면 c의 각 요소가 해당하는 z의 각 요소에 대한 색을 결정한다. MATLAB은 기본적으로 스케일 변환 방식(scaled mapping)이라는 과정을 거쳐 c(혹은 입력 인수가 하나일 때는 z)의 각 요소에서 색지도에 등록된 각 색으로의 변환을 수행한다. 이 방식은 그래프를 그릴 때 기준 잣대로 사용하는 축을 색지도에도 만들어 두고 각각의 대응을 체계적으로 하는데 자세한 설명은 3차원 그래프에 대한 MATLAB 도움말인 MATLAB Help: 3-D Visualization: Creating 3-D

Graphs의 Coloring Mesh and Surface Plots 부분을 보거나 그냥 명령창에서 help caxis를 쳐서 나오는 출력을 살펴보면 좋겠다.

면 그래프의 특징을 잘 드러나도록 하려면 색을 지정하는 기능을 활용하는 것이 좋다. 이 예로 MATLAB 도움말에 있는 내용을 소개하면 다음과 같다.

```
z = peaks(40);
c = del2(z);
surf(z, c)
colormap hot
```

여기서 함수 del2는 면에 대한 이산 Laplace(discrete Laplace) 즉, 면의 곡률과 관계있는 수학적인 값을 계산해 주기 때문에 곡률이 비슷한 영역은 모두 같은 색으로 나타난다. 다음의 명령 결과와 직접 견주어 보길 바란다.

```
surf(z), colormap(hot)
```

이 경우엔 아마 같은 높이의 영역이 같은 색으로 나타나는 것을 확인할 수 있을 것이다.

다른 형태의 surf (그리고 관련된 면 함수들)은:

```
surf(x, y, z)          % color determined by z
surf(x, y, z, c)       % color determined by c
```

9.6.3 트루 칼라

첨자를 이용한 색 결정법(indexed coloring)은 색지도를 통해 색을 배합하는 기법이다. 즉, 면 그래프의 각 데이터 값을 색지도의 첨자(혹은 행)에 할당하여 색을 결정한다. 이 경우, 색지도의 색을 RGB의 3원색으로 분명하게 지정해 주는 것을 트루칼라 기법(truecolor technique)이라 한다. MATLAB 도움말에 있는 내용을 예로 제시하면 다음과 같다.

```
z = peaks(25);
c(:, :, 1) = rand(25);
c(:, :, 2) = rand(25);
```

```
c(:, :, 3) = rand(25);
surf(z, c)
```

여기서 색 행렬 c는 쪽(page)이 3개인 3차원 행렬로 각 값이 z의 각 점을 색칠하는데 사용할 RGB 데이터이다. 다시 말하면, z의 5행 13열에 있는 점 z(5,13)은 RGB의 색 배합이 c(5, 13, 1), c(5, 13, 2), 그리고 c(5, 13, 3)로 이루어진다는 뜻이다.

9.7 빛과 카메라

MATLAB®은 그래프에 현실감을 주기 위해 빛(lighting)을 사용한다. 임의의 각에서 빛을 쏘아 면의 특정한 부위를 밝게 하거나 어둡게 할 수 있다는 말이다. 하나의 예로

```
z = peaks(25);
c(:, :, 1) = rand(25);
c(:, :, 2) = rand(25);
c(:, :, 3) = rand(25);
surf(z, c, 'facecolor', 'interp', 'facelighting', 'phong',
'edgecolor', 'none')
camlight right
```

을 생각해 보자. 여기서 면 그래프의 특성값 중에서 facelighting에 지정할 수 있는 값은 none, flat(면마다 같은 색), gouraud 혹은 phong인데, 이때 마지막 두 개는 빛을 비추는 알고리즘에 대한 이름이다. 일반적으로 Phong 비추기(Phong lighting)는 Gouraud 비추기에 견주어 결과의 질이 훨씬 좋지만 많은 시간이 걸린다는 것이 단점이다. 위 프로그램을 직접 실행해 보는 것은 물론 다음의 것도 한번 살펴보아라. 아마 멋진 그림이 나타날 것이다.

```
[x y] = meshgrid(-8:0.5:8);
r = sqrt(x.^2 + y.^2) + eps;
z = sin(r)./r;
surf(x, y, z, 'facecolor', 'interp', 'edgecolor', 'none',
'facelighting', 'phong')
```

```
colormap jet
daspect([5 5 1])
axis tight
view(-50, 30)
camlight left
```

빛과 카메라에 대한 내용을 좀 더 터득하고 싶으면 MATLAB 도움말인 MATLAB Help: 3-D Visualization의 Lighting as a Visualization Tool과 Defining the View 부분을 참조하길 바란다.

9.8 그래프의 저장, 출력 및 내보내기

9.8.1 그림 파일의 저장과 열기

MATLAB®에서 만든 그림 파일을 저장했다가 나중에 다시 불러 쓸 수 있는데, 이때 그림 파일은 확장자가 .fig이다. 그림의 저장 방법은 다음과 같다.

- 그림창의 File 메뉴에서 Save 명령을 선택한다.
- 그림 파일의 이름을 적을 때 형식이 `.fig`인지를 꼭 확인해야 한다.

저장한 그림 파일을 다시 열 때는 File 메뉴에서 Open 명령을 선택한다.

9.8.2 그림 파일의 출력

그림창 안에 있는 것은 축 제목이나 주석 따위를 포함하여 모두 출력할 수 있다. 그림 파일을 출력하는 방법은 다음과 같다.

- 그림창의 File 메뉴에서 Print 명령을 선택한다.
- 프린터가 흑백이면 칼라 그림은 선명하게 찍히지 않고 대부분 회색으로 나타난다. 이럴 때는 File 메뉴에서 Page Setup 명령을 선택하여 Line and Text 탭을 누르고 Convert solid colored lines to: 부분에서 Black and White를 고른다.

9.8.3 그림 파일 내보내기

그림 파일은 워드 프로세서와 같은 다른 응용 프로그램으로 원하는 형식에 맞게 내보낼 수 있고, 현재 응용 프로그램을 쓰지 않는다면 윈도우의 클립보드(clipboard)로 옮겼다가 나중에 따로 붙여 쓸 수도 있다. 그림 파일을 클립보드로 내보내는 방법은 다음과 같다.

- 그림창의 Edit 메뉴에서 Copy Figure 명령을 선택한다.
- 클립보드로 복사하기 전에 그림에 대한 기본 설정을 미리 정해두는 것을 잊어서는 안 된다. 이런 일은 File 메뉴에서 Preferences 명령으로 할 수 있다. 즉, Preferences 대화창에서 Figure Copy Template Preferences와 Copy Options Preferences 부분에 대한 설정을 수정하면 된다.

세부 사항은 File 메뉴에서 Page Setup을 이용해서 상세한 조정을 할 수 있다.
그림 파일을 특정한 파일 형식으로 전송하는 방법은 다음과 같다.

- 그림창의 File 메뉴에서 Export 명령을 선택한다. Export 대화 상자가 열린다.
- 파일 형식 목록인 Save as type에 원하는 그래프 형식을 정한다. 즉, EMF (Enhanced Metafiles), JPEG 따위가 되겠고, 가장 좋은 파일 형식은 응용 프로그램의 특성을 알아 미리 마음에 새겨 두어야 한다. 저자의 경우를 예로 들면, MATLAB 그림 파일을 클립보드로 보내 사용하는 것보다 EMF나 JPEG 파일로 먼저 변환한 후에 워드 프로세서로 가져 오는 것이 훨씬 편하였다. 클립보드로 보낼 때는 기본 설정을 좀 복잡하게 하는 것으로 느껴졌기 때문이다.

이와 관련한 여러 사항들은 MATLAB 도움말인 MATLAB Help: Graphics의 Basic Printing and Exporting 부분을 보길 추천한다.

요약

- 2차원 그래프들은 plot 명령문에 의해 그려진다.
- ez*로 시작하는 쉽고 간단히 사용할 수 있는 일련의 그래프 함수가 있다.
- 그래프는 grid, text, title, xlabel, ylabel 등으로 라벨을 붙일 수 있다.
- 여러 개의 그래프들이 많은 방법으로 동일한 축 상에 그려질 수 있다.
- 선 스타일, 표식 그리고 색상 등은 다양하게 변화될 수 있다.
- 축의 한계치는 명확하게 설정할 수 있다.
- MATLAB®의 용어 'axes'는 x, y축과 라벨, 그래프 그리고 주석글 등이 그려지는 그래픽 집합체를 나타낸다.
- 여러 축들이 subplot 명령어를 통해서 같은 그래프 안에 그려질 수 있다.
- 그래프 안의 점들의 위치는 ginput으로 선택될 수 있다.
- semilogx, semilogy 그리고 loglog는 log10의 눈금 설정 상태에서 사용된다.
- polar 명령어는 극좌표에서 그래프를 그릴 때 사용한다.
- fplot은 수학적인 함수 그래프를 그리는 손쉬운 방법을 제공한다.
- plot3는 3차원 선을 그린다.
- comet3는 3차원 그래프를 애니메이션한다.
- 3차원 표면 그래프는 mesh에 의해서 그려진다.
- 3차원 그래프는 view 명령어나 그래프 윈도우의 '**Rotate 3-D**' 도구에 의해 회전시킬 수 있다.
- mesh는 또한 행렬을 시각화하는데 사용되기도 한다.
- 3차원 표면 그래프는 잘라질 수 있다.

- 그래프 함수에 대한 완벽한 목록은 **MATLAB Function Reference: Function by Category: Graphics**에 있는 온라인 도움말을 참조하라.
- MATLAB® 그래프의 객체는 부모-자식 관계로 구성되어 있다.
- 그래프 객체는 만들어 질 때 모두 자신의 핸들을 반환하며 나중에 이를 이용해 객체의 모습을 조작할 수 있다.
- h가 임의 객체의 핸들일 때 get(h)는 현재 이 객체의 특성값에 할당된 모든 값을 보여주고 set(h)는 각 특성값에 지정할 수 있는 모든 가능한 값을 보여준다.
- 함수 gcf, gca, 그리고 gco는 현재 활성화 되어 있는 그림창, 축, 그리고 객체에 대한 핸들을 각각 돌려준다.
- 그래프 객체의 특성값을 바꿀 때는 set 함수를 사용한다.
- 그래프를 편집할 때는 그림 편집 모드(그림창에서 **Tool -> Edit Plot** 선택)를 이용하는데 이보다 좀더 일반적인 편집을 할 요량이면 특성값 편집기(Property Editor)(그림창에서 **Edit -> Figure Properties** 선택)를 사용한다.
- 애니메이션을 만드는 가장 효과적인 방법은 핸들 그래픽스를 이용하는 것이고, 그밖에 comet이나 movie 따위와 같은 함수가 있다.
- 첨자를 이용한 색 결정법(indexed coloring)은 색지도와 함께 쓴다.
- 확장자를 .fig로 하여 그림을 저장하면 나중에 다시 불러 이용할 수 있다.
- 그림 파일은 윈도우 클립보드로 전송될 수 있고, 또 여러 형식으로 바꿔 다른 응용 프로그램에서도 사용할 수 있다.

종합문제

9.1 1790년부터 2000년 사이에 미국 인구를 나타내는 그래프를 아래의 모델을 이용하여 작성하라.

$$P(t) = \frac{197273000}{1 + e^{-0.03134(t-1913.25)}}$$

여기서 t는 연도에 해당하는 데이터이다.
1790년에서 1950년 사이의 각 십년마다의 실제 데이터는 다음과 같다: 3929, 5308, 7240, 9638, 12866, 17069, 23192, 31443, 38558, 50156, 62948, 75995, 91972, 105711, 122775, 131669, 150697$\times 10^3$. 이 데이터를 P(t) 그래프 상에 첨가하라. 이산된 작은 원들로(즉, 이 원들을 선으로 연결 하지 말 것) 그림 9.16과 같이 그려보자.

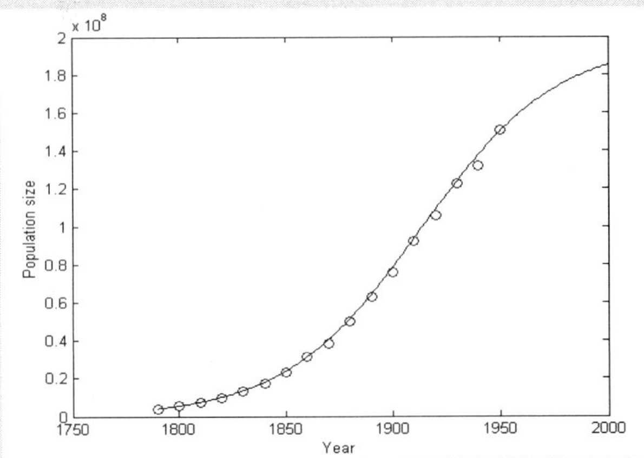

그림 9.16 **미국 인구 증가: 모델과 통계 데이터(o)**

9.2 아르키메데스의 나선형태(그림 9.17)는 극좌표계에서 다음과 같이 표현된다.

$$r = a\theta$$

위에서 a는 어떤 상수이다.(고대 생물 화폐석으로 불리는 동물의 껍데기가 이런 식으로 성장한다.) 임의의 값을 갖는 a에 관한 나선을 그리기 위해 명령줄에 명령문을 적어보자.

9.3 나선의 또 다른 형태는 logarithmic 나선이다.(그림 9.17), 이것은 수주고둥(periwinkle)이나 앵무조개와 같은 동물의 껍데기 성장처럼 묘사된다. 극좌표에서 이것의 방정식은

$$r = aq^{\theta}$$

이고 여기서 a > 0, q > 1이다. 이 나선을 그려보자.

그림 9.17 **나선형 그래프**

9.4 해바라기 머리에 있는 씨앗들의 배열(그리고 데이지 같은 다른 꽃들)은 정해진 수학적 패턴을 따른다. n번째 씨앗의 포지션은 다음과 같다.

$$r = \sqrt{n}$$

이것은 $\pi dn/180$ 라디안의 각도 좌표를 가지며, 여기서 d는 두 개의 연속적인 씨앗 사이 즉, n번째와 (n+1)번째 사이의 씨앗의 분산 상수 각도이다(in degrees). 완전한 해바라기 머리(그림 9.16)는 $d = 137.51°$에서 만들어진다. 이 씨앗들을 그리는 프로그램을 작성하라; 각 씨앗은 기호(o)로 나타내라. 이 모델에서 주목할 만한 특징은 적절한 해바라기를 얻기 위해서는 각 d가 반드시 정확해야한다는 것이다. 다른 값으로 실험해보자. 예를 들어서 137.45°(상당히 먼 스포크), 137.65°(어떤 범위 안의 스포 크), 137.92°(회전불꽃)

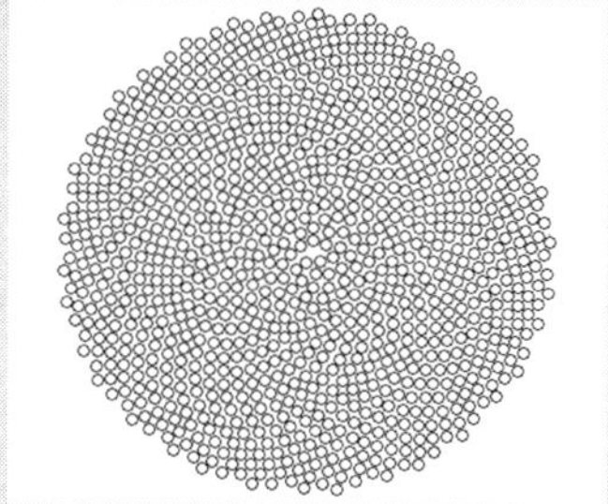

그림 9.18 **완전한 해바라기 형태의 그림**

9.5 극좌표에서 타원 방정식은 다음과 같이 주어진다.

$$r = a(1-e^2)/(1-e\cos\theta),$$

여기서 a는 두 번째 주축(semi-major axis)이고 e는 이심률(eccentricity)이다. 만약 하나의 초점이 원점이라면 a는 x축 위에 눕혀진다.
1985/6에 지구 근처에 왔었던 핼리 혜성은 태양(하나의 초점)에 대해서 타원형 궤도 안에서 17.9 A.U.[24]를 유지하며 이동한다. 궤도의 이심률은 0.967276이다. 핼리 혜성과 지구의 궤도를 그리는 프로그램을 작성하라(단 지구는 원형으로 간주).

9.6 최근에 많은 연구가 진행되었던 매우 흥미로운 반복되는 관계는 다음에 의해서 정의된다.

$$y_{k+1} = ry_k(1-y_k)$$

(이것은 논리 모델(logistic model)로 잘 알려진 이산 형태이다.) y_0와 r값이 주어진다면 연속적인 y_k의 값은 쉽게 계산될 수 있을 것이다. 예를 들어서 $y_0 = 0.2$이고 $r = 1$이면 $y_1 = 0.16$, $y_2 = 0.1334$이다.
이 공식은 종종 성장이 무한정이 아니고 식량, 생활공간 등의 부족으로 제한받는 경우의 인구를 모델화하기 위해 사용된다. y_k는 수학적 카오스(mathematical chaos)로 알려진 매혹적인 움직임을 r의 값, 3과 4사이에서 보여준다(y_0는 독립적). k에 대응하는 y_k를 각각의 점으로 그리는 프로그램을 작성하라. 특별히 흥미로운 그래프를 제시하는 r의 값은 3.3, 3.5, 3.5668, 3.575, 3.5766, 3.738, 3.8287이다. 그리고 끈질긴 탐구에 의해서 보다 많은 값이 발견될 수 있다.

9.7 보다 아름다운 fractal 그림은 아래의 연립 방정식에 의해 구해지는 점 (x_k, y_k)에 의해서 그려질 수 있다.

$$x_{k+1} = y_k(1+\sin 0.7x_k) - 1.2\sqrt{|x_k|}$$
$$y_{k+1} = 0.21 - x_k$$

$x_0 = y_0 = 0$에서 시작한다. 그림을 그리기 위한 프로그램을 작성하라. (각각의 점들은 연결하지 않는다.)

24) A.U.는 천문학상의 단위를 표시한다. 이것은 지구에서 태양까지의 거리 149.6백만 km를 의미한다.

10장

배열 및 고급데이터 구조

이번 장의 목적은

A. 배열의 첨자를 조심스럽게 다루어야 하는 문제를 풀 수 있도록 한다.

B. 다음과 같은 새로운 데이터 형을 소개한다.

- 구조체
- 집세포체 및 세포체 배열

MATLAB®에서 배열은 벡터에 대한 또 다른 이름일 뿐이다. 그렇다면 지금껏 벡터를 계속 사용해 왔으면서도 다시 배열에 대해 새로운 장을 마련하여 다루려는 까닭은 무엇인가? 사실, 벡터는 데이터 전체를 한 단위로 보고 취급할 때 쓰는 용어이고 데이터의 각 요소를 첨자를 써서 하나씩 일일이 참조하고 조작하는 경우는 벡터라는 말보다는 배열의 특성에 더 가깝기 때문이다. 따라서 이 장의 처음 세 절에서는 벡터를 배열로 취급할 때 가장 잘 풀리는 몇몇 문제를 `for` 루프의 도움을 받아 살펴보기로 한다.

10.1 갱신 프로세스

이미 우리는 제8장(루프)에서 냉장고 안에 들은 오렌지 주스(OJ)의 온도를 계산하는 문제를 다룬 바 있는데, 이것이 갱신 프로세스(update process)의 한 예로 관심 변수를 시간에 따라 계속 반복적으로 갱신하는 일을 담당한다. 이 절에서는 이 문제를 좀 더 일반적인 방법으로 풀 수 있는지 조사해 본다.

OJ는 처음 냉장고에 들어갈 때 25℃이고, 이때 냉장고의 온도 F는 10℃이다. 이 경우, OJ의 온도를 갱신하는 보통의(표준적인) 방법은 시간을 아주 작은 단계(혹은 스텝(step)) dt로 여러 개 나누어서 하는데, 만약 T_i가 단계 i에서의 온도라고 한다면 그 다음 단계에서의 온도는

$$T_{i+1} = T_i - Kdt(T_i - F) \tag{10.1}$$

와 같을 것이다. 여기서 K는 하나의 물리적 상수로 이의 단위는 시간의 단위가 분(min)이 되도록 선정한다.

10.1.1 단위 스텝

우선, 위의 문제를 단위 스텝 즉, $dt = 1$로 두고 풀어보도록 하자. 이의 가장 간단한 방법은 제8장에서 보았듯이 시간이나 온도에 대해 스칼라 값을 쓰는 것이다.(물론 8장에서는 스텝 시간을 1로 두지 않았다) 즉,

```
K = 0.05;
F = 10;
T = 25                            % initial temperature of OJ
for time = 1:100                  % Time in minutes
  T = T - K * (T - F);            % dt = 1
  if rem(time, 5) == 0
     disp( [time T])
  end
end
```

이다. 여기서 rem 함수를 쓴 것은 결과를 5분마다 출력하려고 했기 때문이며, 이 경우 time이 5의 배수가 되면 5로 나눌 때마다 나머지가 0이 된다.

이런 스크립트(script) 파일의 작성은 가장 쉬운 일이라는 것은 의심할 여지가 없지만 온도를 시간에 대한 그래프로 그리려고 하면 그리 쉽지 않다. 이를 위해선 변수 time과 T가 벡터가 되어야 하며, 또 for문의 루프 변수도 T의 각 요소에 대해 첨자로 사용할 수 있어야 한다. 이를 반영한 스크립트 파일은 다음과 같다. (update1.m)

```
K = 0.05;
F = 10;
time = 0:100;          % initialize vector time
T = zeros(1,101);      % pre-allocate vector T
T(1) = 25;             % initial temperature of oJ
for i = 1:100;                               % construct T
   T(i+1) = T(i) - K * (T(i) - F);   % display results
end;
disp( [ time(1:5:101)' T(1:5:101)' ] ); % every 5 mins
plot(time, T), grid
```

그림 10.1은 위 프로그램으로 생성된 그래프이며, 프로그램에 대한 설명을 요약하면 다음과 같다.

- 문장 time = 0:100은 시간 벡터를 만드는데 time(1)은 값이 0(min)이고 time (101)은 100(min)이다. 이런 표현은 MATLAB에서 첫 번째 첨자는 반드시 1이어야 하기 때문에 필요하다.
- 문장 T = zeros(1,101)은 온도와 관련한 벡터를 모두 0으로 초기화 한다. (이 역시 시간이 0(min)에서 첫번째 요소가 되어야 하기 때문에 101개의 요소가 필요하다) 이런 과정을 예비 할당(pre-allocation)이라 하는데, 다음과 같은 두 개의 중요한 목적을 수행한다.
  (a) 우선, 이전에 수행한 프로그램에서 만들어진 같은 이름을 갖는 벡터와 혼동하지 않도록 해준다. 만약 이런 과정이 없었다면 같은 이름을 갖는 벡터의 크기가 다를 때 T를 출력하거나 time에 대한 그래프를 그릴 때 충돌이 일어나 바람직한 결과를 얻지 못한다. 이를 확인해 보자. 즉, 스크립트 update1을 정상적으로 수행한 후에 어떤 필요에 따라 시간 구간이 조금

짧게(예를들어, 50분) 하여 다시 계산한다고 치자. 그래서 updata1에서 zeros 문장을 제거하고 다음의 두 문장을 바꾸어 다시 돌린다. (물론 기존 작업장(workspace)의 변수들을 지우지는 않는다)

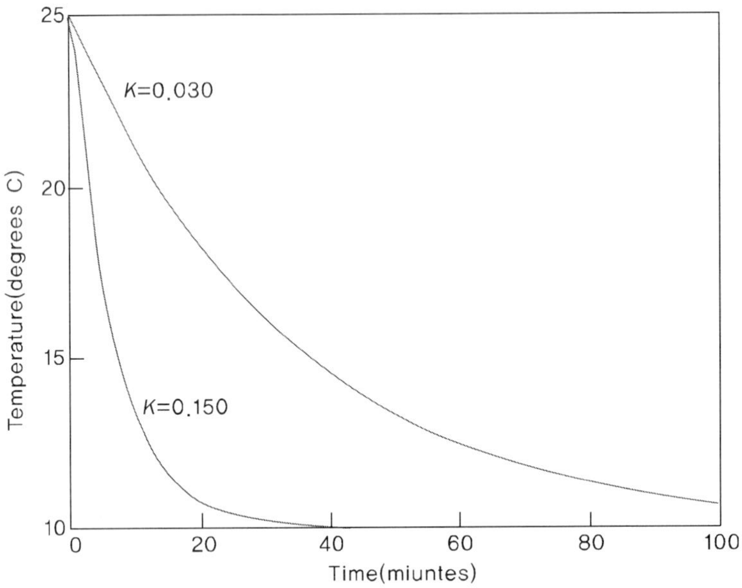

그림 10.1 냉각 곡선

```
time = 0:50;     % initialize vector time
...
for i = 1:50     % time in minutes
```

다음은 MATLAB이 보인 반응이다.

```
???  Error using ==> plot
Vectors must be the same lengths.
```

직접 눈으로 확인하려면 whos 명령어를 쳐서 time은 크기가 51×1이지만 T는 여전히 101×1임을 보면 된다. plot 명령어는 기본적으로 입력 벡터들의 크기가 같아야만 한다.

문제는 이렇다. 0:50이라는 연산을 통해 time을 다시 정의했는데 for 루프 안에 있는 T에는 아무런 영향을 주지 않았다는 것이다. T는 요소 하나하나씩 갱신이 되는데 이전에 돌려서 만든 데이터의 51번째에서 101번째까지는 여전히 그대로 남아 있다는 말이다. 그래서 zeros 함수를 써서 T의 정확한 개수만큼 미리 할당해 놓아야 이 문제를 해결할 수 있다.

(b) 다음, 비록 이 스크립트가 zeros를 쓰지 않고도 잘 실행된다고 해도 속도 측면에서 아주 느릴 수밖에 없다. 왜냐하면 for 루프에서 T의 계산을 반복할 때마다 새로 첨가되는 데이터 요소 때문에 메모리 공간을 처음부터 다시 확보하는 과정이 필요하기 때문이다.

순전히 교육적인 목적을 위한 예로 10000개의 요소를 갖는 벡터를 사용한다고 해보자. 즉,

```
time = 0:9999;          % initialize vector time
T = zeros(1,10000);     % pre-allocate vector T
...
for i = 1:1000
...
```

인 경우 저자의 컴퓨터로 돌려 보니 0.99초가 걸렸다. 그렇지만 이처럼 T에 대한 예비 할당을 하지 않았더니 13.19초로 실행 시간이 10배가 넘었다. 이는 많은 데이터를 요소 별로 처리해야 할 때 예비 할당을 아주 중요하게 고려해야 한다는 것을 말해주고 있다.

- T의 첫번째 요소는 OJ의 초기 온도가 된다. 즉, 0초에서의 온도이다.
- for 루프에서는 T(2), T(3), …, T(101)의 값을 계산한다. 즉, for 루프를 통해 T(i) = time(i)를 보장한다.
- 콜론(:) 연산자는 5분 간격으로 결과를 찍기 위해 사용되었다.

10.1.2 단위 스텝이 아닌 경우

식 (10.1)에 $dt=1$만 넣어야 적당하거나 혹은 정확한 결과를 뽑아내는 것은 아니다. 임의의 dt에 대해서도 해를 찾을 수 있는 것은 당연하다. 여기서는 이를 위해 좀 더 일반적인 기호 표시를 소개한다.

초기 시간을 a, 그리고 마지막 시간을 b라 하자. 따라서 스텝 시간 dt가 m번 있으면

$$m = (b-a)/dt$$

의 관계가 성립하고, 또 i번째 단계에서의 시간은 $a+i\,dt$이다.

아래의 스크립트(update2.m)에 이런 기호에 대한 생각을 실현하였다. 그밖에 몇몇 여유의 특징을 가지고 있는데, 우선 dt의 값을 입력 받을 수 있도록 프롬프트를 준비하고 이 값의 정수배가 m이 되는지 검사할 수 있게도 했다. 그리고 출력의 간격도 사용자에게 물어서 opint에 담아 나중에 결과를 표 형태로 표시하도록 한다. (이 간격이 dt의 정수배가 되는지도 검사한다) 이 스크립트를 dt= 0.4와 opint = 4로 하여 직접 실행해 보라.

```
K = 0.05;
F = 10;
a = 0;                  % initial time
b = 100;                % final time
load train
dt = input( 'dt: ' );
opint = input( 'output interval(minute): ' );
if opint/dt ~= fix(opint/dt)
   sound(y, Fs)
   disp( 'output interval is not a multiple of dt!' )
   break
end
m = (b - a) / dt;     % m steps of length dt
if fix(m) ~= m  % make sure m is integer
   sound(y, Fs)
   disp( 'm is not an integer - try again!' )
   break
end
T = zeros(1, m+1);    % pre-allocate (m+1) elements
time = a:dt:b;
```

```
T(1) = 25;        % initial temperature
for I = 1:m
  T(i+1) = T(i) - K * dt * (T(i) - F);
end
disp( [time(1:opint/dt:m+1)' T(1:opint/dt:m+1)'] )
plot(time, T), grid
```

이 스크립트에 대한 간략한 설명은 다음과 같다.

- 벡터 T와 time은 각각 $m+1$개의 요소를 가져야 한다. 시간 스텝이 m번이고, 또 각 벡터에 대한 초기값을 위해 1개씩 여유로 더 있어야 하기 때문이다.
- 표현식 opint/dt는 결과를 표시할 때 증가하는 값을 제공한다. 즉, dt = 0.1이고 opint = 0.5이면 (0.5/0.1) = 5개 요소씩 표시한다.

10.1.3 함수의 사용

이 문제를 푸는 정말로 멋진 방법은 함수를 작성하는 것이다. 이는 dt의 값이 매번 다르더라도 명령창에서 함수로 쓰면 결과를 표로 아주 쉽게 작성할 수 있게 해준다. 앞의 update2.m를 함수 cooler.m으로 작성한 프로그램은 다음과 같다.

```
function [time, T, m] = cooler(a, b, K, F, dt, T0)
m = (b - a) / dt;             % m steps of length dt
if fix(m) ~= m                % make sure m is integer
  disp( 'm is not an integer - try again!' )
  break
end
T = zeros(1, m+1);            % pre-allocate
time = a:dt:b;
T(1) = T0;                    % initial temperature
for i = 1:m
  T(i+1) = T(i) - K * dt * (T(i) - F);
end
```

온도를 5분 간격으로 하여 표로 만들고 싶으면 명령창에서 다음과 같이 하면 된다. 여기서는 dt = 1와 dt = 0.1의 두경우에 대해 보였다.

```
dt = 1;
[t, T, m] = cooler(0, 100, 0.05, 10, dt, 25);
table(:, 1) = t(1:5/dt:m+1)';
table(:, 2) = T(1:5/dt:m+1)';
dt = 0.1;
[t, T, m] = cooler(0,100, 0.05, 10, dt, 25);
table(:, 3) = T(1:5/dt:m+1)';
format bank
disp(table)
```

프로그램 출력

```
        0      25.00      25.00
     5.00      21.61      21.67
    10.00      18.98      19.09
     ...
   100.00      10.09      10.10
```

이 프로그램에 대한 간단한 설명은 다음과 같다.

- 함수를 사용하는 이점은 이 함수가 출력 변수로 임의의 벡터를 돌려줄 때 설사 함수 안에서 이 벡터에 대해 예비 할당을 하지 않아도(zeros 함수 따위를 써서) 이 변수와 같은 이름의 옛날 변수는 MATLAB이 자동으로 쓸 수 없도록 만들어 준다.
- 변수 `table`은 2차원 배열 즉, 행렬이다. 콜론 연산자는 행렬의 열이나 행 모두를 표시하기 때문에 `table(:,1)`는 첫번째 열의 모든 행을 뜻한다. 벡터 `t`와 `T`는 행 벡터이기 때문에 `table`의 첫번째 및 두번째 열에 넣기 위해서는 반드시 전치하는 과정을 먼저 밟아야 한다. `table`의 세번째 열도 마찬가지다.
- 결과의 표에서 세번째 열 즉, $dt = 0.1$인 경우가 훨씬 더 정확하다.

10.1.4 정확한 해

지금까지 다룬 OJ의 문제는 수학적으로 정확한 해를 갖는다. 즉, 시간 t에서의 온도 $T(t)$는 다음의 공식으로 구할 수 있다.

$$T(t) = F + (T_0 - F)e^{-Kt} \tag{10.2}$$

여기서 T_0는 초기 온도이다. 이와 같은 정확한 해를 table의 네번째 열에 넣어 두려면 다음과 같이 벡터 계산을 직접 입력하면 된다.

```
table(:, 4) = 10 + (T(1) - 10) * exp(-0.05 * t(1:5/dt:m+1)');
```

그러면 확장된 표는 다음과 같을 것이다.

```
    0     25.00     25.00     25.00
 5.00     21.61     21.67     21.68
10.00     18.98     19.09     19.10
  ...
```

식 (10.1)로 만든 수치적인 해는 dt가 작을수록 좀더 정확한 것을 확인할 수 있다. 이는 정확한 해인 식 (10.2)가 식 (10.1)에서 $dt \to 0$로 극한을 취하면 얻을 수 있기 때문이다.

실습문제

본 절의 OJ에 대한 냉각 문제를 완성하려면 K의 다른 값에 대해 그래프를 첨가하고, 또 색도 달리 하여 그릴 수 있어야 한다. 각 그래프의 적당한 위치에 'K = 0.08' 따위와 같은 제목도 붙이는 것이 유용할 때가 많다. 명령어

```
gtext( 'text' )
```

는 그림창에 화살표를 띄워 사용자가 이를 마우스나 키보드로 원하는 곳까지 움직여 클릭하면(혹은 Enter를 치면) 지정한 'text'라는 글자가 그 곳 나타나도록 해준다. 함수 gtext는 입력 인수로 문자열을 받는다. 만약 변수와 숫자를 섞어서 제목을 붙이고자 하면 숫자를 문자로 변환해 주는 sprintf를 쓰면 된다. 이 함수는 fprintf와 거의 같지만 출력이 문자열 변수라는 것만 다르다. 즉,

```
gtext( sprintf('K = %5.3f', K) )
```

와 같이 쓸 수 있다.

같은 축 위에 몇몇 그래프를 K값을 달리 해가면서 그려보라. 그래프의 색도 각각의 제목도 바꾸면서. 그림 10.1이 하나의 예가 되겠다. 또한, 식 (10.2)로 구한 정확한 해도 함께 첨가하라. MATLAB의 그림창을 편집 모드를 바꾸거나 특성값 편집기(property editor)를 활용하면 여러 작업을 대화식으로 할 수도 있다.

10.2 도수분포, 막대 그래프, 그리고 히스토그램

10.2.1 무작위 운동

개미가 직선 즉, x-축을 따라 기어간다고 생각해 보자. x = 40에서 시작하여 한 스텝에 한 단위씩 움직이고 각 스텝은 같은 확률로 오른쪽이나 왼쪽으로 방향을 잡는다. 개미가 각 위치에서 얼마만큼의 시간을 들이는지 그림으로 표시해 보고자 하는데, 우선 다음과 같은 스크립트 파일 ant.m으로 시작한다.

```
f = zeros(1, 100);
x = 40;
for i = 1:1000
   r = rand;
   if r >= 0.5
      x = x + 1;
   else
      x = x - 1;
   end
   f(x) = f(x) + 1;
end
```

이 프로그램을 실행한 후에 `bar(f)`를 명령창에 입력해 보라. 아마도 그림 10.2와 같은 그래프를 볼 수 있을 것이다.

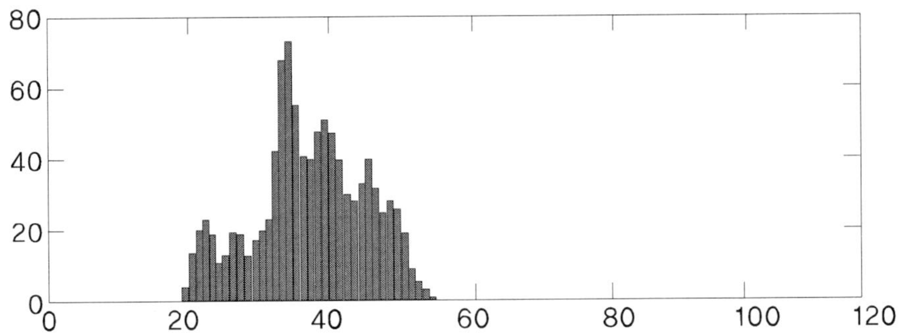

그림 10.2 무작위 운동의 도수분포

스크립트 ant.m에 대해 간략히 설명하면 다음과 같다.

- 함수 rand는 0에서 1 사이에서 임의의 값을 돌려준다. 그래서 이 값이 0.5보다 크면 개미는 오른쪽으로(x = x + 1), 그렇지 않으면 왼쪽으로(x = x - 1)으로 움직여 간다.
- 벡터 f는 처음 100개의 요소가 모두 0인데, 개미가 위치 x에 몇 번 도달했느냐를 보여주는 것이 바로 f(x)이다. 다시 말하면, 처음에 오른쪽으로 움직였다면 x는 41이 되면서

  ```
  f(x) = f(x) + 1
  ```

  에 따라 f(41)를 1로 만들어 주게 되고, 이는 개미가 그 위치에 한번 도달했다는 것을 뜻한다. 나중에 또 이 위치 근방에서 어슬렁거리게 되면 f(41)은 2로 될 것이고 개미는 두 번 도착하게 되는 것이다. 저자가 이 프로그램을 돌렸을 때는 f(41)이 33이었다.
- f(x)를 도수분포(frequency distribution)라 하고, bar(f)로 만들어진 이의 그림을 막대 그래프(bar graph)라 한다. f의 각 요소가 값에 비례하여 수직 막대로 표시된다는 말이다. 좀 더 자세한 설명은 명령창에 help bar를 쳐 살펴보길 바란다.
- 스크립트 ant.m은 개미의 무작위 운동을 시뮬레이션 한다. 만약 이 프로그램을 다시 돌린다면 아마도 이전과는 다른 막대 그래프를 얻게 될 것이고, 이는 함수 rand가 돌려주는 값이 다르기 때문이다. 이와 같은 시뮬레이션과 관계해서는 제13장에서 좀 더 자세히 다룰 것이다.

10.2.2 히스토그램

데이터를 히스토그램(histogram)으로 나타내면 좀 더 도움이 될 수 있다. 하나의 예로, 학생 12명이 시험을 보아 다음과 같은 점수를 받았다고 치자. (점수를 변수 m에 저장되었다고 가정한다)

```
0  25  29  35  50  55  55  59  72  75  95  100
```

문장 hist(m)이 히스토그램을 그리는데 직접 실행해 보길 바란다. 히스토그램은 점수의

분포를 최소값(0)과 최대값(100) 사이를 똑같이 나눈 계급(bin)에 대응하여 보여준다. 기본적으로 계급의 수는 기본값으로 10개지만 사용자가 hist(m, 25) 따위와 같이 입력 인수를 따로 첨가하여 새로 지정할 수도 있다.

함수 hist를 써서 각 계급에 대응하는 점수의 도수분포를 출력 데이터로 받으려면 다음과 같이 사용하면 된다.

```
[n, x] = hist(m)
```

그러면 도수분포를 돌려받은 n은

```
1  0  2  1  0  4  0  2  0  1  1
```

이 될 것인데, 이는 점수가 첫 번째 계급(0에서 9까지)에는 1개, 두 번째 계급(10에서 19까지)에는 0, 세 번째에는 2개 등과 같이 분포하고 있다는 뜻이다.

두 번째 출력 벡터 x에는 계급의 중간점이 저장되기 때문에 bar(x, n)을 이용하여 이 데이터의 히스토그램을 그릴 수 있는데 자세한 설명은 MATLAB 도움말을 참조하길 바란다. 히스토그램과 막대그래프의 미묘한 차이는 이렇다. 즉, 히스토그램은 데이터 각각의 도수분포를 세로축에 보여주는 반면에 막대그래프는 데이터 값 그 자체를 나타낸다.

10.3 정렬

배열을 응용할 수 있는 여러 곳 중에서 목록으로 저장된 수를 이른바 오름차순 따위로 정렬(sorting)하는 일도 그 하나다. MATLAB이 정렬 함수(sort 따위)를 제공해 준다 하더라도 이의 알고리즘이 실제 어떻게 구성되어 있는가 하는 것에 관심을 가질 만하다.

10.3.1 물방울 정렬

임의의 벡터에 처음에는 데이터가 정렬되어 있지 않다는 전제하에 데이터의 연속한 두 요소가 순서가 맞지 않으면 자리를 바꾸어 주는 과정을 모든 요소가 올바른 순서가 될 때까지 계속 실시하는데, 이런 방식을 물방울 정렬(bubble sort)이라 한다. 이는 물 속에서 공기 방울은 가벼워서 위로 뜬다는 것에 빗대어 붙인 이름으로 정렬할 때도 작은 수를 목록의 위에 올린다는 뜻이다. (사실 아래에 있는 정렬 프로그램은 이와는 반대로 큰 수를 목록의 밑으로 가게 하도록 짰는데, 이런 과정을 굳이 이름을 붙인다면 쇠붙이 정렬(lead-ball sort)이 되겠다.) 정렬 프로그램은 이밖에도 속결 정렬(quick sort) 따위와 같이 컴퓨터와 관련된 서적에서 많이 찾아볼 수 있다. 속결 정렬은 대체로 물방울 정렬보다 좀더 효과적인 방법이지만 이의 진짜 이점은 프로그램 작성이 훨씬 빠르다는 것이다. 물방울 정렬 프로그램의 기본 구조는 다음과 같다.

1. 목록 데이터 X를 입력한다.
2. X의 크기 즉, 길이를 N이라 둔다.
3. 루프 변수 k로 $N-1$번까지 반복한다.
   루프 변수 j로 $N-k$번 반복한다.
      만약 $X_j > X_{j+1}$이면 X_j와 X_{j+1}의 자리를 바꾼다.
4. X가 모두 정렬되었기에 이 과정을 마친다.

하나의 예로, 벡터 X에 담겨 있는 숫자 5개 즉, 27, 13, 9, 5, 그리고 3을 생각해 보는데, 이를 MATLAB이 저장하는 메모리 관점에서 나타내면 표 10.1과 같다. 표에서 각 열은 과정이 진행되는 동안의 목록의 내용을 보여주고, 행에 있는 빗금선은 프로그램이 실행되면서 각 과정을 지나는 동안 목록의 변화를 계속 누적하여 나타낸 표시이다. $X_j > X_{j+1}$을 검사한 횟수도 적어 놓았다. 이 표의 내용을 직접 손으로 작업해 봄으로써 정열 알고리즘이 어떻게 작동하는지를 이해할 수 있을 것이다.

표 10.1 물방울 정렬동안의 메모리 현황

	1st pass	2nd pass	3rd pass	4th pass
x1 :	27/13	13/9	9/5	5/3
x2 :	13/27/9	9/13/5	5/9/3	3/5
x3 :	9/27/5	5/13/3	3/9	9
x4 :	5/27/3	3/13	13	13
x5 :	3/27 4 tests	27 3 tests	27 2 tests	27 1 tests

정렬 알고리즘은 검사 횟수를 통해 서로 비교해 볼 수 있다. 이런 횟수야 말로 정렬할 때 시간이 얼마만큼 드느냐의 관건이 되기 때문이다. 물방울 정렬인 경우, K번째 과정에는 정확히 $N-K$번 검사한다. 그래서 전체 검사 횟수는

$$1 + 2 + 3 + \cdots + (N-1) = N(N-1)/2$$

이다. 물론 N이 큰 경우에는 근사적으로 $N^2/2$이 되겠다. 따라서 이 예에서는 데이터 수가 5개이니 10번 검사를 했고, 만약 10개이었다면 45번 검사를 할 것이다. 데이터 개수에 따라 컴퓨터의 계산 시간이 늘어난다는 것을 확인할 수 있는 대목이다.

다음의 M-파일 함수 `bubble.m`은 지금까지 설명한 정렬 알고리즘과 약간 다르다. 즉, 앞의 것은 정렬의 마지막 과정에 도달하기 전에 데이터가 정렬되었다 하더라도 검사 횟수를 항상 $N-K$번 채우지만 이 함수는 그렇지 않다. 실제로 정렬할 데이터는 부분적으로 어느 정도 정렬되어 있는 경우가 많다. 따라서 각 정렬 과정 이후에는 데이터가 서로 자리 바꿈이 일어났는지 조사해 보는 것이 의미가 있다. 자리가 바뀌지 않았으면 이미 정렬이 되어 있다는 뜻이므로 불필요한 검사가 필요하지 않아 그만큼 시간이 절약되는 것이다. `bubble.m`에서는 변수 `sorted`를 써서 데이터가 정렬되어 있는지 검사하는데 이용하고, 또 외부 루프는 반복 횟수를 지정하지 않는 루프 즉, `while` 루프로 구성해 놓았다.

```
function y = bubble(x)
n = length(x);
sorted = 0;                % flag to detect when sorted
k = 0;                     % count the passes

while ~sorted
   sorted = 1;             % they could be sorted
   k = k + 1;              % another pass
   for j = 1:n-k           % fewer tests on each pass
      if x(j) > x(j+1)     % are they in order?
         temp = x(j); % no ...
         x(j) = x(j+1);
         x(j+1) = x(j);
```

```
        sorted = 0;          % a swop was made
      end
    end
  end

  y = x;
```

이 함수를 명령창에서 다음과 같이 하여 실행해 볼 수 있다. (20개의 데이터를 사용)

```
r = rand(1, 20);
r = bubble(r);
```

함수 bubble이 입력 데이터를 어떻게 변화시키는지 곰곰이 생각해 보라. 저자의 컴퓨터에서는 200개의 무작위 데이터를 정렬하는데 1.81초 걸렸고, 또 400개인 경우는 7.31초를 기다렸다.

10.3.2 MATLAB® 함수 sort

MATLAB®이 지원하는 정렬 함수인 sort는 출력 변수가 두 개이다. 정렬된 데이터 목록(기본적으로 오름차순 임)과 정렬 과정에서 사용했던 첨자 즉, 원래 데이터 목록에서 정렬된 숫자의 위치를 돌려준다. 다시 말하면, 만약 무작위 데이터가

```
r = 0.4175  0.6868  0.5890  0.9304  0.8462
```

이면 [y, i] = sort(r)이라는 명령에 따라 출력은 다음과 같다는 말이다.

```
y = 0.4175  0.5890  0.6868  0.8462  0.9304
i = 1   3   2   5   4
```

목록 데이터에서 두 번째로 가장 큰 수(0.5890)는 처음 정렬되지 않은 목록에서 3번째 위치에 있음을 보여준다. 이런 위치에 대한 출력 변수는 MATLAB의 많은 함수(이를테면, max나 min 따위)에서도 마찬가지다. MATLAB의 sort 함수는 실행 속도가 대단히 빠르다. 저자의 컴퓨터에서 백만 개의 무작위 데이터를 정렬하는데 2.36초밖에 걸리지 않았다! 이 까닭은 sort 함수가 (a) 속결 정렬 알고리즘을 쓰고, 또 (b) 함수 자체가 M-파일이 아닌 내장 함수(built-in function)이기 때문이다.

10.4 구조체

지금까지 배열을 다루면서 데이터 형이 오직 하나인 경우 즉, 모든 데이터 요소가 숫자이거나 혹은 문자인 것만 살펴보았다. MATLAB의 구조체(structure)는 변수 안에 필드(field)를 두어 각 필드마다 다른 종류의 데이터 형을 함께 담을 수 있도록 해준다. 간단한 예로, 구조체 변수 student는 하나의 필드에 학생의 이름을

```
student.name = 'Thandi Mangwane';
```

와 같이 저장하고, 또 필요하면 다른 필드를 만들어 다음과 같이 학번이나 교과목의 점수 따위를 담을 수도 있다.

```
student.id    = 'MNGTHA003';
student.marks = [36  49  74];
```

이렇게 입력한 구조체 변수를 한꺼번에 보고 싶다면 이의 이름만을 쳐서

```
student

student =
    name: 'Thandi Mangwane'
      id: 'MNGTHA003'
   marks: [36  49  74]
```

와 같이 확인할 수 있다. 그리고 두번째 교과목 점수를 참조하고자 한다면

```
student.marks(2)
ans  =
     49
```

이 되겠고, 무엇보다도 구조체 변수를 만들 때나 각 데이터를 참조할 때 변수 자체와 각 필드 사이에 점(dot)을 사용한다는 것에 주의를 기울이면 좋겠다.

구조체 변수도 배열로 취급하려면 일반 변수와 마찬가지로 변수 이름 다음에 첨자를 사용한다. 즉,

```
student(2).name = 'Charles Wilson';
student(2).id = 'WLSCHA007';
student(2).marks = [49  98];
```

인데, 이때 처음 저장된 원래 데이터는 student(1)로 참조할 수 있다. 그리고 구조체 배열의 각 요소들은 필드의 크기를 달리 가져도 된다. 위 예에서 student(1).marks는 요소가 3개지만 student(2).marks는 2개인 것처럼.

구조체 변수 student 자체의 크기는 1×2이다. 즉, 요소를 2개 갖는데 각 요소의 필드는 3개이다. 구조체 변수가 요소를 한 개 이상 가져 배열이 되면 MATLAB은 각 필드의 내용을 명령창에 표시하지 않고 대신에 다음과 같이 요약 정보만 나타낸다.

```
student
student =
1×2 struct array with fields:
    name
    id
    marks
```

MATLAB® 명령어 fieldnames(student)로도 구조체 변수의 정보를 얻을 수 있고, 또 구조체 변수를 미리 예비 할당하고자 한다면 struct 함수를 쓰면 된다.

앞에서도 언급했듯이 구조체의 필드에는 다른 구조체를 포함해서 어떠한 데이터 형도 담을 수 있다. 그래서 대학 강좌와 관련한 정보를 모으려면 위의 student 구조체를 써서

```
course.name = 'MTH101';
course.class = student;
course
course =
     name: 'MTH101'
     class: [1×2 struct]
```

와 같이 할 수 있다. 다른 강좌를 등록하려면

```
course(2).name = 'PHY102';
course(2).class = …
```

로 구성하고, 또 모든 강좌의 이름을 확인하려면

```
course(1:2).name
ans =
MTH101
ans =
PHY102
```

그리고 임의 강좌를 수강하는 학생들의 명단을 보려면

```
course(1).class(1:2).name
ans =
Thandi Mangwane
ans =
Charles Wilson
```

와 같이 입력하면 되겠다. 끝으로, 강좌 변수에 대한 각 이름(과목 및 수강 학생)을 독립된 변수에 따로 저장하려면 MATLAB의 deal 함수를 써서 `[course1, course2] = deal(course(1:2).name)`와 `[name1, name2] =deal(course(1).class(1:2).name)` 따위로 할 수 있고, 또 MATLAB은 구조체 변수의 필드를 삭제하기 위해서 rmfield 함수를 제공한다.

10.5 세포체

세포체(cell)는 MATLAB에서 가장 일반적인 데이터 형이다. 세포체는 하나의 데이터 용기로 생각할 수 있는데 숫자, 문자, 구조체, 혹은 세포체 자체 등 데이터 형에 관계없이 아무거나 담을 수 있다. 고급 데이터(여러 데이터를 한꺼번에 담는 데이터)란 측면에서는 구조체와 비슷하나 사용법에서 차이가 있는데 쉽고 편하게 쓸 수 있다는 측면에서 세포체가 구조체보다 더 일반적이다.

10.5.1 세포체 배열의 생성

세포체 배열에 데이터를 할당하는 방법은 다음과 같이 몇 가지가 있다.

- 세포 참조(cell indexing)

```
c(1, 1) = {rand(3)};
c(1, 2) = {char('Bongani', 'Thandeka')};
c(2, 1) = {13};
c(2, 2) = {student};
```

```
c =
    [3×3 double]     [2×8 char  ]
    [         13]    [1×2 struct]
```

여기서 구조체 변수 struct는 앞에서 만든 데이터로 여전히 메모리에 있다고 가정하였다. 대입문의 왼쪽에 있는 소괄호(parentheses)는 보통의 경우처럼 데이터(여기서는 세포체 배열) 요소를 지정하려고 한 표시이고 오른쪽의 중괄호(curly braces)는 세포체 데이터의 생성을 뜻하는 기호이다. 그래서 위의 첫번째 문장은 데이터 rand(3)로 세포체 c를 만들어 이의 (1, 1) 요소에 대입하라는 말이 되겠다.

■ 내용 참조(content indexing)

```
c{1, 1} = rand(3);
c{1, 2} = char('Bongani', 'Thandeka');
c{2, 1} = 13;
c{2, 2} = student;
```

대입문의 왼쪽에 있는 중괄호는 세포체 변수 c의 지정한 요소에 담길 내용을 뜻한다. 그래서 첫번째 문장은 변수 c의 (1, 1) 요소를 세포체로 채우는데 그 내용 즉, 데이터를 rand(3)이 되도록 하라는 뜻이다.

■ 세포체를 만들 때는 중괄호를 써서 다음과 같이 한 문장으로도 나타낼 수 있다.

```
b = {[1:5], rand(2); student, char('Jason', 'Amy')}
b =
    [1×5 double]     [2×2 double]
    [1×2 struct ]    [2×5 char   ]
```

세포체는 자신의 요소로 또 다른 세포체를 담을 수 있는데, 이때는 중괄호를 중첩하여 사용하면 된다.

■ 세포체를 만들 때 cell 함수를 쓰면 이의 예비 할당을 수행할 수 있다.

```
a = cell(3, 2)          % 3×2의 빈 세포체를 생성
a =
     []    []
```

```
    []    []
    []    []
```

따라서 세포체 a는 나중에 `a(2, 2) = {magic(3)}` 따위와 같이 필요한 데이터를 대입하면 된다.

> **TIP** 이미 숫자 데이터를 담은 배열이 작업장에 있는 경우 이를 메모리에서 제거하지 않은 채 변수 이름을 같게 하여 세포체를 만들어서는 안 된다. MATLAB이 숫자 데이터와 세포체 데이터의 문법을 섞어 쓰면 즉, 숫자 데이터를 중괄호로 참조하는 따위를 에러로 판단하기 때문이다.

10.5.2 세포체 배열의 참조

세포체의 내용은 중괄호를 통한 내용 참조 방식으로 확인할 수 있다. 즉,

```
r = c{1, 1}
r =
    0.9501    0.4860    0.4565
    0.2311    0.8913    0.0185
    0.6068    0.7621    0.8214
```

와 같고, 이때 세포체 내용 중에서 개별 요소를 참조하려면 중괄호와 소괄호를 함께 써서 다음과 같이 사용한다.

```
rnum = c{1, 1}(2, 3)
rnum =
    0.0185
```

여기서 중괄호 {1, 1}는 세포체 배열에서 행이 1이고 열이 1인 요소 즉, 3×3 수치 행렬 전체를, 그리고 소괄호 (2, 3)는 이 수치 행렬의 개별 요소(2행 3열의 요소)를 가리킨다.

10.5.3 세포체 배열의 사용

세포체 배열은 형(data type)이 다른 여러 데이터들을 콤마로 구분된 요소 리스트

(comma-separated list)로 나누어 사용하고자 할 때 특히 유용하다.

MATLAB®에서 입력과 출력의 개수에 제한이 없는 함수를 작성할 때 흔히 쓰는 varargin와 varargout이 바로 세포체 배열이다. 아래의 함수 testvar는 입력과 출력의 개수가 변할 수 있도록 작성한 함수인데, 다만 출력의 개수는 입력의 개수를 넘을 수 없다고 가정하였다.

```
function [varargout] = testvar(varargin)

for i = 1:length(varargin)
   x(i) = varargin{i};            % unpack the input args
end

for i = 1:nargout                 % how many output arguments?
   varargout{i} = 2*x(i)          % pack up the output args
end
```

그리고 명령창에서 이 함수의 사용은 다음과 같다.

```
[a, b, c] = testvar(1, 2, 3, 4)
a =
   2
b =
   4
c =
   6
```

임의의 함수에 varargin을 써서 입력 인수를 지정하면 이 함수를 호출할 때 MATLAB이 실제 입력 인수를 자동적으로 이름이 varargin인 하나의 세포체 배열로 만든다. 따라서 함수 몸체에서 이를 반드시 중괄호를 이용하여(앞에서 설명한 내용 참조 방식으로) 분해하는 프로그램 코드가 필요하다. 같은 측면에서, 가변 출력 인수로 사용하고자 한다면 출력 인수의 개수만큼 이름이 varargout인 세포체 배열로 합치는 코드 역시 필요하다. 참고로, 함수가 가변 인수(variable argument) 이외에 꼭 필요한 필수 인수(compulsory argument)를 요구한다면 varargin와 varargout은 함수의 입출력 목록에서 가장 뒤에 나와야 한다.

세포체 배열의 사용과 관련하여 좀 더 공부하고자 한다면 MATLAB Help : Programming and Data Types: Structures and Cell Arrays(프로그래밍과 데이터 형:

구조체와 세포체배열)의 Organizing Data in Cell Arrays(데이터를 세포체 배열로 구성하기)를 참조하면 좋겠다.

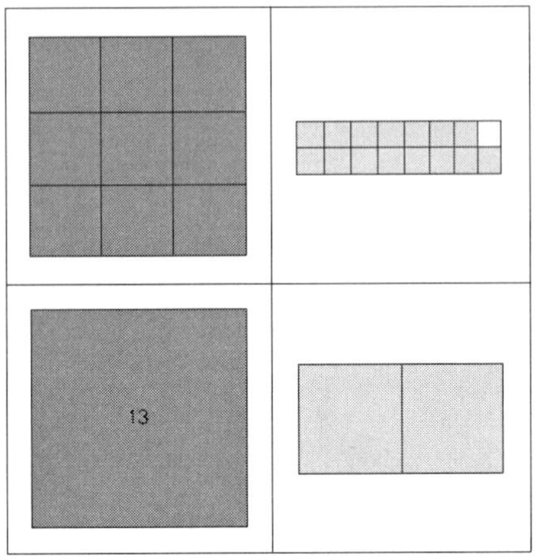

그림 10.3 cellplot(c)의 결과

10.5.4 세포체 배열의 표시

세포체 배열의 각 내용을 일목요연하게 정리하여 명령창에 표시하려면 함수 `celldisp`를, 그리고 이를 시각적인 그림으로 나타내려면 함수 `cellplot`을 사용한다. 그림 10.3은 앞에서 만든 세포체 배열 `c`의 내용을 나타내 주는 그림으로 데이터가 있는 부분은 색이 채워져 있다.

10.6 클래스와 객체

객체 지향 프로그래밍에 대해 듣지 않으려면 아마도 달 분화구에 들어가 고개를 떨군채 살아야만 할 것이다. - *Tom Swan*

객체 지향 프로그래밍이 단지 캘리포니아에서만 유행했다면 아무것도 아니었을 것이다. - *Edsger Dijkstra*

최근에 나온 대부분의 다른 프로그래밍 언어와 함께 MATLAB도 객체 지향 프로그래밍(object-oriented programming)을 지원하므로 이와 관련한 여러 개념이나 기법 즉, 클래스(class), 객체, 정보 보호(encapsulation), 계승(inheritance), 연산자 이중등록(operator overloading) 따위를 빠짐없이 사용할 수 있다.

객체 지향 프로그래밍은 책 한 권을 들여 설명하여도 모자랄 만큼 광범위한 주제이다. 따라서 이 책의 성격에 비추어 깊이 공부하고자 하는 학생에게는 여러 좋은 교재를 선택하여 해보도록 추천하는 말밖에 남길 수 없는 것이 안타까울 뿐이다. 다만, MATLAB에서 객체 지향 프로그래밍을 어떻게 구현하는 지에 보고 싶다면 온라인 MATLAB Help: Programming and Data Types: MATLAB Classes and Object를 참고하기 바란다.

요약

- MATLAB® 구조체는 여러 다른 데이터 형을 필드에 저장한다.
- 구조체도 배열로 만들어 쓸 수 있다.
- 세포체는 여러 데이터 형을 저장할 수 있는 객체로 MATLAB 변수 중에서 가장 일반적이다.
- 세포체 배열도 만들 수 있으며 각 셀은 다른 데이터 형을 저장하며, 다른 세포체 배열도 저장할 수 있다.
- 세포체를 배열로 만들 때는 중괄호(curly braces)를 사용한다.
- 세포체 배열의 내용은 내용 참조(content indexing)로 확인할 수 있다.
- 세포체 배열의 각 요소는 세포 참조(cell indexing) 즉, 보통의 경우와 같이 소괄호를 써서 참조하고 할당한다.
- 함수에 가변 인수를 사용하고자 할 때는 인수를 세포체 배열로 묶는다.
- 함수 cellplot은 세포체 배열을 가시적으로 보여준다.
- MATLAB은 객체 지향 프로그래밍을 지원한다.

11장

오류와 함정

이번 장의 목적은 MATLAB 사용자가

- 여러 가지 부류의 오류(errors)나 함정(pitfalls)을 인식하여 그것에 빠지지 않게끔 하는데 있다.

숙련된 프래그래머들 조차도 한 번에 바로 정확하게 실행되는 프로그램을 만들기는 어렵다. 컴퓨터 언어에 있어서, 프로그램 오류는 버그(bug)라고 불리는데, 이 이야기는 한 마리의 운 없는 나방이 초창기 컴퓨터 안에 있는 두 개의 열 이온 밸브를 누전시킨 것에서 유래되었다. 초기에 버그는 발견하는데 며칠씩 소요되었는데, 이런 오류들을 탐지하고 수정하는 일련의 과정을 디버깅(debugging)이라고 부른다. 오류와 함정은 수많은 여러 유형의 것들이 있는데, 어떤 것들은 MATLAB 고유의 오류이며, 어떤 것들은 다른 어떠한 프로그램 언어에서도 발생할 수 있는 것들이다. 이 장에서는 이런 오류들에 대하여 간략하게 논의하기로 한다.

11.1 구문 오류

구문 오류(syntax errors)들은 MATLAB 명령문 상에서의 타이핑 에러이다. (예를 들어 plot를 plog로 잘못 타이핑) 이 오류는 가장 빈번히 발생하며 가장 치명적이기도 하다: MATLAB은 실행을 멈추고 에러 메시지를 내보낸다. MATLAB의 버전이 높아 지면서 에러 메시지도 개선되었다. 다음이 예를 실행해보고, 마지막 에러를 살펴보자:

```
2 * (1+3

disp ( [' the answer is ' num2str(2) ]
```

많은 분법 에러가 있을 것이다. 몇 개는 직접 찾을 수 있을 지도 모른다. 경험이 늘면 실수를 빨리 찾을 수 있다.

함수 `lasterr`은 마지막으로 생성된 에러 메시지를 돌려준다.

11.1.1 모순된 벡터 크기

다음과 같은 구문을 생각해보자.

```
x = 0 : pi/20 : 3*pi;
y = sin(x);
x = 0 : pi/40 : 3*pi;
plot(x, y)
```

아래와 같은 에러 메시지가 나올 것이다.

```
Error using ==> plot
Vector must be the same lengths.
```

이는 x 증분 값을 감소시킨 후 y를 재계산하는 것을 잊어버렸기 때문이다. `whos`를 이용하여 문제를 파악할 수 있다.

```
x          1x121      ...
y          1x61               ...
```

11.1.2 이름 숨기기

작업 공간의 변수는 같은 이름의 함수나 문자를 숨길 수 있다는 것을 상기하자. 이렇게 숨겨진 함수나 문자로 접근하는 유일한 방법은 작업공간으로부터 어긋난 변수를 제거하는 것이다.

더구나 무심코 정한 MATLAB 함수 `m-file`은 같은 이름의 내부함수(script)를 숨길 수 있음을 기억하자. 예를 들어서 무의미한 메시지를 나타내는 `why.m`이라는 `m-file`을 생성하고 명령창에서 `why`를 타이프 해보자. 어떤 결과가 일어나는가?

만약 생성하고자 생각했던 변수나 문자가 MATLAB 함수일지도 모른다고 걱정되면 먼저 `help blob`를 시도해 보라.

11.2 논리상의 오류

문제를 풀기 위해 사용하는 실제 알고리즘에는 많은 오류들이 존재하며, 찾아내기 가장 어려운 오류는 프로그램이 실행은 되지만 잘못된 해답을 주는 경우이다. 해답이 잘못된 답이라는 것을 모르는 경우는 더욱 심각하다. 아래의 내용들은 이러한 논리 오류를 검토하는데 도움을 줄 것이다.

- 확실한 답을 알고 있는 특정한 경우에 맞추어 우선 프로그램을 실행해 본다.
- 정확한 답을 모른다면, 그 답이 적절한 크기의 것인지 검토하고 통찰력으로 문제를 다시 보도록 시도해 본다.
- 손으로 프로그램을 작성하여(또는 MATLAB이 갖고 있는 훌륭한 대화식 디버깅 기능을 이용한다: 10장 참고) 잘못된 곳을 찾을 수 있는지를 알아본다.

11.3 반올림 오차

때때로 컴퓨터 프로그램이 우리가 틀린 것을 알고 있는 수치 계산 답을 내놓는 경우를 보게 된다. 이것은 반올림 오차(rounding error) 때문에 생길 수 있는데, 반올림 오차는 컴퓨터가 갖고 있는 정밀도의 한계 즉, 무한한 수 대신에 변수마다 8바이트로 한정시켜 수를 저장하기 때문에 발생된다.

다음의 프로그램을 실행시켜보자.

```
x = 0.1;
while x ~= 0.2
      x = x + 0.001;
      fprintf( ' %g %g\n ', x, x - 0.2 )
end
```

이 프로그램을 멈추기 위해서는 컴퓨터 기능을 멈추게 해야 할 필요가 있다는 것을 알게 될 것이다. 즉, 키보드에서 〈Ctrl-break〉를 사용한다. 반올림 오차 때문에 변수 x는 정확하게 0.2라는 수치를 가지지 않는다. 사실 x는 0.2에서 대략 8.3×10^{-17}만큼 벗어나게 되고, 이는 x - 0.2의 수치를 화면에 출력함으로써 알 수 있다. 따라서 이 경우에는 다음과 같이 while 문으로 대체하는 것이 더 낫다.

```
while x <= 0.2
```

또는 더 좋은 방법으로

```
while abs(x - 0.2) > 1e-6
```

일반적으로, 아래와 같이 정수가 아닌 두 수식으로 '동등함'을 테스트하는 것이 좋다.

```
if abs((a-b)/a)<1e-6 disp('a practically equals b'), end
```

또는

```
if abs((a-b)/b) < 1e-6 ...
```

이 동등함을 비교하는 문장은 a와 b 사이의 상대적인 차이에 근거하고 있음을 주목하자. 반올림 오차는 때때로 식의 수학적인 재배열에 의해서 감소되기도 한다. 다시 흔히 볼 수 있는 2차 방정식을 떠올려 보자.

$$ax^2 + bx + c = 0,$$

의 해는

$$x_1 = (-b + \sqrt{b^2 - 4ac})/(2a)$$
$$x_2 = (-b - \sqrt{b^2 - 4ac})/(2a)$$

$a = 1, b = -10^7, c = 0.001$을 취하면 $x_1 = 10^7$ 그리고 $x_2 = 0$이 나온다. 두 번째 근은 거의 같은 숫자들 사이의 차로 정확한 값은 아니다. 그러나 확실한 기억에서처럼 두 근들의 곱은 c/a로 계산되며, 따라서 두 번째 근은 $(c/a)/x_1$로 표현된다. 이것을 이용하여 $x_2 = 10^{-10}$을 얻을 수 있으며, 이것이 정확한 결과가 된다.

요약

- 구문 오류들은 MATLAB 명령문 구조상의 실수들이다.
- 논리적 오류들은 문제들을 풀기 위해 사용되는 알고리즘상의 오류들이다.
- 반올림 오차(rounding error)는 컴퓨터가 한정된 정확성을 갖기 때문에 생기는 오류이다.

종합문제

11.1 Newton quotient

$$\frac{f(x+h) - f(x)}{h}$$

는 만약 h가 매우 작다면 함수 $f(x)$의 일차 미분 계수 $f'(x)$을 구하는데 사용할 수 있다. $x=2$에서 아래와 같은 함수의 Newton quotient를 구하기 위한 프로그램을 작성해 보라. (답은 4)

$$f(x) = x^2$$

여기서, h값은 1에서 시작하고 매번 10의 factor로 감소한다. 반올림 오차의 효과는 h가 너무 작을 때 즉, 10^{-12}보다 작을 때 분명해진다.

11.2 다음과 같은 연립 방정식의 해는

$$ax + by = c$$
$$dx + ey = f$$

연습 3.6에 따르자면 다음과 같다.

$$x = (ce - bf)/(ae - bd)$$
$$y = (af - cd)/(ae - bd)$$

만약 $(ae-bd)$가 작다면, 반올림 오차 해에 있어서 매우 큰 부정확성을 초래한다. 다음과 같은 시스템을 생각해보자.

$$0.2038x + 0.1218y = 0.2014$$
$$0.4071x + 0.2436y = 0.4038$$

4자리 부동 소수점으로 유효숫자를 맞춘 계산의 해가 $x=-1$, $y=3$임을 보여라. 이 정확도의 수준은 아래와 같은 명령문과 적절한 프로그램 수정을 통해 종합문제 3.6을 이용하여 확인할 수 있을 것이다.

```
ae = floor( a * e *1e4 ) / 1e4
```

반올림 오차가 없는 정확한 해답은 $x=-2$, $y=5$이다. 만약 방정식에서 계수 자체가 실험적인 오류를 포함한다면, 제한된 정확성을 사용하는 이 시스템의 해답은 완전히 무의미하게 된다.

PART

2

MATLAB® 응용

이 책의 파트 II는 MATLAB의 응용에 관한 내용을 다룬다. 하지만 이 책 자체가 MATLAB의 기초를 배경으로 하고 있기 때문에 응용 역시 한정될 수밖에 없고 교육적인 관점에서 간단한 예를 소개하는 정도가 될 것이다. 문제 하나하나를 구체적으로 다루기보다는 MATLAB을 쓰면 공학의 어떤 문제를 풀 수 있는지를 따져보는 것이 무엇보다 중요한데, 이런 질문에 대한 답을 제14장에 나타낸다. 파트 II의 궁극적인 목적은 MATLAB과 같은 여러 공학 도구를 조금씩이라도 배워 이를 어떤 문제에 어떤 방식으로 쓸 수 있는지를 살피는 것이 되겠다.

12장

동적 시스템

이 장에서는 MATLAB과 같은 공학 도구를 왜 배워야 하는지를 살펴본다.

MATLAB®과 이와 함께 따라오는 도구모음(toolboxes)은 공학도나 과학자, 수학자, 그리고 이런 분야에서 공부하는 학생들에게 모든 계산과 관련한 응용 기술을 제공한다. 이는 C나 C++, Fortran 따위와 같은 다른 프로그래밍 언어보다 응용 분야가 훨씬 크고, 또 이것이 다루는 공학 계산이라는 분야도 수학적 계산은 기본이고 해석, 그림으로 나타내기 및 알고리즘 개발까지 다 포함한다. MATLAB의 개발 회사인 MathWorks사의 웹사이트에는 "MATLAB을 이용한 공학 계산"을 다음과 같이 설명하고 있다.

- 알고리즘, 해석, 그래프, 리포트, 혹은 소프트웨어 시뮬레이션 등 작업의 목적이 무엇이든지 공학 계산에 MATLAB을 이용하면 작업이 훨씬 쉬워지고 능률도 더 높게 해준다. MATLAB은 기본 능력 이외에 여러 응용 함수(혹은 기능별 작업)를 풍부하게 제공하기 때문에 고급 해석이나, 데이터의 가시화 작업, 그리고 알고리즘의 개발 따위를 아주 유연한 환경 속에서 이룰 수 있다. 1000개가 넘는 수학적, 통계적, 과학적 및 공학적 함수가 있기 때문에 고성능 수치 계산 기법을 즉시 써먹을 수 있다는 말이다. 그리고 이런 능력은 대화식 그래픽 환경과 함께 2차원에서 선 및 이미지 그리기는 물론 3차원에서 면 및 체적으로 나타내기 등에도 똑같이 확장할 수 있다.
- 고급 도구모음을 갖추면 MATLAB의 능력을 신호 및 이미지 처리, 데이터 해석 및 통계, 수학적 모델링, 그리고 제어기 설계 영역 등에도 무난하게 쓸 수 있다. 도구모음은 각 분야의 전문가가 작성한 알고리즘을 모아 놓은 것으로 자신의 응용 분야에 맞는 수치 계산/해석 및 그래프 해석을 가능하도록 해준다. 전문가들의 작업 내용이 고스란히 들어 있기에 사용자는 코드를 직접 작성하지 않고도 여러 기법들을 적용하여 그 결과를 서로 견줄 수 있는 것이다. MATLAB 함수나 프로그래밍 기법, 또 도구모음의 함수들을 써서 자신의 과제에 대한 도구모음을 따로 만들어 쓸 수 있는 것도 큰 장점이다.

이 장은 공학 문제 중에서 비교적 간단한 예를 4개 들어 MATLAB을 어떻게 이용할 수 있는지를 살펴보는데, 이 예는 일정한 하중을 받는 단순보의 처짐, 단일 루프로 구성된 회로에 흐르는 전류, 자유낙하 문제, 그리고 3장에서 설명한 발사체를 좀 더 확장한 문제 따위가 되겠다.

첫 번째 문제는 공학 역학을 처음 배울 때 다루게 되는 구조체(건물이나 다리 따위)의 요소에 관한 것으로 이의 가장 핵심이 되는 단순보(cantilever beam)가 대상이다. 여기서 단면이 일정한 이런 보가자체의 무게와 같은 일정한 분포 하중이 작용할 때 얼마만큼 처지는 지를 조사한다.

두 번째 문제는 루프가 하나 있는 전기 회로에서 전류의 흐름을 기술하는 방정식은 어떤 모습이며, 또 어떻게 풀 수 있는지를 알아본다. 두말할 필요 없이 전기 공학의 기초가 되는 문제이다.

세 번째 문제는 중력장(g로 가속도가 일정)에서 어떤 물체가 자유낙하 하는 경우로 물리학을 처음 대할 때 거쳐야 하는 과제이다. 여기서 공기 저항 즉, 마찰의 효과를 연구한 후에 물체가 마찰이 있는 상태에서 바닥에 부딪히는 속도를 구하게 될 것이다.

마지막은 발사체 문제를 공기 저항을 고려한 상태로 확장한 문제이다. 이 문제를 풀 수 있으면 골퍼(golfer)가 출발점에서 장타를 날릴 때 왜 수평과 45°의 각도로 치지 않는지를 배우게 될 것이다. (45°는 이론적인 경우 즉, 공기 저항을 무시할 때 발사체를 가장 멀리 보낼 수 있는 최적 각도이다)

이런 문제들을 하나씩 풀어보기 전에 이 책의 내용은 공학이나 과학이 아니라 MATLAB의 가장 기초 지식을 소개한다는 사실을 먼저 새겨 두어야겠다. 그래서 이 장을 포함해 다음 장에서도 공학 전공자로서 이미 만났거나 앞으로 반드시 만나게 될 몇몇 간단한 문제를 풀면서 MATLAB의 핵심보다는 깊이는 좀 낮지만 이런 문제는 MATLAB으로 풀 수 있겠구나 하는 정도의 지식만 습득할 수 있을 것이다. 하지만 MATLAB이 높은 생산성을 요구하는 여러 목적에 두루 사용할 수 있다는 사실만은 잊어서는 안 되겠다. 학교에서 배운 내용을 직접 조사해 볼 수 있도록 프로그램을 짤 수 있는 방법을 배우는 것도 그런 목적 중의 하나이다. 공학 문제를 풀면서 MATLAB 도구모음이나 MATLAB이 직접 지원하는 여러 응용 함수를 스스로 배워 간다는 것은 학습의 계속성 관점에서 큰 도움이 될 것인데, 이는 MATLAB 환경에 들어온 이상 질 높은 컴퓨터 프로그램을 개발하는 문제는 직접 고민하고 연구하기 보다는 MATLAB의 응용 함수를 얼마만큼 잘 사용할 수 있느냐와 바로 연결되기 때문이다. 자신의 과제에 맞는 자신의 코드를 직접 짜야만 한다면 MATLAB이 지원하는 표준형 함수를 골라 이렇게 저렇게 약간씩 수정해가면서 하라는 말이다. 물론 이런 수준까지 되려면 수학이나 과학, 공학에 대한 좀 더 고급 지식을 습득해야 되겠지만 참고 1년만 견디면 아마 이런 기회를 잡을 수 있다고 확신한다.

과학이나 공학을 전공하는 학생은 수학과 관련한 학문을 적어도 5학기를 들어야 할 것이고, 이때 마지막 학기는 고급 계산학, 공업 수학, 응용 수학, 수치 물리학 따위로 이의 주제는 대부분 상미분 방정식, 연립 미분 방정식(비선형 시스템도 포함), 선형 대수(행렬 및 벡터 대수를 포함), 벡터 계산, Fourier 해석, Laplace 변환, 편미분 방정식, 복소수 해석, 수치 해석, 최적화 방법, 그리고 확률과 통계가 될 것이다. MATLAB 창의 위쪽 도구막대 중간에 있는 물음표(?)를 마우스로 눌러 보라. 이미 알고 있다시피 도움말 브라우저(help browser)가 뜨는데, 여기서 각 주제를 검색해 가면서 이런 주제의 문제는 어떻게 풀고 어떤 도구를 지원해 주는지 찾아보는 것도 큰 도움이될 것이다.

도구모음 Control Systems은 현재 활발히 연구되고 있는 공학(특히, 제어 공학)과 과학 분야의 최신 정보와 유용한 기법들을 MATLAB 함수로 작성하여 모아 놓은 것이다. SIMULINK와 도구모음 Symbolics도 아주 중요한데, 이는 학생판(student version) MATLAB에도 들어 있다. SIMULINK는 알고리즘 및 프로그램을 도해적으로 개발할 수 있다는 장점말고도 실험 장치의 데이터를 컴퓨터로 측정하고 기록하는 일이나 산업 현장의 감시 시스템을 구성하여 데이터를 주고 받는 일까지 할수 있어 여러모로 유용하다. 도구모음 Symbolics는 말 그대로 수학 문제(미분이나 적분 따위)를 기호로 처리하여 풀 수 있도록 해준다는 점에서 나름대로 가치가 있다. 공학이나 과학에 속한 대부분의 수학을 실험실이나 현장에 제한을 받지 않고 다 똑같이 기호로 쉽게 계산할 수 있으므로 이를 익혀 놓으면 어디를 가나 프로(professional)로 대접 받게 될 것이다.

12.1 단순보

단순보 문제를 알아보자. 그림 12.1은 이런 보가 하중을 받을 때 처지는 모습이다. 참고로 구조 역학에 대한 많은 유용한 공식은 "Formulas for Stress and Strain, Fifth Edition, Raymond J. Roark and Warren C. Young, McGraw-Hill(1982)"에 자세히 수록되어 있다. $x=0$인 벽 쪽에는 고정되어 있고 $x=L$에서는 고정되지 않은 보가 일정한 하중을 받을 때 $y=0$에서 아래로 처지는 수직 변위(보의 처짐 곡선을 하중이 있을 때와 없을 때를 서로 견주기 위해 무차원 형태(dimensionless form)으로 나타냄)는 다음과 같다.

$$Y=\frac{y24EI}{wL^4}=-(X^4-4X^3+6X^2)$$

여기서 $X=x/L$이고 E는 탄성계수(modulus of elasticity)라는 재료의 상수 값이다. 또, I는 보의 단면적에 대한 기하학적 특성값을 나타내는 관성 모멘트(moment of inertia), L은 고정된 벽 쪽에서 뻗어 나온 보의 길이, 그리고 w은 보의 단위 길이에 작용하는 하중이다. 다음은 이 문제를 푸는 스크립트 파일이다.

```
%
% The deflection of a cantilever beam under a uniform load
% Script by D.T.V., september 2006
%
% Step 1: Select the distribution of X's from 0 to 1
% where the deflections to be plotted are to be determined.
%
X = 0:.01:1;
%
% Step 2: compute the deflections Y at eaxh X. Note that
% YE is the unloaded position of all points on the beam.
%
Y = -(X.^4 - 4*X.^3 + 6*X.^2);
YE = 0;
%
% Step 3: Plot the results to illustrate the shape of the
% deflected beam.
```

```
%
plot([0 1], [0 0], '--', X, Y, 'LineWidth', 2)
axis([0  1.5  -4  1],
title('Deflection of a cantilerer beam')
xlabel('X'), ylabel('Y')
legend('Unloaded cantilever beam',...
      'Uniformly loaded beam')
%
% Step 4: Stop
```

위 프로그램을 돌려서 나온 결과가 그림 12.1이다. 보가 엄청 처진 것으로 보이지만 실제 재료 상수값과 단위를 미터로 바꾸면 그렇지는 않다. 처지는 형상을 서로 견주기 위해 스케일링(scaling) 즉, 식에 포함된 Y와 X를 단위가 없는 양으로 고쳤기 때문이다. 나아가, 이런 기법으로 만든 그림 12.1의 처짐 형상은 재료가 같은 상수값을 갖고 단면적과 같은 기하학적 모습이 같은 모든 보에다 똑같이 나타난다는 효과를 볼 수 있다.

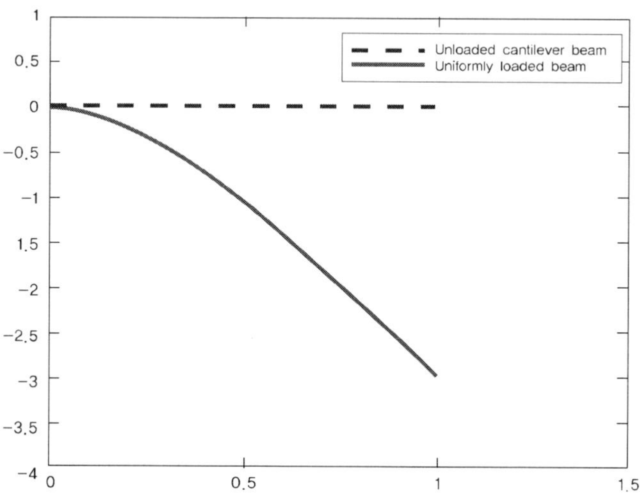

그림 12.1 일정한 분포 하중을 받고 있는 단순보의 처짐

12.2 전기 회로

전기 공학을 배우다 보면 전기 회로엔 여러 요소들이 있다는 것을 알 터인데 이 절에서는 루프가 하나인 전기 회로가 전압원(배터리 따위) V, 저항(에너지 발산 요소) R, 인덕터(에너지 저장 요소) L, 그리고 $t=0$에서 순간적으로 닫히는 스위치로 구성된 경우를 살펴본다. 참고 도서인 "Circuits, Deviecs, and Systems, Ralph J. Smith, John Wiley & Sons, 1967"에 따르면 처음 전류가 흐르지 않는 상태에서 스위치를 켰을 때 이 회로가 보이는 응답은 다음과 같다.

$$L\frac{di}{dt}+Ri=V$$

여기서 i는 전류이다. $t=0$에서 스위치가 작동하면 바로 그 순간 V가 저항과 인덕터(이 둘은 서로 직렬로 연결되어 있음)에 동시에 걸려 전류가 흐른다. 전류는 당연히 시간의 함수가 되겠다. 따라서 전류를 시간에 대해 그래프로 그릴 수 있도록 위 식을

$$\frac{di}{dt}+\frac{R}{L}i=\frac{V}{L}$$

와 같이 바꾸어 해를 찾으면(미분 방정식에 익숙하면 바로 알 수 있다)

$$i=\frac{V}{R}(1-e^{-\frac{R}{L}t})$$

을 얻을 수 있다. 다음은 이 문제를 풀기위한 스크립트 파일이다.

```
%
% Script to check the solution to the soverning
% equation for a simple circuit, i.e. to check
% that
%      i = (V/R)  * (1  - exp(-R*t/L))
%
% is the solution to the following ODE
%
%      di/dt + (R/L)*i - V/L = 0
%
% Step 1: We will use the Symbolics tools; hence,
```

```
% define the symbols as follows
%
      syms i V R L t
%
% Step 2: Construct the solution for i
%
      i = (V/R)*(1 - exp(-R*t/L));
%
% Step 3: Find the derivative of I
%
       didt = diff(i, t);
%
% Step 4: Sum the terms in ODE
%
       didt + (R/L)*i - V/L;
%
% Step 5: Is the answer ZERO?
%
       simple(ans)
%
% Step 6: What is i at t = 0?
%
       subs(i, t, 0)
%
% REMARK: Both answers are zero; hence,
%          the solution is correct and the
%          initial condition is correct.
%
% Sept 7: To illustrate the behavior of the
%         current, plot I vs. t for V/R = 1
%         and R/L = 1. The current approaches
%         i=V/R exponentially.
%
    V = 1; R = 1; L = 1;
    t = 0:0.01:6;
    i = (V/R)*(1 - exp(-R.*t/L));
    plot(t, i, 'ro'), title('Circuit problem example')
       xlabel('Time, t'), ylabel('current, i')
%
```

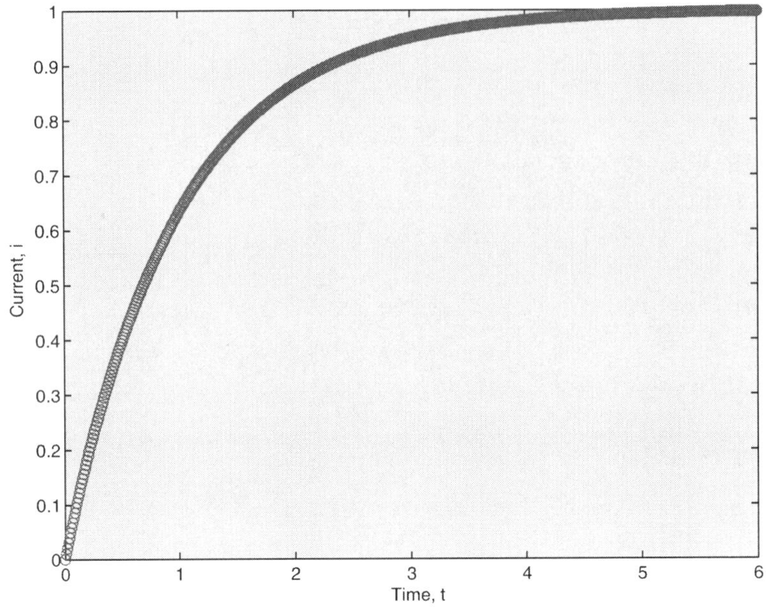

그림 12.2 간단한 RL 전기 회로에서 전류가 지수적으로 움직이는 모습

이 코드를 실행하면 본문에서 찾은 해가 정확하다는 것을 확인할 수 있을 것인데 그림 12.2와 같다.

12.3 자유낙하

이 절에서는 MATLAB으로 마찰(또는 공기의 저항)이 있는 자유낙하 문제를 풀 뿐만 아니라 전공 서적에서 지적해 놓은 이의 이론적인 결과도 함께 검토할 것이다. MATLAB을 써서 자유낙하 문제를 수치적 및 도해적으로 다루어 본다. 처음 정지해 있던 물체가 $y=0$(y의 방향은 중력의 방향)에서 자유낙하 할 때 5초 동안 공기 저항을 받는데 이의 효과도 조사한다. 다시 말하면, 정지 상태에서 자유낙하 하는 물체가 저항이 있는 경우와 없는 경우에 5초 동안 각각 떨어지는 거리 $y=L$를 찾는다. 역시 전문 서적 "Introduction to Theoretical Mechanics, R. A. Becker, McGraw-Hill (1954)"을 참고하면 자유낙하에 대한 방정식은 각각 다음과 같다.

1. 공기 저항이 없는 경우:

$$a = \frac{d^2y}{dt^2} = g, \quad v = \frac{dy}{dt} = gt, \quad y = \frac{1}{2}gt^2$$

여기서 a는 물체의 가속도이고 v는 속도, 그리고 y는 $t=0$에서 자유낙하를 시작하여 움직인 거리이다.

2. 공기 저항이 속도에 비례하는 경우:

$$a = \frac{d^2y}{dt^2} = g - k\frac{dy}{dt}, \quad v = \frac{dy}{dt} = \frac{g}{k}(1-e^{-kt}), \quad y = \frac{g}{k}t - \frac{g}{k^2}(1-e^{-kt})$$

3. 공기 저항이 속도의 제곱에 비례하는 경우:

$$a = \frac{d^2y}{dt^2} = g - k\left(\frac{dy}{dt}\right)^2, \quad v = \frac{dy}{dt} = \frac{1}{2}\frac{g}{k}\tanh\left(\frac{gk}{2}t\right), \quad y = \frac{1}{k}\log_e[\cosh(gk/2t)]$$

위 세 경우 모두 $t=0$에서의 초기 조건은 $y=v=0$이다. 참고로, 이 식들에 대한 이해를 높이려면 기본적으로 상미분 방정식(ordinary differential equation)을 좀 더 배워야 할 것이며, 아울러 유체 역학(fluid mechanics) 과정을 이수하면 공기 저항을 자세히 알게 될 것이다. 특히, 공기 저항이 층류(laminar flow)이면 위의 2 경우를 적용하지만 실제적인 경우와 같이 공기 저항이 난류(turbulent flow)이면 위의 3이 알맞다. 아무튼 위의 방정식이 정확하다고 가정하고, 또 중력 가속도 g = 9.81(m/s^2)와 공기 저항의 파라미터 $k=0.2$로 두고 다음 질문에 대한 답을 찾도록 한다.

(a) 세 경우에 자유낙하 하는 물체의 5초 후 거리 y(단위는 m)는 각각 얼마인가?
(b) 공기 저항이 있는 2와 3의 경우 최종 속도(단위는 m/s)는 각각 얼마인가?
(c) 최종 속도는 $t=5$초에서 얻을 수 있는가?

여기서 최종 속도(terminal velocity)는 물체가 충분히 자유낙하 한 후에 시간과 관계없이 일정하게 되는 속도로 위의 2와 3의 경우 각각 g/k와 $(g/k)/2$이다. 즉, 중력에 의한 힘과 공기 저항에 의한 힘이 같아질 때의 속도인 것이다.

위 질문에 대한 답을 얻기 위해 y에 대한 자유낙하 식에서 비행 시간을 5초로 하여 얼마만큼 떨어졌는가를 조사한다. 또, 자유낙하에 대한 공기 저항의 영향은 그래프를 그려 살펴본다. 즉, $t=0$에서 $t=5$까지 t에 대한 y의 그래프도 그린다. 직접 비교하기 위해 한 그림창에 3개의 그래프를 함께 그리는 것이 좋겠다. 결론으로, 처음 아주 짧은 시간 동안에는 3개의 그래프가 모두 같지만 $t=5$초에서는 자유낙하 한 거리가 아주 다르다는 것을 보게 될 것이다. 이 질문의 답을 찾는 MATLAB 코드는 다음과 같다.

```
%
%       Free fall analysis (saved as FFall.m):
%        Comparison of exact solutions of ferr
%        fall with wero, linear and quadratic
%        friction for t = 0 to 5 seconds.
%
% Script by  D.T.V.  ........ September 2006.
%
% Step 1: Specify constants
%
k = 0.2;      % Friction coefficient provided in the problem.
g = 9.81;  % Acceleration of gravity in in m/s/s.
%
% Step 2: Selection of time steps for computing solutions
%
dt = 0.01;
%
% Step 3: Set initial condition (the same for all cases)
%
t(1) = 0.; v(1) = 0.; y(1) = 0.;
%
t = 0:dt:5;
%
% Step 4: Compute exact solutions at each time step from
          %t = 0 to 5.
%
%       (a) Without friction:
```

```
%
v = g*t;
y = g*t.^2*0.5;
%
%       (b) Linear friction
%
velf = (g/k)*(1. - exp(-k*t));
yelf = (g/k)*t - (g/(k^2))*(1. - exp(-k*t));
%
%       (c) Quadratic friction
%
veqf = sqrt(g/k) * tanh(sqrt(g*k)*t);
yeqf = (1/k)*log(cosh(sqrt(g*k)*t));
%
% Step 5: Computation of the terminal speeds (cases with
          %friction)
%
velfT = g/k;
veqfT = sqrt(g/k);
%
% Step 6: Graphical comparison
%
plot(t, y, t, yelf, t, yeqf),
title('Fig 1. Comparison of y results'),
xlabel('Time, t'), ylabel('Distance, y')
figure
plot(t, v, t, velf, t, veqf),
title('Fig 2. Comparison of v results'),
xlabel('Time, t'), ylabel('Speed, v')
%
% Step 7: Comparison of distance and speed at  t = 5
%
disp(' ')
fprintf(' y(t) = %f, yelf(t) = %f, yeqf(t) = %f (at t = %f)
  \n', y(501), yelf(501), yeqf(501), t(501))
disp(' ')
```

```
fprintf(' v(t) = %f, velf(t) = %f, veqf(t) = %f (at t = %f)
\n', v(501), velf(501), veqf(501), t(501))
%
% Step 8: Comparison of terminal velocity
%
disp(' ')
fprintf('  velfT = %f,  veqfT = %f   \n', velfT, veqfT)
%
% Step 9: Stop
```

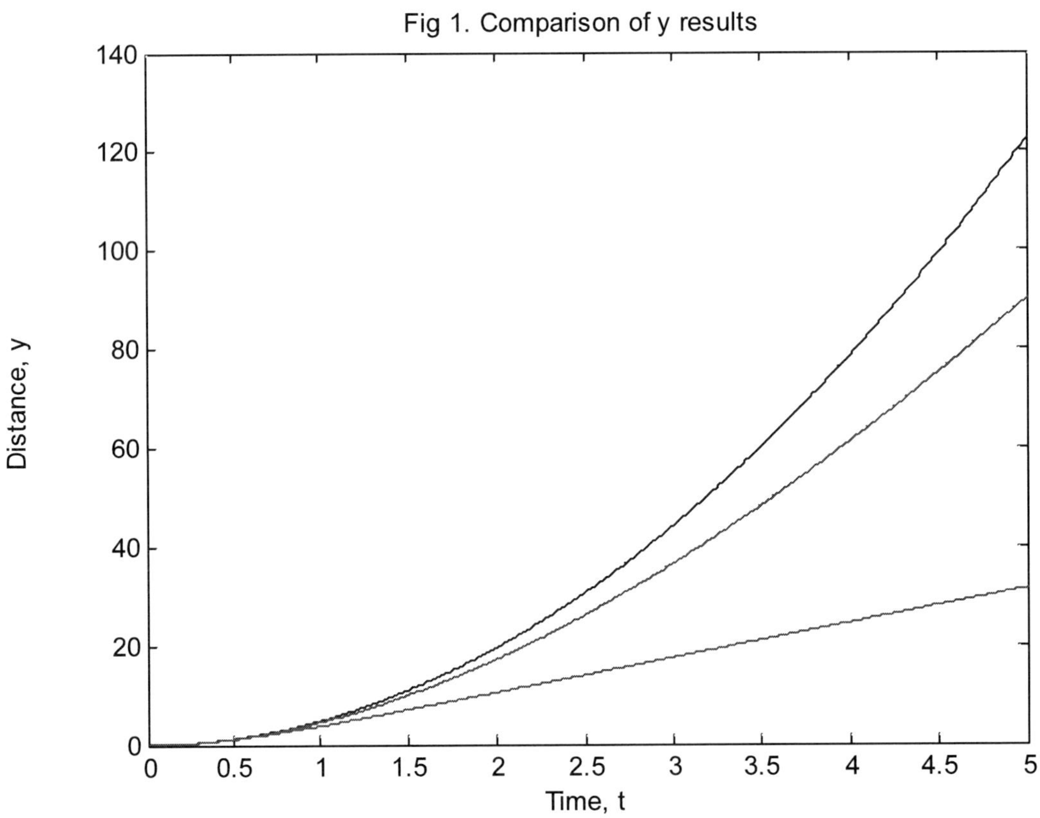

그림 12.3 자유낙하 하는 물체의 거리 비교

(위쪽 - 마찰이 없는 경우, 가운데 - 1차 마찰인 경우, 그리고 아래쪽 - 2차 마찰인 경우)

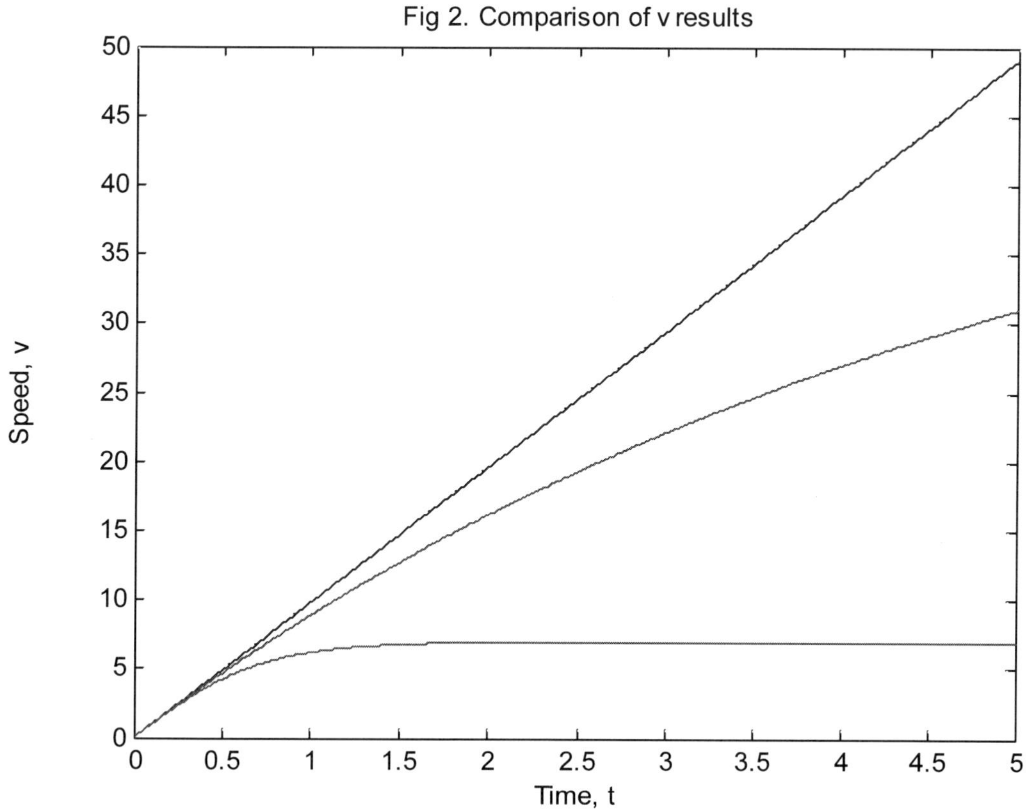

그림 12.4 자유낙하 하는 물체의 속도 비교: 제일 위는 마찰이 없고, 중간의 그래프는 선형 마찰, 그리고 제일 아래는 2차 마찰

위의 파일(이름은 FFall.m)을 실행하면 그림 12.3와 12.4를 만들고, 또 명령창에 다음과 같은 출력물을 내어 놓는다.

```
>> FFall
   y(t) = 122.6250, yelf(t) = 90.2224, yeqf(t) = 31.5521 (at
t = 5.0000)
   v(t) =  49.0500, velf(t) = 31.0055, veqf(t) =  7.0036 (at t
= 5.0000)
   velfT = 49.0500, veqfT =  7.0036
```

그림은 이미 예상했듯이 마찰이 없는 경우의 물체가 훨씬 더 많이 자유낙하 하는 것을 보여준다. 마찰이 2차인 경우는 5초보다 작은 시간에 최종 속도가 되지만 1차인 경우는 5초가 지나도 아직 최종 속도에 도달하지 못한다는 것도 알 수 있다. 자유낙하를 시작한 후 거의 0.5초까지는 세 경우가 모두 비슷하여 마찰의 효과를 느낄 수 없지만 5초에서는 거리나 속력이 아주 다르다. 이는 마찰이 있는 경우, 그러면서 차수가 높을수록 물체의 속력을 더 빨리 떨어뜨린다는 것을 예상할 수 있으므로 전혀 놀랄만한 일이 아니다.

이런 해석은 자유낙하 문제의 정확한 해를 기초로 하여 얻었다. 이제, MATLAB의 Symbolic 도구모음을 써서 마찰이 1차인 경우에 대해 전공 서적에 나타나 있는 이론적인 결과를 검토해 보기로 한다. 이를 위해 명령창에서 수행한 스크립트 파일은 다음과 같다.

```
%
% The formula for the distance of free fall
% of an object from rest with linear friction
% is as follows:
%
% y = (g/k)*t - (g/k^2)*(1 - exp^(-kt)).
%
% To check the theory, we want to differentiate
% this twice to determine the formulae for velocity
% v and acceleration a, respectively. The results
% should match the published results.
%
% Step 1: Define the symbolic variables
%
syms  g  k  t  y
%
% Step 2: Write the formula for y = f(t)
%
y = (g/k)*t - (g/k^2)*(1 - exp(-k*t));
%
```

```
% Step 3: Determine the velocity
%
v = diff(y, t);
%
% Step 4: Determine the acceleration
%
a = diff(v, t);
%
% Step 5: Print the v and a formulae and compare with
% the published results
%
v, a
%
% Step 6: Determine a from published formula and v.
%
a2 = g - k*v;
%
% Step 7: Simplify to simplest form
%
a2 = simple(a2)
%
% Step 8: Stop. REMARK: Results compare exactly. The
% results printed in the command window after executing
% this script are as follows:
%          v = g/k - g/k*exp(-k*t)
%          a = g*exp(-k*t)
%          a2 = g/exp(k*t)
% These results verify the conclusion that the published
% formulae are correct.
```

마지막으로, 마찰이 1차인 경우(즉, 공기 저항이 자유낙하의 속도에 비례하는 경우)를 근사적인 방법으로 풀 수 있는지 생각해 보자. 이는 정확한 해를 얻을 수 없을 때 해 볼 수 있는 방법이고, 아울러 이와 관련하여 수치 해석 부분은 이 책의 마지막 장에서 좀 더 언급하게 될 것이다.

자유낙하 하는 물체의 속도와 가속도에 대한 방정식은 미분 방정식이고, 이를 근사적으로 푸는 방법을 유한차분(finite difference) 법이라 한다. 이런 미분 방정식과 이의 정확한 해는 이미 앞에서 밝혀 두었고, 또 근사법에 대한 프로그램(바로 이어서 나옴)을 짜서 실행할 때도 시간 구간을 똑같이 하여 서로 견줄 수 있도록 한다. 공기 저항이 속도의 1차에 비례하는 경우 처음 정지해 있다가 낙하하는 물체의 속도는

$$\frac{dv}{dt} = g - kv$$

와 같다. 이제, 이 방정식을 차분 계산을 통해 근사화하도록 해보자. 미분은 원래 극한(limit)으로 정의되는데 이를 근사화 한다는 것은 바로 이 극한을 뺀다는 뜻과 같다. 그래서 시간 구간을 $\Delta t = t(n+1)$-$t(n)$와 같이 아주 작게 두면 미분은 다음처럼 근사화 할 수 있는 것이다.

$$\frac{dv}{dt} \approx \frac{v(n+1) - v(n)}{\Delta t} = g - k\left(\frac{v(n+1) + v(n)}{2}\right)$$

여기서 n이 들어 있는 변수의 값은 시간 구간 시작에서의 v의 값이다. 즉, $v(n)$은 $t(n)$에서의 속도이다. 위 식을 잘 살펴보면 초기치 문제(initial-value problem)인 것을 알 수 있다. $t(n)$에서 $v(n)$으로 주어졌으니 $t(n+1)$에서는 $v(n+1)$이 얼마인지 구해야 한다는 뜻이다. 유한차분 식인 위 식에서 이를 구할 수 있는데 전적으로 Δt의 값에 달렸다.

다음으로 해야 할 것은 앞에서 구한 $v(dy/dt$의 근사값)를 이용해 $y(n+1)$을 찾는다. 이 역시 유한차분 형태로 나타내어 풀면 되는데 다음과 같다.

$$\frac{dy}{dt} = \frac{y(n+1) - y(n)}{\Delta t} = \frac{v(n+1) + v(n)}{2}$$

따라서 이 식을 $y(n+1)$에 대해 정리하면 $v(n+1)$, $v(n)$, $y(n)$, 그리고 Δt의 항으로 나타낼 수 있고, 이때 만약 초기 조건으로 $t(n)$에서 $y(n)$와 $v(n)$을 안다면 dv/dt의 유한차분 식에서 $v(n+1)$을 먼저 찾은 후에 이의 결과를 다시 써서 dy/dt 유한차분 식에서 $y(n+1)$을 구하면 된다. 물론 이렇게 구한 값은 다음 단계의 초기 조건으로 하여 똑같은 과정을 시간 구간(여기서는 $t=5$)이 끝날 때까지 계속 밟아가면서 목적을 달성한다. 이런 과정을 담은 스크립트 파일이 다음에 나와 있다. 이 파일

을 실행하면 정확한 해와 근사적인 해가 같은 그림에 나타나 비교적 쉽게 서로 견줄 수가 있다. 비교 결과는 놀랄 만하다. 하지만 근사법을 이용한 결과가 늘 이렇지는 않다. 결과가 늘 정확한 것은 아니지만 작업 중에 수치 근사를 이용해야 할 때가 있기 때문에 결과를 비교해 본 것이다.

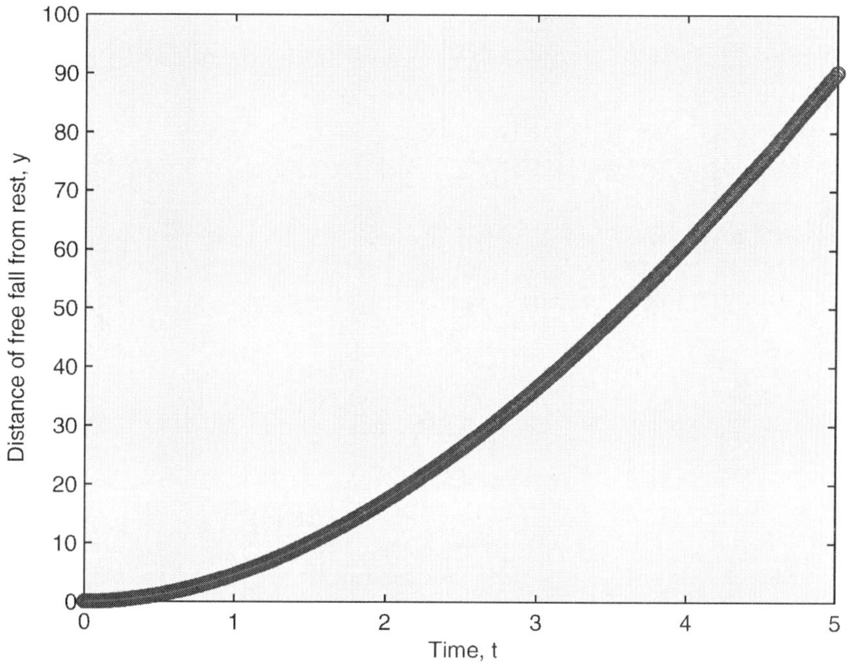

그림 12.5 자유 낙하 거리, 속도의 비교: 정확한 해는 선, 원은 유한 차분 근사 해이다.

근사법과 정확한 결과와의 차이를 시험해 보기 위해 스크립트 파일을 이용한 결과를 그림 12.5에 보인다.

```
%
% Approximate and exact solution comparison of
% free fall with linear friction for t = 0 to 5.
%
% Script by D.  T.  V. ..........September 2006.
%
% Step 1: Specified constants
%
```

```
k = 0.2;
g = 9.81;
%
% Step 2: Selection of time step for approximate solution
%         dt = t(n+1) - t(n)
dt = 0.01;
%
% Step 3: Initial condition
%
t(1) = 0.;
y(1) = 0.;
v(1) = 0.;
%
% Step 4: Sequential implementation of the approximate
%   solution method by repeating the procedure 500 times
%   (using a for loop)
%
for n = 1:1:500
   t(n+1) = t(n) + dt;
   v(n+1) = (v(n) + dt*(g - 0.5*k*v(n)))/(1. + dt*0.5*k);
   y(n+1) = y(n) + dt*0.5*(v(n+1) + v(n));
end
%
% Step 5: Exact solution over the same interval of time:
%
   ye = (g/k) * t - (g/(k^2)) * (1.-exp(-k*t));
%
% Step 6: Graphical comparison
%
plot(t, y, 'o', t, ye), title('Comparison of numerics',...
  'w/ exact results'), xlabel('time, t'),...
     ylabel('distance, y')
%
% Step 7: Comparison of distance at t=5
%
disp(' ')
fprintf(' y(t) = %f, ye(t) = %f (at t = %f) \n', y(501),...
    ye(501), t(501))
%
% Step 8: End of script by D.T.V.
%
```

요약하면, 여기서 자유낙하 문제를 조사한 것은 MATLAB 응용의 한 부분으로 전공 서적에 나와 있는 공식을 실제로 검토해본 꼴이 되었다. 게다가, 근사 법을 소개하면서 정확한 해의 공식을 얻을 수 없는 경우에 사용할 수 있는 여건을 마련하면서 이런 과정에 MATLAB이 훌륭한 도구가 된다는 것도 보였다. 사실 근사법도 이 절에서는 소개하지 않았지만 미분 방정식에 대한 MATLAB의 수준 높은 풀이기(solver)를 쓰면 정밀도를 훨씬 더 높일 수 있는데, 이는 마지막 절에서 다시 언급할 것이다. 이와 관련한 또 다른 예들을 알고 싶으면 MATLAB의 도움말을 참고하면 좋겠다.

12.4 마찰을 고려한 발사체 문제

발사체(projectile) 문제를 여기서 다시 다루어 보기로 한다. 물론 이 경우는 앞과는 달리 발사체가 비행할 때 마치 골프공에서와 같이 공기 저항의 효과가 있을 때이다. 중력이 g이고 공기 저항은 운동의 반대 방향으로 작용할 때 발사체(단위 질량(unit mass)을 갖는 물체)의 비행 궤적에 대한 공식들은 다음과 같다. 단, 공기 저항은 발사체가 움직이는 속력의 제곱에 비례하는 것으로 가정한다.

$$
\begin{aligned}
u &= dx/dt \\
v &= dy/dt \\
du/dt &= -ku\sqrt{u^2+v^2} \\
dv/dt &= -kv\sqrt{u^2+v^2}-g
\end{aligned}
$$

발사체(예를 들어, 골프공 따위)는 처음 $x=0$와 $y=0$의 위치에 있다가 수평선과 θ의 각으로 하여 V_s의 속력으로 날아간다. 이때, 좌표 x는 지면과 평행인 수평선이고 y 좌표는 x와 수직으로 하여 하늘 방향을 가리키므로 중력 가속도는 y와 반대 방향이다. 이런 조건에서 발사체가 다시 땅에 부딪힐 때 x 방향으로 이동한 거리를 구하는 것이 이 문제의 목적이다. 그리고 미분 방정식이므로 정확한 해를 구하기보다는 자유낙하에서 했던 것과 같이 근사 법을 써서 풀도록 한다. 다음은 이 문제에 대한 스크립트 파일인 golf.m이다.

```
%
% "The Golf ball problem"
% Numerical computation of the trajectory of a
% projectile launched at an angle theta with
% a specified launch speed. They are:
%   theta = launch angle in degrees.
%   Vs = launch speed.
%
% Script by D.T.V. ..... September 2006
% Revised by D.T.V. ....  November 2008.
%
% Equations of motion:
%  u = dx/dt. v = dy/dt. g is in the opposite
%  direction of y. x = y = 0 is the location of
%  the tee. k is the coefficient of air drag. It
%  is assumed to be constant. Friction is assumed
%  to be proportional to the speed of the ball
%  squared and it acts in the opposite direction
%  of the direction of motion of the ball. The
%  components of acceleration are thus:
%  du/dt = -[k (u^2 + v^2) * u/sqrt(u^2 + v^2)].
%  dv/dt = -[k (u^2 + v^2) * v/sqrt(u^2 + v^2)] - g.
%
% INPUT DATA
% Specified constants:
k = 0.02;
g = 9.81;
dt = 0.01;
%
% Input the initial condition:
%
theta = input(' Initial angle of launch:  ')
the = theta * pi/180.;
Vs = input(' Initial speed of launch:  ')
u(1) = Vs * cos(the);
```

```
v(1) = Vs * sin(the);
% Launch pad location:
x(1) = 0.;
y(1) = 0.;
%
% Compute approximate solution of the trajectory of flight.
% Repeat up to 6000 time, i.e. until ball hits the ground.
%
for n = 1:1:6000
   u(n+1) = u(n) - dt * (k*sqrt(u(n)^2 + v(n)^2)*u(n));
   v(n+1) = v(n) - dt * (k*sqrt(u(n)^2 + v(n)^2)*v(n) + g);
   x(n+1) = x(n) + u(n) * dt;
   y(n+1) = y(n) + v(n) * dt;
% Determination of when the object hits ground:
  if y(n+1) < 0
      slope = (y(n+1) - y(n))/(x(n+1) - x(n));
      b = y(n) - slope*x(n);
      xhit = -b/slope;
 plot(x, y)
fprintf(' The length of the shot = %5.2f \n', xhit)
  end
% Once object hits terminate the computations with a break:
   if y(n+1) < 0; break, end
end
%
% Graphical presentation of the results:
%
if y(n+1) > 0
   plot(x, y)
end
% ------ End of golf-ball script by D.T.V.
```

k= 0.02일 때 최적의 출발각은 얼마일까? 이 질문에 대한 답으로 출발속도를 100으로 하여 스크립트 파일을 아래에 작성해 놓았다. 여기서 최적 출발각이란 이동 거리를 최

대로 만드는 각을 말한다. 최적 각도를 계산하기 위해서 golf.m 스크립트에서 다음과 같이 입력 부분을 %로 주석 처리한 후 실행하였다.

```
%
% In golf. m the following alterations were made
% prior to running this script!!!!!!
%
%  % theta = input('Initial angle of launch: ')
%  % Vs = input('Initial speed of launch: ')
%
%  This script them finds the optimum angle for k =0.2
%  to compare with the zero friction case, which we know
%  has the optimum launch angle of 45 degrees.
%
% Script by D. T. V. ..... September 2006.
% Revised by D.T.V.  .....  November 2008.
%
% consider launch angles from 1 to 45 degrees
%
th = 1:1:45;
vs = 100            % Specified launch speed.
%
% Execute the modified golf.m file 45 times and save
% results for each execution of golf.m
%
for i = 1:45
   theta = th(i);
   golf;               % Execution of modified golf.m
   xh(i) = xhit;
   thxh(i) = theta;
end
% Find the maximum distance and the corresponding index
[xmh, n] = max(xh)
% Determine the angle that the maximum distance occurred.
opt_angle = thxh(n)
% Display the results
```

```
disp(' optimum angle ')
disp( opt_angle )
% REMARK: For this case the result is 30° degrees.
% End of script
```

비선형 마찰이 있는 경우의 최적 출발각은 30°인 것을 밝혔다. 마찰이 없을 때는 45°인 것과 서로 견주어 볼 수 있겠다. 따라서 정상급의 골퍼가 출발지에서 공을 칠 때 45°보다 훨씬 작은 각이 되도록 자세를 잡는 것은 전혀 놀랄 일이 아닌 것이다.

요약

이 장에서는 MATLAB의 여러 유용한 능력을 이용하여 3가지의 문제를 풀었는데 다음과 같은 결론을 내릴 수 있었다.

- 단순보의 처짐 형상을 공학 서적에 수록된 공식에 맞게 나타낼 수 있었고, 이 경우엔 MATLAB의 다항식에 대한 연산 능력을 충분히 활용했다.
- 자유낙하 운동에 대한 마찰 효과를 조사하였다. 이 역시 공학 서적에 수록된 공식에 기초하여 낙하한 거리나 속도를 계산하였고, 아울러 그 공식이 맞는지를 MATLAB의 Symbolic 도구모음을 써서 검사하였다. 근사 법도 소개하고 이를 직접 문제에 적용하여 풀었다.
- 발사체 문제를 공기 저항을 고려하여 살펴보았고, 또한 앞의 문제에서처럼 근사 법을 적용하기도 했다. 그리고 발사체의 학습에서 공기 저항이 있는 경우의 최적 출발각은 없는 경우의 45°보다 작다는 것을 밝혀냈다.

종합문제

12.1 자유낙하 문제에서 정확한 해를 찾는 스크립트 파일(이름은 FFall.m)을 다시 작성하라. 단, 마찰 상수는 k = 0.1와 0.3으로 한다.

12.2 본문에서는 MATLAB의 Symbolic 도구함수를 써서 마찰이 1차인 형태에 대해 자유낙하 공식을 검사해 보았는데 다른 두 경우에 대해서도 똑같이 해보아라.

12.3 스크립트 파일 golf.m을 마찰 상수 k가 0.01와 0.03로 바뀌게 하여 다시 작성하라. 또, 발사체의 출발속도를 똑같이 100으로 할 때 마찰이 최적 출발각에 미치는 영향을 각각의 경우에 대하여 살펴보아라.

13장

시뮬레이션

이번 장의 목적은 다음을 소개하는 것이다.

- 실제 사건의 시뮬레이션

시뮬레이션(simulation)은 컴퓨터를 제대로 활용하는 공학의 한 응용 분야로 실제 세계의 여러 현상(혹은 사건)을 그대로 흉내 낼 수 있도록 꾸며놓은 컴퓨터 실험(computer experiment)이다. 보통 이런 사건들은 확률 프로세스(random process)에 기초하는데 이해하기가 무척 어려워 경험이나 이론적으로 따지는 경우가 많다. 방사능 물질의 반감, 주사위 굴리기, 박테리아의 확산 및 교통 흐름 따위가 이런 예가 될 수 있겠다. 시뮬레이션 프로그램을 짤 때 꼭 생각해야 할 것은 이 프로그램의 결과를 프로그래머 자신도 미리 정확하게 예측할 수 없다는 것이고, 시뮬레이션 대상인 현상이나 사건도 이와 마찬가지이다. 즉, 동전을 던질 때 결과가 무엇이 될 지 던지는 사람(혹은 동전 자체(?))을 포함해 아무도 모른다는 것과 같다.

13.1 임의의 수 만들기

확률 사건(혹은 임의의 수)은 MATLAB 함수 rand로 쉽게 시뮬레이션 할 수 있다. rand 함수는 기본적으로 0과 1 사이에 균등하게 분포하는 임의의 수를 돌려준다. (참고로 컴퓨터는 완전히 확률적인 수를 만들 수 없다고 알려져 있지만 확률 수인지 아닌지를 누구도 예측할 수 없기에 별다른 뜻은 없다) 또, 이 함수는 열이나 행의 벡터로도 데이터를 만들어 주기 때문에 rand(1, 5)는 다음과 같이 행이 하나이고 열이 다섯 개다.

```
0.9501   0.2311   0.6068   0.4860   0.8913
```

동일한 MATLAB 창에서 rand 함수는 당연한 말이겠지만 사용할 때마다 서로 다른 임의의 값을 만든다. 하지만, 다른 MATLAB 창을 연다 하더라도 rand 함수는 시작하는 값만은 항상 똑같다. 즉, 0.9501이다. 확률 수를 즐기는 모든 도박꾼들이 항상 믿고 있듯이 이는 실제 세계에서 일어나는 일과는 거리가 멀다. 따라서 MATLAB 창에 관계없이 시작하는 수가 항상 다르도록 하려면 rand 함수를 사용하기 전에 종자수(seed)를 바꾸어야만 한다.

13.1.1 종자수 정하기

임의의 수 생성 함수인 rand는 다음과 같은 명령으로 종자수를 지정할 수 있다.

```
rand('state', n)
```

여기서 n은 임의의 정수로 사용자가 따로 정하지 않을 때는 기본값이 0이다. 이 명령은 스크립트 함수를 실행할 때마다 확률 수를 똑같이 생성하고자 할 때 아주 유용하다. 하지만, 하나 주의할 것은 이 같은 명령 자체로는 확률 수를 생성할 수 없고 단지 rand 함수를 초기화 할 뿐이라는 사실을 알아야 한다.

함수 rand의 종자수를 지정하는 n의 값은 MATLAB을 기동할 때마다 다르게 미리 준비할 수 있다. 시스템의 날짜와 시간을 보여주는 함수 clock을 이용하는데 이는 날마다 시간마다 다 다른 값을 돌려주기 때문이다. 즉,

```
>> rand('state', sum(100*clock));
>> rand(1, 7)
ans =
   0.3637   0.2736   0.9910   0.3550   0.8501   0.0911   0.4493
>> rand('state', sum(100*clock));
>> rand(1, 7)
ans =
   0.9309   0.2064   0.7707   0.7644   0.2286   0.7722   0.5315
```

와 같이 사용할 수 있다. 참고로 rand 함수가 만들 수 있는 수의 개수는 이론적으로 2^{1492} 이상이다.

13.2 동전 던지기

정상적인 동전을 던질 때 앞과 뒤가 나올 확률은 똑같이 0.5(50%)이다. 그리고 rand 함수는 구간 [0, 1)에서 돌려주는 값은 어떤 값이 되더라도 확률이 다 똑같다. 따라서 동전 던지기를 rand 함수로 시뮬레이션 할 때는 나오는 값이 0.5보다 작은 경우를 앞면, 그리고 이 외의 값이면 뒷면이라고 생각할 수 있다.

동전을 50번 던지는 실험을 하여 이의 결과를 기록한다고 가정하자. 동전 던지기를 실제로 한다면 계속 반복하는 것이 꽤 번거롭지만 컴퓨터 시뮬레이션이면 이를 상쇄해 줄 뿐만 아니라 얼마나 간편하게 실험을 마칠 수 있겠는가! 이와 관련한 스크립트 파일은

```
for i = 1:50
  r = rand;
  if r < 0.5
    fprintf('H')
  else
    fprintf('T')
  end
end
fprintf('\n')        % new line
```

이고, 이를 두번 실행한 결과는 다음과 같다.

```
THTHTTHHTHTTTTHHTTHTHHTHHHHTHHHTHTHHTTHTTHTHTTTHHH
HTHTHTHTTTHTTTTTHHHTTHTTHTTHTTTTTTHTHHTTHHTHHTHHHT
```

위 결과만을 보고 이 실험이 시뮬레이션 한 결과인지 직접 동전을 던져 결과를 적어 놓았는지 판단하기는 참 어렵다. 함수 rand가 확률 수를 돌려줄 때 정말 확률적이라는 사실을 보여주는 대목이다.

위 스크립트에서 if문 부분이 다음과 같다면 왜 잘못되었는지 지적할 수 있겠는가?

```
if rand < 0.5, fprintf('H'), end
if rand >= 0.5, fprintf('T'), end
```

동전을 한번 던지는 하나의 사건(event)에 이의 시뮬레이션 모델인 rand 함수가 두번이나 호출된다는 것이 잘못이다. 두 개의 동전을 차례로 던지는 꼴과 같다는 말이니 논리적 모순이 있음을 알아챘을 것이다.

13.3 주사위 굴리기

모양이 정상적인 주사위를 굴릴 때 1에서 6까지 나오는 수의 확률은 똑같다. 이 경우 rand 함수를 사용하려면 5장에서 학습한 임의의 확률 수를 1에서 6까지의 정수로 바꾸는 방법이 필요하다. 즉, 10개의 확률 수를 1에서 6까지의 정수로만 나타내려면

```
d = floor(6*rand(1,10) + 1);
```

와 같은 문장을 쓸 수 있고, 이를 2번 실행한 결과는 다음과 같다.

```
2  1  5  5  6  3  4  5  1  1
4  5  1  3  1  3  5  4  6  6
```

만약 주사위를 100번 던졌다면 1에서 6까지의 숫자를 100개 모을 수 있고, 여기에 통계 처리를 하여 평균을 구한다거나 혹은 임의의 수(예를 들어, 6)가 나올 확률 따위를 계산할 수 있다.

13.4 박테리아의 번식

앞에서 본 동전 던지기나 주사위 굴리기 따위는 각 경우에 서로 다른 사건 즉, 앞면이 나오거나 뒷면이 나올 확률, 혹은 1이나 2 등이 나올 확률이 모두 똑같다. 하지만, 이런 경우도 생각해 볼 수 있다. 박테리아가 어떤 시간 구간 동안에 2마리로 번식할 확률이 0.75(75%)이고 만약 번식하지 못했다면 죽었기 때문이라고 생각해 보자. rand 함수의 값은 0과 1 사이의 임의의 수이기에 0.75보다 작을 확률은 정확히 75%이다. 따라서 이런 경우의 시뮬레이션은 다음과 같이 할 수 있다.

```
r = rand;
if r < 0.75
   disp('I am now we')
else
   disp('I am no more')
end
```

이 문제의 기본 원리는 각 사건(박테리아가 시간 구간 동안에 죽지 않고 살아 있는 경우)이 시뮬레이션 될 때 확률 수를 오직 하나만 만들어야 한다는 것이다.

13.5 무작위 걷기

눈이 아주 나쁜 선원이 잠시 짬을 내어 음악 공연을 관람하고 돌아오다가 콘텍트 렌즈마저 잃어버리고 말았다. 항구에 정박된 배에 가야 하는데 앞이 잘 보이지 않아 선창을 따라 걷기가 여간 어려운 것이 아니었다. 선창은 폭이 20보 정도, 그리고 길이는 50보 정도인데 현재 중간쯤 와 있다. 이 선원이 앞이 안 보여 비틀거리더라도 한 걸음을 내디딜 때 그래도 배 쪽으로 갈 확률은 60%이고 왼쪽이나 오른쪽으로 틀어질 확률은 각 20% 정도라고 생각해 보자.

이 문제는 선원이 선창을 따라 걸어가 양 옆으로 펼쳐진 바다에 빠지지 않고 배로 무사히 도착할 수 있는지를 시뮬레이션 하는 것이다. 선창을 따라 이루어지는 한 걸음 한 걸음을 무작위 걷기(random walk)로 보고 이 실험을 약 1000번(컴퓨터의 속도가 빠르고, 또 나중에 배에 무사히 도착한 확률을 따져야 하므로 횟수는 큰 것이 좋음)

정도 반복해 본다는 말이다. 선원이 배에 안전하게 도착할 때까지 걸어간 걸음의 수는 모르지만 시뮬레이션 한번 하는데 10000 걸음을 걸었는데도 배에 아직 도착하지 않았거나 바다에 빠지지도 않았다면 선원이 이 사이 배고파(?) 죽은 꼴이 아닌 한 뭔가 잘못되었다고 보아도 좋을 것이다.

이 문제를 체계적으로 풀기 위해 선창에 좌표축을 설정하기로 한다. x축은 선창의 중심선을 따라가고 선창의 첫 부분이 원점이다. y축은 선창의 폭 방향이다. 그리고 단위는 모두 걸음 수 즉, 보가 되겠다. 스크립트 파일의 기본 구성과 이의 실제 코드는 다음과 같다.

1. 걸음의 수 n을 포함하여 여러 변수를 초기화 한다.
2. 다음을 n번 반복한다.

    선창의 시작점에서 출발

    현재 위치가 여전히 선창이면 다음을 계속 반복

        확률 수 R을 얻어 다음 걸음을 준비

            만약 R 〈 0.6이면

                앞으로 진행(배쪽으로)

            그렇지 않고 R 〈 0.8이면

                왼쪽으로 이동(바다쪽으로)

            이 외에는

                오른쪽으로 이동(바다쪽으로)

            만약 배에 도착했다면

                무사히 도착한 걸음 수를 계산

3. 배에 도착한 경우의 수를 따져 확률을 계산하고 이를 출력한다.
4. 시뮬레이션을 멈춘다.

```
% random walk
n = input('Number of walks: ');
nsafe = 0;             % number of times he makes it
for i = 1:n
   steps = 0;                % each new walk ...
```

```
      x = 0; y = 0;          % ... starts at the origin
      while x <= 50 & abs(y) <= 10 & steps < 10000
        steps = steps + 1;    % that's another step
        r = rand;            % random number for that step
        if r < 0.6           % which wway did he go?
          x = x + 1;              % maybe forward ...
        elseif r < 0.8
          y = y + 1;              % ... or to port ...
        else
          y = y - 1;              % ... or to starboard
        end
      end
      if x > 50
        nsafe = nsafe + 1;    % he actually made it this time!
      end
    end
    prob = 100*nsafe/n;
    disp( prob )
```

위 프로그램을 저자의 컴퓨터에서 시뮬레이션 횟수를 100으로 하여 돌려 보니 1.7초가 걸렸고, 또 배에 무사히 도착한 확률은 93%로 나왔다. 프로그램의 속도를 좀더 빠르게 하고 싶으면 각 걸음에 대한 확률 수를 하나씩 일일이 받지 말고 `r = rand(1, 1000)`처럼 한꺼번에 만들어 쓰는 것도 한 방법이 되겠다. 물론 이 경우엔 while 루프 안에서 각 확률 수를 참조할 때 `if r(steps) < 0.6` 따위와 같이 프로그래밍 하는 것을 잊어서는 안 된다.

13.6 교통 흐름

시뮬레이션의 중요한 응용 분야 중의 하나가 바로 대도시의 교통 흐름(traffic flow)에 대한 모델링이다. 교통 체증이 발생하기 전에 효율적인 여러 교통 신호를 검사하는 일이 되겠다. 하지만, 여기서는 이런 문제의 아주 작은 부분만 다루기로 한다. 즉, 차선이 하나인 곳에서 신호등을 조작하는 방법에 대해 알아보는데 기본적인 가정은 다음과 같다.

1. 차선은 직선이고 방향 전환은 없다.
2. 차가 신호등에 도착할 현재의 확률은 이전에 일어났던 일과는 완전히 독립적이다. 이런 경우를 Poisson 프로세스(Poisson process)라 하는데, 이때의 확률 p는 한 곳에서 차를 관찰하면서 신호등에 도착하는 형태만 파악하면 쉽게 추정할 수 있다. 이 예에서는 p = 0.3로 둔다.
3. 신호등이 녹색일 때 차가 지나가는 비율은 일정하다. 즉, 10초에 8대 지나간다.
4. 시뮬레이션 할 때 기본적인 시간 구간을 10초로 둔다. 그래서 신호를 받고 대기하는 차의 행렬도 10초마다 그 길이를 표시한다.
5. 신호를 빨강과 녹색으로 바꿀 때는 10초를 단위로 쓴다.

이런 가정을 바탕으로 교통 흐름을 시뮬레이션 하는 스크립트 파일 traffic.m을 다음과 같이 짤 수 있다. 이때, 이 파일은 프로그램의 구조를 좀더 명확하게 하기 위해 3개의 함수 파일(go.m, stop.m, 그리고 prq.m)을 따로 불러 쓰도록 되어 있는데 서로 교환할 데이터가 저장된 변수는 MATLAB 키워드인 global을 사용하여 각 파일마다 모두 전역 변수로 선언해 놓은 것이 특징이다. 참고로 이 프로그램에서 신호등은 40초 동안 빨간 불(red = 4)을, 그리고 녹색 불은 20초 동안(green = 2) 켜져 있도록 했고, 또 시뮬레이션 시간은 240초(n = 240)로 하였다.

```
clc
clear      % clear out any previous garbage!
global  CARS  GTIMER  GREEN  LIGHTS  RED  RTIMER  T

CARS = 0;          % number of cars in queue
GTIMER = 0;              % timer for green lights
GREEN = 2          % period lights are green
LIGHTS = 'R';            % color of lights
n = 48;                  % number of 10-sec periods
p = 0.3;                 % probability of a car arriving
RED = 4;                 % period lights are red
RTIMER = 0;              % timer for fof lights

for T = 1:n              % for each 10-sec period
```

```
    r = rand(1, 10);   % 10 seconds means 10 random numbers
    CARS = CARS + sum(r < p);     % cars arriving in 10 seconds

    if LIGHTS == 'G'
      go              % handles green lights
    else
      stop       % handles red lights

    end
  end
```

그리고 다음은 각각의 함수 파일 go.m, stop.m, prq.m 이다.

```
%----------------------------------------------------------
function go
global  CARS  GTIMER  GREEN  LIGHTS
GTIMER = GTIMER + 1; % advance green timer
CARS = CARS - 8;           % let 8 cars through

if CARS < 0                % ... there may have been < 8
  CARS = 0;
end
prq;                  % display queue of cars
if GTIMER == GREEN         % check if lights need to change
  LIGHTS = 'R';
  GTIMER = 0;
end

%----------------------------------------------------------
function stop
global  LIGHTS  RED  RTIMER
RTIMER = RTIMER + 1; % advance red timer
prq;                  % display queue of cars
if RTIMER == RED           % check if lights must to change
  LIGHTS = 'G';
  RTIMER = 0;
```

```
end

%--------------------------------------------------------------
function prq
global  CARS  LIGHTS  T
fprintf(' %3.0f ', T);      % display period number
if LIGHTS == 'R'            % display color of lights
  fprintf('R   ')
else
  fprintf('G   ')
end
for i = 1:CARS         % display * for each car
  fprintf('*')
end
fprintf('\n')
```

저자의 컴퓨터에서 traffic.m을 실행한 후에 모니터에 나타난 결과는 다음과 같았다.

```
  1  R    ****
  2  R    ********
  3  R    *************
  4  R    ***************
  5  G    ************
  6  G    *****
  7  R    ********
  8  R    **************
  9  R    ****************
 10  R    *******************
 11  G    ***************
 12  G    ************
 13  R    ***************
 14  R    *****************
 15  R    ********************
 16  R    ************************
 17  G    **********************
 18  G    ******************
 19  R    ********************
```

```
20  R     *************************
21  R     ****************************
22  R     *********************************
23  R     *****************************
24  R     ***************************
```

이와 같은 간단한 시뮬레이션에서도 교통 체증이 발생하는 것을 볼 수 있다. 물론 더 많이, 그리고 더 오랫동안 해 보아야 정말로 그런지 더 정확하게 알 수 있을 것이다. 빨강 및 녹색 신호등의 시간 주기를 달리 해 보기도 하고, 또 좀 더 현실적인 문제를 고려하기 위해 양방향 통행이나 차가 회전도 할 수 있고, 나아가 사고도 일어나는 경우를 넣으면 훨씬 더 생생할 것이다. 하지만, 여기의 예도 교통 흐름에 대한 시뮬레이션의 기본 생각을 제공한다는 측면에서 나름대로 뜻이 있다.

13.7 정규분포의 확률 수

MATLAB은 지금까지 배운 rand 함수(0과 1 사이에서 균등분포(uniform distribu- tion)로 뽑아낸 확률 수) 말고도 확률 수가 정규분포(normal or Gaussian distribution)를 따르도록 해주는 함수인 randn도 제공한다. 즉, 평균(mean)이 0이고 분산(variance)이 1인 확률 수를 만들어 준다는 말이다. 함수 rand와 randn은 각각 독립된 확률 수 생성기이기 때문에 종자수(seed)도 자신의 것을 따로 쓴다. 간단한 다음의 문제를 한번 풀어보면서 정규분포에 대한 개념을 익혀 두면 좋겠다.

- 정규분포의 확률 수 r을 `randn(1, 100)`로 하여 100개 만들고 이의 히스토그램을 그려보라. 그리고 함수 `mean(r)`와 `std(r)`를 이용하여 이의 평균과 표준편차를 알아 보아라.
- 확률 수를 1000개 만들어 위를 반복하라. 평균과 분산이 각각 0과 1에 가까운지 확인해 보라.

함수 `rand`와 `randn` 은 별도의 생성기와 종자수를 가지고 있다.

요약

- 시뮬레이션은 확률적으로 일어나는 실제 세계의 사건들을 흉내 내도록 짠 컴퓨터 프로그램이다.
- 함수 rand는 [0, 1) 사이에서 균등분포의 확률 수를 생성해 주며 본 장에서 언급한 여러 시뮬레이션 예의 기본이다.
- 함수 randn는 정규분포의 확률 수를 만들어 준다.
- 문장 rand('state', n)는 임의의 정수 n이 함수 rand의 종자수(seed)가 되도록 한다. 종자수는 컴퓨터의 날짜와 시간을 돌려주는 clock으로도 얻을 수 있다. 함수 randn는 rand와 별개로(독립적으로) 종자수를 결정해 주어야 하는데 방법은 똑같다.
- 시뮬레이션 되는 각 독립적 이벤트는 오직 하나의 난수만 필요하다.

종합문제

13.1 동전 던지기를 50번 시뮬레이션 하고자 한다. for 문을 사용하지 말고 0과 1만 들어가는 벡터를 써서 프로그램을 짜라.

<힌트> 50개의 확률 수로 구성된 벡터를 만들어 0(앞면 혹은 뒷면)과 1(이와는 반대)로만 구성되도록 하라. 그리고 double과 char을 이용하여 이 정보를 H와 T의 문자로 표시하라.

13.2 어떤 가방에서 1에서 99까지의 숫자를 끄집어내는 빙고 게임을 한다. 나오는 숫자(각 숫자는 오직 한번만 나옴)가 어떻게 될 지 시뮬레이션 하는 프로그램을 짜라. 단, 출력할 때는 한 줄에 10개의 숫자씩 찍도록 하라.

13.3 알파벳 문자열(소문자만 사용)을 임의로 80개 만들어 재미 삼아 실제 단어는 몇 개가 나오는지 조사해 보라.

13.4 함수 rand를 써서 π을 추정하는 프로그램을 짜라. 이를 Monte Carlo 방법이라 하는데 요약하면 다음과 같다. 두 개의 확률 수 (x, y)를 여러 번 발생시켜 가로와 세로가 각각 1인 정사각형에 내접하는 반지름이 1인 원에 들어가는 비율을 조사한다. 결국 이 비율이 사각형 면적에 대한 원 면적의 비가 되는데 이 정보로 π를 계산하면 된다. (이 방법은 별로 효과적이지 않다. 근사값이긴 하지만 실행한 횟수가 작으면 형편없다는 것을 보게 될 것이다.)

13.5 16장에서 설명할 **Markov 프로세스**에 관한 내용인데 다음을 읽고 이를 시뮬레이션 하는 프로그램을 작성하라. 인터넷에 푹 빠진 학생이 있다. 확률 수를 만들어 이 값에 따라 학생이 집으로 갈 지, 아니면 인터넷 카페로 갈 지를 판단하는 문제이다. 참고로, 여러 번(횟수는 많을수록 좋음) 시행될 각 시뮬레이션 단계에서 학생의 도착지를 기록하는데, 어디에 도착했는지는 16장에 있는 **Markov** 모델을 이용하여 계산한 확률의 극한값에 비례해야만 한다.

<힌트> 확률 수가 2/3보다 작으면 학생은 카페로, 그리고 그렇지 않으면 집으로 간다. 집이나 카페 중 어디에도 도착해 있지 않았다면 한 번의 시뮬레이션은 끝난 것이다.

18.6 박테리아는 다음의 가정에 따라 번식하거나 죽는다.

(a) 한 세대(generation)라는 고정 시간 구간 동안 한 마리의 박테리아가 두 마리로 복제되는 확률은 p 이다.

(b) 박테리아가 한 세대 동안 복제되지 못하면 죽는다.

(c) 자손 박테리아는 선조 박테리아와는 관계없이 독자적으로 번식하거나 죽는다. 그래서 자손 세대에는 이의 자손 세대가 없을 수도 있고, 이렇게 되면 박테리아 개체 자체가 멸종한 상태가 된다.

처음 박테리아 한 마리가 있다고 보고 이것이 몇 세대로 번식하는지 시뮬레이션 하는 프로그램을 짜라. $p = 0.75$ 로 두고 하되 시뮬레이션 횟수를 올려(예를들어, 100번) 박테리아가 완전히 사라질 확률 $p(E)$ 를 조사해 보라. $p(E)$ 는 전체 시뮬레이션 횟수에서 시뮬레이션 할 때 박테리아의 멸종이 몇 번 나왔는지를 따져 알 수 있고, 또 시뮬레이션 횟수가 많다면 n 번째 세대의 평균 마리 수를 계산해 추정할 수도 있다. 이런 식으로 계산한 값과 이론적인 평균값 즉, $(2p)^n$ 를 서로 견주어 보아도 좋을 것이다.

이 문제에 통계 이론을 적용하면 $p(E)$ 의 기대값은 1보다 작은 $(1-p)/p$ 이다. 그래서 $p = 0.75$ 이면 $p(E)$ 의 기대값은 1/3로 짐작할 수 있다. 그러나 $p \le 0.5$ 이면 1이 기대값이 되어 반드시 멸종된다는 것을 뜻한다. 프로그램에 이런 이론을 검사해 볼 수 있도록 첨가하여 p 를 서로 달리해 가면서 실행하여 각 경우의 p(E)도 함께 조사해 보아라.

18.7 Dribblefire Jets라는 회사는 두 종류의 비행기 즉, 엔진을 두 개로 구성한 DFII와 네 개로 만든 DFIV를 생산한다. 하지만 이 엔진은 성능이 좋지 않아 비행기가 표준 비행을 하는데도 0.5의 확률로 고장을 일으킨다. (각 엔진의 고장은 독립적으로 일어난다) 그래서 할 수 없이 회사는 적어도 탑재된 엔진의 반만이라도 작동하면 비행기가 날 수 있도록 만들기로 했다. DFII는 엔진 두 개가 모두 고장날 때, 그리고 DFIV는 네 개 다 혹은 세 개의 엔진이 고장날 때 추락하게 된다는 말이다.

어찌됐던 도시 항공국(Civil Aviation Board)은 두 비행기 모두 추락할 가능성이 거의 없다고 인가를 하게 되었지만 제조사로서 어느 정도 책임감을 느껴 시뮬레이션을 통해 추락 비율을 알아보기로 했다. 예를 들어, DFII인 경우 한 번의 표준 비행을 두 개의 확률 수로 모델링 하여 두 수 모두 0.5보다 작으면 비행기는 추락하고 그렇지 않으면 안전한 것으로 판단한다. 두 비행기 모델에 대해 이런 시뮬레이션을 여러 번 할 수 있는 프로그램을 짜고 각 경우의 추락 확률을 계산해 보라. 참고로, 이 문제의 확률은 이항분포(binomial distribution)를 따르는데 이를 이미 안다고 해도 시뮬레이션 할 때는 이런 정보를 사용할 필요가 없다.

13.8 두 사람 A와 B가 Eights라는 카드놀이를 한다. 차례대로 숫자 1, 2, 혹은 3을 선택하는 것인데 이런 숫자는 다음 순서에는 나올 수가 없다. (예를 들어, A가 2를 선택했으면 다음 순서인 B는 2를 제외한 1과 3 중에서만 선택할 수밖에 없다) 이렇게 첫 라운드가 돌면 다음 라운드에서는 숫자를 뽑아서 두 사람의 것을 모두 합한다. 그래서 전체 합이 정확히 8이 되면 바로 다음 순서의 사람이 승리하는 게임이다. 그리고 합이 8이 넘도록 숫자를 뽑으면 그 사람은 진다. 예를 들어, A가 1(합은 1)을 선택하면서 첫 라운드를 돈다고 생각해 보자. B가 2(합은 3)를 뽑고, 다시 A가 1(합은 4)을, B는 2(합은 6)를 선택했다. 그러면 이제 A는 2를 선택할 수 있어야 전체 합이 8이 되어 이길 수 있는 것이다. 혹은 1을 선택해도(합은 7) 괜찮다. 왜냐하면 B는 숫자 2와 3 중에서 뽑아야 하는데 어떤 수를 택해도 모두 8을 넘기 때문에 그렇다.

두 사람 모두 숫자를 무작위로 뽑는다고 보고 이 문제를 시뮬레이션 할 수 있는 프로그램을 작성하라.

13.9 평균이 0이고 분산이 1인 정규분포의 확률 변수(함수 randn로 만든 변수)를 r이라 하면 이는 다음의 식에 따라 평균이 μ이고 분산이 σ인 또 다른 확률 변수 X로 바꿀 수 있다.

$$X = \sigma r + \mu$$

코발트(cobalt) 60 물질의 방사선 방출을 측정하기 위해 Geiger 계수기(counter)를 쓴다. 10초 주기로 계수기 정보를 아주 많이 읽은 후에 이 계수기의 빠르기가 평균이 460이고 분산이 20인 정규분포를 따르는 특성이 있는 것을 알았다.

1. 이 실험을 확률 수 200개를 써서 200번 시뮬레이션 해 보아라. 이때, 확률 수의 평균과 분산은 계수기의 그것과 같다. 그리고 히스토그램도 함께 그려 보라.
2. 1을 몇 번 반복하여 각 히스토그램이 어떻게 변하는지 알아보라.

13.10 방사능 물질인 카본(carbon) 11은 방사능이 1분에 0.00338의 속도로 줄어든다. 즉, C^{11}의 원자 하나는 1분에 방사능을 줄이는 확률이 3.38%라는 말이다. 이런 원자100개가 있을 때 100분의 시간 동안 방사능이 어떻게 될 지 시뮬레이션 해 보는 것이 문제인데 막대 그래프를 그려 방사능을 보유한 원자가 시간에 따라 어떻게 변하는지 나타내고자 한다.

시뮬레이션은 100개의 원자 각각이 방사능을 감소하는 일에 대해 실시한다. 즉, 각 원자에 대해 1분마다 확률 수 r을 하나씩 만들어 $r > k$(해당 원자의 감소율)이 되거나 100분이 다 지날 때까지 실시한다. 만약 원자가 $t < 100$에서 완전 감소했다면 도수분포(frequency distribution) $f(t)$을 1 증가하는데, 여기서 $f(t)$는 t분에서 완전 감소한 원자의 수이다.

$f(t)$를 구했으면 이를 각 분에서 아직 감소하지 않고 남아 있는 원자의 수 $R(t)$로 바꾼다. 즉, 처음 시작할 때 원자의 수가 n개였다면 1분 후에 남아 있는 원자의 수인 $R(1)$는 1분 동안 감소한 원자의 수 $f(1)$을 써서 $n\text{-}f(1)$로, 그리고 2분 후에는 $n\text{-}f(1)\text{-}f(2)$ 따위로 나타내는 식이다. 그래서 t분 후의 $R(t)$는 MATLAB 표현으로

```
R(t) = n - sum(f(1:t))
```

이 되는 것이다. $R(t)$를 계산하고 이를 막대 그래프로 그리는 프로그램을 작성하여라. 그리고 막대 그래프에 다음과 같은 이론적인 결과도 함께 그릴 수 있도록 하라. 참고로 이런 문제의 전형적인 그래프는 그림 13.1과 같다.

$$R(t) = 100\exp^{-kt}$$

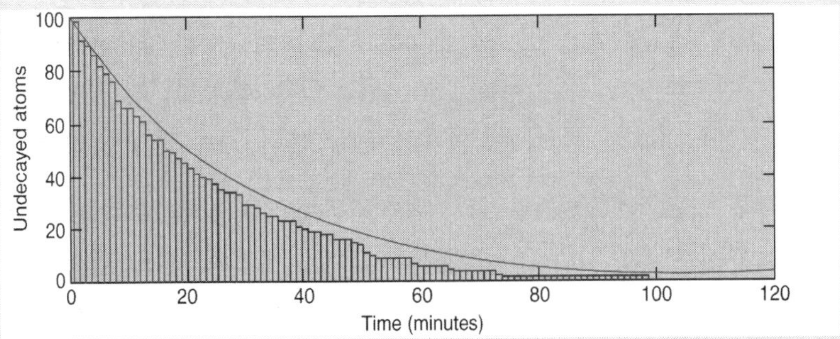

그림 13.1 **카본 11의 방사능 감소에 대한 이론 및 시뮬레이션 그래프**

14장

기초적인 수치 방법

이번 장의 목적은 몇몇 수치 방법을 간략히 소개하는 것인데 기본 내용은 다음과 같다.

- 연립 방정식 풀이
- 정적분의 평가
- 상미분 방정식 풀이
- 편미분 방정식 풀이

컴퓨터를 과학이나 공학에 사용하는 중요한 까닭 중의 하나는 해석적인 해(다항식이나 수학의 표준 함수로 나타나는 해)를 찾을 수 없는 수학 문제를 수치적으로 찾을 수 있도록 해 주기 때문이다. 이 장에서는 수치 방법(numerical method)이 아주 잘 발달된 몇몇 영역 즉, 비선형 방정식을 푼다거나 적분을 한다거나, 혹은 미분 방정식을 푸는 따위에 대해 간략히 살펴보기로 한다.

14.1 방정식

미지수가 하나인 방정식을 수치적으로 어떻게 풀 수 있는지를 생각해 본다. 즉, $f(x)=0$을 푸는 방법(이 방정식의 근(roots)을 찾는 방법 혹은 $f(x)$의 제로(zeros)를 찾는 방법)을 설명한다. 임의의 $f(x)$에 대해 이의 근을 해석적으로 찾는 일반적인 방법은 없기 때문에 수치적인 방법이 가치가 있다.

14.1.1 Newton 방법

Newton 방법은 방정식을 푸는 수치 방법 중에서 가장 간단한 방법이다. 이 방법은 반복법(iterative method)의 하나인데 근의 추정값이 좀 더 나아질 때까지 같은 알고리즘을 계속 반복하여 사용한다. 다시 말하면, x_k가 찾고자 하는 근의 현재 근사값이면 다음번의 근사값 x_{k+1}는 그림 14.1에 보인 직각 삼각형을 이용하여

$$f'(x_k) = \frac{f(x_k) - 0}{x_k - x_{k+1}}$$

와 같은 관계식에서 찾는다. 즉,

$$x_{k+1} = x_k - \frac{f(x_k)}{f'(x_k)}$$

이고, 여기서 $f'(x)$는 df/dx이다.

Newton 방법의 기본 절차를 간단히 소개하면 다음과 같다.

1. 초기값 x_0와 상대 오차(relative error) e를 정한다.
2. $|(x_k - x_{k-1})/x_k| \geq e$이면 다음을 계속 반복한다. (보통 $k=20$ 정도)
   $x_{k+1} = x_k - f(x_k)/f'(x_k)$
   x_{k+1}와 $f(x_{k+1})$를 출력
3. 정지

위의 단계 2에서 반복 횟수를 제약하는 것이 필요한데 이는 해가 수렴하지 않는 경우

가 종종 있기 때문이다. 이와는 달리 10장에서 방정식 $x^3+x-3=0$에 대해 Newton 방법을 써서 짠 스크립트 파일은 처음 x_0의 값이 근으로 재빠르게 수렴하는 경우이다. 연습 삼아 초기값을 바꾸어 실행해 보아 이 알고리즘은 근으로 항상 수렴하는지 확인해 보라. 수치 방법의 역사를 조금 안다면 $x^3-2x-5=0$의 근을 Newton 방법으로 찾아보아도 좋을 것이다. 이 문제가 수치 방법이 처음 나올 당시 프랑스 학회에 발표된 첫 번째 예였다.

또한, 방정식 $2x=\tan(x)$의 0이 아닌 근을 역시 Newton 방법을 써서 찾아보라. 여기에는 아마 몇 가지 애로 사항이 있을 것인데, 특히 처음 초기값이 근의 값에 아주 가까울 때에만 수렴하는 사실을 발견하게 될 것이다. 원래 근에 "아주 가깝게" 초기값을 정하는 일은 $f(x)$의 특성과 이의 근에 따라 전적으로 달라지기에 여간 성가시지 않다. 이를 해결하는 좋은 방법이라고 해도 초기값 추정을 시행착오(trial- and-error)로 하는 수밖에 없다. MATLAB에서 하는 경우는 그래도 그림 14.2와 같이 함수를 미리 그려 초기값 위치를 어느 정도 정할 수 있으니 다행한 일이지만. 그래서 Newton 방법으로 근을 찾는데 실패하면 다음에 설명하는 이분법(bisection method)을 흔히 쓴다.

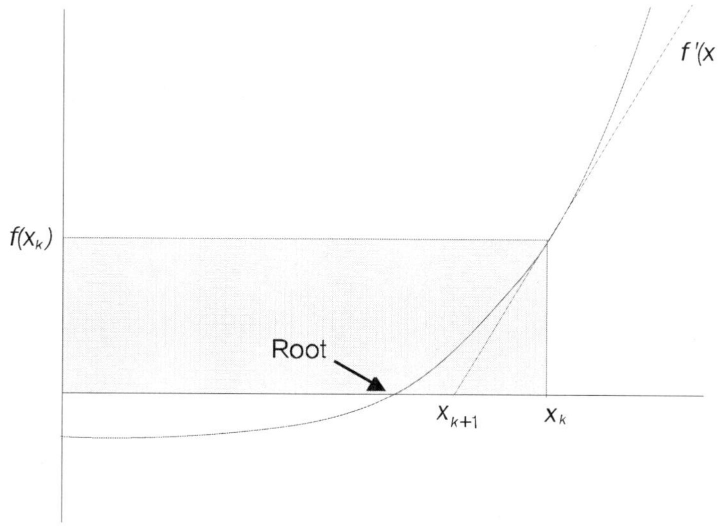

그림 14.1 Newton 방법

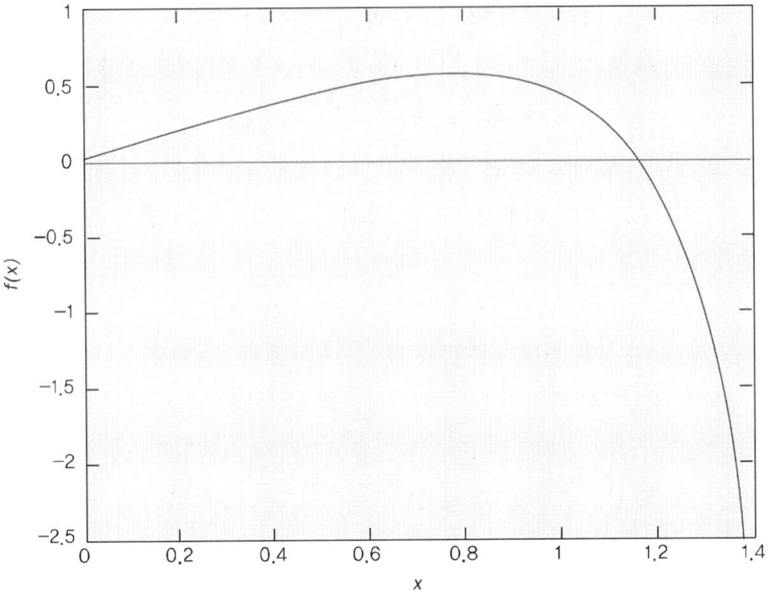

그림 14.2 f(x) = 2x - tan(x)의 그래프

14.1.1.1 복소수 근

Newton 방법은 복소수 근도 찾을 수 있는데, 이때는 초기값을 반드시 복소수로 입력하여야 한다. 10장의 스크립트 파일을 이용하여 $x^2+x+1=0$의 복소수 근을 구해 보라. 근의 초기 추정값을 $1+i$로 하여 실행한 후 나온 결과는 다음과 같다. (결과만 간단히 보기 위해 스크립트에 있는 disp([x f(x)])을 disp(x)로 바꾸었다)

```
 0.0769 + 0.6154i
-0.5156 + 0.6320i
-0.4932 + 0.9090i
-0.4997 + 0.8670i
-0.5000 + 0.8660i
-0.5000 - 0.8660i
Zero found
```

복소수 근은 켤레 복소수 형태로 나타나므로, 다른 근은 $-0.5-0.866i$이다.

14.1.2 이분법

방정식 $f(x)=0$을 푸는 문제를 다시 생각해 보자. 여기서 $f(x)$는 다음과 같다.

$$f(x)=x^3+x-3$$

우선, 직관이나 시행착오 법을 써서 $f(x_L)f(x_R)<0$을 만족하는 x의 두 값 x_L와 x_R을 찾는다. 만약 이 두 값을 찾았다면 $f(x)$의 부호가 바뀐 범위를 알게 되었으니 이의 근이 두 값 사이에 있다고 확신할 수 있는 것이다. (그림 14.3 참조) 이 예에서는 $f(1)=-1$와 $f(2)=7$이므로 $x_L=1$와 $x_R=2$이다. 이분법(bisection method)은 근을 말 그대로 구간 $[x_L, x_R]$의 중간값인 x_M로 추정하는 방법이다. 즉,

$$x_M=(x_L+x_R)/2 \tag{14.1}$$

을 쓰는데, 이때 $f(x_M)$이 $f(xL)$와 같은 부호이면 근은 x_M과 x_R사이에 있게 되므로 처음 구간의 왼쪽 경계를 x_M으로, 반대로 $f(x_M)$와 $f(x_L)$이 서로 다른 부호이면(그림 14.3의 경우) 처음 구간의 x_R을 x_M으로 바꿔 준다. 이런 단계를 거쳐 새로운 구간을 잡게 되면 이 구간을 식 (14.1)에 따라 다시 이등분 하는데 구간의 왼쪽 및 오른쪽 경계값이 아주 작아질 때까지 계속 반복한다.

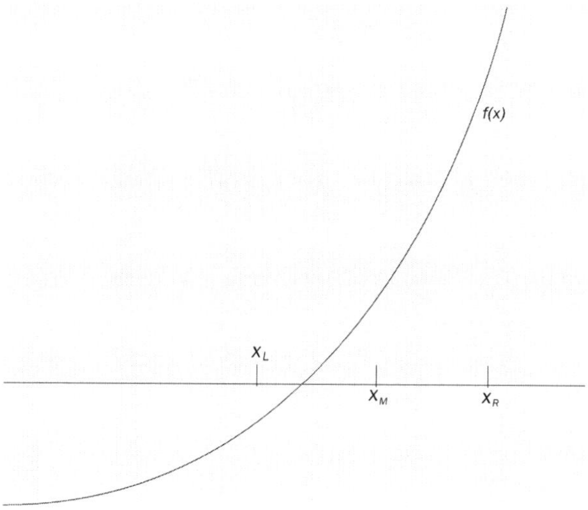

그림 14.3 이분법

이 방법의 한 가지 장점은 방정식의 근을 찾기 전에 처음 초기값을 보고 충분한 정확도를 보장할 만한 이등분의 횟수를 계산할 수 있다는 것이다. $x_L = a$와 $x_R = b$로 시작한다고 생각해 보자. 구간 $[a, b]$의 중간값 x_M을 근으로 추정하므로 이등분을 한번 한 후의 최대 오차는 $E_1 = |a\text{-}b|/2$이다. 다시 말하면, 근이 정확히 x_L이나 x_R에 있는 경우에 최대 오차가 발생한다는 말이다. 따라서 이등분을 n번 했다면 $E_n = |a\text{-}b|/2^n$만큼의 최대 오차가 발생하는 셈이다. 만약 이 오차가 어떤 지정한 오차 E보다 작은 것을 보장할 수만 있다면 부등식 $|a\text{-}b|/2^n < E$을 만족할 수밖에 없으므로 여기서 n을 구하면

$$n > \frac{\log(|a-b|/E)}{\log(2)} \tag{14.2}$$

이 되는 것이다. 이등분의 횟수인 n이 정수가 되어야 함을 고려하면 식 (14.2)의 오른쪽 항을 초과하면서 가장 작은 정수가 주어진 정확도 E를 보장하는 최대 이등분 수로 볼 수 있겠다.

이분법을 프로그래밍 하는 절차는 다음과 같다. 이는 사용자가 지정하는 두 값 a와 b사이에서 부호를 바꾸는 임의의 모든 함수 $f(x)$에 대해 적용할 수 있다.

1. a, b 및 E를 입력한다.
2. x_L과 x_R을 초기화 한다.
3. 식 (14.2)로 최대 이등분 수 n을 계산한다.
4. 다음을 n번 반복한다.
    식 (14.1)로 x_M을 계산한다.
    만약 $f(x_L)f(x_R) > 0$이면
        $x_L = x_M$로 둔다.
    그렇지 않으면
        $x_R = x_M$로 둔다.
5. 근 x_M을 출력한다.
6. 정지

이분법에서 특히 주목할 것은 함수의 부호가 바뀌는 두 시작점 x_L과 x_R을 지정할 수

만 있다면 해를 무조건 찾는 일과 이 해의 정확도를 보장할 수 있는 최대 이등분 수를 미리 계산할 수 있다는 것이다. 하지만, 단점도 있기 마련인데 이 방법은 Newton 방법과 견주어 효율성이 좀 떨어진다. 즉, Newton 방법에서와는 달리 이분법의 단계를 계속 진행해 가더라도 추정되는 해가 실제 해에 더 가까이 접근하지 않는 경우가 때때로 있다. 멀어졌다 가까워졌다 하기 때문에 해를 찾는 단계의 수가 Newton 방법보다 더 큰 것이 흠이라면 흠이다. 식 $x^3+x\text{-}3=0$에 대해 두 방법을 각각 적용하여 한번 비교해 보길 바란다. 이분법은 21번의 단계를 거쳤는데 반해 Newton 방법은 같은 정확도의 해를 고작 5번에 달성했다.

14.1.3 fzero

MATLAB 함수 fzero는 fzero(@f, a) 따위로 써서 함수 f의 제로를 a값에 가장 가깝게 찾을 수 있도록 해준다. 여기서 @는 방정식을 작성해 놓은 파일 f.m에 대한 핸들(handle)을 표시하는 MATLAB 연산자이다. 하나의 예로, 함수를 $x3+x\text{-}3=0$로 놓고 직접 근을 구해 보라.

14.1.4 roots

MATLAB 함수 roots는 다항식으로 표시된 방정식의 모든 근을 찾는다. roots(c) 따위로 쓰는데, 이때 c는 방정식의 계수를 담고 있는 벡터이다. 자세한 내용은 명령창에서 help roots로 다시 확인해 보길 바라며 $x^3+x\text{-}3$의 근을 찾는 일을 예로 하여 이 함수를 사용해 보라.

14.2 수치 적분

수학적 함수(아주 이상한 함수가 아니라 공학적 응용에 나름대로 뜻이 있는 함수) 대부분을 해석적으로 미분할 수 있는데 반해 적분은 그렇지 않다. 일반적인 규칙을 미분인 경우는 수립할 수 있지만 적분에서는 찾을 수 없다는 말이다. 하나의 예로, e^{-x^2}는 해석적으로 결코 적분할 수 없다. 따라서 적분에 대한 수치 방법은 꼭 필요하다. 하지만 이런 수치 적분의 원리는 아주 단순하다. 즉, $f(x)$를 구간 $x=a$에서 $x=b$까지 정적분 하는 일은 x축과 두 개의 수직선인 $x=a$와 $x=b$에 둘러싸인 $f(x)$의 면적을 구하는 일과 같다는 것이다. 그래서 모든 수치 적분은 좀 지능적이진 못하지만 이런 면적을 계산하는 일 이외에는 아무 것도 없다.

14.2.1 사다리꼴 공식

사다리꼴 공식(trapezoidal rule)은 프로그래밍 하기가 아주 간단하다. $f(x)$ 아래의 면적을 가로 폭(보통 스텝 길이(step-length)라 함)이 h인 여러 사다리꼴 즉, 높이가 서로 다른 사각형으로 나누어 이의 면적을 다 더하도록 프로그램을 짠다. (그림 14.4 참조) 만약 사다리꼴의 개수가 n개이면 $nh=b-a$이므로 $h=(b-a)/n$이고, 또 사다리꼴의 전체 합 S(이를 적분의 근사값이라 함)는 다음과 같다.

$$S=\frac{h}{2}\left[f(a)+f(b)+2\sum_{i=1}^{n-1}f(x_i)\right] \tag{14.3}$$

여기서 $x_i=a+ih$이다. 식 (14.3)이 바로 사다리꼴 공식인데 다음과 같은 적분의 근사값인 셈이다.

$$\int_a^b f(x)dx$$

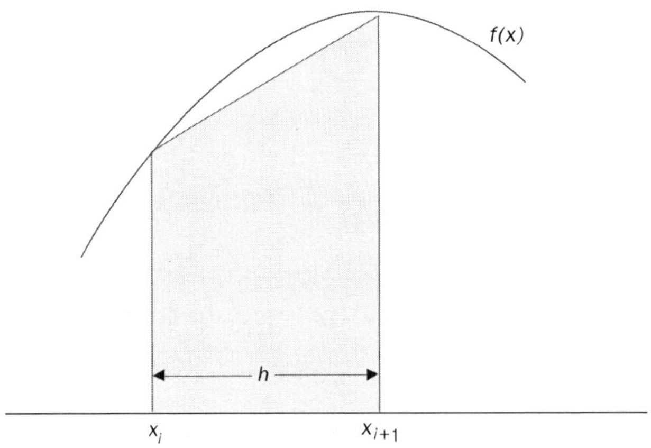

그림 14.4 사다리꼴 공식

다음은 사다리꼴 공식을 함수로 작성한 예이다.

```
function y = trap(fn, a, b, h)
n = (b-a)/h;
x = a + [1:n-1]*h;
y = sum(feval(fn, x));
y = h/2*(feval(fn, a) + feval(fn, b) + 2*y);
```

프로그램에서 살펴볼 내용을 다음과 같다.

1. 사다리꼴 공식에 들어 있는 합을 for 루프가 아닌 벡터화(vectorization) 표현으로 나타내었기에 적분할 함수 fn을 작성할 때 배열 연산자를 써서 벡터로 함수값을 돌려주도록 해야 한다.
2. 사용자가 스텝 길이 h를 입력할 때 스텝의 수 n이 정수가 되도록 해야 한다.

하나의 예로, $f(x)=x^3$를 0에서 4까지 적분하는 경우에는 적분할 함수를 y = x.^3과 같이 파일(파일 이름은 f.m)로 먼저 작성하고 저장한 후에

```
s = trap(@f, 0, 4, h);
```

와 같이 trap 함수를 호출하면 된다. $h=0.1$로 하였더니 s = 64.04, 그리고 $h=0.01$이었을 때는 s = 64.0004이였다. 정확한 적분값이 64이니 h가 작을수록 정확도가 더 좋다는 것을 짐작할 수 있다.

이 예에서는 $f(x)$를 연속 함수(continuous function) 즉, x의 모든 값에 대해 함수값을 갖는다고 가정하였다. 하지만, 실제의 경우에는 실험 데이터와 같이 이산점(discrete point)에서 함수를 정의해야 할 때가 많다. 어떤 대상물의 속도가 초 단위로 측정되는 상황에서 이 물체가 움직인 거리를 시간-속도 그래프의 아래 면적으로 추정하고자 하는 경우가 그런 예가 되겠다. 이때는 trap 함수에 쓰일 fn을 함수값(속도 데이터)으로 구성된 벡터로 대체하는 것이 필요한데 직접 실행하는 방법은 호기심 많은 독자를 위해 연습문제로 남겨 둔다. 이 외에도 임의의 점에 대한 보간값을 돌려주는 interp1이라는 MATLAB 함수를 쓸 수도 있는데 자세한 사항은 명령창에서 help 명령어를 입력하여 참고하길 바란다.

14.2.2 Simpson 공식

Simpson 공식(Simpson's rule)은 앞서 배운 사다리꼴 공식보다 좀 더 정확하고, 또 다른 수치 방법을 적용하기 전에 하나의 표본으로 먼저 써볼 수 있는 적분 방법이다. 이 방법은 적분할 함수 $f(x)$의 아래에 있는 면적을 사다리꼴 공식에서 했던 것처럼 여러 개로 나누는데, 다만 함수의 곡선 부분을 직선으로 근사화하는 것이 아니라 곡선을 될 수 있으면 그대로 살릴 수 있도록 포물선으로 만들어 쓰는 것이 특징이다. 그리고 면적을 나눈 각 부분의 개수가 항상 짝수인 $2n$이 되도록 스텝 길이 h를 정하기 때문에 $n=(b-a)/(2h)$의 관계를 가진다.

Simpson 공식을 요약하여 나타내면 다음과 같다.

$$S=\frac{h}{3}\left[f(a)+f(b)+2\sum_{i=1}^{n-1}f(x_{2i})+4\sum_{i=1}^{n}f(x_{2i-1})\right] \qquad (14.4)$$

그리고 이 공식을 M-파일로 작성하는 일은 예제로 남겨 둘 테니 직접 해보길 바란다.

함수의 예로는 $f(x)=x^3$로 하고 사다리꼴 공식과 견주어 얼마나 정확한지도 알아보라. 사실 이 방법은 3차 다항식까지는 해석적인 해와 정확하게 같은 결과를 찾는 것으로 증명되어 있다.

14.2.3 quad

MATLAB의 수치 적분에 대한 함수는 quad이다. 이른바 구적법(quadrature)이라는 아주 고급 알고리즘을 여럿 탑재한 함수인데 자세한 설명은 `help` 도움말을 참조하면 좋겠다.

이 함수만 있으면 지금까지 배운 수치 적분 방법을 직접 짤 필요는 없다. 하지만 함수를 그냥 블랙박스(black boxes)로 다룬다면 수치 알고리즘뿐만 아니라 MATLAB의 학습에도 별 도움이 안 된다. 어떻게 작동하고 왜 이런 형태로 써야 하는지를 알아야 함수의 제 맛을 느낄 수 있을 것이다.

14.3 수치 미분

함수 $f(x)$에 대해 Newton이 정의한 미분 몫(differential quotient) 즉, 극한을 제외한 미분은 다음과 같다.

$$\frac{f(x+h)-f(x)}{h} \tag{14.5}$$

여기서 h는 아주 작은 값으로 만약 0으로 접근하면 이 몫이 바로 1차 미분 즉, df/dx가 되므로 식 (14.5)를 미분에 대한 수치적인 근사값으로 사용한다. 실제 미분을 알고 있는 함수가 있다면 이 식을 적용해 정말 근사값을 얻을 수 있는지 한번 확인해 보라. 하지만 이런 문제가 있다. h가 아주 작은 값이고, 또 컴퓨터의 수 표현에는 항상 마무리 오차(rounding error)가 있기 때문에 식 (14.5)를 계산할 때 분모의 두 항이 서로 같아지는 경우가 발생할 수도 있다. h를 신중하게 선택해야 한다는 뜻을 암시하는 대목이다.

하나의 예로 다음 스크립트 파일을 살펴보라. 이는 함수 $f(x)=x^2$의 미분 $f'(x)$를 $x=2$에서 Newton의 미분 몫으로 찾는 프로그램이다. 실제 해는 4인데 h가 점점 작아지면서 오히려 정확한 해에서 벗어나는 것을 볼 수 있다. (이 프로그램을 돌리려면 함수 $f(x)$에 대한 M-파일(파일 이름은 `f.m`)을 미리 작성해 놓아야 한다)

```
h = 1;
x = 2;
format short e
for I = 1:20
  nq = (f(x+h) - f(x))/h;
  disp( [h  nq] )
  h = h/10;
end
```

이의 결과는 다음과 같다.

```
 1              5
 1.0000e-001   4.1000e+000
 1.0000e-002   4.0100e+000
```

```
1.0000e-003    4.0010e+000
1.0000e-004    4.0001e+000
1.0000e-005    4.0000e+000
1.0000e-006    4.0000e+000
1.0000e-007    4.0000e+000
1.0000e-008    4.0000e+000
1.0000e-009    4.0000e+000
1.0000e-010    4.0000e+000
1.0000e-011    4.0000e+000
1.0000e-012    4.0004e+000
1.0000e-013    3.9968e+000
1.0000e-014    4.0856e+000
1.0000e-015    3.5527e+000
1.0000e-016              0
...
```

앞에서 대강 한 말이지만 이 문제에 가장 적합한 h는 10-8이고 더 작으면 근사값 자체를 신뢰하지 못하게 된다는 것을 실제 나온 결과로 확인할 수 있다.

주어진 문제에 맞는 가장 좋은 h를 구하는 방법은 일반적으로 없고 시행착오 방법으로 이것저것 해보는 것이 고작이지만 이를 찾아보는 일 자체는 결코 하찮은 일이 아니다. 그리고 이와 같은 h를 결정하는 골치 아픈 문제는 수치 적분에서는 나오지 않는다. 뺄셈이 아니라 더하는 경우니까 당연한 말이겠다.

14.3.1 diff

x가 행 혹은 열 벡터이면 MATLAB의 diff 함수는 서로 이웃한 요소의 차(difference)를 구해 준다. 즉, x가

```
[x(1) x(2) x(3) … x(n)]
```

이면 diff(x)는

```
[x(2)-x(1) x(3)-x(2) x(4)-x(3) … x(n)-x(n-1)]
```

을 반환하는데, 이때 출력 벡터는 입력 벡터보다 길이가 하나 작다. 이 함수는 때때로

유용하게 써먹을 수 있는데 x에 어떤 물체의 위치를 h 초마다 저장해 놓았다고 하면 이의 속도는 `diff(x)/h`와 같이 구할 수 있는 경우가 되겠다.

14.4 1차 미분 방정식

실제 세계에서 어떤 대상(혹은 시스템)을 모델링 하거나 양적으로 기술하고자 할 때 관련 변수들이 시간에 따라 변하는 것이 공학도에게 가장 흥미로운 일 중의 하나이다. 이때, 변수들의 시간 변화가 연속이면 미분을 포함하는 방정식이 구축되는데 이를 미분 방정식(differential equation 혹은 DE)이라 한다. 따라서 이런 미분 방정식을 될 수 있으면 정확하게 찾아내는 것이 모델링의 주요 목적이 되겠다. DE도 해석적으로 풀 수 있는 방법이 극히 제한되어 있어 이 역시 수치 방법을 사용해야만 한다. 여기서는 DE의 수치 해를 찾는 방법 중에서 가장 간단한 형태인 Euler 방법을 공부하고, 아울러 여러 응용 예를 소개하면서 이 방법을 직접 실행할 수 있는 기회도 제공하기로 한다.

14.4.1 Euler 방법

1차 미분 방정식(엄격하게 말하면 상미분 방정식(ordinary DE))의 기본 형태는 다음과 같다.

$$\frac{dy}{dx} = f(x,y), \qquad y(0)$$

여기서 $y(0)$는 초기값으로 미리 주어진다. 이 DE를 Euler 방법으로 풀기 위해서는 미분dy/dx을 앞에서 설명한 Newton의 미분 몫으로 바꾼다. 즉,

$$\frac{y(x+h)-y(x)}{h} = f(x,y)$$

로 두고 다시 약간 정리정돈 하여

$$y(x+h) = y(x) + hf(x,y) \tag{14.6}$$

을 얻는데, 이것이 Euler 방법의 기본 공식이다.

DE를 수치적으로 푸는 일은 응용 과학도에게는 가장 중요하면서도 흔히 만나는 작업이므로 이의 기초 지식을 습득하는 자리에서 몇몇 일반적인 기호 표현을 익혀야 하는 것은 당연하다. 임의의 DE를 $x = a$(보통 $a = 0$)에서 $x = b$까지 적분하여 해를 찾는 경우를 생각해 보자. 우선, 이 적분 구간을 m개의 스텝(길이는 h)으로 나누어

$$m = (b - a)/h$$

와 같은 관계식을 수립한다. 다음, Euler 공식인 식 (14.6)을 MATLAB의 첨자 사용과 관련하여 정리해 둔다. y_i를 $y(x_i)$ 즉, 스텝 i의 시작에서 평가한 Euler 근사값으로 두면(여기서 $x_i = (i\text{-}1)h$이다) 스텝 i의 끝에서 평가한 Euler 근사값은 $y_{i+1} = y(x + h)$이다. 따라서 식 (14.6)은

$$y_{i+1} = y_i + hf(x_i, y_i) \tag{14.7}$$

와 같이 나타낼 수 있다. 여기서 $y_1 = y(0)$이다. 이 식은 11장의 update.m 파일에서 쓴 식과 아주 닮아서 이 식이 했던 것처럼 그림을 그릴 수 있는 벡터를 생성해 준다는 것을 알 수 있다. 완전히 똑같지는 않지만 데이터를 갱신하는 일 자체도 DE로 모델링되기 때문에 Euler 방법이 이런 DE의 근사값을 제공하는 것은 당연하다.

14.4.2 예제: 박테리아의 번식

박테리아 1000마리가 각각 1시간에 $r = 0.8$의 비율로 번식한다고 할 때 10시간 후에는 과연 몇 마리가 될까? 이것이 이 소절의 문제이다. 우선, 박테리아가 어떤 제약도 없이 연속적으로 번식한다고 가정하면 이 모델에 대한 DE는 다음과 같다.

$$\frac{dN}{dt} = rN \qquad N(0) = 1000 \tag{14.8}$$

여기서 $N(t)$는 박테리아를 임의의 시간 t에서 계산한 전체 수이다. 식 (14.8)을 보통 지수적 증가(exponential growth) 모델이라고 하는데 이의 해석적인 해는 이미 잘 알려져 있다. 즉,

$$N(t) = N(0)e^{rt}$$

이다. 다음, 식 (14.8)을 수치적으로 풀기 위해 다음과 같은 Euler 공식을 적용한다.

$$N_{i+1} = N_i + rhN_i \tag{14.9}$$

여기서 초기값은 $N_1 = 1000$이다. 끝으로, 식 (14.9)에 맞는 프로그램을 짜는데 $h = 0.5$로 하여 스크립트 파일로 만들면 다음과 같다. 비교를 위해 정확한 해도 함께 구할 수 있도록 했다.

```
h = 0.5;
r = 0.8;
a = 0;
b = 10;
m = (b - a)/h;
N = zeros(1, m+1);
N(1) = 1000;
t = a:h:b;
for I = 1:m
  N(i+1) = N(i) + r*h*N(i);
end
Nex = N(1)*exp(r*t);
format bank
disp( [t' N' Nex'] )
plot(t, N), xlabel('시간'), ylabel('박테리아 수')
hold on
plot(t, Nex), hold off
```

이 결과의 데이터는 표 14.1에, 그리고 그래프는 그림 14.5에 각각 나타내었는데 Euler 방법의 해가 별로 신통치 않은 것을 볼 수 있다. 각 단계를 진행할 때마다 오차가 점점 커져 10시간 후에는 약 72%나 된다. h의 크기를 줄여 해의 정확도를 높일 수 있겠지만, 그래도 시간이 지나면 지날수록 오차는 계속 누적되므로 어떤 범위를 벗어날 수밖에 없다.

표 14.1 박테리아의 번식

Time(hours)	Euler	Predictor-corrector	Exact
0.0	000	1000	1000
0.5	1400	1480	1492
1.0	1960	2190	2226
1.5	2744	3242	3320
2.0	3842	4798	4953
...			
5.0	28925	50422	54598
...			
8.0	217795	529892	601845
...			
10.0	836683	2542344	2980958

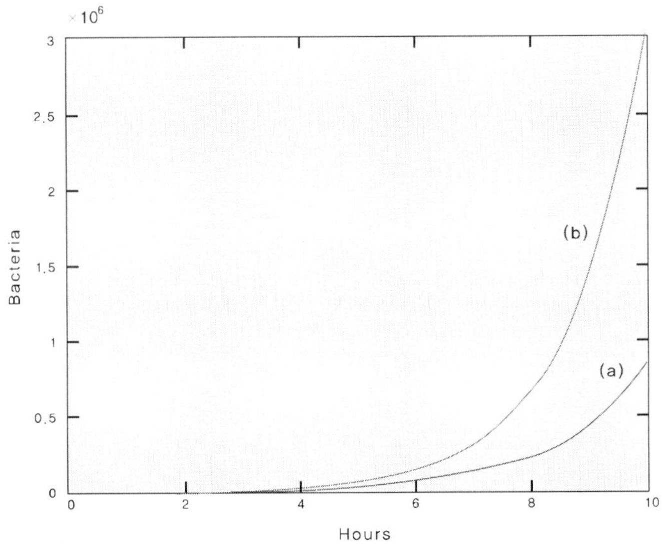

그림 14.5 박테리아의 번식: (a) Euler 해와 (b) 정확한 해

Euler 방법의 결과가 항상 나쁜 것은 아니다. 풀어야할 식의 성질에 따라 다르다는 뜻이다. 따라서 수치 방법도 여러 개 있기 마련인데 Euler 방법보다 좋은 성능을 지닌 몇몇 방법들은 다음 절에서 살펴보기로 한다. 다만, Euler 방법은 오차가 있을 것이라고 어느 정도 수긍하는 한 모든 문제에 대한 수치 방법의 첫 시도로 사용할 수 있다는 사실을 명심해 두면 좋겠다.

14.4.3 첨자의 다른 표기

식 (14.9)의 표현은 유한차분(finite difference)이라는 또 다른 수치 방법의 한 예로 볼 수 있는데 이 분야에서는 초기값을 N_0로 표기 즉, 첨자를 $i=0$부터 사용하는 것이 일반적인 관례이다. N_i는 스텝 i의 시작이 아니라 끝에서 평가한 박테리아의 수를 뜻한다는 말이다. 그래서 Euler 방법에서 사용한 MATLAB 첨자를 이와 같은 유한차분의 첨자와 같도록 하려면 (Euler 방법에서 정의한) 초기값 N_0을 벡터의 요소가 아닌 그냥 상수로 N0와 같이 쓰고, 또 (유한차분에서 쓰는) 해 벡터의 첫번째 요소값인 N(1)는 for 루프를 들어가기 전에 따로 계산해 놓는 일이 필요하다. 또한 플로팅을 할 때 더 이상 초기 값이 m개의 요소를 가진 벡터 t, N, 그리고 Nex에 포함되어 있지 않기 때문에 초기 값을 같이 별도로 표시해야 한다. 이런 내용을 참고하여 앞의 프로그램을 다시 작성하면 다음과 같다.

```
h = 0.5;
r = 0.8;
a = 0;
b = 10;
m = (b - a)/h;
N = zeros(1, m);                       % one less element now
N0 = 1000;
N(1) = N0 + r*h*N0;          % no longer 'self-starting'
for I = 2:m
  N(i) = N(i-1) + r*h*N(i-1);   % finite difference
end
t = a+h:h:b;                 % exclude initial time = a
Nex = N0*exp(r*t);
disp( [a N0 N0] )            % display initial values separately
disp( [t' N' Nex'] )
plot(a, N0)                  % plot initial values separately
hold on
plot(t, N), xlabel('Hours'), ylabel('Bacteria')
plot(t, Nex), hold off
```

14.4.4 예측-수정 방법

초기값 $y(0)$가 주어진 다음과 같은 1차 DE의 수치 해를 좀 더 정확하게 찾는 방법에 대하여 알아본다.

$$\frac{dy}{dx} = f(x,y), \qquad y(0)$$

즉, Euler 공식(식 (14.7))을 써서 이 DE의 근사값을 찾는데 해를 개선시키는 것이 목적이므로 서로 구분하기 위해 다음과 같이 별표를 달아 놓는다.

$$y^*_{i+1} = y_i + hf(x_i, y_i) \tag{14.10}$$

하지만 이 식은 등식의 오른쪽에서 y의 옛 값만 사용하므로 해를 갱신할 기회를 갖지 못한다. 따라서 다음과 같이 새 값도 함께 포함하여 해가 좀 더 나아지도록 한다.

$$y^*_{i+1} = y_i + h[f(x_{i+1}, y^*_{i+1}) + f(x_i, y_i)]/2 \tag{14.11}$$

여기서 $x_{i+1} = x_i + h$이다. 식 (14.11)을 사용할 때의 문제점은 y^*_{i+1}의 값을 아직 알지 못한다는 것인데 해결책은 이렇다. DE의 원래 해는 식 (14.10)이므로 이 식으로 해를 그냥 예측(prediction)하고 식 (14.11)은 이와 같이 예측한 해를 새로 수정(correction)한다는 차원에서 쓰는 것이다. 문제도 해결하고 그 덕에 해의 정확도도 좀 높일 수 있는 일거양득인 셈인데 이런 접근 방법을 예측-수정 방법이라 한다. 이 방법의 과정을 다시 한번 정리하면

다음을 필요한 만큼 반복:

Euler 공식을 써서 해를 예측한다: $y^*_{i+1} = y_i + hf(x_i, y_i)$

y^*_{i+1}을 수정한다 : $y_{i+1} = y_i + h[f(x_{i+1}, y^*_{i+1}) + f(x_i, y_i)]/2$

와 같은데, 이때 수정하는 식에서 y^*_{i+1} 대신에 y_{i+1}을 쓴 것은 식 (14.11)의 y^*_{i+1}은 식 (14.10)에서 예측한 해를 좀 더 낫게 수정한 해이기 때문이다. 이의 프로그램 코드는 다음과 같다.

```
for i = 1:m
```

```
    ne(i+1) = ne(i) + r * h * ne(i);
    np = nc(i) + r * h * nc(i);
    nc(i+1) = nc(i) + r * h * (np + nc(i))/2;
    disp( [t(i+1) ne(i+1) nc(i+1) nex(i+1)] )
end
```

여기서 ne는 수정되지 않은 Euler 해이고, np는 Euler의 예측 해(이는 하나의 중간 값이기 때문에 벡터로 구성할 필요가 없음), 그리고 nc는 수정한 해이다. 이 방법을 써서 앞의 예에 대해 해를 구해 보니 오차가 가장 많을 때도 15%밖에 되지 않았다. 한번 확인해 보길 바란다.

14.5 선형 상미분 방정식

선형 상미분 방정식(linear ODE)을 해석적으로 풀면 대개 지수 함수에 행렬이 포함되는데 MATLAB 함수 expm을 써서 계산해야 한다. 이와 관련한 예제는 MATLAB Help: Mathematics: Matrix Powers and Exponentials을 보기 바란다.

14.6 Runge-Kutta 방법

Runge-Kutta 방법은 주로 연립 미분 방정식을 적분하는데 쓰며 이름은 같아도 사용하는 알고리즘은 여러 가지이다. 이런 알고리즘은 꽤 복잡하지만 적용 범위가 넓어서 대부분의 수치 해석 책에 이의 공식만큼은 빠지지 않고 들어 있다.

이미 짐작했다시피 MATLAB 역시 이와 관련한 함수 즉, ODE 풀이기(solver)들을 많이 제공한다. 이 중에서 ode23(차수가 2차와 3차)와 ode45(차수가 4차와 5차)가 Runge-Kutta 방법을 이식한 함수이다. 참고로, 수치 방법에서 차수(order)란 오차항에 포함된 h의 승수를 뜻한다. h는 보통 작은 값이므로 승수가 크면 클수록 오차는 더욱 작아질 것이다. 여기서는 이 두 함수의 사용법을 1차 DE와 연립 DE에 대하여 각각 적용하면서 알아보기로 한다.

14.6.1 1차 미분 방정식

식 (14.8)과 같은 박테리아의 번식 문제와 관련한 DE를 ode23을 통해 푸는 절차는 다음과 같다.

$$\frac{dN}{dt} = rN \qquad N(0) = 1000$$

1. DE의 오른쪽 식을 함수 파일로 작성하는 일부터 시작한다. 이 함수의 입력 변수는 t와 N 즉, DE 측면에서 보면 종속 및 독립 변수여야 한다. 이름을 f.m으로 하여 작성한 함수 파일의 한 예는 다음과 같다.

```
function y = f(t, Nr)
y = 0.8*Nr;
```

2. 명령창에서 다음의 문장을 입력한다.

```
a = 0;
b = 10;
n0 = 1000;
[t, Nr] = ode23(@f, [a:0.5:b], n0);
```

3. 함수 ode23의 입력에 대한 설명은 다음과 같다.
   @f는 함수 f에 대한 핸들(handle)이다. [a:0.5:b]는 적분 영역을 지정하는 벡터로 보통 tspan이라 한다. tspan이 [a b]와 같이 두개의 요소만 있다면 ode23이 자동으로 적분 스텝(일정한 값일 수도 있지만 가변적이기도 함)을 잡아 이 점들(a에서 시작하여 적분 스텝을 차례로 b까지 증가시켜 가면서 만든 점)에서의 해를 돌려준다. 이 형태는 그림을 그릴 때는 유용하지만 시간 구간을 규칙적으로 정하여 해를 나타내고자 할 때는 예에 있는 것처럼 tspan에 3개의 요소를 주어 만드는 것이 좋다. 해의 정확도는 tspan의 형태에는 전혀 영향을 받지 않는다. 끝으로, n0는 해 N의 초기값이다.

5. 함수 ode23의 출력은 두 개의 벡터 즉, 해 Nr와 시간 t이다. 10시간 후에 박테리아 수는 2961338이었다. 표 14.1의 정확한 해와 견주어 볼 때 오차는 고작 0.7%뿐인 것을 알 수 있다.

만약 ode23이 반환한 해가 정확하지 않다고 생각되면 추가적인 옵션 입력을 넣어 정확도를 한층 높일 수도 있는데 이는 help 도움말로 설명을 대체한다.
여전히 높은 정확도의 수치해가 필요하다면 ode45로 함수를 바꾸어 써도 되겠다. 앞에서 차수가 높을수록 오차가 작아진다고 했으니 한번 확인해 보길 바란다. 저자의 경우엔 박테리아의 수가 2981290이었으니 오차는 0.01%인 셈이다.

14.6.2 연립 미분 방정식: 카오스 문제

날씨 예측이 어렵고 예보의 정확도도 형편없는 까닭은 시스템이 복잡해서가 아니라 이를 모델링 하여 내놓은 DE가 본래 그런 특성을 갖고 있기 때문이다. 이런 DE들의 특성을 그룹으로 묶어 카오스(chaos) 운동이라 한다. 이 운동은 초기 조건이 아주 조금만 바뀌더라도 결과가 아주 크게 달라진다. 날씨 예보가 자주 틀리는 것도 이런 초기 조건을 측정할 때 정확도를 높일 수 있는 방법이 별로 없어서 그렇다.

천체 연구자인 Edward Lorenz가 1961년에 이런 현상을 발견했는데 처음 제시한 방정식이 이 책에서 다루기엔 너무 복잡하여 여기서는 다음과 같이 기본적인 카오스 특성은 그대로 유지한 채 형태만 아주 간단하도록 한 식을 사용하기로 한다.

$$dx/dt = 10(y-x) \tag{14.12}$$

$$dy/dt = -xz + 28x - y \tag{14.13}$$

$$dz/dt = xy - 8z/3 \tag{14.14}$$

이 연립 DE는 MATLAB의 ODE 풀이기를 쓰면 쉽게 풀 수 있다. 다만, 카오스 운동인지 확인하기 위해 몇 가지 절차를 정한다. 즉, DE를 임의의 초기 조건으로 푼 후에 이 해를 그래프로 나타내고, 이어서 초기 조건을 약간만 변화시켜 다시 해를 찾은 후에 이를 처음의 해 그래프와 같은 그림창에 그린다. 초기 조건에 따라 해가 얼마나 바뀌는지 확인해 보겠다는 말이다. 초기 조건을 $x(0) = -2$, $y(0) = -3.5$, 그리고 $z(0) = 21$로 하여 시작한다.

1. 함수 파일을 작성한다. 이 파일 안에는 식 (14.12)-(14.14)의 오른쪽 부분이 들어가는데 이 예는 다음과 같다.

```
function f = lorenz(t, x)
f = zeros(3,1);
f(1) = 10 * (x(2) - x(1));
f(2) = -x(1) * x(3) + 28 * x(1) - x(2);
f(3) = x(1) * x (2) - 8 * x(3) / 3;
```

여기서 함수의 입력인 벡터 x에는 각 요소 즉, [x(1) x(2) x(3)]이 식에 있는 3개의 종속 변수인 x, y 및 z를 각각 나타내도록 하였고 각 식의 오른쪽에 있는 함수값은 벡터 f에 담기도록 했다.

2. 이제 문제를 풀기 위해 명령창에서 다음과 같은 명령을 입력한다. 여기서 적분 구간은 $t=0$에서 $t=10$까지로 했다.

```
x0 = [-2  -3.5  21];        % initial values in a vector
[t, x] = ode45(@lorenz, [0 10], x0);
plot(t, x)
```

정확도를 높이기 위해 ode45를 사용한 것에 주목하라. 단, Pentium 컴퓨터가 아니라면 적분을 완성하는데 아마 수 초 이상 걸릴 것이다. 그리고 그림창에 나타난 그래프엔 x, y 및 z가 각각 다른 색으로 그려져 있는 것도 확인할 수 있을 것이다.

3. 초기 조건의 변화가 어떤 영향을 미치는지 보려면 그림창에 그래프가 하나만 있는 것이 좋다. 여기서는 해 중에서 $y(t)$를 그려 관찰하기로 한다. 해 x에는 3개의 요소가 있으니 2번째인 $y(t)$를 선택하여 그리려면 다음과 같이 하면 된다.

```
plot(t, x(:, 2), 'g')
```

그리고 이 그래프를 그림창의 축에 붙여 놓아야 하는데 hold 명령어를 사용한다.

이제, 초기 조건을 약간 수정해 해를 찾도록 한다. 여기서는 3개의 초기값 중에서 $x(0)$만 바꾸는데 -2에서 -2.04로 2%만 바꾼다. 이를 반영한 명령어는 다음과 같다.

```
x0 = [-2.04  -3.5  21];
[t, x] = ode45(@lorenz, [0 10], x0);
plot(t, x(:, 2), 'r')
```

그림 14.6이 이의 결과를 보여주고 있는데 두 그래프가 약 $t = 1.5$일 때까지는 거의 구분할 수 없을 정도로 같지만 약 $t = 6$에 도달할 때까지는 차이가 점점 켜져 가는 것을 알 수 있다. $t = 6$ 근방에서는 해가 크기만 다른 것이 아니라 방향이 완전 거꾸로 된 모습이고 시간이 더 지나면 아예 닮은꼴을 찾아볼 수도 없다.

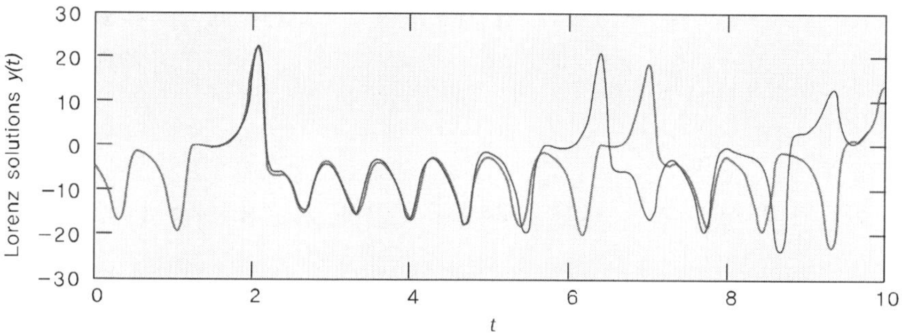

그림 14.6 카오스 운동

끝으로, 식 (14.12)-(14.14)을 원래의 초기값으로 하여 푸는데 이때는 ode23을 써보도록 한다. 즉,

```
x0 = [-2  -3.5  21];
[t, x] = ode23(@lorenz, [0 10], x0);
```

와 같다. 이 해를 $y(t)$만 뽑아내(즉, x(:, 2)를 이용) 앞에서 ode45로 찾은 해와 함께 그려 보라. 그림에서 이상한 모습을 발견했는가? 식과 초기 조건이 같고 오직 다른 것은 Runge-Kutta 방법뿐인데.

Runge-Kutta 방법을 마무리하기 전에 지금까지 배운 두 함수의 변형된 모습을 잠시 살펴보도록 한다. 함수 ode23s이 되겠는데, 여기서 s의 뜻은 "경직(stiff)"을 뜻한다. ("강인" 따위로 번역할 수도 있으나 말의 속뜻이 이 경우와 맞지 않아 "경직"이라 하였다. 방정식이 경직하다는 말은 이의 응답이 아주 빠른 시간에 나타나 금방 아무 일 없었던 듯이 아무런 움직임도 없는 방정식을 일컫는다. 전문 용어로는 이 시스템의 극점이 s-평면의 허수축과 아주 멀리 떨어져 있는 경우이다.) 이 함수의 해도 함께 중첩하여 그려서 결과를 검토해 보라. 저자의 경우엔 ode45와 ode23s는 $t > 5$에서 발산하기 시작하였다.

결과로 얻은 수치적 해가 정확도 측면에서 받아들일 수 있는지를 어떻게 알 수 있을까? 물론 해석적인 해와 비교해 보면 될 테지만 이를 구하거나 찾을 수 없는 경우이면 어떨까? 방법은 수치 방법의 정확도를 높이려고 나름대로 생각하여 매진하는 일이나 좀 더 나은 방법을 찾는 일 이외에는 아무것도 없다. 앞의 예에서 $t < 5$ (ode45와 ode23s)에서는 좋은 결과를 보였다고 할 수 있지만 이것마저 만족스럽지 못하거나 좀 더 넓은 구간에서 정확도를 보장 받으려고 하면 새로운 DE 풀이기를 찾거나 고안해 내야 할 것이다.

잊지 마라! 카오스 특성을 갖는 DE는 푸는데 대단한 기교가 필요하다는 것을.

한 가지 더. 카오스와 관련하여 유명한 "나비(butterfly)" 그림을 보고 싶다면 앞에서 찾은 DE의 해에서 $x-z$ 그래프를 그려 보라. 이와 같이 각 요소와 요소를 짝을 지어 그린 그림을 위상평면(phase plane) 그래프라 하는데 명령은 다음과 같이 간단하다.

```
plot(x(:, 1), x(:, 3))
```

아마 해의 2차원 궤적 즉, 평면에서 시간에 따라 변해가는 과정을 보게 될 것이다. 3차원 공간에서 동적으로 움직이는 예는 MATLAB Demos 도움말인 Demos: Graphics: Lorenz attractor animation에 나와 있다.

14.6.3 ODE 풀이기에 입력 첨가하기

앞서 살펴본 예에서 DE의 오른쪽에 있는 계수(예를 들어, 식 (14.13)의 28 따위)들은 모두 상수이었다. 그리고 실제 모델링 단계에서는 이 계수들의 값을 약간씩 바꾸는 작업이 필요할 때가 많다. 그래서 계수들의 값을 바꿀 때마다 함수 파일을 다시 고쳐야 하는 번거로움을 피하기 위해 ODE 풀이기의 입력으로 이런 계수들이 들어갈 수 있도록 해 보고자 한다. 상수를 파라미터(parameter)로 만들어 쓴다는 뜻이다. 다음은

Lotka-Volterra의 포식자-먹이(predator-prey) 모델이다.

$$dx/dt = px - qxy \tag{14.15}$$

$$dy/dt = rxy - sy \tag{14.16}$$

여기서 $x(t)$와 $y(t)$는 각각 시간 t에서의 포식자와 먹이의 수이다. p, q, r 그리고 s는 생물학적인 상황에 따라 결정되는 파라미터이다.

우선, 위 식에 대한 함수 파일인 volterra.m을 작성한다.

```
function f = volterra(t, x, p, q, r, s)
f = zeros(2, 1);
f(1) = p*x(1) - q*x(1)*x(2);
f(2) = r*x(1)*x(2) - s*x(2);
```

다음, 그림 14.7과 같은 그래프를 그리기 위해 명령창에서 다음과 같은 문장을 입력한다. 이 예에서는 초기값을 $x(0) = 105$와 $y(0) = 8$로 하였다.

```
p = 0.4 q = 0.04 r = 0.02 s = 2
[t, x] = ode23(@volterra, [0, 10], [105; 8], [], p, q, r, s);
plot(t, x)
```

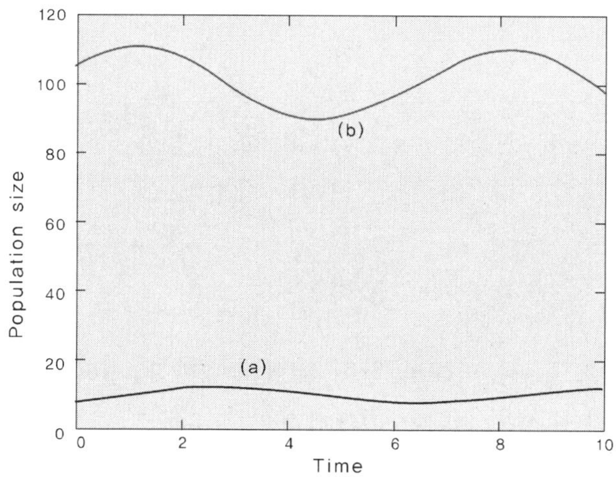

그림 14.7 Lotka-Volterra 모델: (a) 포식자와 (b) 먹이

여기서 주의할 것은 첨가되는 파라미터 즉, p, q, r 및 s는 ODE 풀이기의 입력 리스트에서 반드시 네 번째 순서부터 나와야 한다는 것이다. 이 예에서는 입력할 다른 정보가 없기 때문에 그냥 자리 채우기 표시로 빈 괄호 [ ]를 써서 파라미터들이 네 번째부터 들어갈 수 있도록 했다. 좀 복잡하다고 생각할 수 있겠지만 ODE 풀이기를 그만큼 폭넓게 쓸 요량으로 정해 놓은 규칙이니 help 도움말의 options 영역을 잘 살펴보면 좋겠다.

이제 식의 상수값을 바꿀 때 함수 파일을 직접 고치지 않아도 된다. 즉, 명령창에서 파라미터만 바꾼 후에 이를 ODE 풀이기의 입력으로 넣기만 하면 새로운 해를 구할 수 있는 것이다.

14.7 편미분 방정식

편미분 방정식(partial differential equation 혹은 PDE)의 수치 해를 찾는 문제는 주제가 너무 방대하여 이 책에서 다룰 내용은 아니지만 포물선 그룹(parabolic class)에 속하는 어떤 PDE는 해를 앞에서 배운 압축 행렬의 형태로 만들 기회를 제공하기 때문에 이를 간단하게나마 여기서 살펴보기로 한다.

14.7.1 열전도

얇고 균일한 막대에 대한 열전도(heat conduction) 방정식은 막대를 따라 열의 손실이 없다고 가정할 때 보통 다음과 같은 편미분 방정식으로 모델링 된다.

$$\frac{\partial u}{\partial t} = \frac{\partial^2 u}{\partial x^2} \tag{14.17}$$

여기서 $u(x,t)$는 시간 t에서 막대의 한쪽 끝에서 x만큼 떨어진 곳의 온도 분포이며, 길이 방향으로의 열의 손실은 없다고 가정한다.

PDE 문제를 푸는 작업의 반은 사용할 기호를 확실히 이해하는 것이다. 우선, 사각형 격자를 x와 t 방향으로 스텝 길이가 각각 h와 k이 되도록 설정한다. 그리고 이 격자를 좌표 축으로 사용하면 $x_i = ih$와 $y_j = jk$와 같고, 따라서 x_i와 y_j에서의 $u(x,t)$는 간단히 $u_{i,j}$로 표시할 수 있다.

PDE를 유한차분으로 나타내기 위해 Taylor 전개를 사용한다. 식 (14.17)의 왼쪽 부분을 유한차분의 한 형태인 전방차분(forward difference)으로 근사화 하면 다음과 같다.

$$\frac{\partial u}{\partial t} = \frac{u_{i,j+1} - u_{i,j}}{k}$$

또 식(14.17)의 오른쪽 부분은 같은 방법을 쓰면

$$\frac{\partial^2 u}{\partial x^2} = \frac{u_{i+1,j} - 2u_{i,j} + u_{i-1,j}}{h^2} \tag{14.18}$$

와 같이 표시할 수 있다. 식의 조작을 간단하게 하기 위해 식 (14.18)의 오른쪽 부분을 j번째와 $(j+1)$번째의 평균으로 다시 바꾼다. 어쨌든 근사값이므로 이의 평균을 사용한다 해도 별 무리는 없다. 대수적 지식을 몇 가지 써서 이 과정을 수행한 결과(이를 Crank-Nicolson의 묵시적 방법(implicit method)이라 함)는 다음과 같다.

$$-ru_{i-1,j+1} + (2+2r)u_{i,j+1} - ru_{i+1,j+1} = ru_{i-1,j} + (2-2r)u_{i,j} + ru_{i+1,j} \tag{14.19}$$

여기서 $r = k/h^2$이다.

이 방법의 수치적 거동을 조사하기 위해 막대의 길이는 1 단위이고 이의 양끝에는 얼음 덩어리가 있다고 보아 경계 조건(boundary condition)을

$$u(0,t) = u(1,t) = 0 \tag{14.20}$$

온도에 대한 초기 조건(initial condition)은

$$u(x,0) = \begin{cases} 2x, & 0 \le x \le 1/2 \\ 2(1-x), & 1/2 \le x \le 1 \end{cases} \tag{14.21}$$

로 가정한다. 이런 상황은 막대 중심을 오랫동안 가열시킨 후에 $t=0$에서 가열을 중지하고 막대의 양끝에는 얼음을 갖다 놓은 형국으로 $x=1/2$을 중심으로 대칭인 특성을 갖는 문제가 된다.

이제 직접 수치 해를 찾아보자. 우선, $h=0.1$와 $k=0.01$로 두고(따라서 $r=1$) 식 (14.19)를 정리하면

$$-u_{i-1,j+1}+4u_{i,j+1}-u_{i+1,j+1}=u_{i-1,j}+u_{i+1} \tag{14.22}$$

을 얻을 수 있다. 그리고 식 (14.22)에서 $j=0$로 놓아 찾으려는 미지수 $u_{i,1}$에 대한 식을 찾는다. 다시 말하면, k를 한 스텝 옮긴 후의 막대 중간까지 표현하는 식이 되겠는데 $i=5$ 즉, $x=ih=0.5$가 되겠다. 이 식에서 공통으로 갖고 있는 첨자 $j=1$을 빼고 간단히 적으면

$$\begin{aligned} 0+4u_1-u_2 &= \quad 0+0.4 \\ -u_1+4u_2-u_3 &= 0.2+0.6 \\ -u_2+4u_3-u_4 &= 0.4+0.8 \\ -u_3+4u_4-u_5 &= 0.6+1.0 \\ -u_4+4u_5-u_6 &= 0.8+0.8 \end{aligned}$$

이고, 이를 다시 행렬 형태로 쓰면 다음과 같다. 여기서 u_6는 식의 대칭성에 따라 u_4와 같다는 사실을 적용했다.

$$\begin{bmatrix} 4 & -1 & 0 & 0 & 0 \\ -1 & 4 & -1 & 0 & 0 \\ 0 & -1 & 4 & -1 & 0 \\ 0 & 0 & -1 & 4 & -1 \\ 0 & 0 & 0 & -2 & 4 \end{bmatrix} \begin{bmatrix} u_1 \\ u_2 \\ u_3 \\ u_4 \\ u_5 \end{bmatrix} = \begin{bmatrix} 0.4 \\ 0.8 \\ 1.2 \\ 1.6 \\ 1.6 \end{bmatrix} \tag{14.23}$$

식 (14.23)의 왼쪽에 있는 행렬(A)은 삼중 대각 행렬(tridiagonal matrix)로 이런 방정식도 MATLAB의 왼쪽 나눗셈 연산자를 쓰면 쉽게 풀 수 있다. 아무튼 이 식에서 해 $u_{i,1}$을 찾았다면 식 (14.22)에 $j=1$을 대입하여 이와 같은 형식의 식을 다시 구해 $u_{i,2}$에 대한 해를 구한다. 이를 계속 반복해 가는 것이다. 식 (14.23)을 일반적인 표기로 나타내면

$$\mathrm{Av} = \mathrm{g} \tag{14.24}$$

와 같고, 이때 행렬 A의 규칙성을 보여 줄 수 있도록 표기에 신중해야 하는데 여기서는 다음과 같이 쓰기로 한다.

$$\mathbf{A} = \begin{bmatrix} b_1 & c_1 & & & & \\ a_2 & b_2 & c_2 & & & \\ & a_3 & b_3 & c_3 & & \\ & & & \cdots & & \\ & & & a_{n-1} & b_{n-1} & c_{n-1} \\ & & & & a_n & b_n \end{bmatrix}$$

앞에서 배운 압축 행렬의 한 예가 됨을 알 수 있다.

다음에 보인 스크립트 파일은 Crank-Nicolson 방법인 식 (14.19)로 편미분 방정식을 $k=0.01$로 하여 10번의 스텝을 돌려서 풀도록 짰다. 스텝 길이는 이 문제의 대칭성 때문에 $h=1/(2n)$이므로 r은 앞과 같이 1이 되지는 않는다. 그리고 A의 압축성을 고려하기 위해 함수 sparse를 이용했다.

```
format compact
n = 5;
k = 0.01;
h = 1/(2*n);                    % symmetry assumed
r = k/h^2;
% set up the  (sparse) matrix A
b = sparse(1:n, 1:n, 2+2*r, n, n);   % b(1)…b(n)
c = sparse(1:n-1, 2:n, -r, n, n);    % c(1)…c(n-1)
a = sparse(2:n, 1:n-1, -r, n, n);    % a(2)…a(n)
A = a + b + c;
A(n, n-1) = -2*r;
full(A)
disp(' ')
u0 = 0;                   % boundary condition (Eq 19.20)
u = 2*h*[1:n];         % initial conditions (Eq 19.21)
u(n+1) = u(n-1);          % symmetry
disp( [0 u(1:n)] )
for t = k*[1:10]
  g = r*( [u0 u(1:n-1)] + u(2:n+1) ) + (2 - 2*r)*u(1:n);
                            % Eq 14.19
  v = A\g';                     % Eq 14.24
  disp( [t v'] )
  u(1:n) = v;
```

```
    u(n+1) = u(n-1);
end
```

여기서 식 (14.19)에 사용한 첨자와 MATLAB의 첨자 표현 사이의 호환성을 유지하기 위해 경계 조건을 스칼라 u_0로 쓴 것에 주의하길 바란다. 이 프로그램의 결과는 다음과 같은데, 이때 첫 번째 열은 시간이고 이어서 나온 열은 구간 h에서 막대를 따라 구한 해이다.

```
0.0000    0.2000    0.4000    0.6000        0.8000 1.0000
0.0100    0.1989    0.3956    0.5834        0.7381 0.7691
0.0200    0.1936    0.3789    0.5397        0.6461 0.6921
...
0.1000    0.0948    0.1803    0.2482        0.2918 0.3069
```

MATLAB은 PDE를 전문으로 푸는 몇몇 함수를 제공하는데 자세한 내용은 MATLAB 도움말인 MATLAB Help: Differential Equations: Partial Differential Equations을 참고하길 바란다.

14.8 그 밖의 수치 방법

지금까지 살펴본 ODE는 모두 초기값 문제(initial value problem)이였다. 이와 관련한 경계값 문제(boundary value problem)를 알고 싶으면 MATLAB 도움말인 MATLAB Help: Differential Equations: Boundary Value Problems for ODEs을 보아야 할 것이다.

MATLAB은 공학 문제를 수치적으로 푸는 수많은 함수를 가지고 있는데, 간략히 살펴보면 곡선 맞추기(curve fitting), 상관계수(correlation), 보간(interpolation), 최소화(minimization), 필터와 콘볼루션(filter and convolution), 그리고 Fourier 변환 따위가 되겠다. 여기에 관심 있는 독자는 역시 MATLAB 도움말 MATLAB Help: Polynomials and Interpolation과 MATLAB Help: Data Analysis and Statistics로 공부해 보길 바란다.

이 절에서는 곡선 맞추기에 대한 예를 소개하기로 한다. 다음 스크립트 파일은 여러 데이터 점을 컴퓨터와 대화식으로 그래프에 남길 수 있도록 해준다. 그러니까 사용자가 몇몇 데이터를 마우스로 그림창에 찍어 넣으면 자동으로 이 점들에 맞는 3차 다항식을 찾아 주고, 아울러 이의 그래프까지 그려 주는 프로그램인 것이다. (그림 14.8 참조) 이때, 데이터를 다 넣었다는 표시는 최근 입력한 두 데이터의 x좌표의 차이가 절대값 2보다 작으면 된다.

```
% Interactive script to fit a cubic to data point
clf
hold on
axis( [0 100 0 100])
diff = 10;
xold = 68;
i = 0;
xp = zeros(1); yp = zeros(1);          % data points
while diff > 2
   [a b] = ginput(1);
   diff = abs(a - xold);
   if diff > 2
      i = i + 1;
      xp(i) = a;
      yp(i) = b;
      xold = a;
      plot(a, b, 'ok')
   end
end
p = polyfit(xp, yp, 3);
x = 0:0.1:xp(length(xp));
y = p(1)*x.^3 + p(2)*x.^2 + p(3)*x + p(4);
plot(x, y), title( 'cubic polynomial fit'), xlabel( 'x' ),
ylabel( 'y(x)' )
hold off
```

이와 같은 다항식 곡선 맞추기는 그림창의 메뉴 Tool->Basic Fitting을 통해서도 바로 작업할 수 있다.

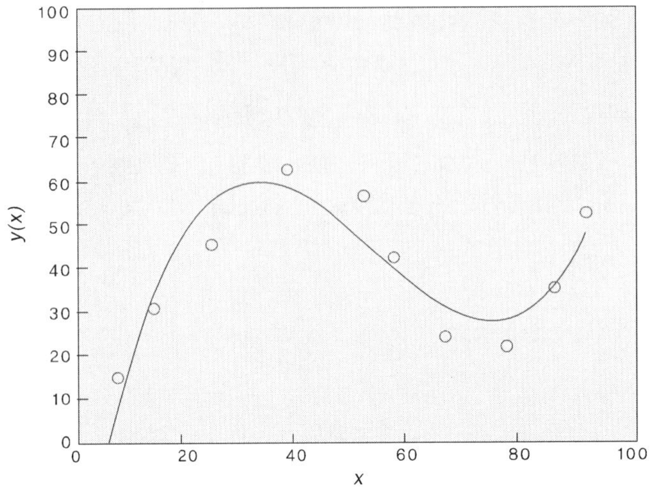

그림 14.8 3차 다항식의 곡선 맞추기

요약

- 수치 방법은 해석적인 해를 찾을 수 없는 수학 문제를 컴퓨터를 써서 근사값을 구하는 도구이다.
- 수치 방법은 두 가지 형태의 오차를 포함한다. 즉, 컴퓨터의 수 표현 방식과 관련한 마무리 오차(rounding error)와 수학적으로 무한한 과정(예를 들어, 극한 따위)을 거쳐야 하는 일을 유한한 과정으로 근사할 때 발생하는 절단 오차(truncation error)가 되겠다.
- MATLAB은 수치 방법을 다룰 수 있는 아주 유용한 함수를 많이 가지고 있다.

종합문제

14.1 Newton 방법을 써서 다음의 스크립트 파일을 작성하라. 그리고 구한 해를 함수 fzero로 검사하는데 문제가 다항식으로 나타난 경우는 roots를 사용하여라.
<힌트> 수치 방법을 적용하기 전에 문제의 근이 어디 있는지 대강 알려면 fplot 함수를 사용한다. 즉

```
fplot('x^3 - 8*x^2 + 17*x - 10', [0 3])
```

MATLAB의 확대(zoom) 기능도 도움이 될 것이다. 그림창에서 확대경 모양의 버턴을 선택하고 그래프에서 확대하고 싶은 부분을 마우스로 누르면 된다.

(a) $x^4 - x = 10$ (두 개의 실근과 두 개의복소수 근)
(b) $e^{-x} = \sin x$ (근이 무수히 많음)
(c) $x^3 - 8x^2 + 17x - 10 = 0$ (세 개의 실근)
(d) $\log x = \cos x$
(e) $x^4 - 5x^3 - 12x^2 + 76x - 79 = 0$ (네 개의실근)

14.2 이분법을 써서 2의 제곱근을 찾는데 x_L과 x_R에 대한 초기값은 각각 1과 2를 사용하라. 그리고 이 방법을 최대 오차가 0.05보다 작을 때까지 계속 반복하라. (참고로, 이분법을 몇 번 써야 할 지 알려면 14.1절의 식 (14.2)를 이용하면 된다.)

14.3 사다리꼴 공식으로 $\int_0^4 x^2 dx$을 적분하는데 스텝 길이는 $h = 1$로 하라.

14.4 인구가 시간 $t = 0$일 때, 1000에서부터 증가하기 시작하는데 증가 속도는 다음과 같고,

$$dN/dt = aN$$

여기서 a는 한 사람이 1년에 출산하는 비율을 반영하여 0.025이다. Euler 방법을 써서 30년 후의 인구수를 추정해 보는데 스텝을 (a)$h = 2$(년), (b) $h = 1$(년), 그리고 (c) $h = 0.5$(년)로 하라. 그리고 이렇게 구한 값을 실제 해석적으로 푼 값과 서로 견주어 보라.

14.5 다음과 같이 시작하는 euler.m이라는 함수 파일을 작성하라.

```
function [t, n] = euler(a, b, dt)
```

이 함수는 Euler 방법으로 식 (14.8)의 박테리아 번식 방정식을 푼다. 그리고 dt = 0.5와 0.05에서 구한 값을 실제의 정확한(exact) 값과 서로 비교도 하는데 기본적인 출력 형태는 다음과 같다.

```
time    dt = 0.5    dt = 0.05    exact
0.00    1000.00     1000.00      1000.00
0.50    1400.00     1480.24      1491.82
1.00    1960.00     2191.12      2225.54
…
5.00   28925.47    50504.95     54598.15
```

14.6 방사능 물질을 모델링 하여 얻은 방정식은 다음과 같다.

$$dx/dt = -rx$$

여기서 x는 시간 t에서의 방사능 물질의 양이고 r은 감소 속도이다. 어떤 방사능 물질은 물질의 감소 과정을 거치면서 다른 물질로 변하는 경우가 있다. 예를 들어, 스트론튬(strontium) 92($r_1 = 0.256/h$)는 나중에 이트륨(yttrium) 92($r_2 = 0.127/h$)로 바뀌고, 또 시간이 지나면 지르코늄(zirconium)이 된다. 스트로튬과 이트륨이 되는 과정을 미분 방정식으로 작성하라. 그리고 처음 $t = 0$에서 스트로튬은 원자의 개수가 5×10^{26}이지만 이트륨은 하나도 없다고 가정한 후에 이 방정식을 Runge-Kutta 방법(ode23)과 Euler 방법으로 $t = 8\mathrm{h}$까지 적분하여 해를 구하고 서로 비교하라. 단, 스텝은 $1/3\mathrm{h}$이다.

14.7 남아프리카의 크루거 국립 공원에는 스프링복(springbok; 영양이라는 동물)이 많이 있는데 이의 번식 모델을 다음과 같다.

$$dx/dt = (r - bx\sin at)x$$

여기서 $x(t)$는 스프링복의 마리 수이고, x, b 그리고 a는 상수이다. Euler 방법을 써서 이 영양의 번식 수를 2년 동안 1달을 간격으로 하여 계산하는 프로그램을 작성하라. 이때, 각 상수값과 x 및 t에 대한 초기값은 사용자가 입력할 수 있도록 한다.

14.1 어떤 검은 물체가 빛을 발산하는 효율 즉, 전체 에너지에서 가시광선에 포함된 에너지의 비)을 결정하는 식을 퍼센트 단위로 하여 나타내면 다음과 같다.

$$E = 64.77\,T^{-4} \int_{4\times10^{-5}}^{7\times10^{-5}} x^{-5}\,(e^{1.432/Tx} - 1)^{-1}\,dx$$

여기서 T는 절대 온도(K), x는 파장(cm), 그리고 적분 구간은 가시광선의 범위이다. 이 식에 식(14.4)에 있는 Simpson 공식을 적용한 프로그램을 작성하는데 함수 이름은 simp(fn, a, b, h)로 하고, 이때 $T = 3500\mathrm{K}$이다. 또, 처음에는 10개의 구간($n = 5$), 그리고 두 번째는 20개의 구간($n = 10$)으로 하여 simp을 돌리고 그 결과를 서로 비교하라. (답: $n = 5$일 때는 14.512725%; $n = 10$일 때는 14.512667%)

14.1 Van der Pol 방정식은 2차의 비선형 미분 방정식인데 이를 2개의 1차 미분 방정식으로 바꾸면 다음과 같다.

$$dx_1/dt = x_2$$
$$dx_2/dt = \epsilon(1 - x_1^2)x_2 - b^2 x_1$$

이 방정식의 해는 안정한 한계 사이클(limit cycle)을 갖게 되는데 위상평면에서 이 해의궤적(x_2에 대한 x_1의 그래프)을 그리면 그림 14.9와 같은 폐회로를 구성하면서 계속 움직인다는 뜻이다. 함수 ode23을 이용하여 초기값이 $x_1(0) = 0$와 $x_2(0) = 1$일 때 이 식을 수치적으로 풀어라. 단, $b = 1$이고 ϵ는 0.01과 1.0 사이의 값이다. ϵ이 하나로 정해지지 않았기 때문에 ϵ을 범위 내에서 바꿔가면서 해도 구하고 그래프도 그려 보라는 말이다.

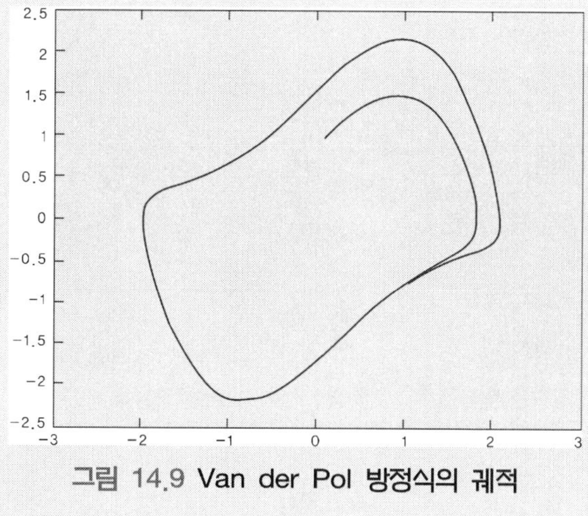

그림 14.9 Van der Pol 방정식의 궤적

15장

신호 처리

이번 장의 목적은 신호처리에 대해서 소개하는 것이다. 거대한 데이터 세트를 검사하는 많은 방법 중에서 다음의 두 가지 방법을 보일 것이다.

- 고주파 분석
- 고속 푸리에 변환 해석

이 장에서 우리는 MATLAB을 주기적인 데이터 세트를 검사하는데 사용한다. 1절에서는 주기적인 데이터 세트를 고조파 분석(Harmonic analysis)으로 검사하는 것을 보인다. 그 다음 절에서는 측정하거나 계산된 데이터의 시간에 따른 진화(temporal-evolution)를 검사하는 데 고속 푸리에 변환(fast Fourier transform, FFT)법을 사용한다. 이 절차들은 신호 처리에서 중요한 방법들이다.

신호(signal)는 데이터의 연속적인 흐름이며, 실험적인 방법 또는 계산 방법을 이용해서 계산할 수 있다. 예를 들어, 특정 변수 x의 상대적으로 작은 시간 간격에 대해서 데이터 $f(x)$를 측정하였다. 이 때, x는 시간 또는 공간 차원이라고 하자. 만일 신호가 x의 $-\pi$에서 π까지 주기적이라면, 고조파 분석은 유용하며 꽤 실용적인 기법이다.

FFT 법도 비슷한 방법이다. 두 방법들은 데이터를 푸리에 급수(Fourier series)에 근사시키는 것과 관련이 있다. 또한 두 방법은 조선 공학, 음향(소음) 그리고 진동 공학, 전기 공학, 해양 공학 등과 같은 공학에서 널리 사용된다.

푸리에 급수 이론은 물리학자와 공학자를 위한 수학에서 중요한 주제이다. 이 주제에 대한 아주 상세한 내용은 Mathematics of Physic and Modern Engineering, Second Edition, by I.S. Sokolnikoff and R.M. Redheffer, McGraw-Hill(1966)에서 찾을 수 있다. 이 주제의 중요성으로 볼 때 이 방법과 이 방법의 실제적인 적용의 배경이 되는 이론에 대해 설명한 책들이 많다는 것은 놀랄만한 일이 아니다. 소개를 위한 이 절에서는 신호를 검사하기 위해 필요한 푸리에 급수 법을 적용하는 것과 관계가 있는 결과들을 보일 것이다.

$f(x)$가 다음의 삼각 함수 급수로 주어진다고 가정하자:

$$f(x) = \frac{1}{2}a_0 + \sum_{n=1}^{\infty}(a_n \cos nx + b_n \sin nx) \tag{15.1}$$

여기서 $-\pi \le x \le \pi$, 그리고 $n = 0, 1, 2, \ldots$ 에 대해서

$$a_n = \frac{1}{\pi}\int_{-\pi}^{\pi} f(x) \cos nx \, dx \tag{15.2}$$

이며, $n = 1, 2, 3, \ldots$ 에 대해서

$$b_n = \frac{1}{\pi}\int_{-\pi}^{\pi} f(x) \sin nx \, dx \tag{15.3}$$

이다. 여기서 함수 $f(x)$가 주기적이라고 가정한다. 즉, $f(x) = f(x + 2\pi)$ 이다.

만일 주어진 데이터 세트 $f(x)$가 구간 $-\pi \le x \le \pi$ 에서 주기적이라고 가정하면, 위의 식들을 적용해서 계수 a_n과 b_n을 계산할 수 있다. 이 접근법을 사용할 때 "푸리에 급수로 전개한다" 또는 "푸리에 급수를 가진다" 라고 한다.

$$f(x) \sim \frac{1}{2}A_0 + \sum_{n=1}^{N}(A_n \cos nx + B_n \sin nx) \qquad (15.4)$$

여기서 N은 1과 같거나 큰 양의 정수이며, $f(x)$의 푸리에 급수를 구성하기 위해 계산해야 하는 항의 개수이다. 만일 $N \to \infty$ 이고 $f(x)$가 연속이며 주기적이라면 마지막 식은 기본적으로 $f(x)$의 삼각 함수 전개(trigonometric expansion)이며 결과는 정확하다. 이 급수의 중요한 장점은 불연속 함수도 나타낼 수 있다는 것이다. 물론 이 경우와 삼각함수 표현이 정확하지 않은 경우는 $f(x)$를 추측한 주기적 함수, 식 (15.4)의 항으로 근사해서 나타내는 것이 최선이다.

15.1 고조파 분석

그림 15.1에 나타낸 데이터를 삼각 함수 급수로 근사하는 것을 실험해 보자. “관찰된” 데이터 견본들은 다음의 식을 이용해서 생성하였다.

$$f = .6 - \cos x - .5 \cos 2x + .4 \cos 3x + \sin x + error \qquad (15.5)$$

여기서 error는 MATLAB의 내장 함수 중 난수 발생기인 randn을 이용해서 만들었다. 식 (15.5)를 선택한 것은 다섯 개의 삼각 함수와 에러의 항으로 그려지는 함수이기 때문이다. 고조파 분석(harmonic analysis)은 고조파를 에러를 가진 신호에서 뽑아내는 것을 시험해 보기 위해서이다(에러는 “잡음(noise)” 이라고도 한다).

우리는 유한한 삼각함수의 합으로 관찰된 데이터 집합을 근사하고자 한다. 이 경우 관찰된 데이터의 이산 집합은 $x = -\pi,\ -\pi + \pi/N,\ -\pi + 2\pi/N,\ \ldots,\ \pi - \pi/N$ 에서 $f(x)$의 값들을 가지며 $f(-\pi) = f(\pi)$라고 가정하다. $-\pi \le x < \pi$는 데이터가 관찰된 x의 변역이다. $f(x)$의 값은 등간격 $dx = \pi/N$으로 계산(또는 관찰)되었다. 예제 수치 해석은 $N = 200$이고 $N_p = 2N+1$은 0에서 π까지 등간격으로 데이터가 측정된 f의 값의 개수이다. 이 지점들에서 얻어진 데이터들은 식 (15.5)를 적용해서 계산되었다. f가 구간 $-\pi \le x \le \pi$에 대해서 규정되어 있고 $f(-\pi) = f(\pi)$라고 가정하므로, 고조파 해석은 데이터를 검사해서 고조파 성분(harmonic content)을 결정하는 좋은 방법이다. 즉

데이터를 전개하기 위해 적용한 푸리에 급수의 계수들을 결정하는 것이다. 난수 발생기로 인해 도입된 데이터의 잡음은 주기성의 가정에 오차를 도입하게 된다. 그러므로 다음의 예제에서는 10 세트의 관찰된 데이터를 10번의 계산 실험을 반복적으로 시험한다. 이 경우의 결과는 오차(또는 잡음)가 임의의 값이며, 만일 같은 실험을 충분한 회수만큼 행한다면 평균되어서 사라지는 것을 보인다.

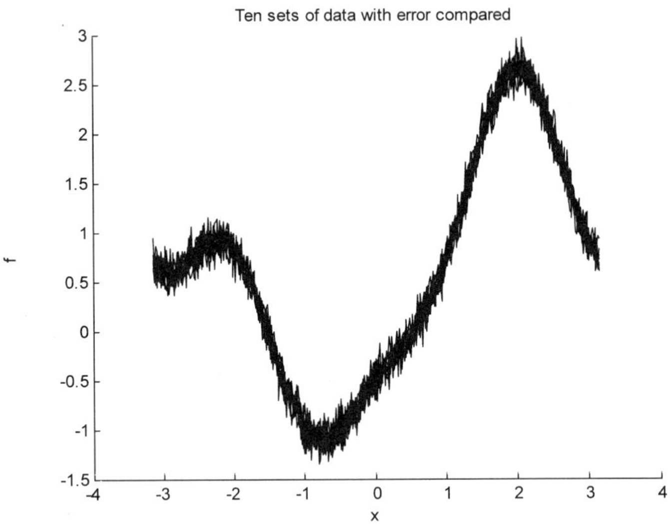

그림 15.1 오차를 가지는 주기적인 데이터 세트 10번 반복한 샘플

등간격으로 위치한 데이터 포인트를 N_p개 가지고 있다면 푸리에 급수 N_p-1개의 항으로 데이터를 근사할 수 있다. N_p-1개의 미지수에 대해서 N_p-1 개의 선형 연립 방정식을 가지게 되므로 결과는 정확하다. 이 문제에 대한 해는 다음과 같다 (Sokolnikoff and Redheffer의 책을 참고할 것):

$$f = A_0 + \sum_{n=1}^{N} A_n \cos nx + \sum_{n=1}^{N-1} B_n \sin nx \tag{15.6}$$

(참고로 이 장의 소개에서 주어진 푸리에 급수에서 A_0의 값은 a_0의 두 배이다.) 이 경우, 다음과 같음을 알 수 있다.

$$A_0 = \frac{1}{2N}\sum_{m=1}^{2N} f\left(-\pi + \frac{(m-1)\pi}{N}\right), \qquad (15.7)$$

$$A_N = \frac{1}{2N}\sum_{m=1}^{2N} f\left(-\pi + \frac{(m-1)\pi}{N}\right)\cos\left((m-1)\pi\right), \qquad (15.8)$$

$$A_n = \frac{1}{N}\sum_{m=1}^{2N} f\left(-\pi + \frac{(m-1)\pi}{N}\right)\cos\frac{(m-1)n\pi}{N,} \quad n=1,2,3,\ldots,N-1 \qquad (15.9)$$

$$B_n = \frac{1}{N}\sum_{m=1}^{2N} f\left(-\pi + \frac{(m-1)\pi}{N}\right)\sin\frac{(m-1)n\pi}{N,} \quad n=1,2,3,\ldots,N-1 \qquad (15.10)$$

이 연립 방정식은 식 (15.5)를 이용해서 생성한 데이터를 검사하기 위해 적용된다. MATLAB 스크립트를 만들어서 다음과 같이 적용한다.

```
% Harmonic analysis
clear;clc
for ir = 1:10
   N = 200; % Nc = N+1 implies x = 0 (center of domain).
   % Np = 2N+1 are the number of points on the
   % closed interval x = [-pi, pi]/
   dx = pi/N;
   x = -pi:dx:pi;
   f = [.6 - cos(x) - .5*cos(2*x) + .4*cos(3*x) ...
      + sin(x) + 0.1*randn(1,length(x))];
   A0 = (1/2/N) * sum(f(1:end-1));
   A(N) = (1/2/N) * sum(f(1:end-1).*cos(N*x(1:end-1)));
   for jn = 1:N-1
      A(jn) = (1/N)*sum(f(1:end-1).*cos(jn*x(1:end-1)));
      B(jn) = (1/N)*sum(f(1:end-1).*sin(jn*x(1:end-1)));
   end
   AA = [A0 A];
   figure(1)
   hold on
   stem([0:length(AA(1:11))-1],AA(1:11),'ko','LineWidth',2)
   stem(B(1:9),'-.kd','LineWidth',2)
```

```
    legend('A_n''s', 'B_n''s')
    xlabel('Mode number n')
    ylabel('A_n''s or B_n''s')
    title('Harmonic analysis example')
    hold off
    figure(2)
    hold on
    plot(x,f,'k')
    title('Ten sets of data with error compared')
    xlabel('x'),ylabel('f')
    hold off
end
```

난수 오차의 영향을 시험하기 위해서 이 알고리즘을 10번 실행하였다. 난수 오차는 1의 ±10% 값이다. 스크립트에서 시험된 주기적 데이터 10개 샘플들을 그림 15.2에 보인다. 예측 했던바와 같이 결과는 평균적으로 정확한 결과에 꽤 근접한다.

오차가 없는 함수 $f(x)$는 다음과 같고:

$$f = .6 - \cos x - .5\cos 2x + .4\cos 3x + \sin x,$$

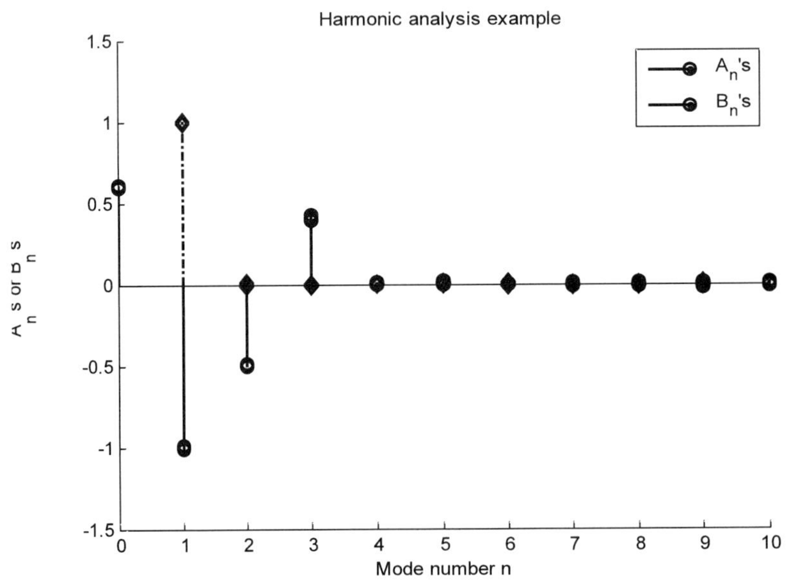

그림 15.2 10개의 주기적 데이터 세트 f의 고조파 해석 비교.

이것은 다섯 개의 항을 가지는 삼각급수이다. 이 함수의 고조파 해석은 정확하다. 이 함수와 고조파 해석의 정확한 결과들을 그림 15.3과 15.4에 각각 보인다. 그림들은 이전의 스크립트에서 다음의 수정을 통해서 만들었다. 우선 0.1*randn(1, length(x))]; 를 0*randn(1, length(x))]; 으로 오차 항을 0으로 설정해서 만들었다. 10번 시도는 전부 같은 것이므로 반복 되는 for 루프 for ir = 1:10을 for ir = 1:1 로 변경해도 10번 반복을 하며 오차를 0으로 했을 때 얻어지는 결과는 같다.

오차가 적은 데이터를 난수 오차를 추가해서 생성한 잡음이 많은 데이터와 비교해보면, $-\pi \le x \le \pi$ 구간에서의 $f(x)$의 형태를 나타내는 합리적인 고조파의 크기를 얻기 위해서는 실험실에서 측정을 반복해야 한다는 것을 볼 수 있다. 여기서 입력 데이터 세트를 정의하는데 삼각함수 급수를 사용했다면, 고조파 해석의 출력은 입력 시리즈를 정확히 재구성할 것이다.

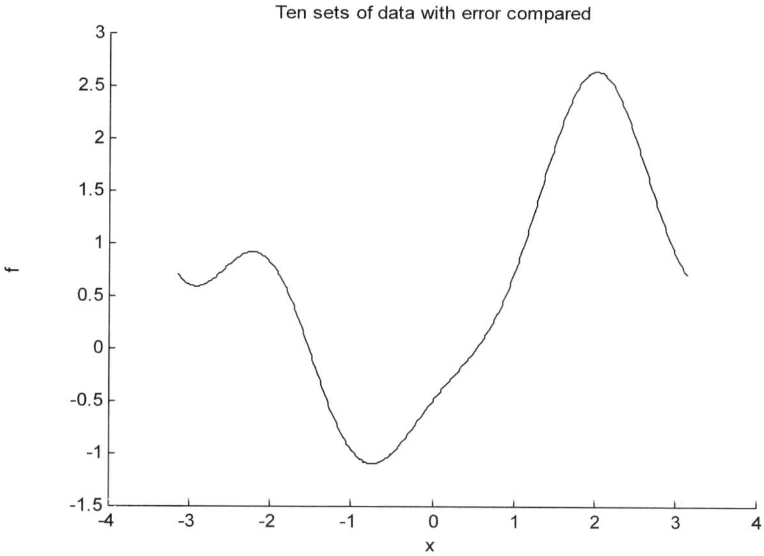

그림 15.3 에러가 없는 주기적 데이터 세트 $f(x)$의 샘플

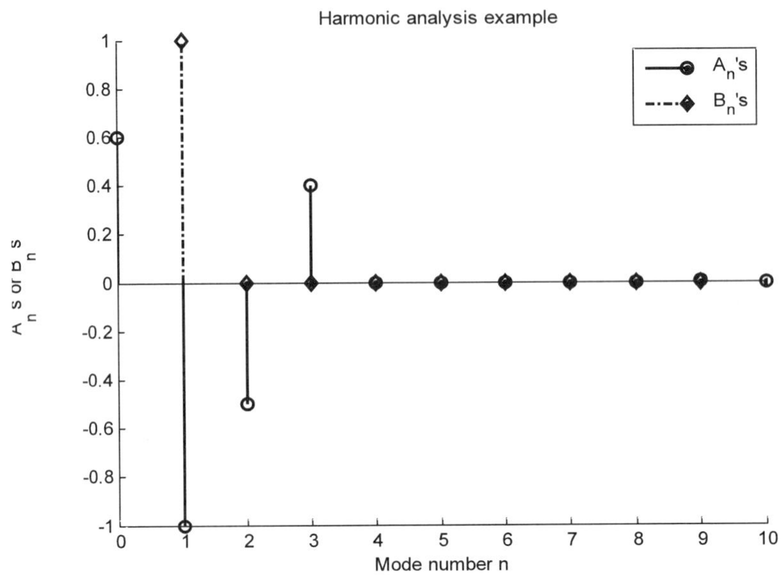

그림 15.4 에러가 없는 주기적 데이터 $f(x)$의 고조파 해석

15.2 고속 푸리에 변환

James W. Cooley와 John W. Tukey가 1965년 발표한 An Algorithm for the Machine Calculation of Complex Fourier Series 는 Mathematics of Computation 19, 297-301에 개재되었다. 이 논문은 1992년 John Wiley & Sons에서 발행된 Leo L. Beranek and István L. Ver 가 편집한 Noise and Vibration Control Engineering 에 인용되었다. 이 책은 신호 처리에 대한 좋은 논평과 함께 잡음과 진동 공학에서의 실제적인 응용도 제공한다. 다음의 주제들은 이 책의 논의를 적극 따를 것이다.

시간 간격 $0 \le t \le T$에서 측정한 시간 이력 신호 $y(t)$의 푸리에 변환은 모든 주파수에 대해서, 양과 음의 신호에 대해서 다음과 같이 정의 되며:

$$Y(\omega, T) = \int_0^T y(t) e^{-i2\pi\omega t} dt,$$

여기서 Y는 주파수 ω에 대한 함수이다. N 데이터 값들의 디지털 시계열(digital time series) 값들은 $y(t)=y(n\Delta t)$, $n=0,1,2,\ \ldots\ ,\ N-1$ 이다. 푸리에 변환은 복소 푸리에 급수로 나타낼 수 있다.

$$Y(\omega, T) = Y(k\Delta\omega, N) = \Delta t \sum_{n=0}^{N-1} y(n\Delta t)\exp(-i2\pi\omega n\Delta t), \tag{15.12}$$

여기서 스펙트럴 성분(spectral component), 즉 $Y(k\Delta\omega, N)$들은 일반적으로 복소 값이며 N개의 이산 주파수들에 대해서 정의된다.

$$\omega_k = k\Delta\omega = \frac{k}{N\Delta t}, \quad k=0,1,2,\ldots,N-1$$

이 식은 기본적으로 앞의 소개에서 설명했던 푸리에 급수 확장의 복소 형태이다. 이 점을 더 분명히 하고자 식 (15.12)를 $T=N\Delta t$로 나누면 다음의 결과를 얻는다:

$$C_k = \frac{Y(k\Delta\omega, N)}{N\Delta t} = \frac{1}{N}\sum_{n=0}^{N-1} x(n\Delta t)\exp(-i2\pi\omega n\Delta t) = \frac{1}{N}\sum_{n=0}^{N-1} x(n\Delta t)\exp(-i2\pi kn/N) \tag{15.13}$$

이 식과 앞의 고조파 해석에 대한 절에 나온 푸리에 계수에 대한 식들 간에 유사성 있음을 알 수 있다. 하지만 이 경우의 계수들은 복소수이다. MATLAB이 복소수와 복소수 연산을 다룰 있기 때문에 신호를 분석하는데 FFT 방법을 사용하는 것이 쉬워진다. 이것은 아래의 예제에서 보일 것이다.

식 (15.13)으로 정의된 복소수 푸리에 계수들은 함수가 주기적이라는 가정과 함께 시간 이력 $y(t)$이 반복 된다는 가정을 바탕으로 한다. 푸리에 성분들은 $k=N/2$까지, 즉 $\omega_k=1/(2\Delta t)$까지 유일하다. 이 주파수는 디지털 신호에서 나이키스트 주파수(Nyquist frequency) ω_N 로 알려져 있다. 이 주파수에서 사이클 당 두 개의 샘플 값들만이 있고, 에일리어싱(aliasing)이라는 오류가 시작된다. 상세한 것은 Beranek and Vér(1992)를 참고하라. 처음의 $k=0$에서 $k=N/2$까지 $N/2+1$개의 푸리에 계수들은 스펙트럴 성분들(즉, 크기에 대한 푸리에 계수들)은 양의 주파수에 대한 것이며, 반면 뒤의 $k=N/2+1$에서 $k=N-1$까지$N/2-1$개의 푸리에 계수들은 음의 주파수에서의 스펙트럴 성분들을 정의한다.

Cooley Tukey 알고리즘이 기술 문서에서 잘 설명된 후에 다양한 FFT 알고리즘이 개발되었다. FFT 알고리즘과 그 개발에 대한 세세한 내용은 이 책의 설명 범위를 벗어난다. 하지만, 이 절의 예제에 적용된 과정은 독자가 관심이 있는 문제에 적용될 수 있고, 이 절의 예제에 적용된 알고리즘은 FFT 알고리즘의 기초가 된다. Beranek and Vér가 지목한 Cooley Tukey 알고리즘 적용시 고려해야 하는 몇몇 힌트들은 다음과 같다.

- 각 FFT를 위한 등간격 데이터 지점의 개수를 2의 거듭제곱, 즉 $N=2^p$의 형태로 제한하는 것이 유용하다. 일반적으로 $p=8\sim12$를 사용한다.
- 푸리에 요소의 주파수 해상도는 $1/(N\Delta t)$이다.
- 에일리어싱이 시작되는 나이키스트 주파수는 $k=N/2$이며, $\omega_N=1/(2\Delta t)$ 이다. 샘플링 주파수는 신호에서 발견 되리라고 예측하는 가장 높은 주파수의 적어도 두 배가 되어야 한다.
- 처음의 나이키스트 주파수까지의 $N/2+1$ 푸리에 성분은 이 주파수 이후의 $N/2-1$개의 성분들과 $Y(k)=Y^*(N-k)$, $k=0, 1, 2, \dots, N-1$의 관계를 가진다. 여기서 *는 켤레 복소수를 의미한다.
- 양의 주파수를 정의 하는 푸리에 성분들은 단방향 스펙트럼이라고 한다. 이 스펙트럼은 $Y(0)$, $Y(N/2)$, $2Y(k)$, $k=1, 2, , \dots, N/2-1$ 이다.

평균이 0인 주기적인 신호에 대한 단방향 스펙트럼 구성성분은 다음과 같이 주어진다.

$$P(\omega)=\frac{2Y(\omega,T)}{T},\quad \omega>0,\ \text{or}\ \ k=1,2,\dots,\frac{N}{2}-1 \qquad (15.14)$$

이때, $Y(\omega,T)$는 식 (15.12)에 정의되어 있다. 푸리에 성분의 크기 $|P(\omega)|$는 아래의 예제와 같이 일반적으로 stem 함수로 그려지기 때문에 종종 line spectrum 이라고도 한다. 각 푸리에 성분들이 복소수 이므로, 각 성분들은 위상과 크기를 정의한다. 하지만, 위상 정보는 일반적으로 신호의 시간 이력(time history)을 재구성 또는 신호의 최대치 값의 결정이 필요한 응용에서만 사용된다.

MATLAB을 신호 분석하는데 사용하는 다음의 예를 살펴보자. 다음의 신호를 고려해 보자:

$$y(t) = 0.7\sin(2\pi 50t) + \sin(2\pi 120t) + \text{noise} \qquad (15.15)$$

여기서 샘플은 시간 구간 $0 \le t \le T$에서 얻는다. 샘플링 주파수는 Fs = 3000 이며, $T = 1/Fs$ 이다. 파워 스펙트럼(power spectrum)은 신호에서 지배적 주파수(dominant frequencies)들을 분리시켜 플로팅하기 위해 사용한다. Pyy = $(Y(\omega, T)Y^*(\omega, T))/L$ 이며, 여기서 $L = 2^p$, 그리고 이 예제에서 $p = 11$로 설정하였다. 이러한 신호 처리 문제에 대한 간단한 설명과 함께 이 신호를 검사하기 위해 FFT 법을 구현한 다음의 스크립트를 작성하였다(이것은 MALTAB help 문서의 예제를 바탕으로 하였다).

```
% ---------Example of the application of FFT---------------
% Example of the application of FFT
Fs = 3000;                    % Sampling frequency
T = 1/Fs;                     % Sample time
pwr2 = 11;
L = power(2,pwr2);             % Length of signal
t = (0:L-1)*T;                 % Time vector for FFT
% Sum of 50 Hz sinusoid and a 120 Hz sinusoid
x =  0.7*sin(2*pi*50*t) + sin(2*pi*120*t);
y = x + 2*randn(size(t));      % Sinusoids plus noise at t
plot(Fs*t/1000,y,'k'),axis([0 2 -10 8])
title('Signal Corrupted with Zero-Mean Random Noise')
xlabel('time (seconds)'),ylabel('signal y(t)')
figure(2)
NFFT = 2^nextpow2(L); % Next power of 2 from length of y
Y = fft(y,NFFT)/L;
Pyy = Y.*conj(Y)/L;
f = Fs/2*linspace(0,1,NFFT/2+1);
%
% ---------Plot single-sided amplitude spectrum.--------
FF = 2*abs(Y(1:NFFT/2+1));
stem(f(1,1:110),FF(1,1:110),'k','Linewidth',2)
```

```
title('Single-Sided Amplitude Spectrum of y(t)')
xlabel('Frequency (Hz)')
ylabel('|Y(\omega)|')
figure(3)
stem(f(1:110),Pyy(1:110),'k','Linewidth',2)
title('Power spectral density')
xlabel('Frequency (Hz)')
ylabel('Pyy')
```

스펙트럼 분석으로 해석할 신호를 그림 15.5에 보인다. 이 신호에 대한 선 스펙트럼과 파워 스펙트럼을 그림 15.6과 15.7에 나타내었다. 이것으로부터 두 가지 사항을 알 수 있다. 하나는 신호에서 지배 주파수는 스펙트럼들로 명확히 판별된다는 것이다. 두 번째로 파워 스펙트럼은 신호에서 지배적 모드들을 더욱 분명히 분리한다는 것이다.

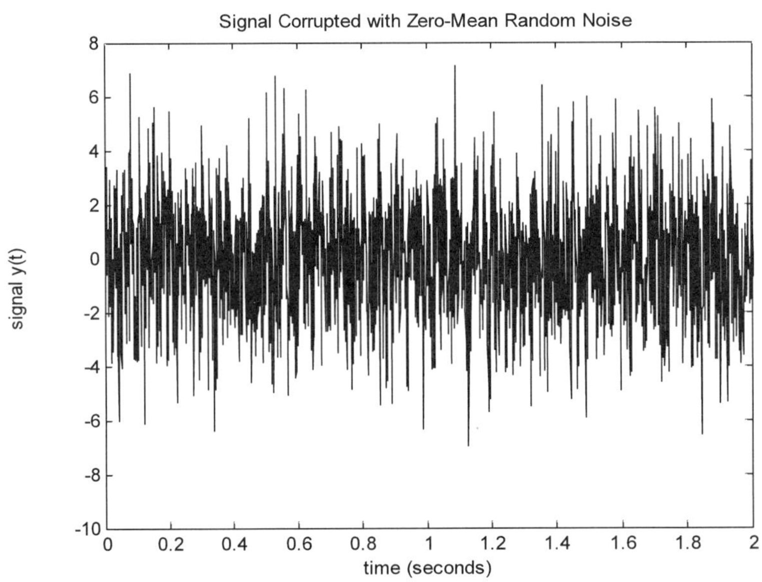

그림 15.5 **스펙트럼 해석을 통해 분석할 신호**

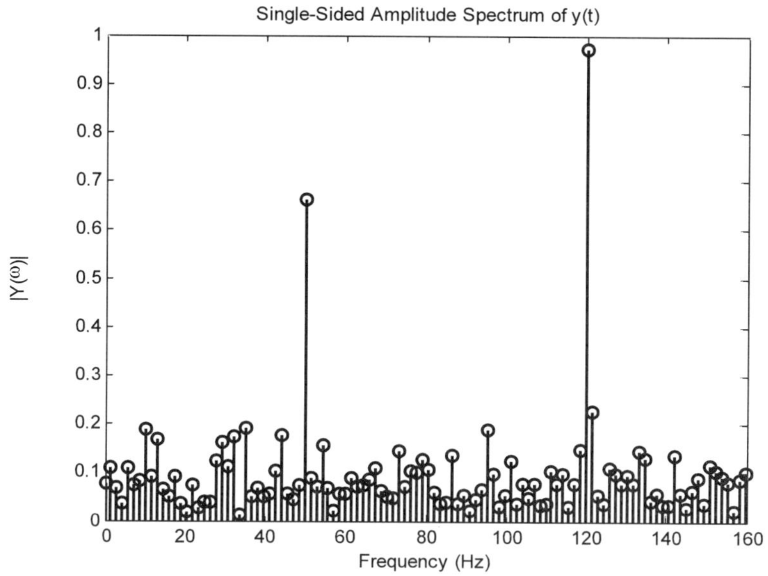

그림 15.6 그림 15.5 신호의 선 스펙트럼

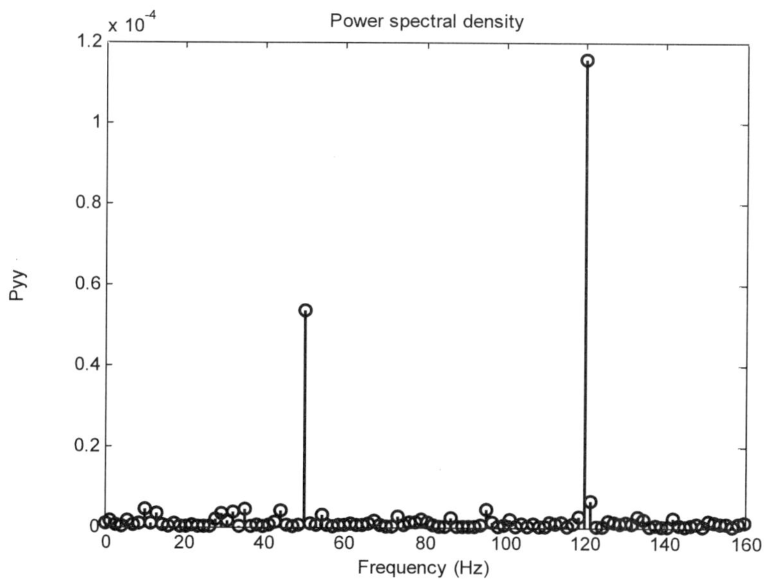

그림 15.7 그림 15.5 신호의 파워 스펙트럼

16장

시뮬링크 툴박스

이 장의 목적은 과학, 기술, 공학 그리고 수학을 익히는 학생들에게 동역학계 문제를 풀이하는 데 Simulink를 적용하는 방법을 소개하는 것이다. 이 장에서 처음 다루는 주제는 Simulink를 실행하고 신호 처리 모델을 구성하는 것이다. 그 후에 물리학 1년차에서 일반적으로 다루게 되는 동역학계 예제 두 개를 풀어볼 것이다. 다음으로 다루게 될 두 동역학계 문제들은 비선형 동역학계 과정에서 일반적으로 다루게 되는 문제들이다. 이 장에서 다루는 예제들은 다음과 같다.

- Simulink 모델을 구성하는 소개를 위한 신호 처리 예제
- 질량-스프링-댐퍼 기구
- 튀어 오르는 공(bouncing ball) 모델
- van der Pol 진동자
- 더핑 진동자(Duffing Oscillator)

이 장에서는 역학의 고전적인 문제에 Simulink 소프트웨어를 적용하는 것에 대해서 설명한다. 미국 대학의 전형적인 과학, 기술, 공학, 그리고 수학 교육 프로그램에서 1학년 물리학 과정에서 동역학계 모델링을 소개한다. 첫 번째 과정으로 스프링, 추, 그리고 완충 장치로 모델링할 수 있는 시스템에 대해서 배운다. 두 번째 과정에서는 저항, 인덕터, 그리고 커패시터로 모델링 할 수 있는 아날로그 전기 시스템에 대해 공부

한다. 이 장에서 이런 시스템의 동역학을 Simulink를 이용해서 어떻게 시뮬레이션을 하는지 살펴볼 것이다.

Simulink는 무엇일까? 툴박스의 도움말에서는 : 이것은 동적 시스템을 모델링하고 시뮬레이션하고 분석하는데 사용된다. Simulink는 시스템에 대한 질문을 제기하고, 시스템을 모델링하고, 어떤 일이 일어나는지 관찰할 수 있게 해 준다. "Simulink를 이용하면 모델을 쉽게 만들 수 있으며, 기존의 모델을 필요에 따라 수정할 수 있다. Simulink는 연속 시간과 샘플 시간 및 두 방식이 결합된 모델링 된 선형 및 비선형 연립 방정식을 다룰 수 있다. 다른 속도로 샘플링 또는 갱신되는 부분을 가지는 멀티레이트(multirate) 시스템도 가능하다" . 이것은 그래픽 프로그래밍 환경이다.

이 소개를 마무리 짓기 위해 간단한 신호 처리 모델 예제를 실험해 보기로 하자. 도움말 파일은 MALTAB 데스크탑의 툴바 위에 있는 Help 라는 글자 아래에 있는 물음표 "?" 를 클릭하면 살펴볼 수 있다는 것을 상기하자. Simulink를 클릭하면 이 툴박스의 전자 매뉴얼을 열어볼 수 있다. 더욱 복잡한 동역학계 모델의 개발에 대한 도움말에서 제공하는 지침들은 Simulink를 익히는 것에 대한 핵심적인 제안들 중 하나를 제공한다. 처음에는 새로운 모델을 하나 만들고, 기존의 모델을 수정해서 새로운 문제 풀이를 위한 새로운 모델을 만들어 보자.

연습 문제를 시작하기 위해서는 우선 Simulink를 실행해야 한다. 이것은 커맨드 윈도우에서 다음의 명령을 입력하면 된다.

```
>> simulink
```

이 명령은 그림 16.1에 보인 것처럼 Simulink 라이브러리 브라우저를 열게 된다. 브라우저를 확대한 것을 그림 16.2에 보인다. 브라우저의 왼쪽 패널에는 제공되는 라이브러리의 색인을 제공한다. 마우스로 원하는 항목을 클릭하면 동역학계를 Simulink에서 모델을 설계하거나 개발하는데 사용할 수 있는 다양한 유틸리티를 열어볼 수 있다. 브라우저 타이틀 바로 아래에 있는 "File" 아래의 "하얀 종이" 아이콘을 클릭하면 새로운 모델을 만들 수 있다. 이것을 그림 16.3에 보인다. 이름을 아직 정하지 않은 모델의 타이틀 바 아래의 File 메뉴를 클릭해서 "save" 메뉴를 클릭하고, 만들고자 하는 모델의 이름을 Example1과 같이 입력한다. 이 과정은 Example1.mdl 파일을 생성한다. 파일의 확장명은 .mdl 이며, 이 확장명으로 Simulink 모델이라는 것을 판단한다. 이 이름을 가지는 새로운 모델 윈도우를 그림 16.4에 보인다. 이 윈도우를 이용해서 특정 동역학계 문제 풀이를 모델을 만들고 디버깅 하는 작업을 저장할 수 있다.

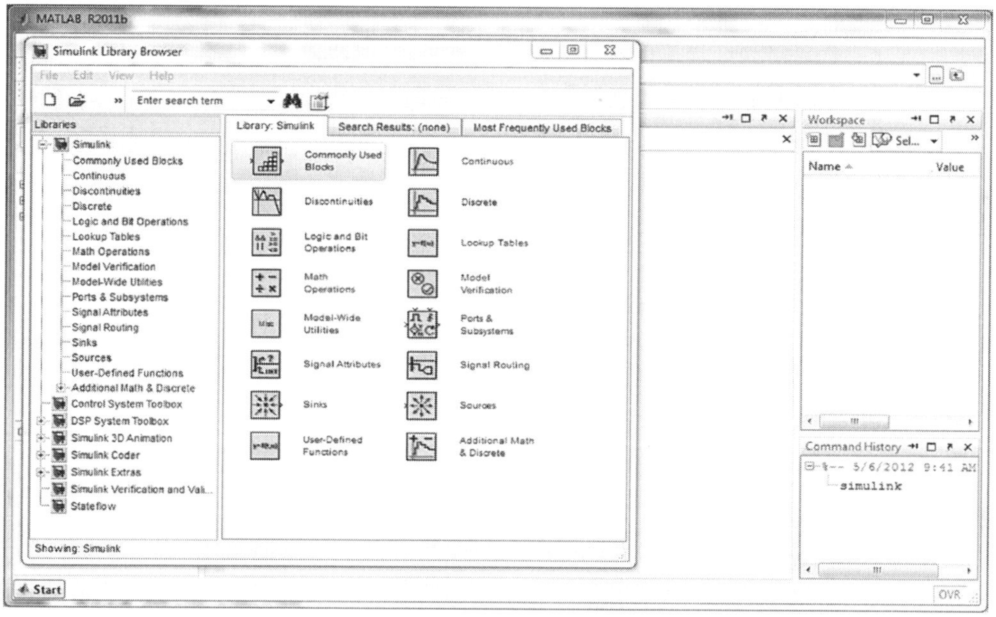

그림 16.1 MATLAB 데스크탑 위에 나타난 Simulink 윈도우

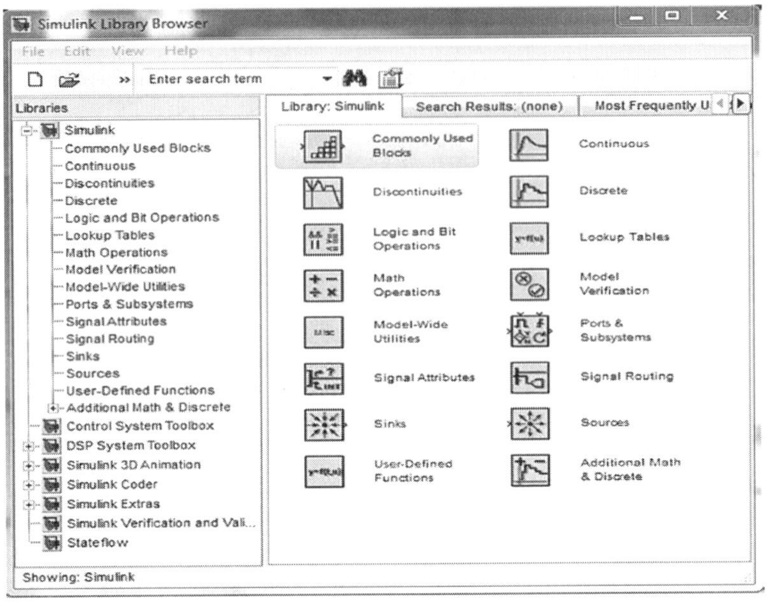

그림 16.2 Simulink 라이브러리 브라우저

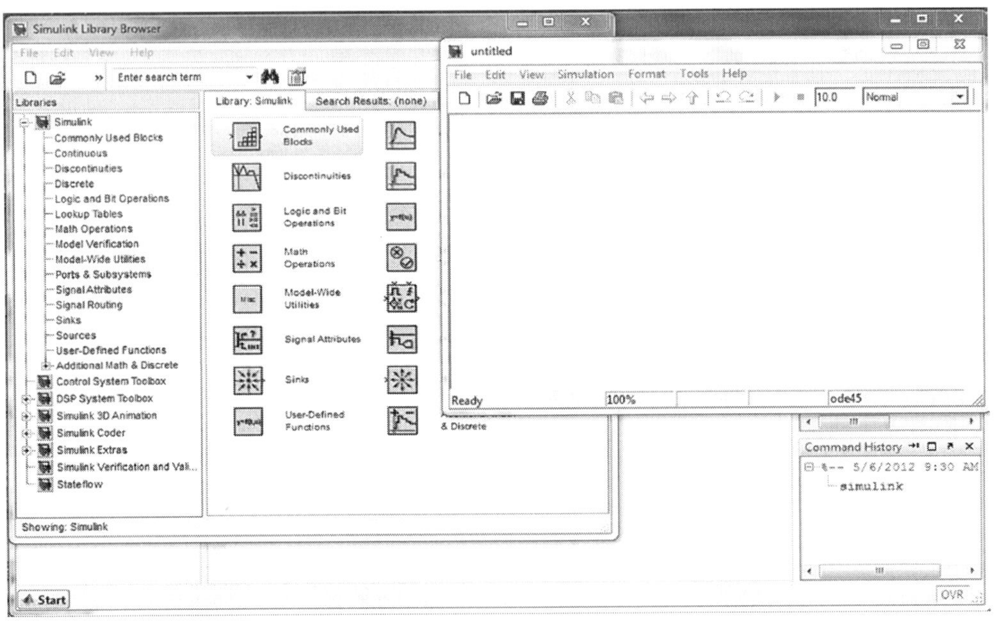

그림 16.3 Simulink 라이브러리 브라우저와 제목이 없는 Simulink 코딩 윈도우

모델 윈도우에서 "Ctrl" 키를 누른 상태에서 "e" 를 누르면 그림 16.5에 보인 것처럼 solver 설정 윈도우를 열 수 있다. 기본 "Relative tolerance" 는 1e-3이고, "Solver" 는 ode45로 되어 있는 것을 볼 수 있다.

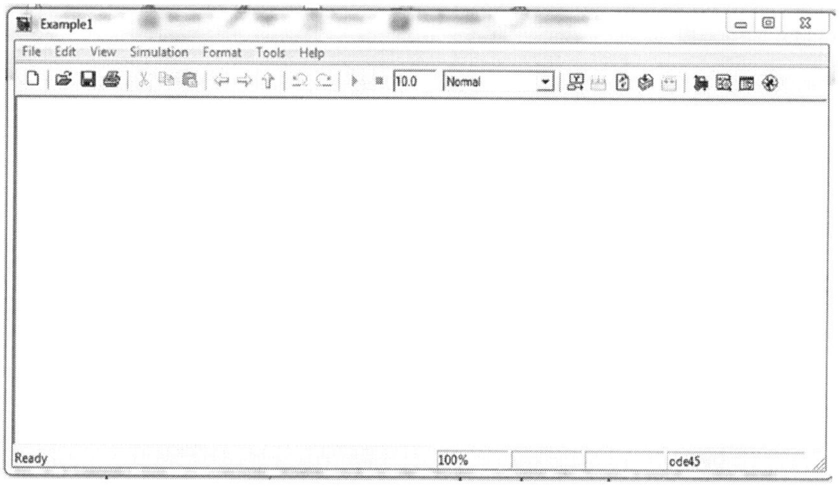

그림 16.4 이름이 없는 작업 창을 "Example1"으로 변경하였다.

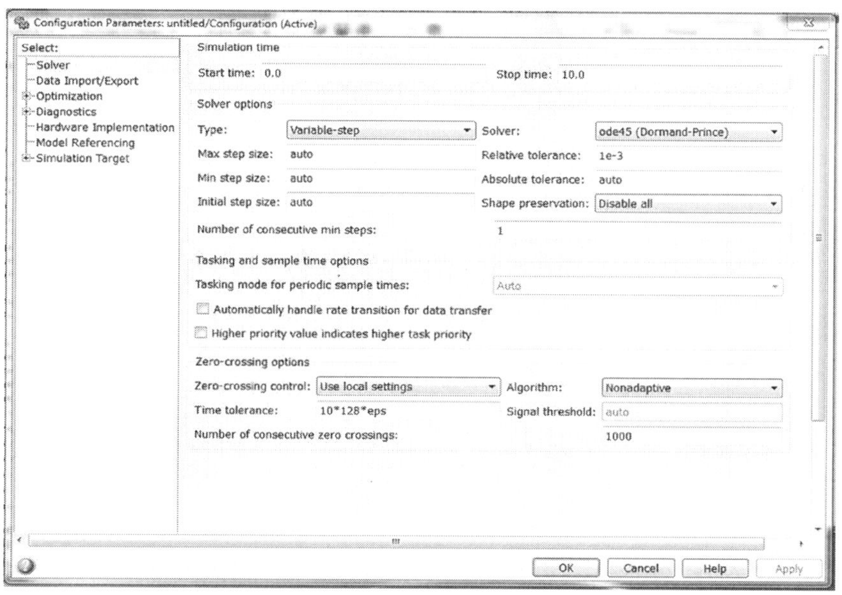

그림 16.5 Simulink의 solver 설정

다음의 첫 번째 예제 외에는 "Relative tolerance"를 1e-6으로 수정한다. 몇몇 경우에 적용되는 solver도 바뀔 것이다. 적용되는 solver는 윈도우 모델의 오른쪽 아래에 표시된다.

모델을 닫기 위해서는 모델 윈도우 오른쪽 위의 x를 클릭하면 된다. 이 파일을 다시 열기 위해서는 MALTAB 데스크탑의 현재 폴더(Current Folder) 윈도우에 있는 파일을 클릭하면 된다. 이 장의 다음 절은 파일 윈도우에 간단한 모델을 만드는 것부터 시작할 것이다.

독자들은 다음에 나오는 데이터 해석 예제와 동역학계 모델링에 대한 예제를 재현하면 공학 계산 문제들을 풀이할 때 Simulink를 적용하는 것을 익히게 될 것이다. 예제들은 간단하며, 12장과 15장에서 MALTAB 코드로 실험해 본 동역학계 문제들과 비슷하다.

모델을 생성하는 기법을 설명하기 위해 신호 처리 예제를 살펴본다. 이 예제에서 사인파 발생기(sine-wave generator)의 출력을 시험할 것이다. 사인파의 아래의 면적을 적분하고 이것을 스코프(scope)를 이용해서 원래의 신호와 비교할 것이다. 스코프는 사인파와 그 적분을 시뮬레이션을 시간 0에서부터(시작한 시간) 지정한 시간(이 경우 기본은 10이다)까지 플로팅한다. 이 모델은 다음의 단계를 거쳐 만들어진다.

1. Simulink 라이브러리 브라우저의 "Sources" 아이콘을 클릭한다. 팔레트에서 "Sine Wave"를 그림 16.4의 Example1 윈도우에 끌어다 놓는다. 그림 16.6에 보인 모델을 만들 것이다. 사인파 발생기는 이 절에서 만드는 모델에서 필요한 입력을 제공한다.
2. 다음으로 "Commonly Used Blocks"를 클릭해서 또 다른 팔레트를 연다. 여기서 "Scope", "Integrator", 그리고 "Mux"를 찾아 Example1 윈도우로 끌어다 놓는다.
3. Example1 윈도우에서 "Sine Wave" 발생기의 오른쪽에 있는 출력 포트로 커서를 옮긴다. 커서가 십자가로 바뀌었을 때, 마우스의 왼쪽 버튼을 누른 상태로 십자가 표시를 "Mux"의 위쪽 입력으로 끌고 간다. 한 장치에서 다른 장치로

"wire" 를 연결하는 한 방법이다.

4. 같은 과정을 "Mux" 의 우측 포트를 "Scope" 의 왼쪽 입력 포트에 연결하기 위해 적용한다.
5. "Integrator" 의 왼쪽 입력 포트에서 시작해서 "Sine Wave" 발생기와 "Mux" 가 연결된 와이어로 마우스 왼쪽 버튼을 누르고 옮겨서 연결한다.
6. 마지막으로 "Integrator" 의 오른쪽 출력 포트를 "Mux" 의 왼쪽 아래의 입력 포트로 연결한다.
7. 파일 풀다운 메뉴에서 "save" 를 클릭해서 작업을 저장한다. 이 예제에서는 이 파일 이미 Example1.mdl 로 저장하였다.
8. "Scope" 를 더블 클릭해서 Scope 윈도우를 연다.

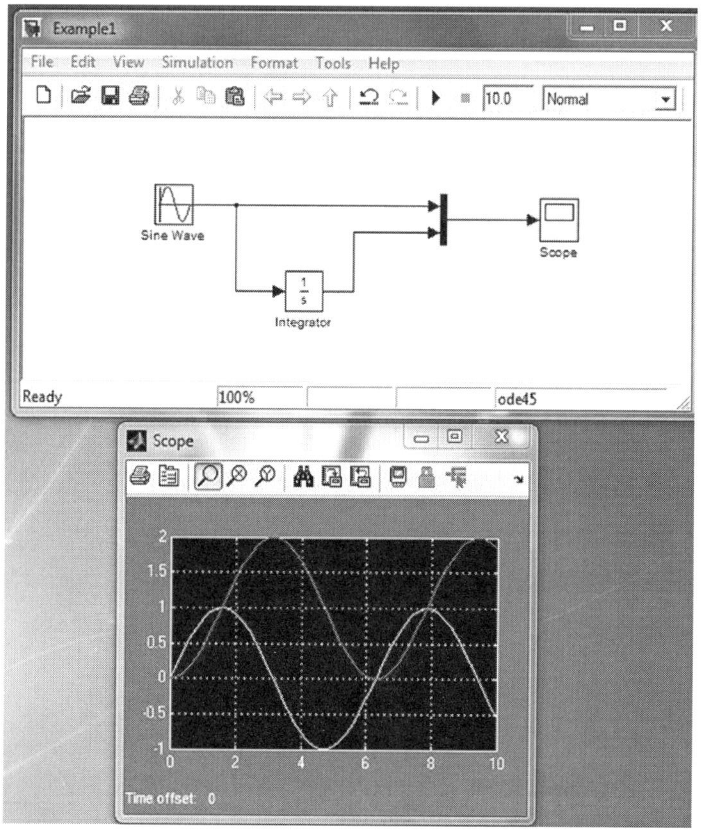

그림 16.6 Example1 모델과 스코프에 나타난 이 시뮬레이션의 결과

9. 마지막으로 모델 윈도우를 클릭해서 확실히 제일 앞쪽에 위치하도록 한다. 시뮬레이션을 시작하기 위해서 "Ctrl" 키 "T" 키를 동시에 누른다.

스코프에 두 개의 곡선이 나타난 것을 볼 수 있다. 노란색은 사인파이고, 보라색(magenta)은 사인파를 적분한 것이다. "Mux"는 스코프에 두 개의 입력을 넣을 수 있게 해 준다. 모델과 실행한 결과는 그림 16.6에 보인다[1].

오실로스코프, 사인파 발생기, 멀티플렉서와 같은 실험 장비들을 이용해 본 경험이 없다면, 이 예제가 꽤나 신비하게 느껴질 것이다. 이 예제는 가볍게 살펴본 예제이다. Simulink에서 가능하면서도 더욱 강력한 기능들은 거의 살펴보지 못하였다. 하지만, 기술 훈련과 교육에 대한 경험이 늘어나면 이 강력한 도구의 생산성을 더 탐구하게 될 것이며, 이런 사항들을 정리할 수 있게 된다. 거기다가 도움말 문서에 설명된 예제들을 연습하며 Simulink를 익히는 것은 다른 툴박스, 예를 들어 Control System Toolbox의 이해를 도울 것이다. 기계학의 동역학계와 전기 공학의 강의 교재에서도 학생들이 검토 대상의 시스템을 연구하기 위해 Simulink를 사용하는 것을 권하고 있다. 그러므로 많은 견본들을 얻을 수 있고, 웹에서 찾을 수 있다. 그러므로 이 도구를 더 많은 공학과 과학의 문제들을 풀이하는 데 적용하는 방법을 익혀두는 것이 이익이 된다. 이런 예제에 적용된 다양한 유틸리티들에 대한 세부 사항은 Help에서 찾을 수 있다. 이제 간단하지만 꽤 유용한 동역학계에 대해서 조사할 것이다.

16.1 질량-스프링-댐퍼 동적 시스템

동적 시스템의 진동을 살펴보기 위해 사용되는 간단한 상미분 방정식은 다음의 미분 방정식이다.

$$\frac{d^2x}{dt^2}+b\frac{dx}{dt}+\omega_0^2 x = A\sin(\omega t) \qquad (16.1)$$

1) 독자가 색상을 구분하기 위해서는 이 책의 웹 버전을 참고하세요.

식은 질량, 스프링, 댐퍼로 모델링된 기계에 사인파 형태의 힘이 가해질 때의 동작을 묘사하는데 사용된다. 여기서 $b = R/m$은 저항 계수를 전체 물체 질량 m으로 나눈 것, $\omega_o^2 = k/m$은 스프링의 복원력 계수가 k일 때 댐퍼가 없는 경우($R=0$)의 진동의 각 주파수이다. 크기가 $A = F/m$인 조화력이 가해지는 집중 질량으로 모델링된 동역학계의 강제 운동에 뉴튼의 운동에 대한 제 2법칙을 적용한 것이다. 여기서 F는 시스템에 가해진 힘이다. 일반적인 동역학 강의에서 입자의 일차원 진동 운동에 대해 처음으로 조사하는 문제 중의 하나이다. 이 식을 다시 적으면:

$$\frac{d^2x}{dt^2} = -b\frac{dx}{dt} - \omega_0^2 x + A\sin(\omega t) \tag{16.2}$$

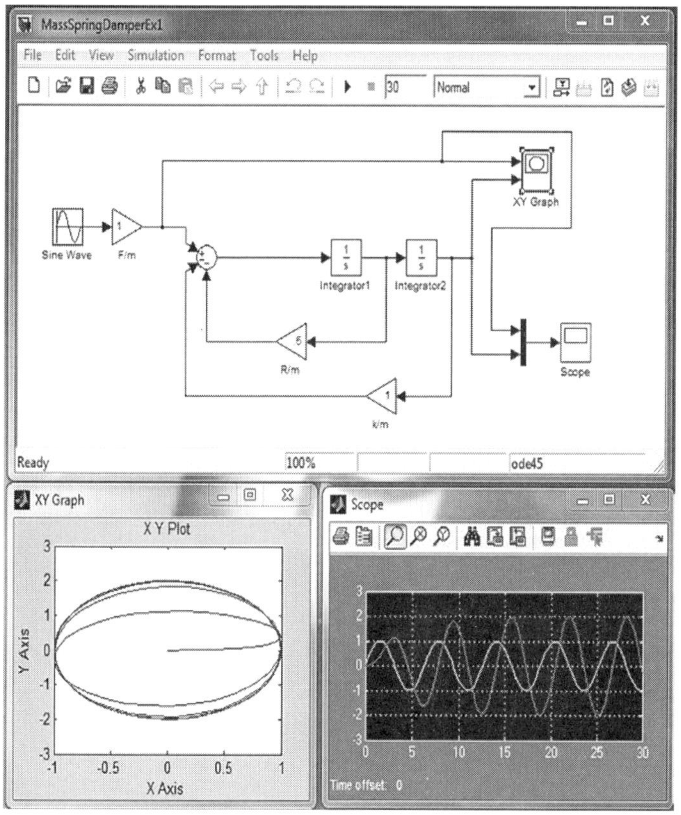

그림 16.7 MassSpringDamperEx1.mdl 모델, X-Y 플로터와 스코프는 시뮬레이션의 결과를 나타내고 있다.

미분 방정식을 풀기 위해서 적분이 필요하다. 문제가 2차 방정식이므로 해를 얻기 위해서는 두 번 적분을 해야 한다. 이 방정식을 풀기위한 Simulink 모델을 그림 16.7에 보인다. "Integrator1" 의 입력은 위의 방정식 우변의 합, 즉 가속의 값 d^2/dt^2이다. 출력은 속도 dx/dt이며, "Integrator2" 의 입력이다. 마지막으로 "Integrator2" 은 한 개의 시간 간격에 대한 답이다. 이 그림에서 보인 시뮬레이션의 세부사항은 아래에서 설명한다.

이 예제는 $\omega_o^2 = k/m = 1$, $b = R/m = 0.5$ 에 대한 경우이다. x의 초기 위치와 초기 속도 dx/dt는 둘 다 0이다. 시간 $t=0$일 때 시스템에 가해지는 힘은 0이다. 결과를 보면, 가해지는 힘의 단위시간에 대한 주파수는 $\omega = 1\text{rad}$, 힘은 $A = F/m = 1$, 임계 크기(ultimate force)는 2정도 이다. 가해지는 힘과 응답 사이의 위상 지연은 대략 $\pi/2$이다. 가해지는 힘의 주파수가 거의 공명 주파수이므로 그림의 결과는 문헌[2)]에 보고된 결과와 일치한다. 연습을 위해 "Sine Wave" 발생기를 더블 클릭해서 "Frequency (rad/s)" 아래의 숫자를 변경해서 힘이 가해지는 주파수를 변경해 보아라. 주파수의 범위를 $0.5 \le \omega \le 1.5$의 범위에서 조절해 보고, 그 결과를 예제와 비교해 보아라. 문헌을 찾아서 Simulink로 얻은 결과와 비교해 보아라.

16.2 튀어 오르는 공

이 절에서는 이전의 절과는 달리 초기 조건이 0이 아닌 경우를 소개한다. 모델은 Mathworks Help에서 설명하는 튀어 오르는 공(bouncing-ball) 모델(Copyright 1990-2010 The Mathworks, Inc.)을 수정한 것이다. 이것은 도움말 윈도우의 검색 공간에 "Simulation of a bouncing ball" 을 입력해서 찾을 수 있다. Help 윈도우는 MALTAB 데스크탑의 툴바의 파란색 원으로 감싼 물음표 기호를 클릭하면 열린다. 그림 16.8은 적분에 초기 조건을 적용한 것이다.

2) Becker, R. A. (1953): Introduction to Theoretical Mechanics, McGraw-Hill Book Company, NY.

이 튀어 오르는 공 모델은 혼성 동역학계(hybrid dynamic system)의 한 예이다. 혼성 동역학계는 연속 역학뿐만 아니라 이산 변이(discrete transition)를 포함하는 시스템이며 시스템의 역학이 변화하며 상태 값은 급격히 변한다. 튀어 오르는 공의 연속 역학은 다음 식으로 간단히 주어진다.

$$\frac{d^2x}{dt^2} = -g \tag{16.3}$$

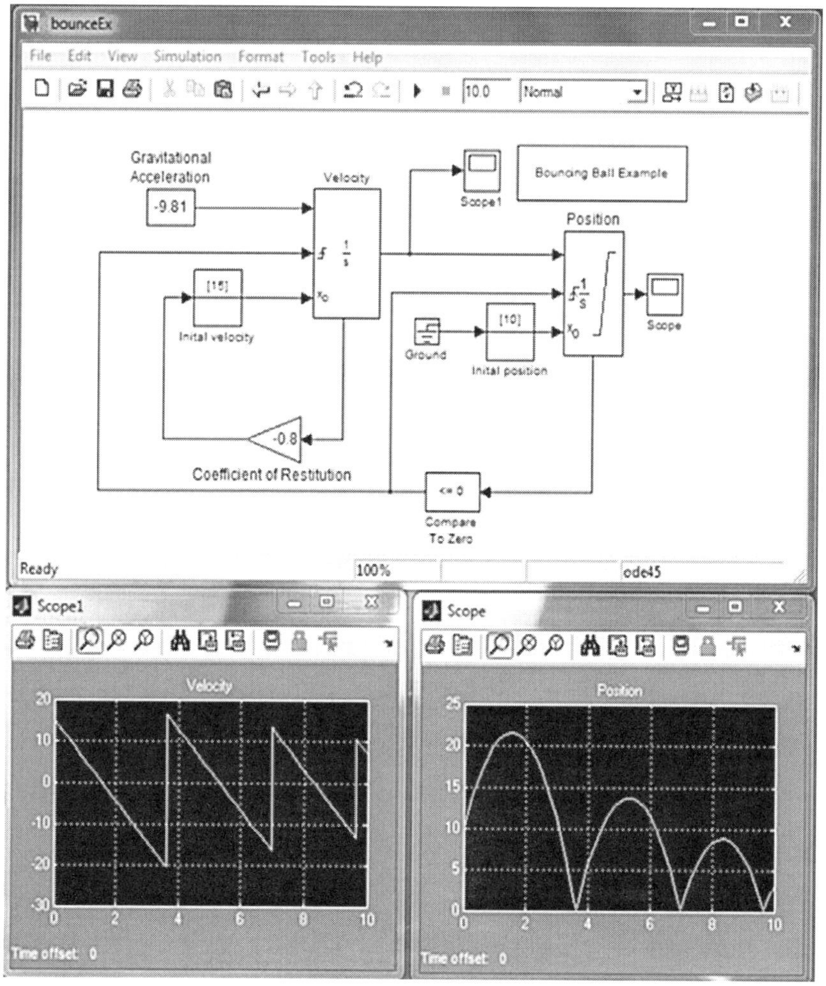

그림 16.8 튀어 오르는 공 모델: 공의 속도와 위치가 스코프에 표시되고 있다.

여기서 g는 중력으로 인한 가속도, x는 공을 놓은 특정한 위치 x_0에서 속도 $v_0 = dx/dt|_0$로 놓인 후의 수직 거리이다. 지면은 $x=0$ 이라고 가정한다. 그러므로 이 시스템은 두 개의 연속 상태, 위치 x와 속도 $v = dx/dt$를 가진다.

모델의 혼성 시스템적인 측면은 공이 지면에 충돌하는 것을 모델링 하는데서 기인된다. 만일 지면과 부분 탄성 충돌을 한다고 가정하면, 충돌 직전의 속도 v^+와 충돌 직후의 속도 v^-는 공의 반발 계수 κ에 의해서 다음과 같은 관계를 가진다.

$$v^+ = -\kappa v^-, \qquad x = 0$$

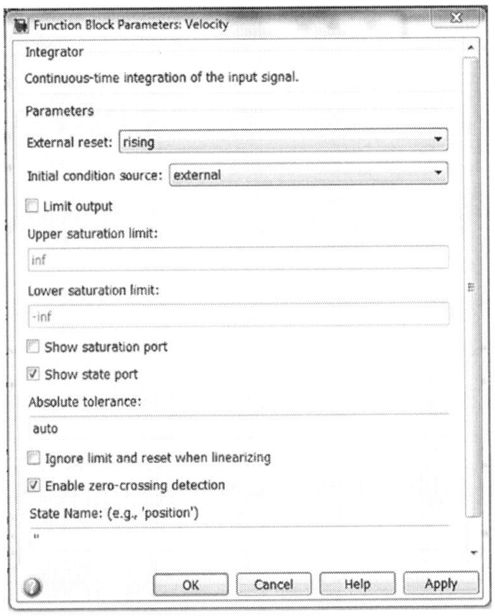

그림 16.9 **튀어 오르는 공 모델: Velocity 적분기의 파라미터들**

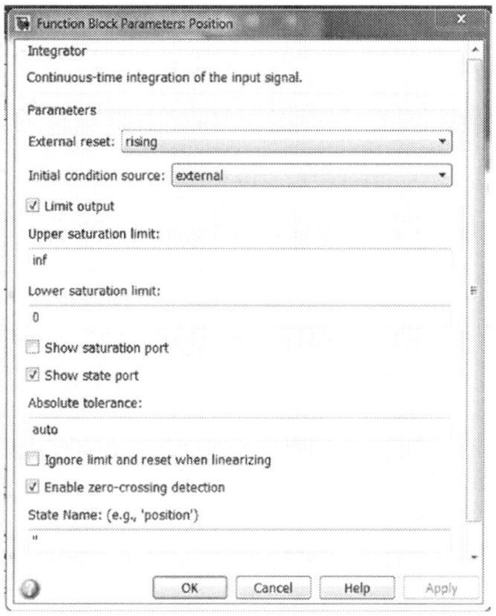

그림 16.10 **튀어 오르는 공 모델: Position 적분기의 파라미터들.**

그러므로 튀어 오르는 공은 전이 조건 $x=0$에서 연속 상태(속도)에서 급격한 변화를 나타낸다.

이 예제에서 적분기의 사용에 대해 알아보자. 첫 번째 적분기의 레이블은 "Velocity" 이다. 이 아이콘을 더블 클릭하면 적분기의 파라미터들을 설정하는 윈도우가 열린다. 외부 리셋은 "rising" 으로 설정한다. 초기 조건의 소스는 "External" 로 설정한다. "Show state port" 와 "Enable zero-crossing detection" 만 체크해 둔다. 이 설정을 그림 16.9에 보인다. "Position" 이라는 레이블이 붙은 적분기의 파라미터들은 그림 16.10에 보인다. 두 적분기의 왼쪽 위 포트는 입력이다. 아래의 두 포트는 초기 조건을 특정 구간에서 바꿀 수 있게 해 준다. 이 예제에서는 공이 땅에 닿았을 때이다. 적분기에 대한 상세한 내용은 도움말에 설명되어 있다. 도움말을 검색해 보아라. 도움말에 적었듯이 "적분기 블록은 현재 시간 단계의 입력의 적분을 출력한다" . 도움말 파일을 읽고 다양한 옵션을 적용해 보는 것이 Simulink 유틸리티의 기능들을 익히는 것에 도움이 된다. 특정한 문제를 푸는데 있어서 모델을 만드는 방법은 다양하다. 이것은 여러분이 익숙한 유틸리티의 수에 달려있다. 이번과 이전의 예제에서 비록 다양한 유틸리티를 사용하지 않았지만, 더 복잡한 문제들도 풀이할 수 있다. 이것은 다음에 나오는 비선형 동역학계 예제에서 설명한다.

16.3 VAN DER POL 진동자

이 절에서는 van der Pol 진동자라고 알려진 미분 방정식 풀이를 위한 모델을 소개한다. 비선형 미분 방정식에 대해 조사하고 이 방정식의 비선형 역학에 대해서 공부하는 것은 일반적으로 조사하는 첫 번째 모델이다. 이 문제는 진공관 회로 해석을 위해 사용되었다. van der Pol 방정식은 다음과 같다:

$$\frac{d^2x}{dt^2} = b(1-x^2)\frac{dx}{dt} - x \tag{16.4}$$

이와 같은 방정식을 찾아보는 것은 MATLAB/Simulink의 기술 계산 능력을 적용해서 그 거동을 살펴 볼 수 있다는 점에서 흥미롭다. 이 장에서는 Simulink를 이용해서 이 식을 풀어 볼 것이다.

이 식의 Simulink 모델을 그림 16.11에 보인다. 이 예에서 $b=5$로 하였다. 또한 "Integrator" 의 초기 조건을 수정하였다. 기본 "Integrator" 의 초기 조건은 0이다. 아이콘을 더블 클릭해서 초기값을 변경한다. 이 예제에서는 두 번째 "Integrator" 의 초기 조건을 1로 변경한다. 만일 이 값이 0이라면 전체 시간에 대한 해가 전부 0이다. 이와 같은 초기 조건을 적용하는 것은 해를 원점에서 그림과 같은 리미트 사이클(limit cycle)에 근접하도록 이동시키는 것이다. 리미트 사이클은 "$X-Y$ Graph" 의 단일 폐곡선이며, 시스템이 초기 조건에서 많이 떨어져 있음을 나타낸다. 이 경우 시간이 초기 조건에서 아주 멀어지게 되면 시스템은 주기적인 상태가 된다.

16.4 더핑 진동자

그림 16.12에 Duffing 방정식, 즉,

$$\frac{d^2x}{dt^2} = Ax - Bx^3 - C\frac{dx}{dt} + F\sin\omega t \tag{16.5}$$

을 이용해서 모델링한 강제 비선형 진동자의 시뮬레이션을 보인다. 비선형 동역학 과정에서 연구하는 고전적인 문제 중 하나이다. 그림의 예제에서는 $A=1$, $B=1$, $C=0.22$, 그리고 $F=0.3$이다. 힘의 주파수는 $\omega = 1\mathrm{rad/s}$이다. 이 값은 "Sine Wave" 를 더블 클릭해서 확인할 수 있다. 더블 클릭을 하면 사인파 발생기의 출력에 관련된 패널이 열린다. 이런 상수들을 이용할 때 상은 $X-Y$ 그래프에 나타난 것처럼 리미트 사이클 또는 "안정 주기 3궤도(stable period 3 orbit)" 라고 하는[3] 주기적인 궤도로 진화한다. 이 예제는 Simulink(그리고 MATLAB)에서 제공하는 툴을 적용해서 상대적으로 쉽게 미분 방정식의 해의 특성을 수치적으로 분석할 수 있다는 것을 보인다.

Duffing 방정식과 van der Pol 방정식과 같은 비선형 방정식에 대한 많은 문헌과 이론들을 찾을 수 있다. Guckenheimer와 Holmes의 이론적인 결과 보고서는 저자가 이 예제에서 선택한 상수들을 선택할 수 있게 해 주었다. 상수들을 변화 시켜보는 것은 이 장의 마지막에 있는 종합 문제에서 해 볼 것이다.

---

3) 상세한 내용은 다음의 문헌에 설명되어 있다. Guckenheimer, John & Philip Holmes (1983): Nonlinear Oscillations, Dynamical Systems, and Bifurcation of Vector Field, Springer-Verlag, NY.

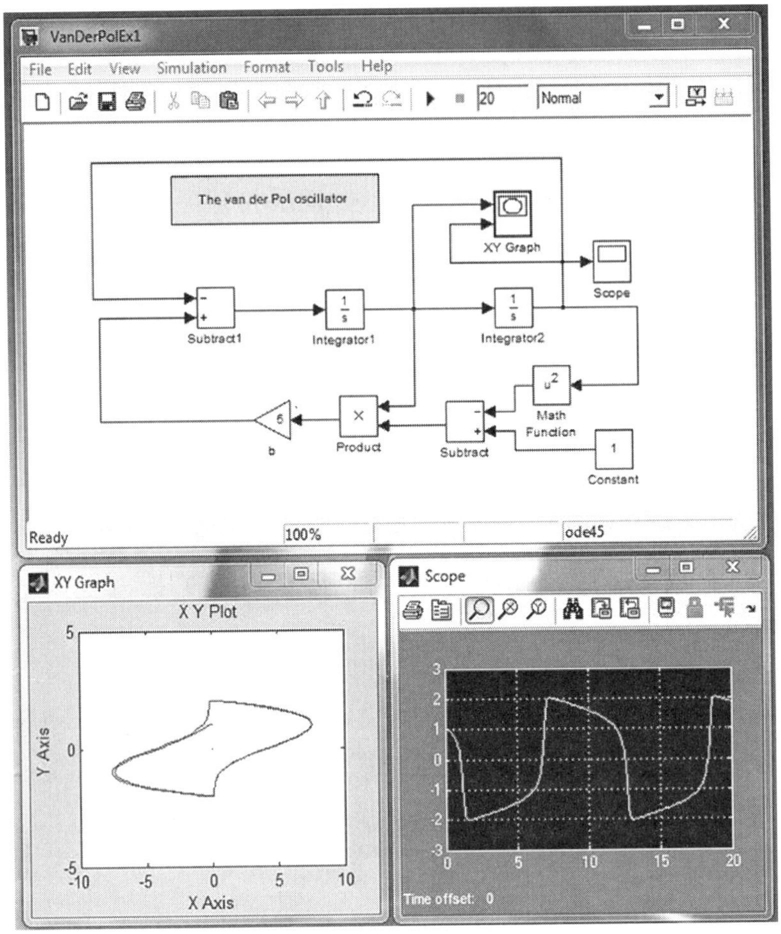

그림 16.11 van der Pol 진동기: "Scope"는 진동기의 출력(해)를 나타낸다. "$X-Y$ Graph" 는 $X=dx/dt$, $Y=x$의 플로팅이다.

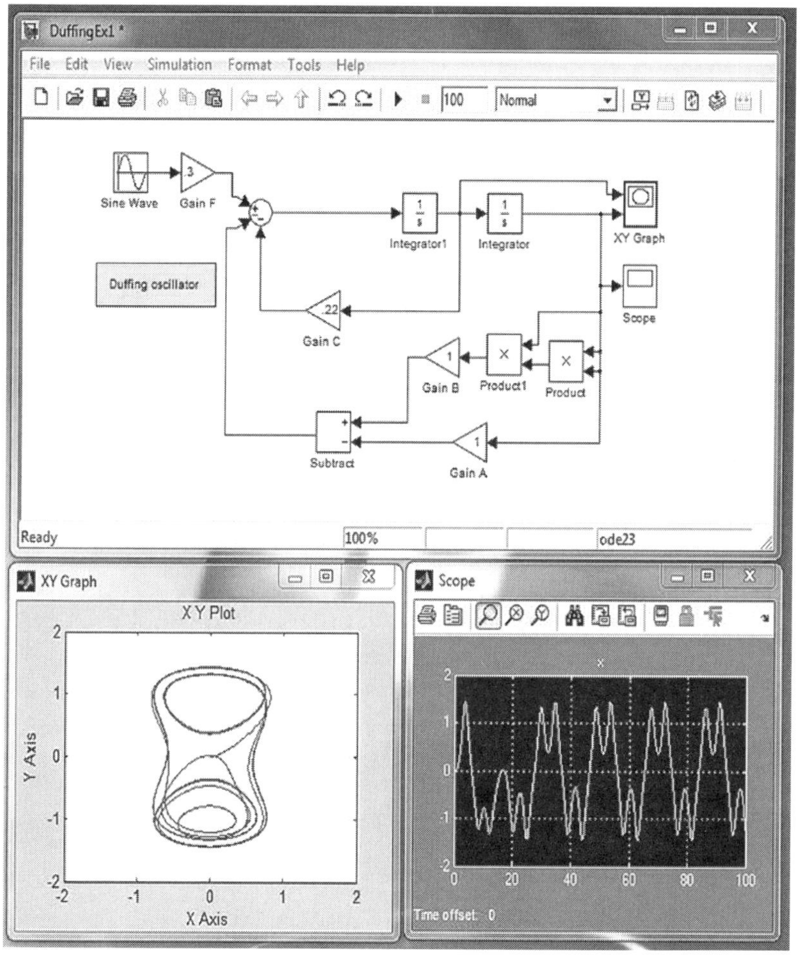

그림 16.12 강제 비선형 진동: "Scope"는 입력 힘(노랑)과 출력 변이(보라)를 비교한다. "$X-Y$ Graph"는 $X=dx/dt$, $Y=x$의 플로팅이다.

종합문제

16.1 이 장의 첫 부분에서 보였던 사인과 그 적분 파형을 표시하는 예제를 다시 만들어라. 시뮬레이션을 해서 정상적으로 동작하는지 확인하여라. 다음을 적용해 보자.

(a) 적분기를 더블 클릭해서 초기 조건을 0에서 1로 변경하여라. 변경사항을 적용한다. 시뮬레이션을 실행한다. 적분 최대값은 얼마인가?

(b) 사인파 아이콘을 더블 클릭해서 주파수를 1에서 2로, 크기를 1에서 2로 변경한다. 변경을 적용한다. 시뮬레이션을 실행한다. 이 때 주파수와 크기는 두 배가 되었다.

(c) 사인파의 위상을 0에서 pi/2 로 변경한다. 크기와 주파수는 1로 한다. 변경 사항을 적용하고 시뮬레이션을 실행해 보아라. 이 때 입력 함수는 사인 함수가 아니고 코사인 함수이다.

16.2 튀어 오르는 공 모델을 다시 만들고 실행해서 이 장에서 보인 예제와 같이 동작하는 지 확인해 보아라. 탄성 계수를 변경해서 테스트 해보자. $0.5 \le \kappa \le 0.9$ 범위 내에서 여러 값을 넣어 보아라. 또한 초기 조건으로 $\kappa = 0.8$을 적용해 보아라. κ 값을 변경하기 위해서는 탄성 계수 아이콘을 더블클릭 한 후 값을 바꾸고 적용하여라. 최기 속도 또는 초기 위치도 변경해 보아라. 몇몇 경우들을 시험해보고 발견한 것들을 설명해 보아라.

16.3 강제 질량-스프링-댐퍼 시스템의 모델을 새로 만들어라. "$X-Y$ Graph", "Mux" 그리고 연결선들을 제거하여라. "Integrator2"의 출력선에 "Scope"를 다시 연결한다. 모델을 시간 $t=0$일 때 계단 변화가 가해지는 질량-스프링-댐퍼 모델로 변경한다. "Step" 아이콘을 더블 클릭해서 "Step time"을 기본 값 1에서 0으로 변경한다. 저항 계수 R/m을 0으로 설정한다. 스프링 상수 계수는 $k/m=1$로 유지한다. 시뮬레이션을 실행한다. 진동 주파수는 얼마인가? R/m의 값을 0.25, 1, 2, 그리고 4로 변화시키며 증가된 댐핑이 해에 미치는 영향을 살펴보아라. 만일 이 문제를 역학에 대한 물리학 책에서 찾아본다면 "감쇠 조화 진동"에서 찾을 수 있다. 만일 $R/m=0$이라면 이 조화 진동의 해는 단순 조화 진동이다. 감쇠가 없다면(즉 $R=0$) 해는 일정한 크기를 가지는 사인파 형태의 운동이다. 이 경우 진동의 주파수는 고유 주파수 $\omega_o = \sqrt{k/m} = 1$이다. 만일 $\omega^2 = (R/m)^2/2$ 라면 운동은 임계 감쇠(critically damped)한다. 이것은 동역학 시스템이 무한의 시간에 도달했을 때, 오버슛이 없는 상수 해를 가지는 것을 말한다. 만일 ω_o가 이 값보다 작다면 저감쇠(underdamped)라고 한다. 만일 ω_o가 이 값보다 크다면 과감쇠(overdamped)라고 한다. R/m을 2로 설정하면 임계 감쇠 거동을 볼 수 있다. 이 문제에서 다루는 R/m값의 범위에 대한 해를 이용해서 저감쇠, 임계 감쇠, 그리고 과감쇠의 의미를 표현해 보아라.

16.4 앞의 문제에서 감쇠 계수 R/m를 -0.25로 설정해 보아라. 결과를 설명해 보아라. 시간에 따라서 크기가 커지는 것을 볼 수 있는가? 음의 저항 계수는 해의 크기가 커지게 하는 것을 알 수 있다. 만일 $k/m=0$으로 설정했다면, 지수 증가를 관찰할 수 있다.

16.5 van der Pol 진동자 모델을 다시 만들어라. 시뮬레이션을 실행해서 예제의 결과와 비교해서 모델을 바르게 만들었는지 확인한다. 다음으로 감쇠 계수를 $b=0$으로 설정하고 시뮬레이션을 실행하여라. 두 번째 적분기의 초기 조건을 1로 하였고 주기가 2π로 설정했기 때문에 결과는 크기가 1인 단순 조화 진동이다. 이제 $b=1$로 하고 결과를 살펴보아라. 마지막으로 $b=5$로 설정하고 결과를 살펴보아라.

16.6 Duffing 진동자 모델을 다시 만들어라. 시뮬레이션 결과를 책의 예제와 비교하여라. Gain들을 $A=B=0$으로 설정하여라. 이때의 결과는 단일 주파수의 강제 조화 운동이다. $B=0$이고 $-1 \le A \le 0.1$일 때의 선형의 경우를 생각해 보자. 이것은 스프링이다. 모든 경우에 운동은 단일 주파수 사인파 형태의 강제 조화 운동으로 끝이 난다. 이것은 3차 비선형 항이 $B=0$에 의해서 사라지기 때문이다. (탐구해볼 만한 조합들이 많이 있다. 하지만 어떤 파라미터의 조합은 혼돈 해(chaotic solution)를 얻을 수 있으며, 주기적인 상태로 정착하지 못하는 경우도 있다. 불안정한 해를 얻는 파라미터들의 조합을 있을 수 있다)

17장

심볼릭 툴박스

이 장의 목적은 MATLAB에서 사용할 수 있는 Symbolic 툴박스를 소개하는 것이다. 이것은 과학과 공학의 수학 응용에 아주 유용한 도구들의 집합이다. Symbolic을 응용한 예는 이 책의 여러 곳에서 문헌에서 찾은 답을 확인하는 용도로 많이 사용되었다. 또한 해석 해를 바탕으로 하는 예측과 계산을 바탕으로 하는 예측을 비교하였다. 이 장에서 다루는 Symbolic 수학 툴은 다음의 내용을 다룬다.

- 대수학: 다항식들, 벡터와 행렬
- 미적분: 미분과 적분
- 변환: 라플라스와 Z 변환
- 일반 함수: Heaviside 와 Dirac
- untool, MuPAD 그리고 Help

Symbolic 툴박스를 가지게 되면서 MATLAB은 21세기 학생들에게 "수학 핸드북"으로 사용할 수 있다. 예전의 과학과 공학 학생들은 "표준" 수학 핸드북을 구입해야만 했었다. 요즘은 아주 소수의 학생만이 수학 핸드북을 가지고 있다. 컴퓨터와 MATLAB과 같은 도구가 이 상황을 긍정적인 방식으로 변화 시켰다. 하지만, 이 책의 두 번째 저자로써 MATLAB이 이 시대의 핸드북이라는 것을 소개하는 것은 흥미로운 일이다.

이 장에서는 MATLAB과 같은 컴퓨터 툴을 이용하는데 있어서 핸드북의 정보에 대한 검토를 시작으로 핸드북에서 찾기 원하는 정보에 대한 예제를 제공할 것이다.

Symbolic 툴박스 또는 Symbolic 해석이 가능한 컴퓨터 툴을 적용하는데 있어서 주된 문제는 수학 문제에 대해서 알고 싶은 것에 대해서 툴을 효율적으로 사용하는 것이다. 예를 들어 함수 $f(x)$를 변수 x에 대해서 미분하고자 할 때, 여러분은 함수의 의미와 미분의 의미 또는 x의 도함수 f를 구하는, 즉 df/dx를 구하는 것을 알아야 한다.

또 다른 예는 이차 방정식의 해를 구하는 것이다. 이 방정식이 어떤 종류의 방정식인지 알아야 하며 이런 형식의 대수학 문제 풀이의 의미를 알아야 한다. 여러분들이 물어 보아야 할 것을 안다면 MATLAB Symbolic은 Symbolic 수식의 답을 찾는 것을 도와줄 것이다.

이 장에서는 수학 핸드북의 도움으로 답을 얻을 수 있는 수학식의 풀이에 Symbolic을 적용함으로써 MATLAB의 Symbolic 툴의 능력을 보이고자 한다. 툴은 이 장에서 상대적으로 간단한 예제 적용하였지만, 실제로는 훨씬 더 강력하다. 여러분이 이 툴박스에 좀 더 능숙해지면, 이 툴박스를 공학과 과학의 문제를 풀이하는데 고전적인 응용 수학을 적용하는 것 이상의 좀 더 어려운 문제에 적용할 수 있을 것이다.

전형적인 핸드북에서 다루는 Symbolic 수학 주제들은 대수학, 삼각 함수, 미적분학, 미분 방정식 등이다. 핸드북에서 제공되는 내용은 학생, 엔지니어, 또는 과학자가 기술 문제를 풀이하다 마주친 수학 문제 풀이에 도움을 줄 것이다. 과학, 기술, 엔지니어링, 그리고 수학(STEM)에서의 탄탄한 교육은 핸드북과 MATLAB 둘 다 또는 하나를 이용하는 생산적으로 사용할 수 있는 배경을 제공해 준다. 물론 MATLAB과 같은 핸드북을 사용해서 문제 풀이의 한 부분으로 사용할 정도로 숙달하기 위해서는 규칙적으로 사용해야만 한다. 독자가 MATLAB의 Symbolic 툴박스를 적용하기 위한 도움이 될 수 있도록 핸드북의 몇몇 주제를 다룰 것이다. 선형 대수학, 벡터와 행렬 대수학으로 시작하며, 미분과 적분을 살펴 볼 것이다. 그 후에 적분 변환, 특히 라플라스 변환을 살펴보고 Symbolic 미분 방정식 풀이를 살펴보며 마칠 것이다.

17.1 대수학

1.1.6 절에서 연립 방정식 풀이에 대한 주제를 소개하였다. MATLAB Symbolic 의 solve 유틸리티를 적용하는 예제를 보았다. 여기서는 그 예제를 연립 이차 방정식 풀이로 확장해 보자.

$$x^2+3y=0, \quad y^2+2x=0$$

1.1.6절에서 소개한 과정을 적용해서, 커맨드 윈도우에 다음의 명령들을 입력하고 실행하면 다음의 결과를 얻을 수 있다. 결과를 아래에 보인다.

```
>> [x y ] = solve('x^2 + 3*y','y^2 + 2*x')

x =

                                  0
                          -1/2*12^(2/3)
 -1/2*(1/2*12^(1/3)-1/2*i*3^(1/2)*12^(1/3))^2
 -1/2*(1/2*12^(1/3)+1/2*i*3^(1/2)*12^(1/3))^2



y =

                             0
                     -12^(1/3)
 1/2*12^(1/3)-1/2*i*3^(1/2)*12^(1/3)
 1/2*12^(1/3)+1/2*i*3^(1/2)*12^(1/3)
```

결과는 x와 y가 각각 4개의 근을 가지는 것을 보여 준다. 두 개는 실수 근, 두 개는 허수 근이다. 이것은 MATLAB이 실수뿐만 아니라 허수도 다룰 수 있다는 것을 보인다. 이것은 MATLAB의 또 다른 장점이다. MATLAB에서 기본적으로(여러분들이 다시 정의 하지 않는다면) i와 j는 $\sqrt{-1}$을 나타낸다.

17.1.1 다항식

이 책을 읽는 모든 사람은 분명 이차 방정식을 알 것이다. STEM 과목의 학생들은 이차 방정식의 근을 외울 수 있으며, 이것은 MATLAB을 적용해서 구한 결과들을 확인하는데 도움이 된다. 이차 방정식은 다음과 같이 나타낼 수 있다.

$$ax^2 + bx + c = 0 \tag{17.1}$$

이 방정식을 MATLAB의 solve 유틸리티를 이용해서 풀어보자. 이 작업은 다음의 스크립트를 실행하면 된다.

```
clear;clc
syms a b c x
solve(a*x^2 + b*x + c)
```

커맨드 윈도우에 표시된 답은:

```
ans =

-1/2*(b-(b^2-4*a*c)^(1/2))/a
-1/2*(b+(b^2-4*a*c)^(1/2))/a
```

예상한 것처럼 이차 방정식의 해는:

$$x = -\frac{1}{2a}\left(b \pm \sqrt{b^2 - 4ac}\right) \tag{17.2}$$

두 개의 실수 근을 가지기 위해서는 $b^2 \geq 4ac$ 이어야 한다. 만일 등식을 만족한다면 두 근은 같다. 만일 $b^2 < 4ac$ 라면 두 근들은 복소수이며 다르다. 이 방정식을 풀기 위한 다른 방법은 커맨드 윈도우에 다음과 같이 한 줄로 입력하는 것이다.

```
>> solve('a*x^2 + b*x + c')
```

따옴표는 두 따옴표 사이에 있는 것이 Symbolic 수식이라는 것을 나타낸다. `solve`를 적용한 두 과정의 결과는 2×1 Symbolic 데이터형 배열이다. 이차 방정식이기 때문에 두 개의 해를 얻는다는 것을 예상할 수 있다.

다음으로, 3차 방정식으로 실험해 보자:

$$ax^3 + bx^2 + cx + d = 0 \tag{17.3}$$

이 방정식의 근들을 찾기 위해서 다음의 스크립트를 실행한다.

```
clear;clc
syms a b c d x
solve(a*x^3 + b*x^2 + c*x +d)
```

이 경우 3차 방정식을 풀었기에 답(ans)은 3×1 Symbolic 데이터형 배열이다. 답이 제법 길기 때문에 여기에 보이지 않는다.

다른 예를 살펴보자. 다음을 풀어 보자:

$$ax^4 + cx = 0$$

다음의 명령들을 커맨드 윈도우에서 실행하여라.

```
>> solve('a*x^4 + c*x');
>> solution = simple(ans);
>> solution

solution =

                                  0
                  1/a*(-c*a^2)^(1/3)
 -1/2*(-c*a^2)^(1/3)*(1+i*3^(1/2))/a
 1/2*(-c*a^2)^(1/3)*(-1+i*3^(1/2))/a

>> latex(solution)
ans =

 \left[  \begin  {array}{c}  0\\\noalign{\medskip}{\frac  {\sqrt
[3]{-c{a}^{2}}}{a}}\\\noalign{\medskip}-1/2\,{\frac          {\sqrt
[3]{-c{a}^{2}}        \left(        1+i\sqrt         {3}        \right)
}{a}}\\\noalign{\medskip}1/2\,{\frac  {\sqrt  [3]{-c{a}^{2}}  \left(
-1+i\sqrt {3} \right) }{a}}\end {array} \right]
```

이 답(ans)은 두 번째 원저자가 LaTeX[4]을 실행할 수 있는 워드 프로세서에서 사용하였다. LaTeX으로 변환한 결과는 다음과 같은 네 개의 근들 배열을 얻는다.

$$\begin{pmatrix} 0 \\ \left(-\frac{c}{a}\right)^{\frac{1}{3}} \\ \frac{(-1+\sqrt{3}\,i)(-\frac{c}{a})^{\frac{1}{3}}}{2} \\ -\frac{(1+\sqrt{3}\,i)(-\frac{c}{a})^{\frac{1}{3}}}{2} \end{pmatrix}$$

여기서 두 근은 복소수인 것을 볼 수 있다.

마지막으로, 3개의 연립 방정식을 풀이에 solve 유틸리티를 실험해 보자. 다음의 식을 풀어라:

$$x+y+z=1, \quad 2x+3y+z=1, \quad x+y+3z=0$$

다음의 명령을 커맨드 윈도우에 입력하면:

```
>> [x y z] = solve('x + y + z =1','2*x + 3*y + z = 1', 'x + y +
3*z = 0')
```

이 연립 방정식의 해는 $x=3$, $y=-3/2$, 그리고 $z=-1/2$이다.

Symbolic에서 `solve` 함수를 사용하는데 다양한 방법이 있다. 만일 마지막 예와 같이 수치 해를 얻었다면, MATLAB 스크립트에서 사용하기 위해서는 1.1.6에서 설명한 것처럼 다시 double 데이터형으로 변환해야 한다.

4) 역자 주: Donald E. Knuth 가 만든 TeX을 이용한 조판 시스템의 총칭. HWP도 LaTeX의 수식 입력 방식을 일부 따르고 있다. 수식에서 글꼴 선택, 복잡한 수식의 처리 등의 강점이 있으나 초보자가 사용하기에는 힘들고, 간단한 문서 작성하는 용도로는 적합하지 않다. 주로 학술 논문, 공학 서적 등을 만드는데 사용된다.

17.1.2 벡터

단일 행 또는 단일 열의 배열을 벡터라고 한다. 다음의 3개의 요소를 가지는 벡터들을 고려해 보자.

$$\mathbf{x}_1 = (a_1, b_1, c_1), \quad \mathbf{x}_2 = (a_2, b_2, c_2)$$

이 두 수학 개체를 곱하는 방법은 대부분의 학생들이 아는 것처럼 두 가지가 있다. 내적(inner product, dot product)과 외적(vector product, cross product) 이다. 이 두 가지는 다음의 Symbolic 명령 스크립트를 편집기에서 실행하면 얻을 수 있다.

```
format compact
syms a1 a2 b1 b2 c1 c2 real
x1 = [a1, b1, c1]
x2 = [a2, b2, c2]
x1_dot_x2 = dot(x1, x2)
x1_cross_x2 = cross(x1, x2)
format
```

커맨드 윈도우에 나타나는 결과는?

```
x1 =
[ a1, b1, c1]
x2 =
[ a2, b2, c2]
x1_dot_x2 =
a1+a2 + b1*b2 + c1*c2
x1_cross_x2 =
[ b1*c2 - b2*c1, a2*c1 - a1*c2, a1*b2 - a2*b1]
```

스크립트 중 format compact는 위와 같이 축소된 결과를 얻기 위해 실행한다. 마지막 명령, 즉 format 은 커맨드 윈도우에서 출력 결과를 기본으로 설정하기 위해 사용되었다. 해는 다음과 같이 나타낼 수 있다.

$$\mathbf{x}_1 \cdot \mathbf{x}_2 = a_1 a_2 + b_1 b_2 + c_1 c_2$$

내적은 스칼라이며:

$$\mathbf{x}_1 \times \mathbf{x}_2 = (b_1 c_2 - b_2 c_1,\, a_2 c_1 - a_1 c_2,\, a_1 b_2 - a_2 b_1)$$

외적은 벡터이다. 이 결과를 얻기 위해 곱한 벡터들의 구성요소와 같은 3개의 구성요소를 가지는 벡터이다.

17.1.3 행렬

다음과 같은 행렬 수학 객체를 살펴보자. 두 객체를 더하거나 뺄 수 있다. 또한 두 객체를 곱하거나 나눌 수도 있다. 이 연산들을 Symbolic 툴박스를 이용해서 할 것이다.

$$M_a = \begin{pmatrix} a_{11} & a_{12} \\ a_{21} & a_{22} \end{pmatrix}$$

$$M_b = \begin{pmatrix} b_{11} & b_{12} \\ b_{21} & b_{22} \end{pmatrix}$$

다음의 스크립트를 MATLAB에서 실행 한다:

```
format compact
syms a11 a12 a21 a22 b11 b12 b21 b22
Ma = [a11 a12; a21 a22]
Mb = [b11, b12; b21 b22]
Msum = Ma + Mb
Mproduct = Ma*Mb
```

커맨드 윈도우에 나타난 결과는

```
Ma =
[ a11, a12]
[ a21, a22]
Mb =
[ b11, b12]
[ b21, b22]
Msum =
[ a11 + b11, a12 + b12]
[ a21 + b21, a22 + b22]
Mproduct =
```

```
[ a11*b11 + a12*b21, a11*b12 + a12*b22]
[ a21*b11 + a22*b21, a21*b12 + a22*b22]
```

두 행렬의 덧셈은 두 각 항과 항의 덧셈을 수행 한다:

$$M_a \pm M_b = \begin{pmatrix} a_{11} \pm b_{11} & a_{12} \pm b_{12} \\ a_{21} \pm b_{21} & a_{22} \pm b_{22} \end{pmatrix}$$

곱은 곱해진 행렬과 같은 크기의 행렬을 얻으며, 결과의 각 항은 M_a의 행에 M_b의 열을 곱해서 더한 것이다. 행렬의 곱의 과정을 확인하기 위해 다음과 같이 나타내어 보았다. 두 행렬의 곱은::

$$M_a M_b = \begin{pmatrix} a_{11} b_{11} \pm a_{12} b_{21} & a_{11} b_{12} \pm a_{12} b_{22} \\ a_{21} b_{11} \pm a_{22} b_{21} & a_{21} b_{12} \pm a_{22} b_{22} \end{pmatrix}$$

다음의 행렬의 여러 특성을 분석해 보자::

$$M_c = \begin{pmatrix} c_{11} & c_{12} \\ c_{21} & c_{22} \end{pmatrix}$$

```
syms c11 c12 c21 c22 real
Mc = [c11 c12; c21 c22]
Mcdet = det(Mc) ;
Mcinv = inv(Mc) ;
Mc*inv(Mc) ;
disp(' Mc * Mcinv = Imatrix')
Imatrix = simple(ans)
Mcdet
Mcinv
[EigenVectorsMc EigenValuesMc] = eig(Mc)
```

아래에 고유벡터(eigenvector)와 고유치(eigenvalue) 이외의 결과를 보인다. 고유벡터와 고유치에 대한 결과는 수식의 형태로 정리해서 보인다.

```
Mc =
[ c11, c12]
[ c21, c22]
 Mc * Mcinv = Imatrix
Imatrix =
[ 1, 0]
[ 0, 1]
Mcdet =
c11*c22 - c12*c21
Mcinv =
[  c22/(c11*c22 - c12*c21), -c12/(c11*c22 - c12*c21)]
[ -c21/(c11*c22 - c12*c21),  c11/(c11*c22 - c12*c21)]
```

이 행렬과 관련된 고유치는:

$$\begin{pmatrix} \frac{c_{11}}{2}+\frac{c_{22}}{2}-\frac{\sqrt{c_{11}^2-2c_{11}c_{22}+c_{22}^2+4c_{12}c_{21}}}{2} & 0 \\ 0 & \frac{c_{11}}{2}+\frac{c_{22}}{2}+\frac{\sqrt{c_{11}^2-2c_{11}c_{22}+c_{22}^2+4c_{12}c_{21}}}{2} \end{pmatrix}$$

이것은 행렬을 대각화한(기하학적 해석으로는 행렬이 유한한 대각 요소만을 가지는 좌표를 찾기 위한 좌표계의 회전 공정이다) 결과이다. 대각화가 일어나는 좌표계는 직교 고유벡터로 얻어진다. 이 예제의 고유벡터는:

$$\begin{pmatrix} \frac{\frac{c_{11}}{2}+\frac{c_{22}}{2}-\frac{\sqrt{c_{11}^2-2c_{11}c_{22}+c_{22}^2+4c_{12}c_{21}}}{2}}{c_{21}}-\frac{c_{22}}{c_{21}} & \frac{\frac{c_{11}}{2}+\frac{c_{22}}{2}+\frac{\sqrt{c_{11}^2-2c_{11}c_{22}+c_{22}^2+4c_{12}c_{21}}}{2}}{c_{21}}-\frac{c_{22}}{c_{21}} \\ 1 & 1 \end{pmatrix}$$

이제 3×3 대칭 행렬의 해석을 고려해 보자. 즉,

$$M=\begin{pmatrix} a & d & e \\ d & b & f \\ e & f & c \end{pmatrix}$$

이 행렬에 대해서 상세히 검사하는 것은 다음의 스크립트를 이용한다. 이것은 구조 역학 등에서 응력 텐서(stress tensor)의 형태로 중요한 역할을 하는 중요한 수학적 객체이다.

```
format compact
syms a b c d e f real
M = [a  d  e
     d  e  f
     e  f  c]
Mdet = det(M) ;
Minv = inv(M) ;
M*inv(M) ;
disp(' M * Minv = Imatrix')
Imatrix = simple(ans)
Mdet
Minv
[EigenVectorsM EigenValuesM] = eig(M)
format
```

그 결과가 제법 긴 고유치, 고유벡터 그리고 역행렬에 대한 결과를 제외한 커맨드 윈도우에 표시되는 결과는 다음과 같다:

```
M =
[ a, d, e]
[ d, e, f]
[ e, f, c]
 M * Minv = Imatrix
Imatrix =
[ 1, 0, 0]
[ 0, 1, 0]
[ 0, 0, 1]
Mdet =
a*e*c-a*f^2-d^2*c+2*d*e*f-e^3
```

MM^{-1}의 결과가 항등행렬 I, 즉 $MM^{-1}=I$이므로 M의 역행렬을 잘 구했다는 것을 알 수 있다. MATLAB의 Symbolic 툴로 풀이한 고유치 문제의 결과와 역행렬을 시험해 보는 것은 연습문제로 남긴다.

만일 행렬이 고체 물질의 한 점에서의 응력 상태를 나타낸다면, 고유값은 주변형력이며, 고유벡터들은 주된 방향이다. 이 정보는 물질의 강도 해석에 중요하다. 유사한 행렬을 유체 역학에서도 볼 수 있다.

17.2 미적분

이 절에서는 Symbolic 미분과 적분을 검토할 것이다. 이들은 기본적으로 역의 연산이므로 같이 검토할 것이다. 다음의 이차 방정식을 고려해 보자:

$$f = ax^2 + bx + c \tag{17.4}$$

이 방정식의 미분은

$$\frac{df}{dx} = 2ax + b \tag{17.5}$$

이것은 MATLAB의 Symbolic 툴을 이용해서 확인할 수 있다. 이것은 다음과 같이 한다.

```
format compact
syms x a b c real
f = a*x^2 + b*x + c
disp('dfdx = diff(f, x) was executed to get;')
dfdx = diff(f, x)
% Integration
disp('f = int(dfdx, x) was executed to get;')
f = int(dfdx, x)
disp(' Note that the constant of integration, c, is implied.')
disp(' Hence, to include it you need to add c to f:')
f = f + c
disp('f = expand(f) was executed to get:')
f = expand(f)
disp(' Thus, the function f is recovered (as expected).')
format
```

커맨드 윈도우의 출력은:

```
f =
a*x^2+b*x+c
dfdx = diff(f, x) was executed to get;
dfdx =
2*a*x+b
f = int(dfdx, x) was executed to get;
f =
a*x^2+b*x
 Note that the constant of integration, c, is implied.
 Hence, to include it you need to add c to f:
f =
a*x^2+b*x+c
f = expand(f) was executed to get:
f =
a*x^2+b*x+c
 Thus, the function f is recovered (as expected).
```

우리는 df/dx에 대한 식을 확인하였다. 다음 단계는 적분을 통해서 미분 결과를 확인하는 것이다. 확인은 위의 스크립트에서 `int(dfdx, x)`를 실행하는 것으로 할 수 있다. 얻은 결과 f를 보면 적분 툴이 명시적으로 임의의 상수를 포함하지 않는다는 것을 볼 수 있다. 그래서 위의 예제에서는 필요한 상수를 더하는 것을 보였다. 그리고 상수가 추가된 f를 `expand(f)`를 이용해서 확장하면 결과가 원래의 함수 f로 회복되는 것을 볼 수 있다.

두 번째 예제를 고려해보자.

$$f = a\sin^2 x + b\cos x \tag{17.6}$$

이 식을 미분하고, 다음으로 df/dx를 적분하면 다음을 얻을 수 있다. 실행될 에디터의 스크립트 다음과 같다:

```
format compact
syms x a b c real
```

```
f = a*sin(x)^2 + b*cos(x)
dfdx = diff(f, x)
% Integration
ff = int(dfdx, x)
ff = expand(ff)
format
```

커맨드 윈도우에 나타나는 결과는[5)]

```
f =
a*sin(x)^2 + b*cos(x)
dfdx =
2*a*cos(x)*sin(x) - b*sin(x)
ff =
2*(cos(x)/2 + 1/2)*(2*a + b - 2*a*(cos(x)/2 + 1/2))
ff =
a + b + b*cos(x) - a*cos(x)^2
```

df/dx의 적분 결과는 (스크립트에서의 ff, f이며, 아래에 보인다):

$$f = a + b + b\cos x - a\cos^2 x$$

$\cos^2 x = 1 - \sin^2 x$ 를 대입하면, 다음을 얻을 수 있다:

$$f = a\sin^2 x + b\cos x + b + c$$

여기서 c는 임의의 적분 상수이다. 임의의 값이므로 여기서는 $c = -b$로 하였다. 그러면,

$$f = a\sin^2 x + b\cos x$$

이것은 구하려던 결과이며, 원래의 방정식으로 주어진 식 (17.6)과 같다. 그러므로 이 도구는 여러분이 마주치게 되는 다양한 문제들 또는 독학의 한 과정에서 테스트 해보고 싶은 문제의 미분과 적분을 할 수 있다. 이것은 미분 연산과 적분의 역연산 사이의 관계에 대한 통찰력을 제공한다. 적분에서 임의의 적분 상수에 대해서 알게 되고, 미분된 식에서 식을 복원하는데 어떤 역할을 하는지 알게 된다. 상수의 미분은 이상적으로 0이라는 것을 알 필요가 있다.

5) 역자 주: MATLAB의 버전에 따라서 결과가 조금 다를 수 있다(cf. 2007).

17.3 라플라스와 Z 변환

이 절에서는 라플라스 변환과 Z 변환이라고 알려진 유용한 변환을 예제로 소개한다. 변환들은 공학과 과학 문제의 고찰에 적용되는 응용수학에서 유용하다. Symbolic에서 다룰 수 있는 변환은 더 있지만, 학부 과정에서 동적 시스템을 다룰 때 수학적 배경으로 배우게 되는 라플라스 변환만을 살펴보기로 한다. Z 변환은 흥미롭기 때문에 살펴보기로 하자. 추가적으로 Symbolic 툴에서 다양한 함수들을 그래프로 살펴볼 수 있는 ezplot의 사용법을 보일 것이다.

함수 $y = \sin x$의 라플라스와 Z 변환을 시험해보자. 다음의 명령어 세트를 커맨드 윈도우나 편집에서 실행해 보자.

```
syms x t w
y = sin(x)
Ly = laplace(y)
yy = ilaplace(Ly,x)
Zy = ztrans(y)
ezplot(Ly)
hold on
ezplot(Zy)
ezplot(y)
```

스크립트는 y의 라플라스 변환 Ly를 구하고, 결과에 대한 라플라스 역변환을 구해서 원래의 y를 구하게 된다.

```
y =
sin(x)
Ly =
1/(s^2+1)
yy =
sin(x)
Zy =
z*sin(1)/(z^2-2*z*cos(1)+1)
```

그래프 결과는 그림 17.1에 보인다.

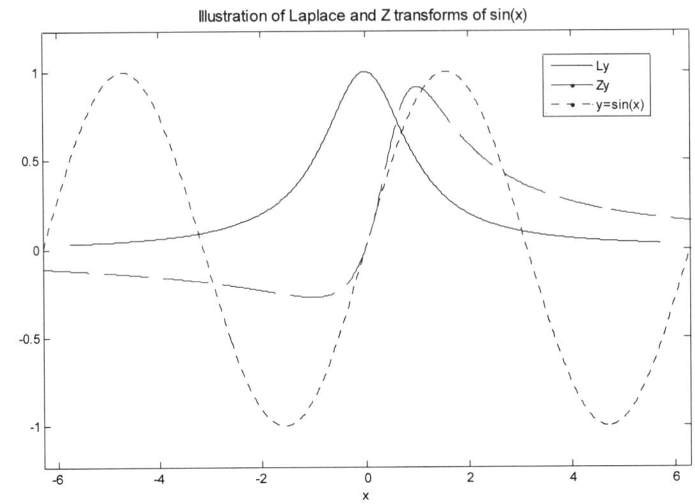

그림 17.1 **함수 $\sin x$와 라플라스 변환 및 Z 변환의 결과 비교**

17.4 일반 함수들

이 절에서는 많은 과학과 공학의 해석에서 사용되는 아주 유용한 함수들을 살펴본다. 처음 살펴볼 것은 Heaviside 계단 함수 $H(x)$이다. 이 함수는 $x<0$ 에서는 0이고, $x=0$에서는 1/2, 그리고 $x>0$에서는 1인 함수이다. MATLAB과 MATLAB Symbolic 내장 함수이다. 살펴보기 위해서 다음의 스크립트를 실행해 보자.

```
syms x
y = heaviside(x)
dydx = diff(y,x)
%
x = -1:0.01:1;
y = heaviside(x);
plot(x,y,'--o'),title('The Heaviside step function')
xlabel('x');ylabel('y');
```

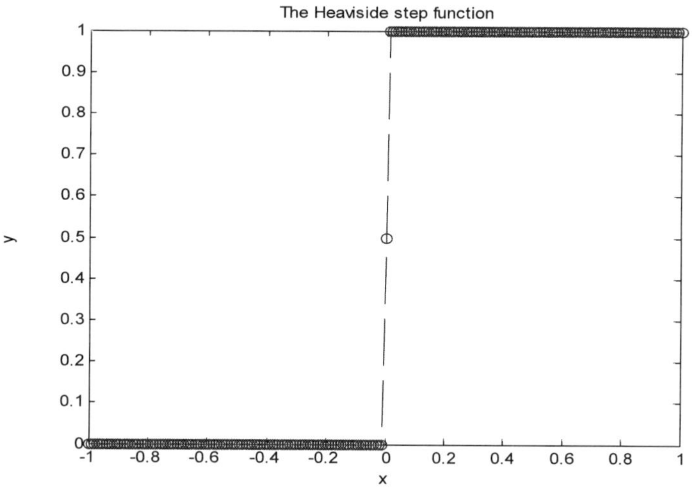

그림 17.2 Heaviside 계단 함수 $H(x)$

커맨드 윈도우에 나타나는 출력은

```
y =
heaviside(x)

dydx =
dirac(x)
```

그러므로 다음에 살펴보겠지만 Heaviside 계단 함수의 미분은 Dirac 델타 함수이다. Heaviside 계단 함수의 그래프는 그림 17.2에 보인다.

Symbolic 툴을 이용해서 Dirac 델타 함수를 살펴보기 위해서 다음의 스크립트를 실행하여라:

```
syms x
y = dirac(x)
I1 = int(y,x)
I2 = int(y,x,-1,1)
```

커맨드 윈도우에 나타나는 결과는 다음과 같다:

```
y =
```

```
dirac(x)
I1 =
heaviside(x)
I2 =
1
```

이것은 Dirac 함수의 부정적분이 Heaviside 함수라는 것을 보인다. 또한 $x=0$을 포함하는 부정적분이 1이라는 것을 보인다. Dirac 함수는 $x=0$일 때 무한이며 이 외에는 0이다. 적분에 $x=0$이 포함되지 않는다면 적분은 0이다.

17.5 미분 방정식

함수 dsolve는 상미분 방정식(ordinary differential equation, ODE)과 연립 상미분 방정식 문제 풀이 프로그램이다. 이 절에서는 단일 ODE와 연립 ODE 두 예제를 풀어 볼 것이다. 다음의 식을 살펴보자.

$$\frac{d^3y}{dx^3} = ax^2$$

이 방정식을 풀기 위해서 해야 하는 것은 다음의 명령을 실행하는 것이다.

```
>> dsolve('D3y=a*x^2','x')
```

이 명령을 실행한 결과는

```
ans =
(a*x^5)/60 + (C2*x^2)/2 + C3*x + C4
```

그러므로 해는

$$\frac{ax^5}{60} + \frac{C_1x^2}{2} + C_2x + C_3$$

여기서 C_1, C_2, 그리고 C_3는 임의의 적분 상수들이다. 미분 방정식을 풀이의 과정은 적분이다. 이 경우 3차 미분이므로 세 번의 적분이 필요하고, 그러므로 적분 상수가 3개까지 필요하다.

다음의 예제는 두 개의 방정식을 동시에 풀어본다. 추가적으로, 제약(또는 경계 조건)을 명시한다. 풀어야 하는 방정식은:

$$\frac{df}{dt} = 3f + 4g, \qquad \frac{dg}{dt} = -4f + 3g$$

이 방정식계는 이차이기 때문에 두 개의 제약이 필요하다. 이 예제에서 제약은 $f(0)=0$과 $g(0)=-1$이며, 초기 조건으로 볼 수 있다. MATLAB에서 다음의 명령을 입력하면 해를 얻을 수 있다.

```
[f, g] = dsolve('Df = 3*f + 4*g, Dg = -4*f + 3*g', 'f(0) = 0,
g(0) = 1')
```

해는

```
f =
exp(3*t)*sin(4*t)
g =
exp(3*t)*cos(4*t)
```

그러므로

$$f = \sin(4t)\exp^{3t}, \quad g = \cos(4t)\exp^{3t}$$

함수 dsolve는 연립 ODE의 해석 해를 구하기 위해 적용할 수 있는 강력한 도구이다.

17.6 FUNTOOL, MUPAD, 그리고 HELP 실행하기

이 절에서는 그래프로 다양한 함수를 실험해 볼 수 있는 funtool에 대해서 소개한다. 여러분들이 살펴보고 있는 문제에 대한 전용의 notebook을 만들 수 있는 MuPAD에 대해서도 소개한다. 마지막으로 MATLAB에 따라오는 help 문서에서 Symbolic 에 대한 것을 살펴 볼 것이다.

17.6.1 Funtool

커맨드 윈도우에서 funtool 이라고 입력하고 실행한다. 이것은 다음과 같다.

```
>> funtool
```

그림 17.3에 3개의 윈도우가 열려있다. 만일 여러분이 관심을 가지는 함수를 f를 정의 하는 공간에 입력하고 〈Enter〉를 누르면 검사해 볼 수 있다. 만일 이 툴의 능력을 검사해 보고 싶다면 Demo 버튼을 클릭하면 된다. 이 툴은 검사해보고 싶은 모든 함수에 대해서 그래프로 시각적으로 쉽게 살펴볼 수 있는 방법을 제시한다.

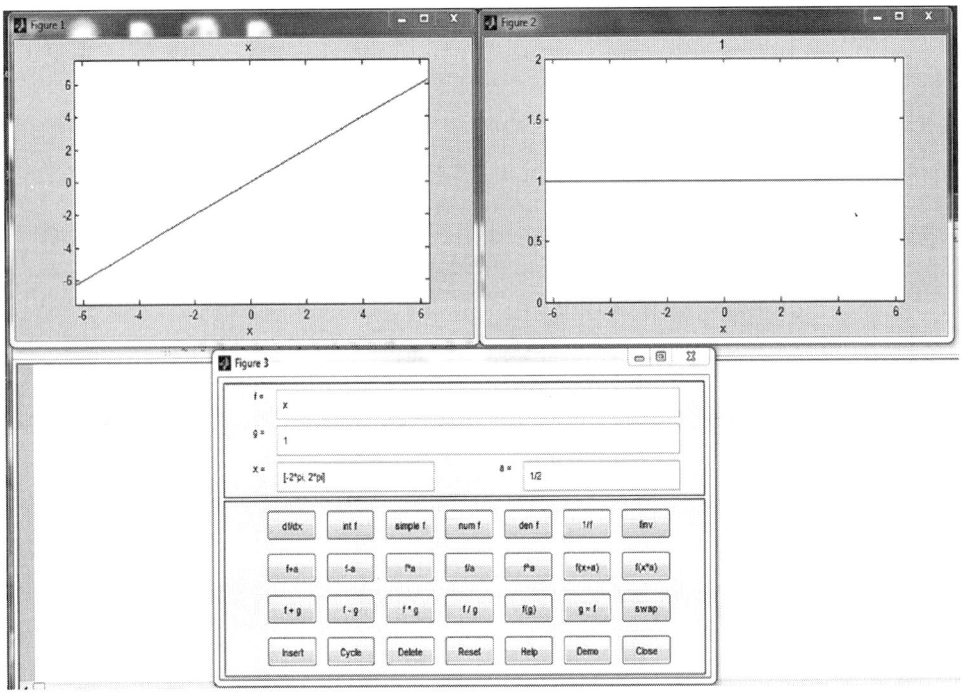

그림 17.3 funtool 실행의 예

17.6.2 MuPAD Notebook과 Symbolic 도움말

만일 살펴보고 있는 주제에 대해서 MATLAB의 다른 툴 중 Symbolic이 필요한 notebook을 만들고 싶다면 MuPAD 노트북 환경을 이용하면 좋을 것이다. 새로운 노트북을 만들기 위해서 다음의 명령을 커맨드창에 입력하고 실행하여라.

```
>> mupad
```

그림 17.4에 열려진 MuPAD 윈도우를 보인다. 툴바의 툴들을 시험해보면서 노트북 환경에서 텍스트를 입력하는 방법과 Symbolic 명령들을 입력하는 방법을 익히기 바란다.

마지막으로 mupad의 사용법과 Symbolic 툴들의 기능들을 사용하는 것에 대한 도움말을 얻기 위해서 가장 위의 툴바에 있는 물음표 "?" 를 클릭해보자. 그림 17.5와 같이 도움말 윈도우가 열리게 된다[6]. Symbolic 도움말을 얻기 위해서는 컨텐츠 팔레트의 Symbolic Math Toolbox를 클릭한다. 오른쪽 창의 정보는 그림 17.6과 같이 변할 것이다. 여기서 유용한 예제와, MuPAD에 대한 도움말, 그리고 데모들을 찾을 수 있다.

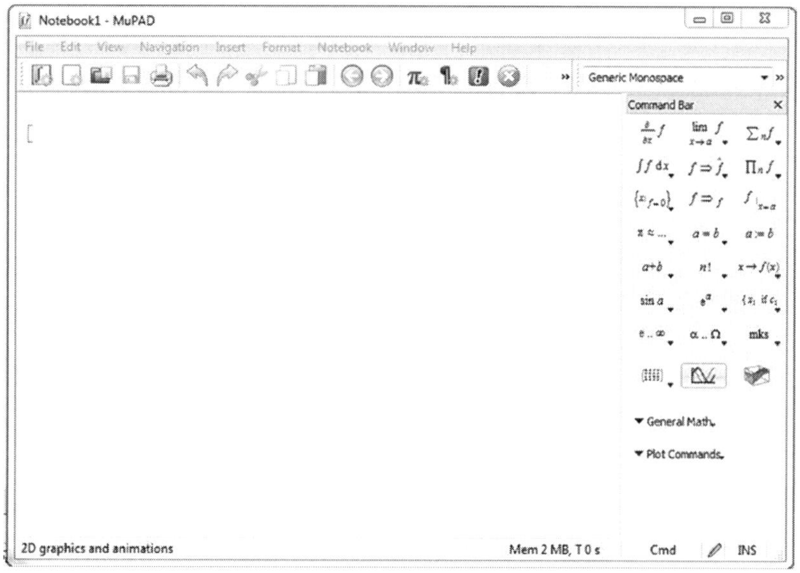

그림 17.4 노트북 툴(notebook tool)

6) 역자 주: MATLAB 2012b 에서는 그림 17.5, 17.6 과는 다른 형태의 도움말이 나타난다.

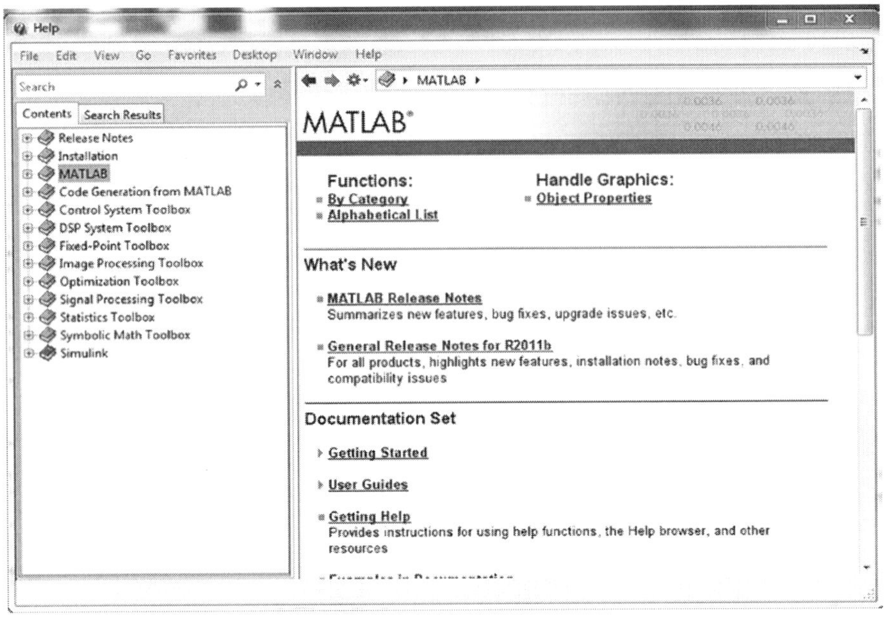

그림 17.5 MATLAB help 문서

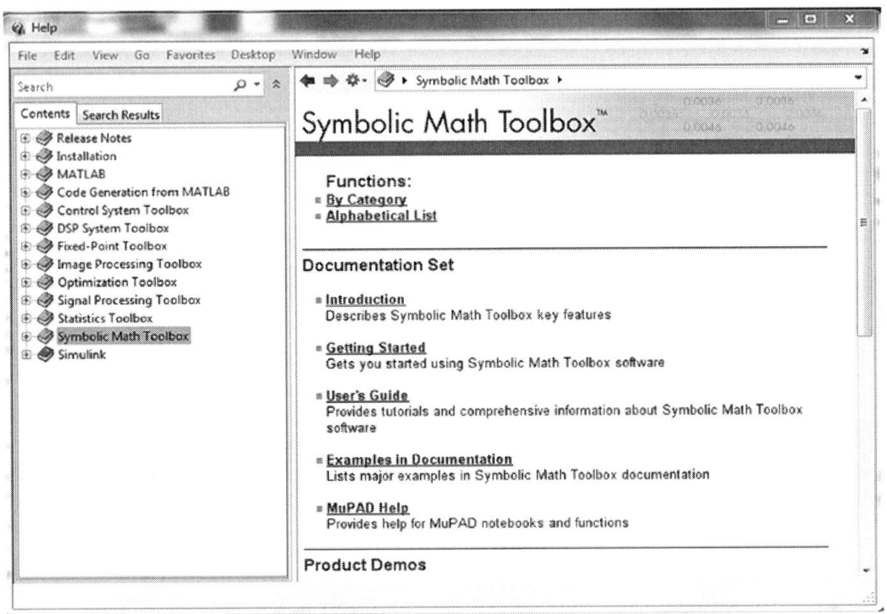

그림 17.6 Symbolic 툴의 help 문서

종합문제

17.1 $\cos x$와 $x^2\exp^{2x}$의 미분을 구하여라.

17.2 함수 $y=3x^2$을 $x=0$에서 $x=10$까지 적분하여라.

부록 A

Syntax quick reference

부록 A에서는 본 교재에서 가장 일반적으로 사용된 MATLAB 구문의 예제를 모아서 수록하였다.

A.1 Expressions

```
x = 2 ^ (2 * 3) / 4 ;
x = A \ b ;              % solution of linear equations
a == 0 & b < 0           % a equals 0 AND b less than 0
a ~= 4 | b > 0           % a not equal to 4 OR b
                         % greater than 0
```

A.2 Function M-files

```
function y = f(x)                                % save as f.m
% comment for help

function [out1,out2] = plonk(in1, in2, in3)% save as plonk.m
% Three input arguments, two outputs
     ...
function junk                                    % save as junk.m

[t, x] = ode45(@lorenz, [0 10], x0);  % function handle with @
```

A.3 Graphics

```
plot(x, y), grid        % plots vector y against vector x

plot(x, y, 'b--')       % plots a blue dashed line

plot(x, y, 'go')        % plots green circles

plot(y)     % if y is a vector plots elements against row numbers
            % if y is a matrix, plots columns against row numbers

plot(x1, y1, x2, y2)    % plots y1 against x1 and
                                y2 against x2 on same graph
semilogy(x, y)          % uses a log10 scale for y

polar(theta, r)         % generates a polar plot
```

A.4 if and switch

```
if condition
     statement          % executed if condition true
end ;

if condition
     statement1         % executed if condition true
else
     statement2         % executed if condition false
end;

if a == 0               % test for equality
     x = -c / b;
else
     x = -b / (2*a);
end;

if condition1           %  jumps  off  ladder  at  first  true
```

```
condition
     statement1
elseif condition2    % elseif one word!
     statement2
elseif condition3
     statement3
...
else
     statementE
end;

if condition statement1, else statement2, end  % command line

switch lower(expr)                        % expr is string or scalar
     case {'linear','bilinear'}
          disp('Method is linear')
     case 'cubic'
          disp('Method is cubic')
     case 'nearest'
          disp('Method is nearest')
     otherwise
          disp('Unknown method.')
end
```

A.5 for and while

```
for i = 1 : n          % repeats statements n times
     statements
end;

for i = 1:3:8          % i takes values 1, 4, 7
     ...
end;

for I = 5:-2:0  % I takes values 5, 3, 1
     ...
```

```
end;

for I = v              % index I takes on each element of vector
v
     statements
end;

for v = a        % index v takes on each column of matrix a
     statements
end;

for I = 1:n, statements, end          % command line version

try,
     statements,
catch,
     statements,
end

while condition % repeats statements while condition is true
     statements
end;

while condition statements, end  % command line version
```

A.6 Input/output

```
disp(x)

disp('Hello there')

disp([a b])                      % two scalars on one line

disp([x, y]) % two columns(vectors x and y must be same length)

disp(['The answer is' , num2str(x)])
```

```
fprintf( '\n')              % new line

fprintf( '%5.1f\n', 1.23) % **1.2

fprintf( '%12.2e\n', 0.123)    % ***1.23e-001


fprintf( '%4.0f and %7.2f\n',12.34, -5.6789)
                               % **12 and **-5.68

fprintf( 'Answers are: %g %g\n', x, y)       % matlab
                               % decisions on format

fprintf( '%10s\n', str)        % left-justified string

x = input( 'Enter your name without apostrophes: ', 's')
```

A.7 load/save

```
load filename          % retrieves all variables
                       % from binary file filename.mat
load x.dat             % imports matrix x from ASCII file x.dat
save filename x y z    % saves x y and z in filename.mat
save              % saves all workspace variables in matlab.mat
save filename x / ascii  % saves x in filename (as ASCII file)
```

A.8 Vectors and matrices

```
a(3,:)                 % third row

a(:,2)                 % second column

v(1:2:9)               % every second element from 1 to 9

v([2 4 5]) = [ ]% removes second, fourth and fifth elements
```

```
v(logical([0 1 0 1 0]))     % second and fourth elements only

v'                          % transpose
```

표 A.1 연산자 우선순위 (Help에서 operator precedence를 찾아보라)

Precedence	Operators
1.	( )
2.	^ .^ ' .' (pure transpose)
3.	+(unary plus) −(unary minus) ~(NOT)
4.	* / \ .* ./ .\
5.	+(addition) −(subtraction)
6.	:
7.	> < >= <= == ~=
8.	&(AND)
9.	| (OR)

부록 B

Command and function quick reference

이 부록은 완벽한 것은 아니다. 여기에는 교재에서 사용된 MATLAB 명령어와 함수를 위주로 정리하여 나열하였다.

분류별로 완전히 정리된 함수와 명령어 리스트를 얻기 위해서는 MATLAB: Reference: MATLAB Function Reference: Function by Category의 온라인 도움말 문서 파일을 살펴보아라(자세한 설명도 링크되어 있다).

명령어 help는 다음과 같은 모든 함수 부류의 리스트를 표시해 준다.

```
matlab\general      - General purpose commands.
matlab\ops          - Operators and special characters.
matlab\lang         - Programming language constructs.
matlab\elmat        - Elementary matrices and matrix
                       manipulation.
matlab\elfun        - Elementary math functions.
matlab\specfun      - Specialized math functions.
matlab\matfun       - Matrix functions - numerical liner
                      algebra.
matlab\datafun      - Data analysis and Fourier
                      transforms.
```

```
matlab\audio          - Audio support.
matlab\polyfun        - Interpolation and polynomials.
matlab\funfun         - Function function and ODE solvers.
matlab\sparfun        - Sparse matrices.
matlab\graph2d        - Two dimensional graphs.
matlab\graph3d        - Three dimensional graphs.
matlab\specgraph      - Specialized graphs.
matlab\graphics       - Handle Graphics.
matlab\uitools        - Graphical user interface tools.
matlab\strfun         - Character strings.
matlab\iofun          - File input/output.
matlab\timefun        - Time and dates.
matlab\datatypes      - Data types and structures.
matlab\verctrl        - Version control.
matlab\winfun         - Windows Operating System Interface
                        Files.(DDE/ActiveX)
matlab\demos          - Examples and demonstrations.
```

B.1 General purpose commands

B.1.1 Managing commands

demo	run demos
help	Online help
helpwin	Display categories of function with links to each category
lookfor	Keyword search through help entries
type	List M-file
what	Directory listing of M-and MAT-files
which	Locate function and files

B.1.2 Managing variables and the workspace

clear	Clear variable and functions from memory
disp	Display matrix or text
length	Length of a vector

load	Retrieve variable to disk
save	Save workspace variables to disk
size	Array dimensions
who, whos	List variable in the workspace

B.1.3 Files and the operating system

beep	Produce a beep sound
cd	Change current working directory
delete	Delete file
diary	Save text of MATLAB session
dir	Directory listing
edit	Edit an M-file
!	Execute operating system command

B.1.4 Controlling the Command Window

clc	Clear Command Window
echo	Echo commands in script
format	Set output format for disp
home	Send cursor home
more	Control paged output

B.1.5 Starting and quitting MATLAB

exit	Terminate MATLAB
quit	Terminate MATLAB
startup	M-file executed when MATLAB starts

B.2 Logical functions

all	True if all elements of vector are true
any	True if any element of vector is true
exist	Check if variable or file exists
find	Find indices of non-zero elements

is*	Detect variable states
logical	Convert numeric values to logical

B.3 Language constructs and debugging

B.3.1 MATLAB as a programming language

error	Display error message
eval	Interpret string containing MATLAB expression
feval	Function evaluation
for	Repeat statements a specific No. of times
global	Define persistent variable
if	Conditionally execute statements
persistent	Define psersistent variable
switch	Switch among several cases
try	Begin try block
while	Repeat statements conditionally

B.3.2 Interactive input

input	Prompt user for input
keyboard	Invoke keyboard as a script file
menu	Generate menu of choices for user input
Pause	Wait for user response

B.4 Matrices and matrix manipulation

B.4.1 Elementary matrices

eye	Identity matrix
linspace	Vector with linearly spaced elements
ones	Matrix of ones

rand	Uniformly distributed random numbers and arrays
randn	Normally distributed random numbers and arrays
zeros	Matrix of zeros
:(colon)	Vector with regularly spaced elements

B.4.2 Special variables and constants

ans	Most recent answer
eps	Floating points relative
i or j	$\sqrt{-1}$
inf	Infinity
NaN	Not-a-Number
nargin, nargout	Number of actual function arguments
pi	3.1415926535897...
realmax	Largest positive floating point number
realmin	Smallest positive floating point number
varargin, varargout	Pass or return variable numbers of arguments

B.4.3 Time and date

calendar	Calendar
clock	Wall clock (complete date and time)
date	You'd never guess
etime	Elapsed time
tic, toc	Stopwatch
weekday	Day of the week

B.4.4 Matrix manipulation

cat	Concatenate arrays
diag	Create or extract diagonal
fliplr	Flip in left/right direction
flipud	Flip in up/down direction
repmat	Replicate and tile an array

reshape	Change shape
rot90	Rotate 90°
tril	Extract lower tridiagonal part
triu	Extract upper tridiagonal part

B.4.5 Specialized matrices

gallery	Test matrices
hilb	Hilbert matrix
magic	Magic square
pascal	Pascal matrix
wilkinson	Wilkinson's eigenvalue test matrix

B.5 Mathematical functions

abs	Absolute value
acos, acosh	Inverse cosine and inverse hyperbolic cosine
acot, acoth	Inverse cotangent and inverse hyperbolic cotangent
acsc, acsch	Inverse cosecant and inverse hyperbolic cosecant
angle	Phase angle
asec, asech	Inverse secant and inverse hyperbolic secant
asin, asinh	Inverse sine and inverse hyperbolic sine
atan, atanh	Inverse tangent(two quadrant) and inverse hyperbolic tangent
atan2	Inverse tangent (four quadrant)
bessel	Bessel function
ceil	Round up
conj	Complex conjugate
cos, cosh	Cosine and hyperbolic cosine
cot, coth	Cotangent and hyperbolic cotangent
csc, csch	Cosecant and hyperbolic cosecant

erf	Error function
exp	Exponential
fix	Round toward zero
floor	Round down
gamma	Gamma function
imag	Imaginary part
log	Natural logarithm
log2	Dissect floating point numbers into exponent and mantissa
log10	Common logarithm
mod	Modulus(signed remainder after division)
rat	Rational approximation
real	Real part
rem	Remainder after division
round	Round toward nearest integer
sec, sech	Secant and hyperbolic secant
sign	Signum function
sin, sinh	Sine hyperbolic sine
sqrt	Square root
tan, tanh	Tangent and hyperbolic tangent

B.6 Matrix function

det	Determinant
eig	Eigenvalues and eigenvectors
expm	Matrix exponential
inv	Matrix inverse
poly	Characteristic polynomial
rank	Number of linearly independent rows or columns
rcond	Condition estimator
trace	Sum of diagonal elements
{}\ and /	Linear equation solution

B.7 Data analysis

cumprod	Cumulative product
cumsum	Cumulative sum
diff	Difference function
fft	One-dimensional fast Fourier transform
max	Largest element
mean	Average value of elements
median	Median value of elements
min	Smallest element
prod	Product of elements
sort	Sort into ascending order
std	Standard deviation
sum	Sum of elements
trapz	Trapezoidal rule for numerical integration

B.8 Polynomial function

polyfit	Fit polynomial to data
polyval	Evaluate polynomial
roots	Find polynomial roots

B.9 Function functions

bvp4c	Solve two-point boundary value problems for ODEs
fmin	Minimize function of one variable
fmins	Minimize function of several variables
fzero	Find zero of function of one variable
ode23,ode23s,ode45	Solve initial value problems for ODEs
quad	Numerical integration

B.10 Sparse matrix functions

full	Convert sparse matrix to full matrix
sparse	Construct sparse matrix from non-zeros and subscripts
spy	Visualize sparse matrix

B.11 Character string functions

char	characters from ASCII codes
double	ASCII codes of characters
lower	Convert string of characters
sprintf	Write formatted data to a string
str2mat	String to matrix conversion
strcat	String concatenation
strcmp	Compare strings
upper	Convert string to upper case

B.12 File I/O functions

fclose	Close one or more open files
feof	Test for end-of-file
fopen	Open file or obtain information about open files
fprintf	Write formatted data to file
fread	Read binary data from file
fscanf	Read formatted data from file
fseek	Set file position indicator
ftell	Get file position indicator
fwrite	Write binary data to file

B.13 Graphics

B.13.1 2-D

bar	Bar graph
grid	Grid lines
hist	Histogram plot
loglog	Log-log scale plot
plot	Linear plot
polar	Polar co-ordinate plot
semilogx	Semi-log scale plot
semilogy	Semi-log scale plot
text	Text annotation
title	Graph title
xlabel	X-axis label
ylabel	Y-axis label
zoom	Zoom in and out on a 2- D plot

B.13.2 3-D

clabel	Contour plot elevation labels
comet3	Animated 3-D plot
contour	Contour plot in 2-D
contour3	Contour plot in 3-D
mesh	3-D mesh surface
meshc	3-D mesh surface with contour plot
meshgrid	X and Y arrays for 3-D plots
plot3	Line plot in 3-D
quiver	Quiver plot
surf	Shaded surface with lighting
view	Rotation of 3-D figure
zlabel	Z-axis label

B.13.3 General

axes	Create axes object
axis	Control axis scaling and appearance
cla	Clear axes
clf	Clear current figure
colorbar	Display color bar (color scale)
colormap	Set the color look-up table (list of color maps)
drawnow	Complete any pending drawing
figure	Create figure (graph)windows
fplot	Plot a function
gca	Get current axes handle
gcf	Get current figure handle
gco	Return handle of current graphics object
get	Get graphics object properties
ginput	Graphics input from a mouse or cursor
gtext	Mouse placement of text
set	Set graphics object properties
subplot	Create axes in tiled positions

부록 C

ASCII character codes

Code	*Char*	*Code*	*Char*	*Code*	*Char*	*Code*	*Char*	*Code*	*Char*
0	(null)	26	→	52	4	78	N	104	h
1	☺	27	←	53	5	79	O	105	i
2	☻	28	∟	54	6	80	P	106	j
3	♡	29	↔	55	7	81	Q	107	k
4	◇	30	▲	56	8	82	R	108	l
5	♣	31	▼	57	9	83	S	109	m
6	♠	32	(blank)	58	:	84	T	110	n
7	•	33	!	59	;	85	U	111	o
8	◘	34	"	60	<	86	V	112	p
9	○	35	#	61	=	87	W	113	q
10	◙	36	$	62	>	88	X	114	r
11	♂	37	%	63	?	89	Y	115	s
12	♀	38	&	64	@	90	Z	116	t
13	♪	39	'	65	A	91	[	117	u
14	♬	40	(	66	B	92	\	118	v
15	☼	41	)	67	C	93	]	119	w
16	▶	42	*	68	D	94	^	120	x
17	◀	43	+	69	E	95	-	121	y
18	↕	44	,	70	F	96	'	122	z
19	‼	45	_	71	G	97	a	123	{
20	¶	46	.	72	H	98	b	124	|
21	§	47	/	73	I	99	c	125	}
22	—	48	0	74	J	100	d	126	~
23	↨	49	1	75	K	101	e	127	△
24	↑	50	2	76	L	102	f		
25	↓	51	3	77	M	103	g		

부록 D

Solutions to Selected Exercises

Chapter 1

1.1
```
a = 3;
b = 5;
sum  = a + b;
difference = a - b;
product    = a * b;
quotient   = a / b;
```

Chapter 2

2.1 (a) 쉼표를 점으로 고친다.
(e) *를 생략해야 한다.
(f) 지수는 정수만을 사용한다.
(h) 쉼표를 점으로 고친다.

2.2 (b) 점을 사용할 수 없다.
(c) 첫 번째 글자는 숫자가 될 수 없다.
(d) 따옴표는 쓸 수 없다.

(h) 빈 칸을 사용할 수 없다.

(i) 사용할 수는 있지만 권하지 않는다.

(k) * 는 사용할 수 없다.

(l) 사용할 수는 있지만 권하지 않는다.

2.3

```
(a) p + w / u
(b) p + w / (u + v)
(c)(p + w / (u + v)) / (p + w / (u - v))
(d) sqrt(x)
(e) y ^ (y + z)
(f) x ^ (y ^ z)
(g)(x ^ y) ^ z
(h) x - x ^ 3 / (3 * 2)+ x ^ 5 / (5 * 4 * 3 * 2)
```

2.4

```
(a) i = i + 1
(b) i = i^3 + j
(c) if e > f
       g = e
    else
       g = f
    end
(d) if d > 0
       x = -b
    end
(e) x = (a + b) / (c * d)
```

2.5

(a) 좌측항의 수식은 허용되지 않는다.

(b) 좌측항의 변수명이 적절하지 않다.(빈칸 사용 못함)

(c) 좌측항의 변수명이 적절치 않다.(숫자가 바로 올 수 없다.)

2.6

```
a = 2;
b = -10;
c = 12;
x = (-b + sqrt(b^2 - 4*a*c)) / (2*a)
```

2.7
```
gallons = input('Enter gallons: ');
pints = input('Enter pints: ');
pints = pints + 8 * gallons;
liters = pints / 1.76;
```

2.8
```
distance = 528;
liters = 46.23;
kml = distance / liters;
km100 = 100 / kml;
disp( 'Distance   Liters used    km/L      L/100km');
disp( [distance   liters         kml       km100] );
```

2.9
```
t = a;
a = b;
b = t;
```

2.10
```
a = [a b];   % 'a'를 벡터로 만든다.
b = a(1);
a(1) = [];
```

2.11
```
(a) c = input('Enter Celsius temperature: ');
    f = 9 * c/5 + 32;
    disp( ['The Fahrenheit temperature is: ' number2str(f)]);
(b) c = 20 : 30;
    f = 9 * c / 5 + 32;
    format bank;
    disp('            Celsius    Fahrenheit');
    disp([c'    f']);
```

2.12
```
degrees = 0 : 10 : 360;
radians = degrees / 180 * pi;
format bank;
disp('         Degrees      Radians');
disp([degrees'     radians']);
```

2.13

```
degrees = 0 : 30 : 360;
radians = degrees / 180 * pi;
sines = sin(radians);
cosines = cos(radians);
tans = tan(radians);
table = [degrees' sines' cosines tans']
```

2.14

```
for int = 10: 20
      disp( [int sqrt(int)] );
end
```

2.15

```
sum(2: 2: 200)
```

2.16

```
m = [5 8 0 10 3 8 5 7 9 4];
disp( mean(m) )
```

2.17

```
x = 2.0833,       a = 4.
```

2.18

```
% with for loop
i = 1;
x = 0;
for  a = i :  i : 4
   x =  x + i / a;
end

% with vectors
i = 1;
a = i : i : 4;
x = i ./ a ;
sum(x)
```

2.19

```
(b) n = input('Number of terms? ');
    k = 1 : n;
    s = 1 ./ (k .^ 2);
    disp(sqrt(6 * sum(s)))
```

2.21

```
r = 5;
c = 10;
l = 4;
e = 2;
w = 2;
i = e / sqrt(r^2 + (2*pi*w*l - 1 / (2*pi*w*c))^2)
```

2.22

```
con = [ 200 500 700 1000 1500 ]
for units = con
  if units <= 500
    cost = 0.02 * units;
  elseif units <= 1000
    cost = 10 + 0.05 * (units - 500);
  else
    cost = 35 + 0.1 * (units - 1000);
  end
  charge = 5 + cost ;
  disp( charge )
end
```

2.24

```
money = 1000;
for month = 1:12
    money = money * 1.01;
end
```

2.26

```
t = 1790:10:2000;
p = 197273000 ./ (1 + exp(-0.03134 * (t-1913.25)));
disp( [t' p'] );
pause;
plot(t, p);
```

2.28

```
(a) r = 0.15;
    l = 50000;
    p = 800;
    n = log(p / (p - r * l/12)) / (12 * log(1 + r/12))
```

Chapter 3

3.2 (a) 4
(b) 2

3.3

```
f = input('Enter Fahrenheit temperature: ');
c = 5/9 * (f-32);
disp( ['The Celsius temperature is: ' num2str(c)] );
```

3.4

```
a = input( 'Enter first number' );
b = input( 'Enter second number: ' );
if a < b
  disp( [num2str(b) ' is larger.'] );
elseif a > b
  disp( [num2str(a) ' is larger.'] );
else
  disp( 'Numbers are equal.' );
end
```

3.6

1. Input a, b, c, d, e, f
2. $u=ae-db$, $v=ec-bf$
3. If $u=0$ and $v=0$ then
      Lines coincide
   Otherwise if $u=0$ and $v\neq 0$ then
      Lines are parallel
   Otherwise
      $x=v/u$, $y=(af-dc)/u$
      Print x, y
4. Stop

```
a = input('Enter a : ' );
b = input('Enter b : ' );
c = input('Enter c : ' );
d = input('Enter d : ' );
e = input('Enter e : ' );
f = input('Enter f : ' );
```

```
u = a * e  - b * d;
v = c * e  - b * f;
if u == 0
    if v == 0
   disp('Lines coincide. ');
  else
   disp('Lines are parallel. ');
  end
else
  x = v / u ;
  y = (a * f - d * c) / u;
  disp( [ x y ] );
end
```

Chapter 4

4.2

```
(a) log(x + x^2 + a^2)
(b) (exp(3*t) + t^2*sin(4*t)) * (cos(3*t))^2
(c) 4 * atan(1)
(d) sec(x)^2 + cot(x)
(e) atan(a/x)
```

4.3

```
m = input('Enter length in meters: ');
inches = m*39.37;
feet = fix(inches/12);
inches = rem(inches, 12);
yards = fix(feet/3);
feet = rem(feet, 3);
disp( [yards feet inches]);
```

4.5

```
a = 10;
x = 1;
k = input('How many terms do you want? ');
for n = 1: k
    x = a*x/n;
```

```
    if rem(n, 10) == 0
      disp( [n x]);
    end
end
```

4.6

```
secs = input('Enter seconds: ');
mins = fix(secs / 60 );
secs = rem(secs, 60);
hours = fix(mins /60);
mins = rem(mins, 60);
disp( [hours mins secs] );
```

Chapter 5

5.2

```
(a) 1 1 0
(b) 0 1 0
(c) 1 0 1
(d) 0 1 1
(e) 1 1 1
(f) 0 0 0
(g) 0 2
(h) 0 0 1
```

5.3

```
neg  = sum(x < 0);
pos  = sum(x > 0);
zero = sum(x == 0);
```

5.7

```
units = [200 500 700 1000 1500];
cost  = 10*(units>500)+25*(units>1000)+5;
cost  = cost+0.02*(units<=500).*units;
cost  = cost+0.05*(units>500&units<=1000).*(units-500);
cost  = cost+0.1 *(units>1000).*(units-1000);
```

Chapter 6

6.5

```
function x = mygauss(a, b)
n = length(a);

a(:, n+1) = b;
for k = 1:n
   a(k, :) = a(k, :)/a(k,k);   % pivot element must be 1
   for  i = 1:n
     if i ~= k
       a(i,:) = a(i, :) - a(i,k) * a(k,:);
     end
   end
end

% solution is in column n+1 of a:
x = a(:,n+1);
```

Chapter 7

7.1

```
function pretty(n, ch)
line = char(double(ch)*ones(1,n));
disp(line)
```

7.3

```
function y = double(x)
y = x * 2;
```

7.4

```
function [ xout, yout] = swop(x, y)
   xout = y;
   yout = x;
```

7.8

```
if n > 1
      y = f(n-1) + f(n-2);
   else
      y = 1;
   end
```

Chapter 8

8.1
```
balance   = 1000;
for years = 1: 10
    for months = 1: 12
        balance = balance * 1.01;
    end
    disp( [years balance]);
end
```

8.2

(a)
```
terms = 100;
pi = 0;
sign = 1;
for n = 1 : terms
  pi = pi + sign * 4 /(2 * n - 1 );
  sign = sign * (-1);
end
```

(b)
```
terms = 100;
pi = 0;
for n = 1: terms
  pi  = pi + 8 / ((4 * n - 3) * (4 * n - 1));
end
```

8.3
```
a = 1;
n = 6;
for k = 1: 10
    n = 2 *n;
    a = sqrt(2 - sqrt(4 - a * a));
    l = n * a/ 2;
    u = l / sqrt(1 - a * a / 2);
    p = (u + l) / 2;
    e = (u - l) / 2;
    disp( [n, p, e]);
end
```

8.5

```
x = 0.1:
for k = 1: 7
    e = (1 + x)^(1 / x);
    disp( [x, e]);
    x = x / 10;
end
```

8.6

```
n = 6;
T = 1;
i = 0;
for t = 0:0.1:1
   i = i + 1;
   F(i) = 0;
   for k = 0 : n
      F(i) = F(i) + 1 /(2 * k + 1) ...
         * sin((2 * k + 1) * pi * t/ T);
   end
   F(i) = F(i) * 4 /pi;
end
t = 0:0.1:1;
disp( [t' F'] )
plot(t, F)
```

8.8

```
sums = 0;
terms = 0;
while (sums + terms) <= 100;
      terms = terms +1;
      sums = sums + terms;
end
disp( [terms, sums]);
```

8.10

```
m = 44;
n = 28;
while m~= n
  while m>n
```

```
        m = m - n;
    end
    while n>m
        n = n - m;
    end
disp(m)
```

Chapter 9

9.1

```
t = 1790:2000;
p = 197273000 ./ (1 + exp(-0.03134 * (t-1913.25)));
plot(t, p), hold, xlabel('Year'), ylabel('Population size')
census = [ 3929 5308 7240 9638 12866 17069 23192 ...
    31443 38558 50156 62948 75995 91972 ...
    105711 122775 131669 150697];
census = 1000 * census;
plot(1790:10:1950, census, 'o'), hold off
```

9.2

```
a = 2;
q = 1.25;
th = 0:pi/40:5*pi;
subplot(2,2,1)
plot(a*th.*cos(th), a*th.sin(th)), ...
    title('(a) Archimedes')   % or use polar
subplot(2,2,2)
plot(a/2*q.^th.*cos(th), a/2*q.^th.*sin(th)), ...
    title('(b) Loarithmic')   % or use polar
```

9.4

```
n = 1:1000;
d = 137.51;
th = pi*d*n/180;
r = sqrt(n);
plot(r.*cos(th), r.*sin(th), 'o')
```

9.6
```
y(1) = 0.2;
r = 3.738;
for k = 1:600
   y(k+1) = r*y(k)*(1 - y(k));
end
plot(y, '.w')
```

Chapter 11

11.1
```
x = 2;
h = 10;
for i = 1 : 20
   h = h / 10;
   dx = (( x + h) ^ 2 - x * x) / h ;
   disp( [h , dx] );
end
```

Chapter 13

13.1
```
heads = rand(1, 50)  <  0.5;
tails = ~heads;
heads = heads * double('H');
tails = tails * double('T');
coins = char(heads + tails)
```

13.2
```
bingo = 1 : 99;
for i = 1 : 99;
  temp = bingo(i);
  swop = floor(rand * 99 + 1);
  bingo(i) = bingo(swop)
  bingo(swop) = temp;
end
for i = 1  : 10 : 81
  disp(bingo(i : i + 9))
```

```
end
disp(bingo(91 : 99))
```

13.4

```
circle = 0;
square = 1000;
for i = 1 : square
  x = 2 * rand - 1;
  y = 2 * rand - 1;
  if (x * x + y * y ) < 1
   circle = circle + 1;
  end
end
disp( circle / square * 4 ):
```

Chapter 14

14.1 (a) Real root at 1.856 and -1.697, complex roots at -0.0791±1.780i.

(b) 0.589, 3.096, 6.285, ... (root get closer to multiples of π).

(c) 1, 2, 5.

(d) 1.303

(e) -3.997, 4.955, 2.241, 1.768.

14.2 successive bisections are : 1.5, 1.25, 1.375, 1.4375 and 1.40625. The exact answer is 1.414214..., so the last bisection is within the required error.

14.3 22 (정확한 답은 21.3333)

14.4 30년 후 정확한 답은 2117 ($1000e^{rt}$)

14.6 풀어야 하는 미분 방정식들은

$dS/dt = -r_1 S,$
$dY/dt = r_1 S - r_2 Y$

8시간 후의 정확한 해는 $S = 6.450 \times 10^{25}$, $Y = 2.312 \times 10^{26}$이다.

14.8
```
function s = simp(f, a, b, h)
x1 = a + 2 * h : 2 * h : b - 2 * h;
sum1 = sum(feval(f, x1));

x2 = a + h : 2 * h : b - h;
sum2 = sum(feval(f, x2));
s = h / 3 * (feval(f, a) + feval(f, b) +  2 * sum1 + 4 * sum2);
```

10개의 간격에서 (n=5), 발광 효율은 14.512725%. 20개의 간격에서 발광 효율은 14.512667%이다. 이 결과는 앞으로 이 방법을 포함하는 계산에서 10개의 간격을 사용하는 것이 정당하다는 것을 보인다. 스텝 간격을 반으로 줄이면서 이것이 해를 얼마나 변경시키는 가를 관찰 하는 것은 수치해석 방법의 정확도를 테스트하는 한 표준 방법이다.

14.9
```
% Command window
beta = 1;
ep = 0.5;
[t,x] = ode45(@vdpol, [0 20], [0; 1], [], beta, ep);
plot(x(:,1), x(:,2))

% Function file vdpol.m
function f = vdpol(t, x, b, ep)
f = zeros(2,1);
f(1) = x(2);
f(2) = ep * (1 - x(1)^ 2) * x(2) - b^2 * x(1);
```

찾아보기

역자 약력

황 성호

서울대학교 공과대학 기계설계학과 졸업
서울대학교 대학원 기계설계학과 석사, 박사
한국생산기술연구원 선임연구원
현재 성균관대학교 기계공학부 교수
관심 연구분야: 자동차 메카트로닉스, 하이브리드 자동차

공학설계를 위한 MATLAB® 기초와 응용 5판

A-JIN

지은이와 협의 인지 생략

인　　쇄 : 2013년 10월 10일
발　　행 : 2013년 10월 20일
역　　자 : 황 성호
발 행 처 : 도서출판 아진
135-010
서울시 강남구 논현동 148-19 한미빌딩 201호
TEL:02-737-0663 FAX:02-737-0664
Homepage:ajin.to
E-mail:kgb@ajin.to
발 행 인 : 김 근 배
등록번호 : 제300-1995-56호
I S B N : 978-89-5761-355-9　　93560

가격 25,000원